变频器维修手册

阳鸿钧　等编著

机械工业出版社

本书不仅是变频器代码集，也是变频器零部件集、元器件集、检测与判断集、速查与速用集、检修与维护集、维修参考图集与结构图集。

本书介绍了国内外300多种型号（系列）变频器的故障信息与代码，以及有关变频器检修与维护的必备知识、实战技能与速查资料。

本书信息量大、携查方便、简明实用，是适合广大变频器维修人员、工业电器维修人员，以及职业院校电气自动化、机电工程等专业师生使用的一本速查实用读物。

图书在版编目（CIP）数据

变频器维修手册/阳鸿钧等编著. —北京：机械工业出版社，2022.4
（2024.11重印）
ISBN 978-7-111-70282-5

Ⅰ.①变… Ⅱ.①阳… Ⅲ.①变频器-维修-手册 Ⅳ.①TN773-62

中国版本图书馆 CIP 数据核字（2022）第 036607 号

机械工业出版社（北京市百万庄大街22号　邮政编码100037）
策划编辑：刘星宁　　　　　责任编辑：刘星宁　闫洪庆
责任校对：陈　越　王明欣　封面设计：马精明
责任印制：郜　敏
北京富资园科技发展有限公司印刷
2024 年 11 月第 1 版第 9 次印刷
184mm×260mm · 26 印张 · 644 千字
标准书号：ISBN 978-7-111-70282-5
定价：99.00 元

电话服务　　　　　　　　　网络服务
客服电话：010-88361066　　机　工　官　网：www.cmpbook.com
　　　　　010-88379833　　机　工　官　博：weibo.com/cmp1952
　　　　　010-68326294　　金　书　网：www.golden-book.com
封底无防伪标均为盗版　机工教育服务网：www.cmpedu.com

前言

由于变频器品牌多、种类多、应用广、故障特点繁杂、涉及元器件配件各异、提供的代码信息繁多，因此实际一线工作中，维修人员要全部记住这些维修信息是比较困难的，但是这些又是必须要了解和掌握的。

为此，为方便读者对变频器进行维修、维护，同时达到精准快修、速修的要求，特编写了本书。

本书共由 5 章组成，分别从检测与判断、速查与速用、故障信息与代码、检修与维护、维修参考图与结构图等方面进行介绍。

本书介绍了国内外 300 多种型号（系列）变频器的故障信息与代码，以及有关变频器检修与维护的必备知识、实战技能与速查资料。

本书信息量大、携查方便、简明实用，是适合广大变频器维修人员、工业电器维修人员，以及职业院校电气自动化、机电工程等专业师生使用的一本速查实用读物。

为了保证本书的全面性、实用性和准确性，在编写中参考了多个厂家的相关技术资料，在此深表感谢。由于涉及品牌多、型号多，因此没有一一列出参考文献，在此特意说明。

由于厂家产品精益求精，故障信息与代码、内容规格有时可能会修正、修改，因此，读者宜关注厂家产品的最新版本、最新资讯。

参加本书编写工作的人员有阳鸿钧、阳许倩、阳育杰、许四一、许小菊、阳梅开、阳苟妹、许秋菊、许满菊、欧小宝、阳红珍。

由于时间有限，书中难免存在不足之处，敬请广大读者批评、指正。

编　者

目录

前言

第 3 章　故障信息与代码 ··· 71

第1章

检测与判断

★1.1.1 固定电阻的检测与判断

固定电阻可以采用万用表的电阻档来检测与判断：把万用表的两表笔，不分正负地分别与电阻的两端引脚可靠接触，然后读出万用表检测出的指示值即可。

实际检测中，为提高测量精度，则需要根据被测电阻的标称值大小来选择量程，以便使指示值尽可能落到全刻度起始的 20% ~ 80% 弧度范围的刻度中段位置。另外，还要考虑电阻的误差等级。如果读数与标称阻值间超出误差范围，则说明该电阻值变值或者已损坏。

检测时需要注意的一些事项如下：

1）测几十千欧以上阻值的电阻时，手不要触及表笔与电阻的导电部分。

2）检测在线电阻时，应将电阻的一个引脚从电路上焊开，以免电路中的其他元器件对测试产生影响，造成测量误差。

> **提示**：制动电阻的检测，首先检查制动电阻的接线是否正确，再用万用表电阻档测量制动电阻两端阻值来判断。更换制动电阻时，需要注意其选型事项：如果制动电阻选型偏大，则制动时母线电压会上升，可能导致发生过电压故障。一般而言，设备功率越大，制动电阻阻值越小、功率越大。

★1.1.2 熔断电阻的检测与判断

熔断电阻可以采用万用表的电阻档来检测与判断：首先选择万用表的 R×1 档，然后把万用表的两表笔不分正负地分别与电阻的两端引脚可靠接触，然后读出万用表检测出的指示值即可。如果测得的阻值为无穷大，则说明该熔断电阻已经开路；如果测得的阻值与标称值相差很大，则说明该电阻变值。

检测在线电阻时，应将熔断电阻的一个引脚从电路上焊开，以免电路中的其他元器件对测试产生影响，造成测量误差。

另外，对于过电流比较严重的熔断电阻，可以通过观察法来检测与判断：熔断电阻表面发黑、烧焦，一般说明该熔断电阻已经损坏。

2

★1.1.3　电位器的检测与判断

电位器可以采用万用表的电阻档来检测：

1）把万用表调到合适的电阻档。

2）认准活动臂端和固定臂端两端。

3）用万用表的电阻档测固定臂端两端，正常的读数应为电位器的标称阻值。如果万用表的指针不动或阻值相差很大，则说明该电位器已经损坏。

4）检测电位器的活动臂与固定臂端两端接触是否良好，即一表笔与活动臂端连接，另一表笔分别与臂端（固定臂两端中的任一端）连接，然后转动转轴，这时电阻值也随旋转逐渐变化，增大还是减小与逆时针方向旋转还是顺时针方向旋转有关。

如果万用表的指针在电位器的轴柄转动过程中有跳动现象，则说明活动触点有接触不良的现象。

另外，电位器的检测也可以通过听声音与感觉法来判断：首先转动旋柄，感觉旋柄转动是否平滑、灵活；电位器开关通、断时"咔嗒"声是否清脆，如果有"沙沙"声，则说明该电位器质量不好。

★1.1.4　正温度系数热敏电阻的检测与判断

正温度系数（PTC）热敏电阻可以采用万用表 $R \times 1$ 档来检测：首先把万用表调到 $R \times 1$ 档，然后分为常温检测与加温检测来检测判断：

1）常温检测就是在室内温度接近25℃的情况下的检测。常温下检测 PTC 热敏电阻两引脚间的阻值，并且与标称阻值相比较，如果相差在 $\pm 2\Omega$ 内，说明是正常的；如果相差很大，则说明该 PTC 热敏电阻性能不良或已经损坏。

2）加温检测就是将一热源（如电烙铁）靠近 PTC 热敏电阻对其进行加热，并且同时用万用表检测其阻值是否随温度的升高而增大。如果是，说明该 PTC 热敏电阻是正常的；如果阻值没有变化，说明该 PTC 热敏电阻性能变劣。注意：操作时，热源不要与 PTC 热敏电阻靠得过近或直接接触，以防止烫坏 PTC 热敏电阻。

★1.1.5　负温度系数热敏电阻的检测与判断

负温度系数（NTC）热敏电阻可以采用万用表电阻档来检测，其分为常温检测与加温检测来检测判断：

1）常温检测的方法与普通固定电阻的检测方法基本一样。但是要注意 NTC 热敏电阻的标称温度一般是在环境温度25℃下进行的。因此，常温检测 NTC 热敏电阻时环境温度应尽量在25℃左右进行。另外，测量功率不得超过规定值，以免电流热效应引起测量误差。

2）加温检测就是将一热源（如电烙铁）靠近 NTC 热敏电阻对其进行加热，并且同时用万用表检测其阻值是否随温度的升高而减小。如果是，说明该 NTC 热敏电阻是正常的；如果阻值没有变化，说明该 NTC 热敏电阻性能变劣。注意：操作时，热源不要与 NTC 热敏电阻靠得过近或直接接触，以防止烫坏 NTC 热敏电阻。

★1.1.6　压敏电阻的检测与判断

压敏电阻可以采用万用表的 $R \times 1k$ 档来检测：调好档位后，把两表笔分别接触压敏电阻两引脚，然后检测正、反向绝缘电阻。正常情况一般为无穷大；不为无穷大但有较大的阻值，说明压敏电阻存在漏电流现象；如果检测的阻值很小，则说明压敏电阻已经损坏。

★1.1.7　光敏电阻的检测与判断

光敏电阻可以根据其透光窗不受光情况下与受光情况下、时受光时不受光断断续续情况下的检测来判断：

1）透光窗不受光情况下的检测。首先用一张黑纸将光敏电阻的透光窗口遮住，然后用万用表检测此时的电阻，如果阻值接近无穷大，说明该光敏电阻性能良好；如果阻值很小或接近零，说明该光敏电阻已经损坏。

2）透光窗受光情况下的检测。首先用一光源对准光敏电阻的透光窗，然后用万用表检测此时的电阻，正常情况下，万用表的指针应有较大幅度的摆动，阻值明显变化，并且此时的阻值越小说明该光敏电阻性能越好；如果此时阻值很大甚至为无穷大，说明光敏电阻内部已经开路损坏。

3）透光窗时受光时不受光断断续续情况下的检测。首先将光敏电阻透光窗对准入射光线，然后用一张黑纸在光敏电阻的遮光窗上部来回晃动使其间断受光。这种情况下，万用表指针应随黑纸片的晃动而左右摆动；如果万用表指针始终停在某一位置不随纸片晃动而摆动，说明该光敏电阻已经损坏。

★1.1.8　10pF 以下固定电容的检测与判断

10pF 以下固定电容可以采用检测电容定性来判断，也就是说，用万用表只能定性地检查其是否有漏电、内部短路或击穿现象。用万用表检测的主要要点如下：首先把万用表调到 R×10k 档，然后用两表笔分别任意接电容的两引脚端，此时，检测的阻值正常情况一般为无穷大；如果此时检测的阻值为零，则说明该电容内部击穿或者漏电损坏。

★1.1.9　电解电容的检测与判断

电解电容可以采用指针式万用表来检测，具体方法如下：

1）把万用表调到 R×10k 档或 R×1k、R×100 档（1~47μF 的电容，可以采用 R×1k 档来测量，大于 47μF 的电容可以采用 R×100 档来测量）。

2）检测脱离线路的电解电容的漏电电阻值，正常一般大于几百千欧。指针应有一顺摆动与一回摆动：采用万用表 R×1k 档，当表笔刚接通时，指针向右摆一个角度，然后指针缓慢地向左回摆，最后停下来。指针停下来所指示的阻值就是该电容的漏电电阻值。该漏电电阻值越大，则说明该电容质量越好；如果漏电电阻值为几十千欧，则说明该电解电容漏电严重。

3）在线检测。在线检测电容主要是检测开路、击穿两种故障。如果指针向右偏转后所指示的阻值很小（几乎接近短路），说明电容已击穿、严重漏电。测量时如果指针不偏转，说明电解电容内部断路；如果指针向右偏后无回转，但所指示的阻值不是很小，说明电容开路的可能性很大，应脱开电路进一步检测。

4

> **提示**：变频器滤波电容的静电容量随着时间的推移会减少。因此，定期检测其静电容量，以达到其额定容量的 85% 为基准是判断其寿命的依据之一。

★1.1.10　电感的检测与判断

可以采用万用表来检查电感的好坏：首先选择指针式万用表的 R×1 档，然后测电感的电阻值，如果电阻极小，则说明电感基本正常；如果电阻为无穷大，则说明电感已经开路损坏。电感量相同的电感，电阻越小，品质因数越高。

> **提示**：电流型变频器是将电流源的直流变换为交流的一种变频器，其直流回路的滤波一般是用电感；电压型变频器是将电压源的直流变换为交流的一种变频器，其直流回路的滤波一般是用电容。

★1.1.11　二极管的检测与判断

可以采用指针式万用表来判断二极管的极性：首先把万用表调到 R×100 或 R×1k 档，然后任意测量二极管的两引脚端，如果量出的电阻只有几百欧（正向电阻），则与万用表内电池正极相连的黑表笔所接的引脚端为二极管的正极，与万用表内电池负极相连的红表笔所接的引脚端为负极。

可以采用万用表来判断二极管的好坏，具体方法如下：

1）选择万用表的 R×100 或 R×1k 档，测正向电阻：测量硅二极管时，指针指示位置在中间或中间偏右一点；测量锗二极管时，指针指示在右端靠近满刻度的地方，说明所检测的二极管正向特性是好的。如果指针在左端不动，则说明所检测的管子内部已经断路。

2）测反向电阻：测量硅二极管时，指针在左端基本不动；测量锗二极管时，指针从左端起动一点，但不应超过满刻度的 1/4，说明所检测的二极管反向特性是好的。如果指针指在 0 位置，说明检测的二极管内部已短路。

★1.1.12　晶体管的检测与判断

1. 指针式万用表的使用

用指针式万用表判断晶体管好坏的方法与要点如下：如果是好的中、小功率晶体管，则用指针式万用表检测基极与集电极、基极与发射极正向电阻时，一般为几百欧到几千欧。其余的极间电阻都很高，一般为几百千欧。硅材料的晶体管要比锗材料的晶体管的极间电阻高。

如果检测得到的正向电阻近似为无穷大，则说明该晶体管内部断路；如果检测得到的反向电阻很小或为零，则说明该晶体管已经击穿或短路。

2. 数字万用表的使用

用数字万用表判断晶体管好坏的方法与要点如下：首先把万用表调到二极管档，然后分别检测晶体管的发射结、集电结的正偏、反偏是否正常。如果用万用表检测晶体管发射结、集电结的正偏均有一定数值显示，或者正偏时万用表显示 000，反偏时显示 1，则说明该晶体管是好的；如果两次万用表均显示 000，则说明该晶体管极间短路或击穿；如果两次万用表均显示 1，则说明该晶体管内部已断路。另外，如果在检测晶体管中找不到公共 B 极，则说明该晶体管已损坏。

> 提示：晶体管在线处于放大状态的判断：只要测量晶体管三电极电压，然后比较它们的大小，就可以判断晶体管是否处于放大状态。对于 NPN 型而言，$V_C > V_B > V_E$；对于 PNP 型而言，$V_C < V_B < V_E$，则可以判断晶体管处于放大状态。

★1.1.13　光电晶体管的检测与判断

1. 指针式万用表的使用

用指针式万用表判断光电晶体管好坏的方法与要点如下：首先把万用表调到 R×1k 档，再把光电晶体管的窗口用黑纸或黑布遮住，然后检测光电晶体管的两引脚引线间正向、反向电阻，正常均为无穷大。如果黑表笔接 C 极，红表笔接 E 极，有时可能指针存在微动，如果检测得出一定阻值或阻值接近 0，则说明该光电晶体管已经漏电或已击穿短路。

然后不遮住光电晶体管的窗口（亮电阻），让光电晶体管接收窗口对着光源，黑表笔接 C 极，红表笔接 E 极，这时万用表指针向右偏转到 15～35kΩ，并且向右偏转角度越大，则说明该光电晶体管是好的；如果亮电阻为无穷大，则说明光电晶体管已经开路损坏或灵敏度偏低。

说明：如果万用表黑表笔接 E 极，红表笔接 C 极，无论有无光照，阻值均为无穷大（或微动）。亮电阻检测时，如果光线强弱不同，则检测的阻值也不同。

2. 数字万用表的使用

用数字万用表判断光电晶体管好坏的方法与要点如下：首先把数字万用表调到 20kΩ 档，然后红表笔接光电晶体管的 C 极，黑表笔接光电晶体管的 E 极。在完全黑暗的环境下检测，数字万用表应显示 1；光线增强时，阻值应随之降低，最小可达 1kΩ 左右。如果与该检测现象相差较大，则说明该光电晶体管异常。

★1.1.14　功率场效应晶体管的检测与判断

1. 指针式万用表的使用

功率场效应晶体管好坏的检测判断方法与要点如下：

1）首先把万用表调到 R×1k 档，然后检测场效应晶体管任意两引脚间的正向、反向电阻值。如果出现两次（或两次以上）电阻值较小，则说明该场效应晶体管已经损坏。

2）如果检测中仅出现一次电阻值较小（一般为数百欧），其余各次检测电阻值均为无穷大，则需要再做进一步的检测。将万用表调到 R×1k 档，然后检测漏极 D 与源极 S 间的正向、反向电阻值。对于 N 沟道场效应晶体管，红表笔接源极 S，黑表笔先触碰栅极 G 后，再检测漏极 D 与源极 S 间的正向、反向电阻值。如果检测得到正向、反向电阻值均为 0，则说明该场效应晶体管是好的。对于 P 沟道场效应晶体管，黑表笔接触源极 S，红表笔先触碰栅极 G 后，再检测漏极 D 与源极 S 间的正向、反向电阻值。如果检测得到正向、反向电阻值均为 0，则该场效应晶体管是好的，否则表明该场效应晶体管已经损坏。

3）说明：一些管子在栅极 G、源极 S 间接有保护二极管，则上面的检测方法不适用。

6

2. 数字万用表的使用

大功率场效应晶体管压降值为 0.4 ~ 8V，大部分在 0.6V 左右。因此，可以采用数字万用表检测大功率场效应晶体管压降值来判断：损坏的场效应晶体管一般为击穿或短路损坏，各引脚间呈短路状态，则用数字万用表二极管档检测其各引脚间的压降值为 0V 或蜂鸣，这是检测损坏的标志。

★1.1.15 集成电路好坏的判断依据

集成电路好坏的判断，可以检测相关参数来进行，具体见表 1-1。

表 1-1 集成电路检测参数

检测参数	解说
引脚电阻值	集成电路的引脚电阻值是可以反映集成电路是否损坏的检测参数之一。集成电路引脚电阻值可以分为在线电阻值和非在线电阻值。在线电阻值是指集成电路与外围元器件（又叫外接件）连接在印制电路板上所检测的数值。集成电路与外围元器件连接在印制电路板上有一定的匹配电阻值。因此，在线电阻值与这一标准参数对比就可以发现集成电路是否损坏。非在线电阻值是指对没有置于应用电路中的裸芯片进行检测的电阻值。它的缺点就是要把集成电路从印制电路板上焊下来，才能对各引脚之间或各引脚与接地脚之间进行检测。非在线电阻值也需要与标准非在线电阻值进行对比，如果相差较，需要分析后才能进行判断。一般用指针式万用表检测集成电路的引脚电阻，如果集成电路的引脚电阻值是线性的，通常用任何型号的万用表来检测数值均一样；对于非线性的引脚，用不同万用表检测数值相差较大
引脚电压值	集成电路的引脚电压值是可以反映集成电路是否损坏的检测参数之一。集成电路引脚电压值是直流电压值，可以分为有信号电压、无信号电压等处于不同状态下的电压值。不同产品不同的集成电路，其引脚电压值可能一样，也可能不一样。但是，所有引脚电压全部一样是不可能的。不同产品相同集成电路，其引脚电压可能一样，也可能不一样。但是，如果所用检测仪器、仪器档位、集成电路应用电路等条件一样或相差不大，那么所测电压值相差不是很大。另外，测量电压时，需要注意集成电路引脚电压的单位
引脚波形	引脚波形是指集成电路在产品应用中的某一瞬间的数值

★1.1.16 集成电路好坏的判断方法

集成电路的检测方法包括目测法、感觉法、电压检测法、电阻检测法、电流检测法、信号注入法、代换法、加热和冷却法、升压或降压法、综合法，具体见表 1-2。

表 1-2 集成电路的检测方法

名称	解说
目测法	目测法就是通过眼睛观察集成电路外表是否与正常的不一样，从而判断集成电路是否损坏。其主要就是要看哪些外表是损坏的标志。正常的集成电路外表是字迹清晰、物质无损、表面光滑、引脚无锈等。损坏的集成电路外表是表面开裂，有裂纹或划痕，表面有小孔，缺角、缺块等
感觉法	感觉法就是通过人的感觉体验集成电路是否正常。这里讲的感觉主要有触觉、听觉、嗅觉。感觉法包括：集成电路表面温度是否过热，散热片是否过烫，是否松动，是否发出异常的声音，是否产生异常的味道。触觉主要靠手去摸感知温度，靠手去摇感知稳固程度。感知温度是根据电流的热效应判断集成电路发热是否不正常，即过热。集成电路正常温度在 -30 ~ 85℃ 之间，而且，安装一般远离热源。影响集成电路温度的因素有工作环境温度、工作时间、芯片面积、集成电路的电路结构、存储温度，以及带散热片的与散热片材料、面积也有关。过热往往从温度的三个方面去考虑：温升的速度、温度的持久、温度的峰值

（续）

名称	解说
电压检测法	电压检测法就是通过检测集成电路的引脚电压值与有关参考值进行比较，从而得出集成电路是否有故障以及判断故障原因。电压检测法运用两种数据：一种参考数据；一种检测数据
电阻检测法	电阻检测法是通过测量集成电路各引脚对地正反向直流电阻值与正常参考数值比较，以此来判断集成电路好坏的一种方法。此方法分为在线电阻检测法和非在线电阻检测法两种 1）在线电阻检测法是指集成电路与外围元器件保持相关电气连接的情况下所进行的直流电阻检测方法。它最大的优点就是无需把集成电路从电路板上焊下来 2）非在线电阻检测法就是通过对裸集成电路的引脚之间的电阻值的测量，特别是对其他引脚与其接地引脚之间的测量。它最大的优点是受外围元器件对测量的影响这一因素得以消除
电流检测法	电流检测法是指通过测量集成电路各引脚的电流，其中以检测集成电路电源端的电流值为主的一种测量方法。因为测量电流需要把测量仪器串联在电路上，所以应用不是很广泛。同时，测电流可以通过测电阻与电压，再利用欧姆定理进行计算得出电流值
信号注入法	信号注入法是指通过给集成电路引脚注入测试信号（包括干扰信号），进而通过电压、电流、波形等来判断故障的一种方法。此方法的关键之一，就是用合适的信号源。信号源可以分为专用信号源和非专用信号源。对维修人员来说，非专用信号源实用性强些。非专用信号源可以采用万用表信号源、人体信号源
代换法	代换法就是用好的集成电路代换怀疑已损坏的集成电路的一种检修方法。它最大的优点是干净利索、省事。在用此方法时需要注意以下几点： 1）代换法分为直接代换法和间接代换法 2）尽量采用原型号的集成电路代换 3）代换集成电路有时需要注意尾号的不同所代表的含义不同 4）代换的集成电路需要注意封装形式 5）代换的集成电路所要安装的散热片是否安装正确 6）在没有判断集成电路的外围电路元器件是否损坏之前，不要急于代换集成电路。否则，会使代换上去的集成电路再次损坏 7）如果进行试探性代换，最好有保护电路 8）所代换的集成电路保证是好的，否则，会使检修工作陷入死胡同 9）拆除坏的集成电路要操作正确，拿新的集成电路时注意消除人身上的静电
加热和冷却法	加热法是怀疑集成电路由于热稳定性变差，在正常工作不久时其温度明显异常，但是又没有十足把握，这时用温度高的物体对其辐射热，使其出现明显的故障，从而判断集成电路损坏的一种检修方法。加热时可以用电烙铁烤、用电吹风机（热吹风机）吹，烤和吹的时间不能够太长，同时，不要对每个集成电路都这样进行。另外，对所怀疑的集成电路如果加热了也不见故障出现，则应该考虑停止加热 冷却法就是对集成电路进行降温，使故障消失，从而判断所降温的集成电路损坏的一种检修方法。冷却时可用95%的酒精、冷吹风机，不能够用水、油冷却
升压或降压法	对所怀疑集成电路增大电源电压的数值，就是升压法。升压法一般是故障（某个元件阻值变大）把集成电路的电源电压拉低，才采用的一种方法，否则较少采用。而且升压也不能够过高，应在集成电路电源电压允许范围内。对集成电路减小电源电压的数值，就是降压法。集成电路一般工作在低电压下，如果采用了低劣集成电路或其他原因引起集成电路工作电压过高以及引起集成电路自激，为消除故障，可以采用降压法。降压法有电源端串接电阻法、电源端串接二极管法，以及提高电源电压法 提高电源电压法在实际的检修过程中较少采用，原因是这种方法无论是外接电源还是改变集成电路电源线的引进路径，都比较费工费时。但不管是升压还是降压法，电压要在极限电压以内
综合法	综合法就是各种方法的综合应用。但需要注意，尽量使用安全、简单、易行、经济、可靠、快速的方法以及这些方法的组合

8

★1.1.17 存储器的检测与判断

变频器存储器是把更改后的参数存储起来的一种器件。变频器出厂值参数则一般是存储在 CPU 中。对存储器好坏的简单判断：参数改变后，关机再启动时，改变的参数又恢复到出厂值，则说明存储器可能已损坏。

★1.1.18 比较器的检测与判断

一个比较器当 + 端比 – 端电压高时，其 OUT 输出端为高电平；当 + 端比 – 端电压低时，其 OUT 输出端为低电平。当输出为高电平时，V_0 一定要等于 V_{CC1}；当输出为低电平时，V_0 一定要等于 V_{CC2}。如果检测结果与此不相符合，则说明所检测的比较器可能已损坏。

注意：当 V_{CC2} 接地时，要是输出电压为低电平，实际上测量有零点几伏或者更大的电压时，比较器不一定是损坏了。

★1.1.19 运算放大器放大能力的检测与判断

运算放大器放大能力的检测判断方法与要点如下：首先把集成运算放大器接上合适的电压，将万用表调到一定的直流电压档，然后输入端开路，输出端对负电源端的电压为一定放大倍数的电压。用螺丝刀触碰同相输入端、反相输入端，万用表指针应具有较大的摆动，则说明该被测的运算放大器的增益高；如果万用表指针摆动较小，则说明该被测的运算放大器放大能力较差。

说明：判断集成运算放大器的放大能力也可以在电路中设置调节电位器，然后通过调节电位器，以及同时检测运算放大器输出端的直流电压的变化范围来判断运算放大器的放大能力。也可以手持金属镊子依次点触运算放大器的两个输入端（加入干扰信号），用万用表直流电压挡检测输出端与负电源端间的电压值（静态时电压值较高，加入干扰信号时会有较大幅度变化）来判断。

提示：运算放大器的 + 端与 – 端电压是相等的，即 $V_1 = V_2$。如果检测 V_1 不等于 V_2，则说明所检测的运算放大器可能已损坏。

★1.1.20 光电耦合器的数字万用表 + 指针式万用表的检测与判断

普通光电耦合器图形符号如图 1-1 所示。

光电耦合器的数字万用表 + 指针式万用表检测判断方法与要点如下：首先把数字万用表调到 NPN 档，然后把光电耦合器内部的发光二极管的正极插入 C 极孔里，负极插入 E 极孔里。再把指针式万用表调到 R×1k 档，然后黑表笔接光敏晶体管的集电极，红表笔接发射极，并且利用万用表内部电池作为发光二极管的电源。C – E 极间电阻的变化，会使指针式万用表指针偏转。如果指针

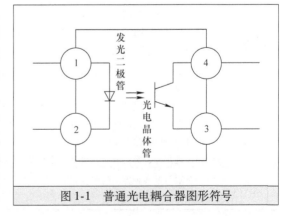

图 1-1 普通光电耦合器图形符号

式万用表指针向右偏转角度大，则说明该光敏耦合器的光电转化效率高；如果指针式万用表指针不偏转，则说明该光电耦合器的引脚可能存在接触不良等异常情况。

★1.1.21　光电耦合器的数字万用表的检测与判断

光电耦合器的数字万用表二极管档的检测判断方法与要点如下：首先把数字万用表调到二极管档，然后检测，其中测量输入侧正向压降一般为1.2V，反向为无穷大。输出侧正向压降与反向压降均接近无穷大，如果与正常值偏离太大，则说明光电耦合器异常。

★1.1.22　光电耦合器的双指针式万用表的检测与判断

光电耦合器的双指针式万用表的检测判断方法与要点如下：首先把一只万用表调到 R×100，或者 R×1k、R×10k 电阻档检测发光二极管（红表笔接发光二极管的负极），然后把另一只万用表调到 R×100 档，同时检测光电耦合器的 3、4 脚（具体根据光电耦合器来定），也就是检测光电晶体管的集电极与发射极间的电阻，然后交换 3、4 脚的表笔，再检测一次，两次中有一次检测得到的阻值较小，一般为几十欧，此时黑表笔所接的就是光电晶体管的集电极，红表笔所接的就是光电晶体管的发射极。然后保持该种接法，将接 1、2 脚的万用表调到 R×100 档，如果这时光电耦合器 3、4 脚间的阻值发生明显变化，则说明该光电耦合器是好的；如果光电耦合器的 3、4 脚间的阻值不变或变化不大，则说明该光电耦合器可能已损坏。

该方法检测图例如图 1-2 所示。

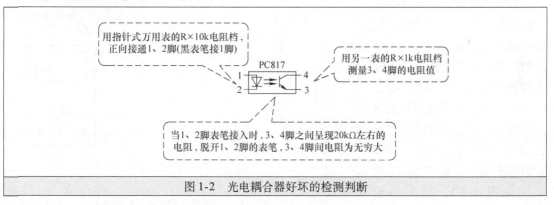

图1-2　光电耦合器好坏的检测判断

★1.1.23　光电耦合器的指针式万用表的检测与判断

光电耦合器的指针式万用表电阻档的检测判断方法与要点如下：首先把万用表调到 R×100 电阻档，然后把万用表红表笔、黑表笔接输入端，检测发光二极管的正向、反向电阻，正常情况下，正向电阻一般为数十欧，反向电阻一般为几千欧到几十千欧。如果正向、反向电阻接近，则说明该被检测的发光二极管已经损坏。

然后选择万用表 R×1 电阻档，再把红表笔、黑表笔接到输出端检测正向、反向电阻，正常情况下均要接近于无穷大，否则，说明该光电耦合器的光电晶体管已经损坏。

然后把万用表调到 R×10 电阻挡，再把红表笔、黑表笔分别接到输入端、输出端检测发光二极管与光电晶体管间的绝缘电阻，发光二极管与光电晶体管间绝缘电阻正常应为无穷大，如果为低阻值，则说明该光电耦合器可能已损坏。

★1.1.24 光电耦合器的万用表与加电的检测与判断

光电耦合器的万用表与加电的检测判断方法与要点如下：首先按图1-3所示的检测线路连接好，即输入端接 +5V 电源，并且经限流电阻 R。输出端接万用表的红表笔、黑表笔。万用表调到 R×1 或 R×10 档，检测正向电阻，正常情况下为 10~100Ω。然后调换红表笔、黑表笔，检测反向电阻，正常情况下为无穷大。如果正向电阻偏差太大，则说明该光电耦合器损坏。如果反向电阻太小，则说明光电耦合器存在绝缘电阻降低、漏电、击穿损坏等异常情况。

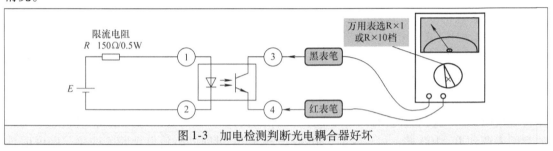

图 1-3   加电检测判断光电耦合器好坏

★1.1.25 数字集成电路的检测与判断

数字集成电路的检测判断方法与要点如下：常用数字集成电路为保护输入端与工厂生产的需要，其有的在每一个输入端分别对 VDD、GND 接了一个二极管。如果采用万用表二极管档检测，可检测出二极管效应。另外，VDD、GND 间的静态电阻一般在 20kΩ 以上（见图 1-4），如果小于 1kΩ，则说明该数字集成电路可能异常。

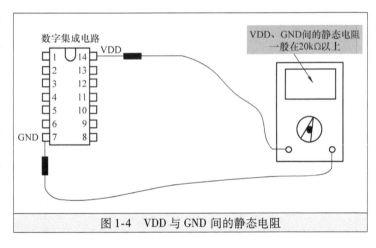

图 1-4   VDD 与 GND 间的静态电阻

★1.1.26 74 系列 TTL 型集成电路的检测与判断

74 系列 TTL 型集成电路的检测判断方法与要点如下：首先把万用表调到电阻档，然后进行检测（见图 1-5）。

首先检测电源端的正向、反向电阻，正向电阻是把万用表的黑表笔接集成电路的电源正脚 VCC，红表笔接集成电路电源负脚 GND。如果把表笔调换后检测，则为反向电阻检测。74 系列 TTL 型集成电路电源正向电阻值不完全统一，一般在十几千欧到 100kΩ；电源反向电阻一般在 7kΩ 左右。如果检测得到电源正向电阻值大于电源反向电阻值，并且阻值大小与上述数值基本一样，则说明检测的集成电路的电源电路是好的。

再检测电源负极脚与其他脚间的正向电阻（红表笔接电源负脚）、反向电阻值。74系列 TTL 型集成电路一般反向电阻为 7 ~ 10kΩ；74 系列 TTL 型集成电路正向电阻没有统一的数值，但一般是远大于反向电阻值，一般在 100kΩ 至无穷大。

说明：上面以用 MW7 型万用表为例，并且不适用于个别 TTL 型集成电路的检测规律。

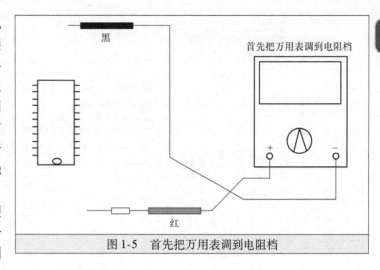

图 1-5 首先把万用表调到电阻档

★1.1.27　三端集成稳压器的检测与判断

三端集成稳压器的万用表 + 直流电源的检测判断方法与要点如下：首先按图 1-6 所示连接好线路。也就是在三端稳压器的 1、2 脚加上直流电压，即加入图中的可调直流电源 E。使用时，注意输入电压 U_i 需要比稳压器的稳压值 U_o 至少要高 2V，以及最高不得超过 35V。然后把万用表调到直流电压档，再检测三端稳压器的 3 脚与 2 脚间的电压值，则该电压就是稳压器的稳定电压。然后将稳定电压与三端集成稳压器的标称电压进行比较，如果一致，则说明该三端集成稳压器性能良好；如果不一致，则说明该三端集成稳压器性能不良。

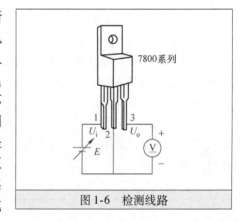

图 1-6 检测线路

★1.1.28　逆变模块的检测与判断

逆变模块判断好坏的方法如下：

（1）准备工作

如果是在电路板上的逆变模块，则需要拆下其与外连接的电源线（R、S、T）、电机线（U、V、W）。选择万用表的 R×1 电阻档或二极管档。测定时必须确认滤波电容已完全放电后，才能进行检测。

（2）检测整流桥

测量整流上桥——黑表笔接主接线端子上的"+"，红表笔分别接 R 端、S 端、T 端。

测量整流下桥——红表笔接主接线端子上的"−"，黑表笔分别接 R 端、S 端、T 端。

正常情况一般整流桥压差为 0.3 ~ 0.5V，六者数值偏差不大。如果与此有差异，则说明整流桥可能已损坏。

用万用表测量某变频器逆变 IGBT 整流桥端子的方法如图 1-7 所示。

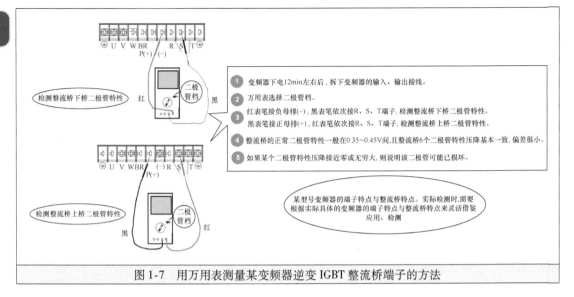

① 变频器下电12min左右后，拆下变频器的输入、输出接线。

② 万用表选择二极管档。

③ 红表笔接负母排(−)，黑表笔依次接R、S、T端子，检测整流桥下桥二极管特性。

黑表笔接正母排(+)，红表笔依次接R、S、T端子，检测整流桥上桥二极管特性。

④ 整流桥的正常二极管特性一般在0.35~0.45V间，且整流桥6个二极管特性压降基本一致，偏差很小。

⑤ 如果某个二极管特性压降接近零或无穷大，则说明该二极管可能已损坏。

某型号变频器的端子特点与整流桥特点。实际检测时，需要根据实际具体的变频器的端子特点与整流桥特点来灵活借鉴应用、检测。

图1-7　用万用表测量某变频器逆变IGBT整流桥端子的方法

（3）检测逆变桥

检测逆变上桥——黑表笔接"＋"，红表笔分别接U端、V端、W端。

检测逆变下桥——红表笔接"−"，黑表笔分别接U端、V端、W端。

正常情况一般逆变压差为0.28~0.5V，六者数值偏差不大。如果与此有差异，则说明逆变桥可能已损坏。

（4）检测内置制动

变频器如果有内置制动（端子一般标B1、B2），其制动管好坏的检测方法如下：红表笔接"B2"，黑表笔接"B1"，正常一般在0.4V左右，如果与此有差异，则说明制动管可能已损坏。

逆变模块判断图解如图1-8所示。

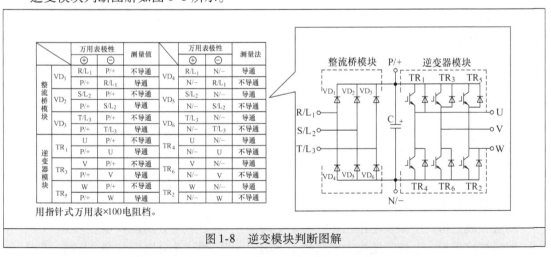

图1-8　逆变模块判断图解

（5）检测逆变IGBT二极管特性

用万用表测量某变频器逆变IGBT整流桥端子的方法如图1-9所示。

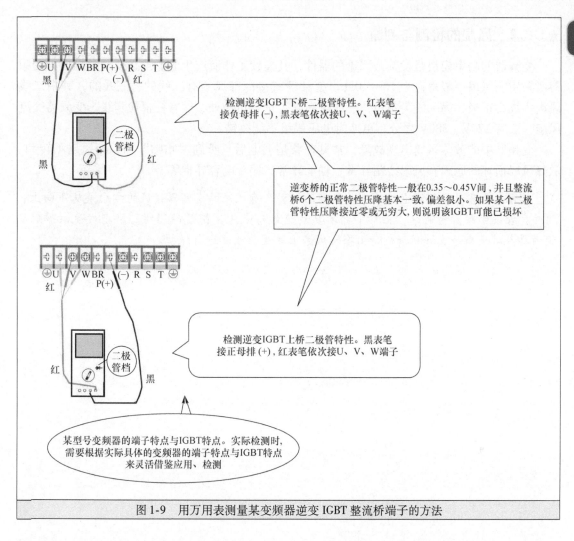

图1-9 用万用表测量某变频器逆变 IGBT 整流桥端子的方法

☆☆☆ **1.2 配件的检测与判断** ☆☆☆

★1.2.1 继电器的检测与判断

首先在继电器线圈脚间加上额定电压，然后听继电器吸合的声音是否正常来判断。也可以检测需要动合或动断的触点是否动作来判断：通电动断的触点是否断开，通电动合的触点是否闭合。检测示意图如图1-10所示。

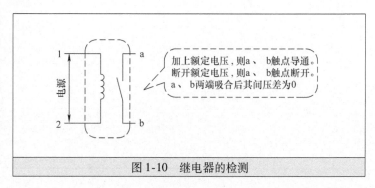

图1-10 继电器的检测

★1. 2. 2　风扇的检测与判断

变频器的功率模块是发热最严重的器件，其连续工作所产生的热量必须及时排出。变频器所采用的风扇一般寿命为 10 ~ 40kh。变频器直接冷却风扇有二线的、三线的，其中二线风扇一线为正极，另一线为负极；三线风扇除了正、负极外，还有一根检测线。变频器交流风扇一般有 220V、380V 之分，更换时电压等级不能搞错。

变频器中的散热风扇出现故障，常见现象是上电后只听到"嗡嗡"声，而风扇不转动。散热风扇损坏的原因有风扇线圈异常、轴承异常、偏转电容异常等。

> **提示**：小容量变频器也有无冷却风扇的机种。有风扇的变频器，风的方向是从下向上，因此，装设变频器的地方，上、下部不要放置妨碍吸气、排气的器材。风扇发生故障时，变频器会对风扇停止检测，或者由冷却风扇上的过热检测进行保护。

第2章

速查与速用

☆☆☆ **2.1 分立元器件速查与速用** ☆☆☆

★2.1.1 二极管/整流桥速查与速用

变频器应用的一些二极管/整流桥参数见表2-1。

表 2-1 变频器应用的一些二极管/整流桥参数

型号	参考参数	参考代换/外形
1N4007	$1000V(V_{RRM})$、$1A(I_{F(AV)})$、$30A(I_{FSM})$、$3W(P_D)$、$1.1V$ (V_F)、$30\mu A(I_{rr})$	
1N4744	$1W(P_{tot})$、$1.2V(V_F)$、$15V(V_{znom})$	阴极性标记
BAV99	$70V(V_{RRM})$、$200mA(I_{F(AV)})$、$350mW(P_D)$、$70V(V_R)$、$6.0ns$ (t_{rr})	A7
BYV27-100	$100V(V_{RSM})$、$50A(I_{FSM})$、$15A(I_{FRM})$、$2A(I_{FAV})$	
BYV27-200	$200V(V_{RRM})$、$140V(V_{RMS})$、$200V(V_{DC})$、$220V(V_{BR})$、$2A$ $(I_{(AV)})$、$25ns(t_{rr})$	代:UF202、BYV27
BYV96E	$1000V(V_{RRM})$、$700V(V_{RMS})$、$1000V(V_{DC})$、$1.5A(I_{F(AV)})$、 $1.6V(V_F)$、$200ns(t_{rr})$	阴极性标记
ES1J	$600V(V_{RRM}、V_{RWM}、V_R)$、$420V(V_{R(RMS)})$、$1A(I_O)$、$30A$ (I_{FSM})、$1.7V(V_{FM})$、$35ns(t_{rr})$	
LL103A	$40V(V_R)$、$40V(V_{(BR)R})$、$5\mu A(I_R)$、$0.37V(V_F)$、$50pF(C_D)$、 $10ns(t_{rr})$	
LL103B	$30V(V_R)$、$30V(V_{(BR)R})$、$5\mu A(I_R)$、$0.37V(V_F)$、$50pF(C_D)$、 $10ns(t_{rr})$	

（续）

型号	参考参数	参考代换/外形
LL103C	$20V(V_R)$、$20V(V_{(BR)R})$、$5\mu A(I_R)$、$0.37V(V_F)$、$50pF(C_D)$、$10ns(t_{rr})$	
LL4148	$100V(V_{RM})$、$75V(V_{RRM})$、$300mA(I_{FM})$、$150mA(I_O)$、$500mA$ (I_{FSM})、$500mW(P_d)$	阴极性标记
MR856	$600V(V_{RRM})$、$420V(V_{RMS})$、$600V(V_{DC})$、$3A(I_{(AV)})$、$150ns$ (t_{rr})、$28pF(C_J)$	阴极性标记
MUR1100	$1000V(V_{RRM})$、$700V(V_{RMS})$、$1A(I_{F(AV)})$、$35A(I_{FSM})$、$45ns$ (t_{rr})、$20pF(C_J)$	阴极性标记
RU2	$600V(V_{RM})$、$1A(I_{F(AV)})$、$20A(I_{FSM})$、$1.5V(V_F)$、$0.4\mu s(t_{rr})$	阴极性标记
SKD25/08	$800V(V_{RMS}、V_{RRM})$、$0.7W(P_{min})$、$2.2V(V_F)$、$10ms(t_{rr})$	
SM4007	$1000V(V_{RRM})$、$700V(V_{RMS})$、$1000V(V_{DC})$、$1A(I_{(AV)})$、$30A$ (I_{FSM})、$1.2V(V_F)$、$5\mu A(I_R)$、$2.5\mu s(t_{RR})$	
SMBYW02-200	$200V(V_{RRM})$、$10A(I_{F(RMS)})$、$2A(I_{F(AV)})$、$50A(I_{FSM})$、$0.8V$ (V_F)、$10\mu A(I_R)$、$26ns(t_{rr})$	
STPS140U	$40V(V_{RRM})$、$7A(I_{F(RMS)})$、$1A(I_{F(AV)})$、$60A(I_{FSM})$、$900W$ (P_{ARM})、$12\mu A(I_R)$、$0.43V(V_F)$	
ZMM18	$16.8\sim19.1V(V_Z)$、$500mW(P_{tot})$	
ZMM2V7	$2.7V(V_Z)$、$1/2W(P_{tot})$、$1.5V(V_F)$	
ZMM5V6	$5.6V(V_Z)$、$1/2W(P_{tot})$、$1.5V(V_F)$	
ZMM6V2	$6.2V(V_Z)$、$1/2W(P_{tot})$、$1.5V(V_F)$	
ZMY18	$16.8\sim19.1V(V_Z)$、$1W(P_{tot})$	

16

★2.1.2 晶体管速查与速用

变频器应用的一些晶体管参数见表2-2。

表2-2 变频器应用的一些晶体管参数

型号	参考参数	参考代换/外形
2N2219A	$75V(V_{CBO})$、$40V(V_{CEO})$、$800mA(I_C)$、$800mW(P_{tot})$、$300MHz(f_T)$、$250ns(t_{off})$、$6V(V_{EBO})$	
2N4111	$60V(V_{CEO})$、$5A(I_{C(CONT)})$、$120(h_{FE})$、$50MHz(f_t)$、$30W(P_D)$	
2N4401	$60V(V_{CBO})$、$40V(V_{CEO})$、$6V(V_{EBO})$、$600mA(I_C)$、$800mA(I_{CM})$、$200mA(I_{BM})$、$630mW(P_{tot})$、$35ns(t_{on})$、$15ns(t_d)$、$20ns(t_r)$、$250ns(t_{off})$	
2N4403	$40V(V_{CEO})$、$40V(V_{CBO})$、$5V(V_{EBO})$、$600mA(I_C)$、$625mW(P_D)$、$15ns(t_d)$、$20ns(t_r)$、$225ns(t_s)$、$30ns(t_f)$	
2SA1020	$-50V(V_{CBO})$、$-50V(V_{CEO})$、$-5V(V_{EBO})$、$-2A(I_C)$、$-0.2A(I_B)$、$900mW(P_C)$、$0.1\mu s(t_{on})$、$0.1\mu s(t_f)$	
2SA1175	$-60V(V_{CBO})$、$-50V(V_{CEO})$、$-5V(V_{EBO})$、$-1A(I_C)$、$-20mA(I_B)$	
2SA1313	$-50V(V_{CBO})$、$-50V(V_{CEO})$、$-5V(V_{EBO})$、$-500mA(I_C)$、$-50mA(I_B)$	
2SA1385-Z	$-60V(V_{CBO})$、$-60V(V_{CEO})$、$-7V(V_{EBO})$、$-5A(I_C)$、$10W(P_T)$	
2SA1444	$-100V(V_{CBO})$、$-60V(V_{CEO})$、$-7V(V_{EBO})$、$-15A(I_C)$、$30W(P_T)$	
2SA1952	$-100V(V_{CBO})$、$-60V(V_{CEO})$、$-5V(V_{EBO})$、$-5A(I_C)$、$1W(P_C)$、$80MHz(f_T)$、$0.3\mu s(t_{on})$、$0.3\mu s(t_f)$	

（续）

型号	参考参数	参考代换/外形
2SB1030	$-30\mathrm{V}(V_{CBO})$、$-25\mathrm{V}(V_{CEO})$、$-7\mathrm{V}(V_{EBO})$、$-0.5\mathrm{A}$ (I_C)、$300\mathrm{mW}(P_C)$	
2SB1261-Z	$-60\mathrm{V}(V_{CBO})$、$-60\mathrm{V}(V_{CEO})$、$-7\mathrm{V}(V_{EBO})$、$-3\mathrm{A}$ $(I_{C(DC)})$、$2.0\mathrm{W}(P_{T1})$、$150℃(T_j)$	
2SC1623	$60\mathrm{V}(V_{CBO})$、$50\mathrm{V}(V_{CEO})$、$5\mathrm{V}(V_{EBO})$、$100\mathrm{mA}(I_C)$、$200\mathrm{mW}(P_T)$	
2SC2562	$60\mathrm{V}(V_{CBO})$、$50\mathrm{V}(V_{CEO})$、$5\mathrm{V}(V_{EBO})$、$5\mathrm{A}(I_C)$、$1\mathrm{A}(I_B)$、$25\mathrm{W}(P_T)$、$0.1\mu\mathrm{s}(t_{on})$、$1\mu\mathrm{s}(t_s)$、$0.1\mu\mathrm{s}(t_f)$	
2SC3325	$50\mathrm{V}(V_{CBO})$、$50\mathrm{V}(V_{CEO})$、$5\mathrm{V}(V_{EBO})$、$500\mathrm{mA}(I_C)$、$50\mathrm{mA}$ (I_B)、$200\mathrm{mW}(P_C)$	
2SC3383	$60\mathrm{V}(V_{CBO})$、$50\mathrm{V}(V_{CEO})$、$200\mathrm{mA}(I_C)$、$400\mathrm{mW}(P_C)$、$250\mathrm{MHz}(f_T)$、$0.3\mathrm{V}(V_{CE(sat)})$	
2SC3507	$1000\mathrm{V}(V_{CBO})$、$1000\mathrm{V}(V_{CES})$、$800\mathrm{V}(V_{CEO})$、$7\mathrm{V}(V_{EBO})$、$5\mathrm{A}(I_C)$、$3\mathrm{A}(I_B)$、$80\mathrm{W}(P_C)$	
2SC3694	$100\mathrm{V}(V_{CBO})$、$60\mathrm{V}(V_{CEO})$、$5\mathrm{V}(V_{EBO})$、$15\mathrm{A}(I_C)$、$30\mathrm{W}$ (P_C)	
2SC3964	$40\mathrm{V}(V_{CBO})$、$40\mathrm{V}(V_{CEO})$、$7\mathrm{V}(V_{EBO})$、$2\mathrm{A}(I_C)$、$0.5\mathrm{A}$ (I_B)、$1.5\mathrm{W}(P_C)$、$1\mu\mathrm{s}(t_{on})$、$3\mu\mathrm{s}(t_{stg})$、$1.2\mu\mathrm{s}(t_f)$	
2SC5103	$100\mathrm{V}(V_{CBO})$、$60\mathrm{V}(V_{CEO})$、$5\mathrm{V}(V_{EBO})$、DC $5\mathrm{A}(I_C)$、$1\mathrm{W}$ (P_C)、$10\mu\mathrm{A}(I_{CBO})$、$120\mathrm{MHz}(f_T)$、$0.3\mu\mathrm{s}(t_{on})$、$1.5\mu\mathrm{s}$ (t_{stg})、$0.1\mu\mathrm{s}(t_f)$	
2SD1423	$30\mathrm{V}(V_{CBO})$、$25\mathrm{V}(V_{CEO})$、$7\mathrm{V}(V_{EBO})$、$1\mathrm{A}(I_{CP})$、$300\mathrm{mW}$ (P_C)、$200\mathrm{MHz}(f_T)$	
2SD1899-Z	$60\mathrm{V}(V_{CBO})$、$60\mathrm{V}(V_{CEO})$、$7\mathrm{V}(V_{EBO})$、$3\mathrm{A}(I_{C(DC)})$、$2\mathrm{W}$ (P_T)	

（续）

型号	参考参数	参考代换/外形
2SD560	$150\text{V}(V_{\text{CBO}})$、$100\text{V}(V_{\text{CEO}})$、$7.0\text{V}(V_{\text{EBO}})$、$\pm5\text{A}(I_{\text{C(DC)}})$、$1.5\text{W}(P_{\text{T}})$、$1\mu\text{s}(t_{\text{on}})$、$3.5\mu\text{s}(t_{\text{stg}})$、$1.2\mu\text{s}(t_{\text{f}})$	$R_1=3.0\text{k}\Omega\ R_2=300\Omega$
BC807-25	$-50\text{V}(V_{\text{CBO}})$、$-45\text{V}(V_{\text{CEO}})$、$-0.5\text{A}(I_{\text{C}})$、$0.3\text{W}(P_{\text{C}})$、$100\text{MHz}(f_{\text{T}})$	
BC817-25	$45\text{V}(V_{\text{CEO}})$、$50\text{V}(V_{\text{CES}})$、$5\text{V}(V_{\text{EBO}})$、$1.5\text{A}(I_{\text{C}})$、$350\text{mW}(P_{\text{D}})$、$160(h_{\text{FE}})$、$0.7\text{V}(V_{\text{CE(sat)}})$、$1.2\text{V}(V_{\text{BE(on)}})$	
BSR14	$40\text{V}(V_{\text{CEO}})$、$75\text{V}(V_{\text{CBO}})$、$6\text{V}(V_{\text{EBO}})$、$800\text{mA}(I_{\text{C}})$、$350\text{mW}(P_{\text{D}})$、$0.3\text{V}(V_{\text{CE(sat)}})$	
BSR16	$-60\text{V}(V_{\text{CEO}})$、$-60\text{V}(V_{\text{CBO}})$、$-5\text{V}(V_{\text{EBO}})$、$-800\text{mA}(I_{\text{C}})$、$200\text{MHz}(f_{\text{T}})$、$45\text{ns}(t_{\text{on}})$、$10\text{ns}(t_{\text{d}})$、$40\text{ns}(t_{\text{r}})$、$100\text{ns}(t_{\text{off}})$、$80\text{ns}(t_{\text{s}})$、$30\text{ns}(t_{\text{f}})$	
S9013	$40\text{V}(V_{\text{CBO}})$、$20\text{V}(V_{\text{CEO}})$、$500\text{mA}(I_{\text{C}})$、$625\text{mW}(P_{\text{C}})$、$100\text{nA}(I_{\text{CBO}})$、$0.16\text{V}(V_{\text{CE(sat)}})$、$0.91\text{V}(V_{\text{BE(sat)}})$	
S9014	$50\text{V}(V_{\text{CBO}})$、$45\text{V}(V_{\text{CEO}})$、$5\text{V}(V_{\text{EBO}})$、$0.1\text{A}(I_{\text{C}})$、$0.45\text{W}(P_{\text{C}})$、$150\text{MHz}(f_{\text{T}})$、$0.3\text{V}(V_{\text{CE(sat)}})$、$1\text{V}(V_{\text{BE(sat)}})$、$50\text{V}(V_{\text{(BR)CBO}})$	

★2.1.3 场效应晶体管速查与速用

变频器应用的一些场效应晶体管参数见表2-3。

表2-3 变频器应用的一些场效应晶体管参数

型号	参考参数	参考代换/外形
2SK1162	$500\text{V}(V_{\text{DSS}})$、$\pm30\text{V}(V_{\text{GSS}})$、$10\text{A}(I_{\text{D}})$、$10\text{A}(I_{\text{DR}})$、$100\text{W}(P_{\text{ch}})$、$500\text{V}(V_{\text{(BR)DSS}})$、$250\mu\text{A}(I_{\text{DSS}})$	
2SK1317	$1500\text{V}(V_{\text{DSS}})$、$\pm20\text{V}(V_{\text{GSS}})$、$2.5\text{A}(I_{\text{D}})$、$2.5\text{A}(I_{\text{DR}})$、$100\text{W}(P_{\text{ch}})$、$1500\text{V}(V_{\text{(BR)DSS}})$、$\pm1\mu\text{A}(I_{\text{GSS}})$、$500\mu\text{A}(I_{\text{DSS}})$	
2SK2225	$1500\text{V}(V_{\text{DSS}})$、$\pm20\text{V}(V_{\text{GSS}})$、$2\text{A}(I_{\text{D}})$、$2\text{A}(I_{\text{DR}})$、$50\text{W}(P_{\text{ch}})$、$1500\text{V}(V_{\text{(BR)DSS}})$、$\pm1\mu\text{A}(I_{\text{GSS}})$、$9\Omega(R_{\text{DS(on)}})$	

19

（续）

型号	参考参数	参考代换/外形
2SK2717	$900V$（V_{DSS}）、$\pm 30V$（V_{GSS}）、$5A$（I_D）、$15A$（I_{DP}）、$45W$（P_D）、$\pm 10\mu A$（I_{GSS}）、$\pm 30V$（$V_{(BR)GSS}$）、$100\mu A$（I_{DSS}）、$1200pF$（C_{iss}）	
BFC40	$1500V$（V_{DSS}）、$2A$（I_D）、$4A$（I_{DM}）、$\pm 20V$（V_{GS}）、$50W$（P_D）、$550pF$（C_{iss}）、$90pF$（C_{oss}）、$30pF$（C_{rss}）、$30ns$（t_{on}）、$200ns$（t_{off}）	G D S
IRF740	$400V$（V_{DS}）、$400V$（V_{DGR}）、$\pm 20V$（V_{GS}）、$10A$（I_D）、$40A$（I_{DM}）、$125W$（P_{tot}）、$10A$（I_{AR}）、$520mJ$（E_{AS}）	D(2) G(1) S(3)

★2.1.4 IGBT 速查与速用

变频器应用的一些 IGBT 参数见表 2-4。

表 2-4 变频器应用的一些 IGBT 参数

型号	参考参数	参考代换/外形
2MBI300P-140	$1400V$（V_{CES}）、$\pm 20V$（V_{GES}）、$400A$（I_C）、$800A$（I_{CPULSE}）、$2500W$（P_C）、$3.0mA$（I_{CES}）、$8.0V$（$V_{GE(th)}$）、$1.2\mu s$（t_{ON}）、$0.6\mu s$（t_r）	
7MBR100U4B120	$1200V$（V_{CES}）、$\pm 20V$（V_{GES}）、$100A$（I_c）、$200A$（I_{cp}）、$205W$（P_c）、$1200V$（V_{RRM}）、$1600V$（V_{RRM}）、$100A$（I_o）、$520A$（I_{FSM}）	
7MBR25NE120	$1200V$（V_{CES}）、$\pm 20V$（V_{GES}）、$25A$（I_C）、$200W$（P_C）、$1200V$（V_{CES}）、$15A$（I_C）、$120W$（P_C）、$1A$（$I_{F(AV)}$）、$50A$（I_{FSM}）、$1600V$（V_{RRM}）、$1700V$（V_{RSM}）、$25A$（I_O）	
BSM100GB120DN2K	$1200V$（V_{CE}）、$1200V$（V_{CGR}）、$\pm 20V$（V_{GE}）、$145A$（I_C）、$290A$（I_{Cp}）、$700W$（P_{tot}）、$5.5V$（$V_{GE(th)}$）、$2.5V$（$V_{CE(sat)}$）、$6.5nF$（C_{iss}）	

20

（续）

型号	参考参数	参考代换/外形
BSM15GP120	二极管：1600V（V_{RRM}）、40A（I_{FRMSM}）晶体管：1200V（V_{CES}）、15A（I_C）	
BSM200GB120DN2	1200V（V_{CE}）、1200V（V_{CGR}）、±20V（V_{GE}）、290A（I_C）、1400W（P_{tot}）、5.5V（$V_{GE(th)}$）、2.5V（$V_{CE(sat)}$）、3mA（I_{CES}）、110ns（$t_{d(on)}$）	
FP75R12KT3	1200V（V_{CES}）、355W（P_t）、75A（I_C）、±20V（V_{GES}）、	
GD100CUL120C1S	1200V（V_{CES}）、±20V（V_{GES}）、100A（I_C）、200A（I_{CM}）、100A（I_F）、200A（I_{FM}）、658W（P_D）	
GD100FFT120C6S	1200V（V_{CES}）、±20V（V_{GES}）、100A（I_C）、200A（I_{CM}）、100A（I_F）、652W（P_D）	
GD100HFL120C1S	1200V（V_{CES}）、±20V（V_{GES}）、100A（I_C）、200A（I_{CM}）、781W（P_D）	
GD300HFL120C2S	1200V（V_{CES}）、±20V（V_{GES}）、300A（I_C）、600A（I_{CM}）、300A（I_F）、600A（I_{FM}）、2500W（P_D）	

21

（续）

型号	参考参数	参考代换/外形
GD50HFL120C1S	$1200V(V_{CES})$、$±20V(V_{GES})$、$50A(I_C)$、$100A(I_{CM})$、$50A(I_F)$、$100A(I_{FM})$、$329W(P_D)$	
GD75FFT120C6S	$1200V(V_{CES})$、$±20V(V_{GES})$、$75A(I_C)$、$150A(I_{CM})$、$75A(I_F)$、$517W(P_D)$	
GD75HFL120C1S	$1200V(V_{CES})$、$±20V(V_{GES})$、$75A(I_C)$、$150A(I_{CM})$、$75A(I_F)$、$150A(I_{FM})$、$658W(P_D)$	
SKM75GD124D	$1200V(V_{CES})$、$1200V(V_{CGR})$、$90A(I_C)$、$±20V(V_{GES})$、$390W(P_{tot})$、$60ns(t_{d(on)})$	
MG100Q2YS42	$1200V(V_{CES})$、$±20V(V_{GES})$、$100A(I_C)$、$200A(I_{CP})$、$100A(I_F)$、$700W(P_C)$、$0.3μs(t_r)$、$0.25μs(t_{rr})$	

☆☆☆　2.2　集成电路速查与速用　☆☆☆

★2.2.1　24C04A 存储器

24C04A 是存储器，其有多种封装结构，具体的一些封装引脚功能分布如图 2-1 所示（顶视图）。

主要引脚功能名称如下：A0 为地址输入端；NC 为空脚端；A1 为地址输入端；A2 为地址输入端；V_{SS} 为接地端；V_{CC} 为 +5V 电源端；WP 为写保护端；SCL 为串行时钟端；

SDA 为串行数据端。

24C04A 参考代换型号有 XL24C04A、24AA04、ST24W04M1 等。

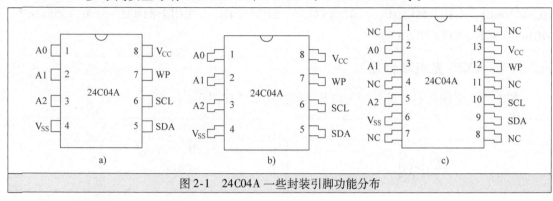

图 2-1　24C04A 一些封装引脚功能分布

★2.2.2　24C16A 存储器

24C16A 存储器有不同厂家生产的产品，如 SII 公司的 S-24C16A、ATMEL 公司的 AT24C16A 等。下面以 AT24C16A 为例进行介绍。

AT24C16A 系列有 AT24C01A/02/04/08A/16A。其引脚功能分布如图 2-2 所示（顶视图）。

主要引脚功能名称：①串行时钟端（SCL），输入用于上升沿到每个时钟数据 EEPROM 器件与输出每个设备的时钟数据；②串行数据端（SDA），对于串行数据传输是

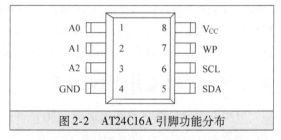

图 2-2　AT24C16A 引脚功能分布

双向的，为开漏输出结构；③器件/页地址端（A2、A1、A0），A2、A1 与 A0 端是地址端；④写保护端（WP），提供硬件数据保护功能；⑤电源端（VCC），提供电源电压。

24C16A 参考代换型号有 XL24C16A、24AA16、ST24C16B1、ST24C16M1、X24C16A 等。

★2.2.3　40106B 反相施密特触发器

40106B 是 HCC40106B、CD40106B、HEF40106B 等的总称。40106B 为反相施密特触发器。HEF40106B 引脚功能分布与内部结构如图 2-3 和图 2-4 所示。

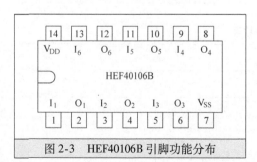

图 2-3　HEF40106B 引脚功能分布

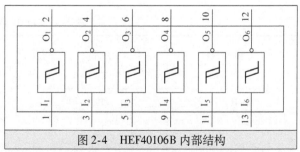

图 2-4　HEF40106B 内部结构

CD40106B 参考代换型号有 CD40106BCJ、CD40106BCN、CD40106BD、CD40106BE、CD40106BF、CD40106BMJ、ECG40106B、EP84X240、HCC40106BF、HCF40106BE、HCF40106BF、HD14584BP、MC14584、MC14584B、MC14584BAL、MC14584BCL、MC14584BCP、NTE40106B 等。

★2. 2. 4　4N35 光电耦合器

4N35 为光电耦合器，其外形与内部结构如图 2-5 和图 2-6 所示。

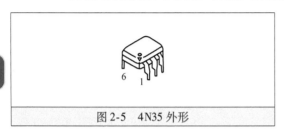

图 2-5　4N35 外形

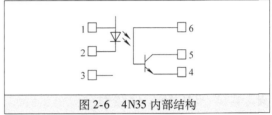

图 2-6　4N35 内部结构

4N35 参考代换型号有 4N25、4N26、4N27、4N28、4N29、4N30、4N31、4N32、4N33、4N34、4N36、4N37、4N38、4N38A、4N35411、H11A3、H11A4、MC22007、TLP131、TLP137、TLP331、TLP531、TLP534、TLP535、TLP631、TLP632、TLP731、TIL113、TIL117、PC120、PC417、PS2002、FCD830、CNX62A、MCT277、SPX2、SPX3、SPX4 等。

★2. 2. 5　5176B 差分总线收发器

5176B 差分总线收发器的引脚功能分布如图 2-7 所示，逻辑图（正逻辑）如图 2-8 所示；函数表见表 2-5；接收器功能表见表 2-6。

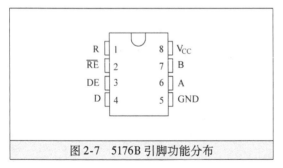

图 2-7　5176B 引脚功能分布

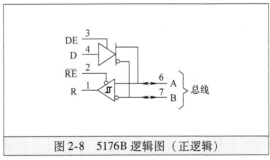

图 2-8　5176B 逻辑图（正逻辑）

表 2-5　5176B 函数表

输入	启用	输出	
D	DE	A	B
H	H	H	L
L	H	L	H
X	L	Z	Z

注：H 代表高电平，L 代表低电平，X 代表无关，Z 代表高阻抗（关）。

表2-6　接收器功能表

差分输入 A – B	使能 $\overline{RE}$	输出 R
$V_{ID} \geqslant 0.2V$	L	H
$-0.2V < V_{ID} < 0.2V$	L	?
$V_{ID} \leqslant -0.2V$	L	L
X	H	Z
开	L	?

注：H 代表高电平，L 代表低电平，? 代表不确定，X 代表无关，Z 代表高阻抗（关）。

25

★2.2.6　6N139 光电耦合器

　　6N139 光电耦合器具有电流回路驱动器、低输入电流线接收器、CMOS 逻辑接口等特点。6N139 是由一个红外发光二极管加上一个达林顿输出配置而成。其引脚配置（顶视图）如图 2-9 所示。

　　6N139 参考代换型号有 HCPL-0701、HCNW139 等。

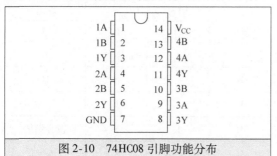

图 2-9　6N139 引脚配置

★2.2.7　74HC08 与门

　　74HC08 为 4 路 2 输入与门。74HC08 引脚功能分布如图 2-10 所示；逻辑图如图2-11所示。74HC08 函数表见表 2-7。

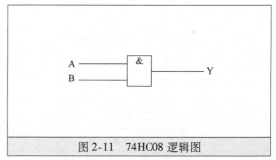

图 2-10　74HC08 引脚功能分布

图 2-11　74HC08 逻辑图

表2-7　74HC08 函数表

输入		输出
A	B	Y
H	H	H
L	X	L
X	L	L

注：H 代表高电平，L 代表低电平，X 代表无关。

　　74HC08 参考代换型号有 MC74HC08、ECG74HC08、MLC74HC08A、SK7C08 等。

★2.2.8　74HC14 施密特触发器

　　74HC14 为六反相施密特触发器。74HC14 引脚功能分布如图 2-12 所示，内部结构如图 2-13 所示。74HC14 真值表见表 2-8。

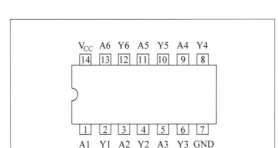

图 2-12　74HC14 引脚功能分布

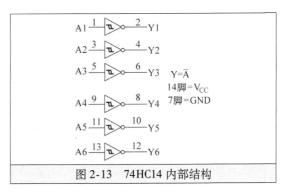

图 2-13　74HC14 内部结构

表 2-8　74HC14 真值表

输入	输出
A	Y
L	H
H	L

74HC14 参考代换型号有 MC74HC14、DV74HC14A、HD74HC14 等。

★2.2.9　74HC273 触发器

74HC273 为八路 D 触发器。其引脚功能分布如图 2-14 所示，功能表见表 2-9。

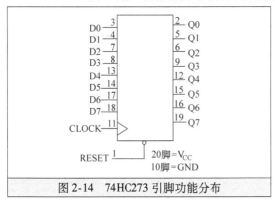

图 2-14　74HC273 引脚功能分布

表 2-9　74HC273 功能表

输入			输出
复位	时钟	D	Q
L	X	X	L
H	⤴	H	H
H	⤴	L	L
H	L	X	没有变化
H	⤵	X	没有变化

74HC273 参考代换型号有 ECG74HC273、MC74HC273N 等。

★2.2.10　74HC541 八路缓冲器和线路驱动器

74HC541 为八路缓冲器和线路驱动器。其引脚功能分布如图 2-15 所示，应用电路如图 2-16 所示，函数表见表 2-10。

74HC541 参考代换型号有 SN74HC541、MC74HC541 等。

★2.2.11　74HC574 触发器

74HC574 为八路 D 型触发器，上升沿触发，三态。其应用电路如图 2-17 所示。

74HC574 的主要引脚功能如下：①1 脚是 3 态输出使能输入端（低电平有效）；②2~9 脚是 D0~D7 数据输入端；③10 脚是 GND 接地端；④11 脚是时钟输入端；⑤19~12 脚是

Q0～Q7 数据输入端；⑥20 脚是 V_{DD}正电源电压端。

74HC574 参考代换型号有 SN74HC574、DV74HC574A、MC74HC574A、HD74HC574、LR74HC574、M74HC574 等。

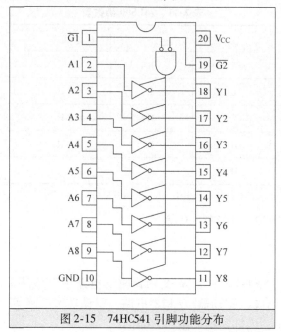

图 2-15　74HC541 引脚功能分布

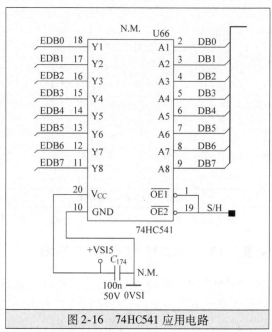

图 2-16　74HC541 应用电路

27

表 2-10　74HC541 函数表

输入			输出
$\overline{G1}$	$\overline{G2}$	A	Y
L	L	L	L
L	L	H	H
H	X	X	Z
X	H	X	Z

注：X 代表无关，Z 代表关闭（高阻抗）的 3 态输出状态。

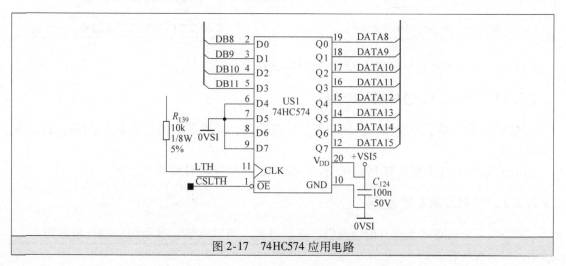

图 2-17　74HC574 应用电路

★2.2.12 74LS00 与非门

74LS00 为四二输入与非门，其内部结构如图 2-18 所示，函数表见表 2-11。

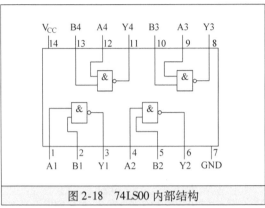

图 2-18 74LS00 内部结构

表 2-11 74LS00 函数表

输入		输出
A	B	Y
L	L	H
L	H	H
H	L	H
H	H	L

注：H 代表高电平，L 代表低电平。

74LS00 参考代换型号有 SN74LS00、DV74LS00、HD74LS00 等。

★2.2.13 74LS07 缓冲器/驱动器

74LS07 是六缓冲器/驱动器，其在英威腾 INVT-P9/1.5kW 变频器驱动电路中有应用。变频器驱动电路一般由 CPU 的 PWM 脉冲输出引脚、驱动器/反相器电路、驱动功率电路等部分组成。74LS07 引脚功能分布如图 2-19 所示，内部结构如图 2-20 所示。

图 2-19 74LS07 引脚功能分布

图 2-20 74LS07 内部结构

74LS07 参考代换型号有 SN74LS07、GD74LS07 等。

★2.2.14 74LS244 缓冲器/驱动器

74LS244 为八路缓冲器和线路驱动器，三态输出。其内部结构如图 2-21 所示，真值表见表 2-12。

74LS244 参考代换型号有 DM74LS244、GD74LS244、SN74LS244 等。

★2.2.15 74LS74A 触发器

74LS74A 为双路 D 类上升沿触发器，具有预置、清除功能。其引脚功能分布如图 2-22 所示，真值表见表 2-13。

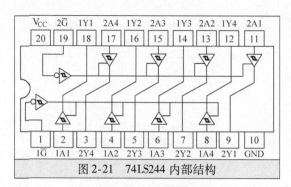

图 2-21 74LS244 内部结构

表 2-12 74LS244 真值表

输入量		输出
$1\overline{G}, 2\overline{G}$	D	
L	L	L
L	H	H
H	X	Z

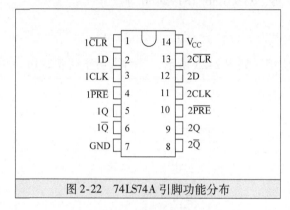

图 2-22 74LS74A 引脚功能分布

表 2-13 74LS74A 真值表

输入				输出	
$\overline{PRE}$	$\overline{CLR}$	CLK	D	Q	$\overline{Q}$
L	H	X	X	H	L
H	L	X	X	L	H
L	L	X	X	H	H
H	H	↑	H	H	L
H	H	↑	L	L	H
H	H	L	X	Q_0	$\overline{Q}_0$

74LS74A 参考代换型号有 SN74LS74A、DM74LS74、HD74LS74A 等。

★2. 2. 16　78L12 电压调节器

78L12 是固定电压单片集成电路电压调节器,典型输出电压为 12V,最大输入电压为 14. 5V,输出电压范围为 11. 5 ~ 12. 5V。78L12 应用电路如图 2-23 所示。

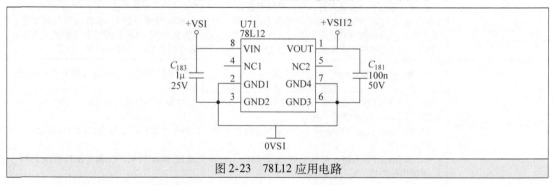

图 2-23 78L12 应用电路

78L12 参考代换型号有 AN78L12、uA78L12、KA78L12A、MC78L12A、LM78L12、78L12ACZ、AN78L12- Y、ECG950、GEVR-109、HEPC6133P、MC78L12ACG、LW78L12ACZ 等。

★2. 2. 17　93C56 存储器

93C56 为低电压串行电擦写式可编程只读存储器。其主要引脚功能如下:①S 是片选端;②D 是串行数据输入端;③Q 是串行数据输出端;④C 是串行时钟端;⑤ORG 是存储器配置选择端，ORG 引脚为逻辑低电平 8 位字，为逻辑高电平 16 位字；⑥V_{cc} 是电源端；⑦V_{ss} 是接地端；⑧DU 是测试端。

93C56 引脚功能分布如图 2-24 所示。

93C56 绝对最大额定值如下：①V_{cc} 是 7.0V；②相对于 V_{ss} 的所有输入和输出是 $-0.6V \sim V_{cc}+1.0V$；③存储温度是 $-65 \sim 150℃$；④环境温度（使用电源时）是 $-40 \sim 125℃$；⑤所有引脚静电保护是 ≥4kV。

```
 S  [1      8]  Vcc
 C  [2      7]  DU
 D  [3      6]  ORG
 Q  [4      5]  Vss
```

图 2-24　93C56 引脚功能分布

93C56 参考代换型号有 CAT93C56、AT93C56、XL93C56、ST93C56 等。

★2.2.18　93C66 存储器

93C66 在英威腾 INVT-G9/P9 变频器中有应用，如图 2-25 所示，其引脚功能见表 2-14。

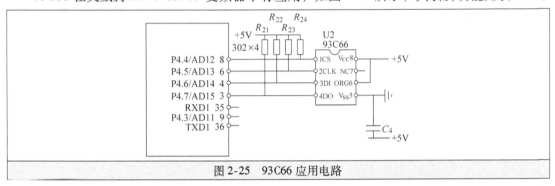

图 2-25　93C66 应用电路

表 2-14　93C66 引脚功能

引脚名称	解　　说
CS 片选端	该脚为高电平时选通器件，低电平时释放器件进入待机模式。不管片选（CS）引脚输入信号如何，已处在进行中的编程周期都会完成。如果在一个编程周期中把 CS 引脚设置为低电平，则器件会在编程周期结束后立即进入待机模式。在连续的指令间，CS 引脚至少必须保持 250ns（TCSL）的低电平状态。如果 CS 引脚为低电平，则内部控制逻辑会持续处在复位状态
CLK 串行数据时钟端	1）串行时钟是用来同步主器件与 93××系列器件间的通信。操作码、地址、数据在 CLK 上升沿按位移入。另外，数据也是在 CLK 的上升沿按位移出 2）CLK 可以在传输时序的任意时刻停止，也可以在时钟高电平时期（TCKH）与时钟低电平时期（TCKL）期间随时恢复 3）如果 CS 引脚为高电平，起始条件还没检测到，则器件可以接收任意数目的时钟周期而保持状态不变 4）在自定时写周期（即自动擦/写）期间，不需要考虑 CLK 周期。在起始条件检测到后，必须提供指定数目的时钟周期
DI 串行数据输入端	数据输入（DI）引脚用来与 CLK 输入同步地移入起始位、操作码、地址、数据
DO 串行数据输出端	1）读取模式中，数据输出（DO）引脚用于同步输出数据与 CLK 输入 2）擦除与写入周期期间，DO 引脚还可提供 Ready/Busy 状态信息 3）如果 CS 引脚在保持最小片选低电平时间（TCSL）的低电平状态并且已触发一个擦除或写入操作后，再转换为高电平，则在 DO 引脚上可以获得 Ready/Busy 状态信息 4）如果在整个擦除或写入周期内 CS 引脚保持低电平，则不能在 DO 引脚上获得此状态信号。这种状况下，DO 引脚处在高阻态。在擦/写周期后如果检测到状态信号，则数据线将变为高电平

（续）

引脚名称	解　　说
ORG 存储器配置端	1）ORG 引脚连接到 V_{CC} 或逻辑高电平时，选中 x16 存储器架构 2）ORG 引脚连接到 V_{SS} 或逻辑低电平时，选中 x8 存储器架构 3）进行正常操作时，ORG 引脚必须连接到有效的逻辑电平 4）对于不带 ORG 功能的器件来说，没有连接到 ORG 引脚的内部连接 5）为支持单个字的大小，器件在出厂时就已设置： A 系列器件——x8 架构 B 系列器件——x16 架构
V_{SS} 地端	
V_{CC} 电源端	

93C66 参考代换型号有 XL93C66、CAT35C204、KM93C66、XRM93C66B、ST93C66 等。

★2.2.19　A7840 光电耦合器

光电耦合器的基本作用是将输入、输出侧电路进行有效的电气隔离，能以光的形式传输信号，有较好的抗干扰效果，输出侧电路能在一定程度上得以避免强电压的引入和冲击。

A7840 属于线性光电耦合器，其在电路中主要用于对 mV 级微弱的模拟信号进行线性传输，采用差分信号输出方式。内部输入电路有放大作用，且为高阻抗输入，能不失真传输 mV 级交、直流信号，具有 1000 倍左右的电压放大倍数。在变频器电路中，往往用于输出电流的采样与放大处理、主回路直流电压的采样与放大处理、输出信号作为后级运算放大器差分输入信号。

A7840 功能框图如图 2-26 所示。

A7840 的工作参数如下：①输入侧、输出侧的供电典型值是 5V；②输入电阻是 480kΩ；③最大输入电压是 320mV。

A7840 的 2、3 脚为信号输入端，1、4 脚为输入侧供电端；6、7 脚为差分信号输出端，8、5 脚为输出侧供电端。

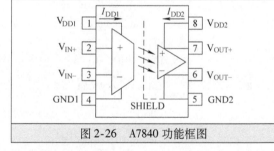

图 2-26　A7840 功能框图

A7840 在线检测方法：将内部电路看作一只"整体的运算放大器"，短接 2、3 脚（使输入信号为零）时，6、7 脚之间输出电压也为零。当 2、3 脚有 mV 级电压输入时，6、7 脚之间有"放大了"的比例电压输出。如果与此有差异，则 A7840 可能损坏了。

A7840 在英威腾 G9/P9 小功率变频器中的应用电路（输出电流采样电路）如图 2-27 所示。

A7840 参考代换型号有 HCPL7840、AMC1200 等。

★2.2.20　AD7528R 数-模转换器

AD7528R 双 8 位缓冲放大数-模转换器（DAC），其主要引脚分布如图 2-28 所示。

AD7528R 参考代换型号有 PM7528 等。

★2.2.21　AD7541 数-模转换器

AD7541 为 12 位乘法数-模转换器，其主要引脚分布如图 2-29 所示，功能块图如图 2-30 所示。

32

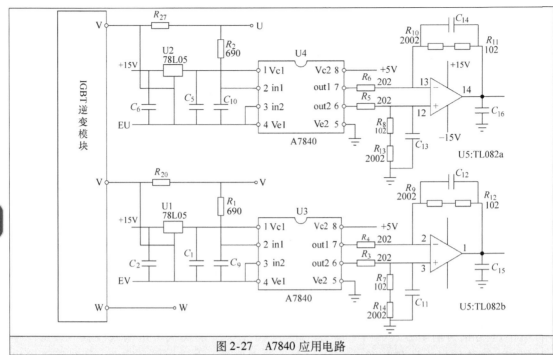

图 2-27　A7840 应用电路

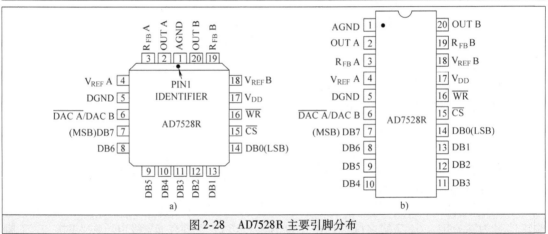

图 2-28　AD7528R 主要引脚分布

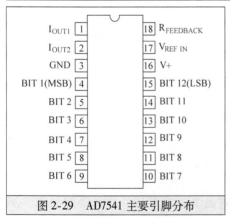

图 2-29　AD7541 主要引脚分布

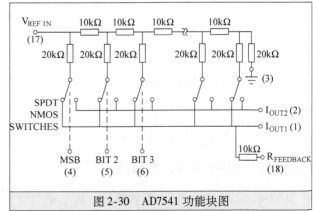

图 2-30　AD7541 功能块图

AD7541 电源电压范围为 +5 ~ +15V。AD7541 参考代换型号有 DAC1122 等。

★2.2.22 ADM485 差分线路收发器

ADM485 是差分线路收发器，其适用于多点总线传输线路的高速双向数据通信。符合 EIA 标准 RS-485 与 RS-422。ADM485 内置一个差分线路驱动器、一个差分线路接收器，驱动器与接收器均可独立使能。禁用时，输出处于三态。

ADM485 采用 +5V 单电源供电，热关断电路可防止总线竞争或输出短路导致功耗过大。故障条件下，如果检测到内部驱动器电路的温度显著升高，则能够强制驱动器输出进入高阻抗状态。

ADM485 一条总线上最多可以同时连接 32 个收发器，但任一时间只能使能一个驱动器。因此，其余禁用的驱动器不能向总线提供负载。ADM485 驱动器在禁用与关断时处于高输出阻抗状态。

当收发器不用时，则可以使负载效应降至最低。在 -7 ~ +12V 整个共模电压范围内，驱动器均可保持高阻抗输出。ADM485 的开关速度快，数据传输速率最高可达 5Mbit/s。

如果输入未连接（浮地），收发器所具有的故障安全特性将使输出保持逻辑高状态。

ADM485 引脚分布如图 2-31 所示，功能块图如图 2-32 所示。

图 2-31 ADM485 引脚分布

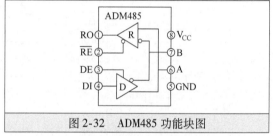

图 2-32 ADM485 功能块图

ADM485 参考代换型号有 SP485 等。

★2.2.23 BU4066 双向模拟开关

BU4066 为 4 双向模拟开关，其引脚分布与功能块图如图 2-33 所示。

BU4066 参考代换型号有 CD4066、MC14016、BU4066B、BU4066BL、BU4066BP、CD-4066B、CD4066AD、CD4066AE、CD4066AF、CD4066B、CD4066BCJ、CD4066BCN、CD4066BD、CD4066BE、CD4066BF、CD4066BMJ、CM4066AD、CM4066AE、D4066BC、ECG4066B、EW84X496、GD4066、GD4066B、GD4066BD、GD4066BP、HCC4066BF、HCF4066BE、HCF4066BF、HD14066B、HD14066BCP、HD14066BP、HEF4066BD、HEF4066BP、IN4066BP、INMPD4066BC、LC4066B、M4066BP、MB84066B、MB84066BM、MB84068B、MC14066、

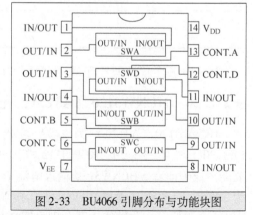

图 2-33 BU4066 引脚分布与功能块图

MC14066B、MC14066BAL、MC14066BCL、MC14066BCP、MN4066B、MN4066BP、MPD4066BC、MSM4066RS、NTE4066B、PD4066BC、Q7478A、Q7652、SK4066、TC4066、TCG4066B、

TM4066B、TP4016A、TVSTC4066BP、UN4066B、UPC4066、UPD4066、VHITC4066BP-1、WEP4066B/4066B、X440160660 等。

★2.2.24 DG212DY 模拟开关

DG212DY 为四单刀双掷模拟开关，其引脚分布与功能块图如图 2-34 所示。

DG212DY 参考代换型号有 PS392ESE 等。

★2.2.25 DG418 模拟开关

DG418 为单刀双掷模拟开关，其引脚分布与功能块图如图 2-35 所示，应用电路如图 2-36所示，功能表见表 2-15。

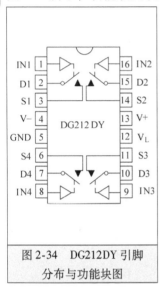

图 2-34 DG212DY 引脚
分布与功能块图

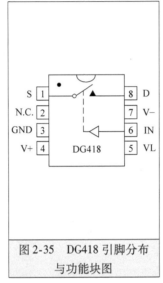

图 2-35 DG418 引脚分布
与功能块图

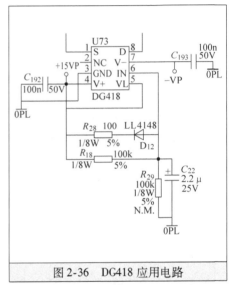

图 2-36 DG418 应用电路

表 2-15 DG418 功能表

逻辑	开关
0	关
1	开

DG418 参考代换型号有 MAX4516、MAX4503、DG418CJ、PS302CPA 等。

★2.2.26 HCNW3120（A3120）光电耦合器

HCNW3120（A3120）为 2.0A 输出电流 IGBT 栅极驱动光电耦合器。HCNW3120（A3120）与 HCPL3120、HCPLJ312 内部电路结构相同，只是选材、工艺不同，后者的电隔离能力低于前者。HCNW3120 输入电流 I_F 阈值为 2.5mA，电源电压为 15～30V，输出电流为 ±2A，隔离电压为 1414V，可直接驱动 150A/1200V 的 IGBT 模块。HCPL3120、HCNW3120 引脚分布与功能块图分别如图 2-37 和图 2-38 所示。

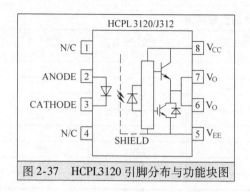

图 2-37 HCPL3120 引脚分布与功能块图

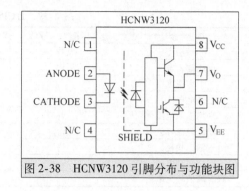

图 2-38 HCNW3120 引脚分布与功能块图

★2. 2. 27 HCPL3120 光电耦合器

HCPL3120 为输出电流高达 2.5A 的 IGBT 驱动光电耦合器，其电气特性见表 2-16，开关特性见表 2-17，真值表见表 2-18，最大额定值见表 2-19。

表 2-16 HCPL3120 电气特性

参数	符号	最小值	典型值	最大值	单位
U_{VLO} 阈值	V_{UVLO}	11. 0	12. 3	13. 5	V
低电位输出电流	I_{OL}	0. 5	2. 0		A
低电位输出电压	V_{OL}		0. 1	0. 5	V
高电位输出电流	I_{OH}	0. 5	1. 5		A
高电位输出电压	V_{OH}	$V_{CC} - 4$	$V_{CC} - 3$		V
输入电容	C_{IN}		60		pF

表 2-17 HCPL3120 开关特性

参数	符号	最小值	典型值	最大值	单位
10% ~90% 上升时间	t_r		0. 1		μs
90% ~10% 下降时间	t_f		0. 1		μs
DESAT 到保护输出延时	$t_{desat(fault)}$	3	7	20	μs
UVLO 到输出低延时	$t_{uvlo\ off}$		0. 6		μs
UVLO 到输出高延时	$t_{uvlo\ on}$		0. 8		μs
复位信号	PWRESET	0. 1			μs
脉宽失真	PWD			0. 30	μs
输入到低电位输出延时	t_{PHL}	0. 10	0. 30	0. 50	μs
输入到高电位输出延时	t_{PLH}	0. 10	0. 30	0. 50	μs

表 2-18 HCPL3120 真值表

LED	$V_{CC} - V_{EE}$ 正偏压	$V_{CC} - V_{EE}$ 负偏压	输出 V_O
OFF	0 ~30V	0 ~30V	低电位
ON	0 ~11V	0 ~9. 5V	低电位
ON	11 ~13. 5V	9. 5 ~12V	转换
ON	13. 5 ~30V	12 ~30V	高电位

表 2-19　HCPL3120 最大额定值

参　　　数	符　　号	最小值	最大值	单　　位
存储温度	T_S	-55	125	℃
反向输入电压	V_R		5	V
工作温度	T_A	-40	100	℃
供电电压	$V_{CC} - V_{EE}$	0	35	V
平均输入电流	I_F		25	mA
输出电流峰值	I_{OPP}		2.5	A
输出功耗	P_O		250	mW
输出驱动电压	V_{OUT}	0	V_{CC}	V
瞬时峰值输入电流	I_P		1	A

HCNW3120、HCPL3120 大多数情况下能够与 TLP350 互换。但是，需要注意它们的一些参数与内部电路有所差异。因此，对于一些参数比较严格的代换，则可能不能够进行代换。

★2.2.28　HCPL316J（A316J）光电耦合器

HCPL316J 为输出电流高达 2A 且带过电流保护的 IGBT 驱动光电耦合器，其特点如下：①CMOS/TTL 兼容，500ns 开关速度；②15～30V 宽压；③−40～150℃ 工作温度；④可驱动 IGBT 最高为 150A/1200V 级；⑤光学隔离，带故障反馈输出；⑥具有软关断技术，集成过电流、欠电压保护功能。

HCPL316J 主要引脚功能如下：

1）1 脚（VIN +）——正向信号输入端。

2）2 脚（VIN −）——反向信号输入端。

3）3 脚（VCC1）——输入电源端。

4）4 脚（GND）——输入端的地端。

5）5 脚（RESET）——芯片复位输入端。故障复位输入，最小 0.1μs 低电平脉宽，不受 UVLO 影响。该脚有效不影响输出。

6）6 脚（FAULT）——故障输出端，该脚为开漏输出结构，可以直接接到处理器外中断。当发生故障（输出正向电压欠电压或 IGBT 短路）时，通过光电耦合器输出故障信号。该脚为低电平，用户 CPU 开始进入外中断服务程序。FAULT、DESAT 端检测到 7V，则故障输出信号由高电平变为低电平（在 5μs 内），该信号保持低电平直到 RESET 电平也为低电平。

7）7 脚（VLED1 +）——光电耦合器测试端，悬空。

8）8 脚（VLED1 −）——接地端。

9）9、10 脚（VEE）——给 IGBT 提供反向偏置电压端。

10）11 脚（VOUT）——输出驱动信号以驱动 IGBT。

11）12 脚（VC）——三级达林顿管集电极电源端，直接连 VCC2。

12）13 脚（VCC2）——驱动电压源端。

13）14 脚（DESAT）——IGBT 短路电流检测端。该端子时刻监视集电极与发射极的饱和电压。当检测到电压超过 7V 时，VOUT（输出）端子电压变为低电平。DESAT 作为过电流信号输入端时，当 IGBT 导通并且超过参考电压 7V，则 FAULT 信号会在 5μs 内由高电平变为低电平。

14）15 脚（VLED2 +）——光电耦合器测试端，悬空。

15）16 脚（VE）——输出基准地端。

输出端子 VOUT、FAULT 受控于 VIN、UVLO、DESAT 的工作情况。HCPL316J 可以使用 VIN +、VIN – 来定义是高电平或低电平有效。当低电平有效时，VIN + 必须保持为高电平，VIN – 为触发信号端。一旦 UVLO 没有使能，VOUT 输出则有效，14 脚 DESAT 检测端为最高优先级，UVLO 先要确认 DESAT 是否已经使能。它们之间的功能关系见表 2-20。

表 2-20 HCPL316J 引脚间的功能关系

VIN +	VIN –	UVLO(VCC2 – VE)	DESAT	6 脚故障输出	VOUT 输出
低电平	三态	三态	三态	三态	低电位
高电平	低电平	不工作	不工作	高	高电位,IGBT 可以打开
三态	三态	使能	三态	三态	低电位
三态	三态	三态	使能	低电平	低电平
三态	高电平	三态	三态	三态	低电位

HCPL316J 最大额定值见表 2-21，电气特性见表 2-22，开关特性见表 2-23。

表 2-21 HCPL316J 最大额定值

参数	符号	最小值	最大值	单位
存储温度	T_S	– 55	125	℃
工作温度	T_A	– 40	100	℃
输出结温	T_J		125	℃
峰值输出电流	I_P		2.5	A
故障输出电流	I_{FOULT}		8.0	mA
正极供电电压	V_{CC1}	– 0.5	5.5	V
输入信号电压	$V_{IN +}, V_{IN –}, V_{RESET}$	– 0.5	5.5	V
输出供电电压	$V_{CC2} – V_{EE}$	– 0.5	35	V
输出负电压	$V_E – V_{EE}$	– 0.5	15	V
输出驱动电压	V_{OUT}	– 0.5	V_{CC2}	V
DESAT 电压	V_{desat}	V_E	$V_E + 10$	V
输出功耗	P_O		600	mW
输入功耗	P_I		150	mW

表 2-22 HCPL316J 电气特性

参数	符号	最小值	典型值	最大值	单位
低电平输入电流	$I_{N+L}, I_{N–L}, I_{RESET}$	– 0.5	– 0.4		mA
低电平输入电压	$V_{IN+L}, V_{IN–L}, V_{RESET}$			0.8	V
故障高电平信号输出电流	I_{FAULTH}	5.0	12		mA
故障低电平信号输出电流	I_{FAULTL}	– 40			μA
高电平输入电压	$V_{IN+H}, V_{IN–H}, V_{RESET}$	2.0			V

表 2-23 HCPL316J 开关特性

参数	符号	最小值	典型值	最大值	单位
10% ~90% 上升时间	t_r		0.1		μs
90% ~10% 下降时间	t_f		0.1		μs

（续）

参数	符号	最小值	典型值	最大值	单位
DESAT 到 10% 输出延时	$t_{desat10\%}$		2.0	3.0	μs
DESAT 到 90% 输出延时	$t_{desat90\%}$		0.3	0.5	μs
DESAT 到保护输出延时	$t_{desat(fault)}$	3	7	20	μs
UVLO 到输出低延时	$t_{uvlo\,off}$		6.0		μs
UVLO 到输出高延时	$t_{uvlo\,on}$		4.0		μs
复位信号	PWRESET	0.1			μs
脉宽失真	PWD	−0.3	0.02	0.30	μs
输入到低电位输出延时	t_{PHL}	0.10	0.32	0.50	μs
输入到高电位输出延时	t_{PLH}	0.10	0.30	0.50	μs

38

HCPL316J 检测电阻参考值见表 2-24。

表 2-24 HCPL316J 检测电阻参考值

输入侧引脚	1	2	3	5	6	7	8
4 脚接红表笔	∞	∞	∞	∞	∞	∞	∞
4 脚接黑表笔	43	43	7	42	9	10	∞
输出侧引脚	10	11	12	13	14	15	16
9 脚接红表笔	0	∞	∞	∞	∞	∞	∞
9 脚接黑表笔	0	8	8	8	9	10	9

注：用 MF47 型万用表 R×1k 档测量。

A316J 在英威腾 INVT-P9 变频器中的应用（脉冲驱动电路中应用）如图 2-39 所示。

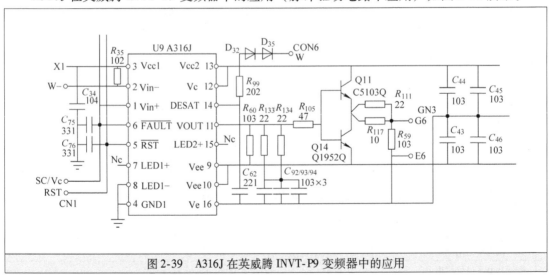

图 2-39 A316J 在英威腾 INVT-P9 变频器中的应用

★2.2.29 LF347 运算放大器

LF347 为 JFET 输入四运算放大器，其引脚分布如图 2-40 所示，应用电路如图 2-41 所示。

LF347 参考代换型号有 ECG859、HA5084-5、LF347N、MC34004P、NTE859、SK4826、TCG859、TL074CN、TL084、TL084CDP、TL084CN、UA774LDC 等。

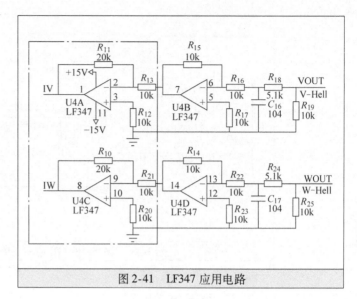

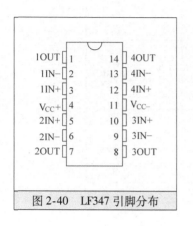

1OUT	1		14	4OUT	
1IN-	2		13	4IN-	
1IN+	3		12	4IN+	
$V_{CC}+$	4		11	$V_{CC}-$	
2IN+	5		10	3IN+	
2IN-	6		9	3IN-	
2OUT	7		8	3OUT	

图 2-40 LF347 引脚分布

图 2-41 LF347 应用电路

★2. 2. 30 LF353 运算放大器

LF353 为双路通用 JFET 输入运算放大器，其引脚分布与功能块图如图 2-42 所示。

LF353 参考代换型号有 ECG858M、HA5062-5、LF353N、MC34002P、NJM072D、NTE858M、SK7641、TL072CP、TL082CP、UA772ARC、UA772ATC、UA772BRC、UA772BTC、UA772RC、UA772TC、XR082CP 等。

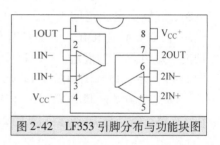

图 2-42 LF353 引脚分布与功能块图

★2. 2. 31 LM2575S-ADJ 稳压器

LM2575 为 1A 步降稳压器。LM2575 系列开关稳压集成电路内部集成了一个固定的振荡器，内部有完善的保护电路，包括电流限制及热关断电路等。

LM2575 系列有 LM1575、LM2575、LM2575HV，其中，LM1575 为军品级产品，LM2575 为标准电压产品，LM2575HV 为高电压输入产品。每一种产品系列均提供 3. 3V、5V、12V、15V 及可调（ADJ）等多个电压档次产品。除军品级产品外，其余两个系列均提供 TO-200 直脚、TO-220 弯脚、塑封 DIP-16 脚、表面安装 DIP-24 脚等多种封装形式，并分别用后缀 T、FlowLB3、N、M 表示。

LM2575S-ADJ 输出电压范围为 1. 23 ~ 37V，效率为 77%，开关频率为 52kHz，输入电压为 40V。

LM2575S-ADJ 引脚功能如下：①VIN 是未稳压电压输入端；②OUT 是开关电压输出端，接电感与快恢复二极管；③GND 是公共端；④FBK 是反馈输入端；⑤$\overline{ON/OFF}$ 是控制输入端，接公共端时稳压电路工作，接高电平时稳压电路停止。

LM2575S-ADJ 应用电路如图 2-43 所示。

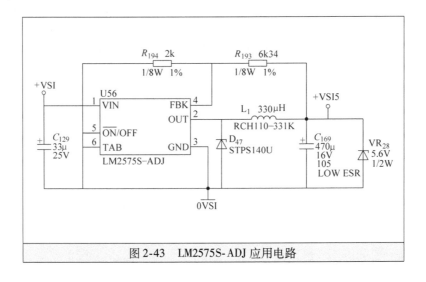

图 2-43　LM2575S-ADJ 应用电路

★2.2.32　LM317L 稳压集成电路

　　LM317L 为三端可调输出正电压稳压集成电路，其输出电压范围为 1.2～37V 时能够提供超过 100mA 的电流，内部具有热过载保护功能、短路限流功能等。LM317L 引脚分布如图 2-44 所示，原理图如图 2-45 所示。

　　LM317L 在英威腾 INVT-GS-1R5T4 变频器中应用电路（CPU 与接口电路）如图 2-46 所示。

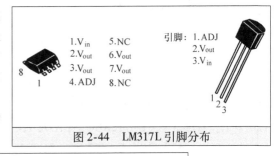

图 2-44　LM317L 引脚分布

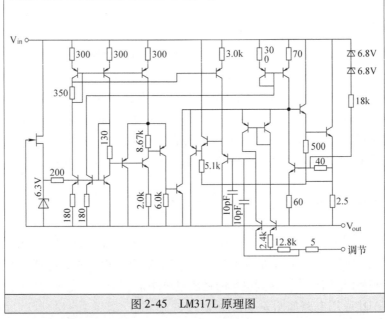

图 2-45　LM317L 原理图

LM317L 参考代换型号有 ECG1693、MK50981N、NTE1693、KA317L、LM317LZ、ECG1900 等。

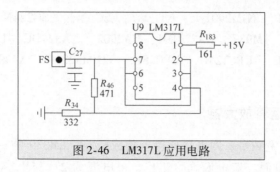

图 2-46　LM317L 应用电路

★2.2.33　LM324 运算放大器

LM324 为四运算放大器,其主要参数见表 2-25,极限参数见表 2-26。

表 2-25　LM324 主要参数

参数	测试条件	最小	典型	最大	单位
大信号电压增益	$U_+ = 15V, R_L = 5k\Omega$	88	100		dB
电源电流	$U_+ = 30V, U_o = 0, R_L = \infty$	1.5	3.0		mA
共模抑制比	$R_S \leqslant 10k\Omega$	65	70		dB
输入偏置电流			45	250	nA
输入失调电流			5.0	50	nA
输入失调电压	$U_o \approx 1.4V, R_S = 0$		2.0	7.0	mV

表 2-26　LM324 极限参数

符　号	参　数	数　值	单　位
V_{cc}	电源电压	32	V
V_i	输入电压	$-0.3 \sim +32$	V
V_{id}	差分输入电压	$+32$	V
P_{tot}	功耗(后缀 N)	500	mW
	功耗(后缀 D)	400	mW
I_{in}	输入电流	50	nA
T_{oper}	工作温度	$0 \sim +70$	℃
T_{stg}	存储温度	$-65 \sim +150$	℃

LM324 有 5 个引出脚,其中 " + " " - " 为两个信号输入端,"V +" "V -" 为正、负电源端,Vo 为输出端。两个信号输入端中,Vi - (-) 为反相输入端,表示运放输出端 Vo 的信号与该输入端的相位相反;Vi + (+) 为同相输入端,表示运放输出端 Vo 的信号与该输入端的相位相同。LM324 引脚分布与功能块图如图 2-47 所示。

LM324 参考代换型号有 AM224D、AM324D、AM324N、AN6564、BA10324、CA0324E、CA124E、CA224E、CA224G、CA324E、CA324G、ECG987、EP84X119、HA17902G、HA17902P、HE-442-602、I03D063240、IGLA6324、LA6324、LM224AD、LM224AF、LM224AJ、LM224AN、LM224D、LM224J、LM224N、LM2902、LM2902J、LM2902N、LM324A、LM324AD、LM324AF、LM324AJ、LM324AN、LM324D、LM324J、LM324N、M5224P、MC3403N、MC3403P、MLM224L、MLM224P、MLM324、MLM324L、

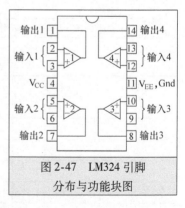

图 2-47　LM324 引脚分布与功能块图

MLM324P、 MLM324P1、 NJM2902N、 NTE987、 SG224J、 SG224N、 SG324N、 SK3643、TCG987、TDB0124DP、TM987、UA224DM、UA2902、UA324DC、UA324PC、UA3303PC、UA3403DC、 UA3403PC、 UPC324C、 UPC451、 VHIM5224P、 X440029020、 XR3403CN、XR3403CP 等。

★2.2.34 LM339 运算放大器

LM339 为高增益、宽频带、四电压比较器集成电路。LM339 的一些特点如下：①工作电源电压范围宽，单电源、双电源均可工作，单电源为 2～36V，双电源为 ±1～ ± 18V；②消耗电流小，I_{cc} = 1.3mA；③输入失调电压小，V_{IO} = ± 2mV；④共模输入电压范围宽，V_{ic} = 0 ～ V_{CC} - 1.5V；⑤输出与 TTL、DTL、MOS、CMOS 等兼容；⑥输出可以用开路集电极连接 "或" 门；⑦采用双列直插 14 脚塑料封装（DIP14）与微型的双列 14 脚塑料封装（SOP14）。

LM339 内部结构与原理图分别如图 2-48 和图 2-49 所示。LM339 引脚功能与主要参数分别见表 2-27 和表 2-28。

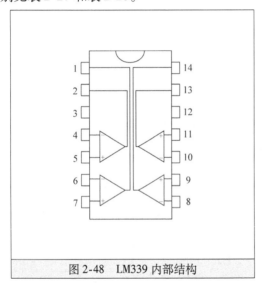

图 2-48　LM339 内部结构

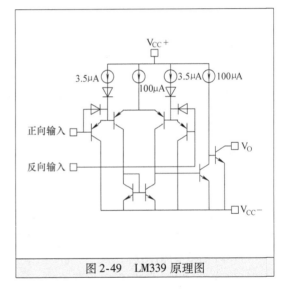

图 2-49　LM339 原理图

表 2-27　LM339 引脚功能

引脚号	符号	功能	引脚号	符号	功能
1	OUT2	输出 2 端	8	1N - (3)	反向输入 3 端
2	OUT1	输出 1 端	9	1N + (3)	正向输入 3 端
3	V_{CC} +	电源	10	1N - (4)	反向输入 4 端
4	1N - (1)	反向输入 1 端	11	1N + (4)	正向输入 4 端
5	1N + (1)	正向输入 1 端	12	V_{CC} -	电源端
6	1N - (2)	反向输入 2 端	13	OUT4	输出 4 端
7	1N + (2)	正向输入 2 端	14	OUT3	输出 3 端

表 2-28 LM339 主要参数

参 数	符 号	数 值	单 位
电源电压	V_{CC}	±18 或 36	V
差模输入电压	V_{ID}	±36	V
共模输入电压	V_I	$-0.3 \sim V_{CC}$	V
功耗	P_d	570	mW
工作环境温度	T_{opr}	$0 \sim +70$	℃
存储温度	T_{stg}	$-65 \sim 150$	℃

LM339 参考代换型号有 AMX4200、AN1339、AN6912、AN6912N、BA10339、CA139AE、CA139F、CA139G、CA239、CA239A、CA239AE、CA239AG、CA239E、CA239G、CA339、CA339A、CA339AE、CA339AG、CA339E、CA339G、DM-87、EAS00-05800、ECG834、EW84X156、EW84X372、HA17339、HA17901G、HA17901P、LA6339、LM239、LM239A、LM239AJ、LM239AN、LM239J、LM239N、LM2901、LM2901J、LM2901N、LM3302、LM3302J、LM3302N、LM339A、LM339AJ、LM339AN、LM339DP、LM339J、LM339N、MB4204、MB4204C、MB4204M、MC3302、MC3302P、MLM139、MLM139AL、MLM139L、MLM239AL、MLM239L、MLM2901P、MLM339（P）、MLM339AL、MLM339L、MLM339P、NJM2901N、NTE834、P61XX0027、PC339C、SK3569、TA75339、TA75339P、TCG834、TV-SUPC339C、UA2901PC、UA339ADC、UPC177C、UPC339C 等。

★2.2.35 LM393 运算放大器

LM393 为运算放大器，其可以作为双电压比较器。LM393 的一些特点如下：①工作电源电压范围宽，单电源、双电源均可工作，单电源为 $2 \sim 36V$，双电源为 $\pm 1 \sim \pm 18V$；②消耗电流小，$I_{cc} = 0.8mA$；③输入失调电压小，$V_{IO} = \pm 2mV$；④共模输入电压范围宽，$V_{ic} = 0 \sim V_{CC} - 1.5V$；⑤输出与 TTL、DTL、MOS、CMOS 等兼容；⑥输出可以用开路集电极连接"或"门；⑦采用双列直插 8 脚塑料封装（DIP8）与微型的双列 8 脚塑料封装（SOP8）。

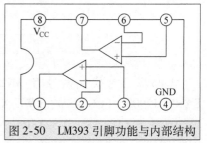

图 2-50 LM393 引脚功能与内部结构

LM393 引脚功能与内部结构如图 2-50 所示，引脚功能与电特性分别见表 2-29 和表 2-30，应用电路如图 2-51 所示。

表 2-29 LM393 引脚功能

引脚号	符号	功能	引脚号	符号	功能
1	OUT1	输出端 1	5	1N+（2）	正向输入端 2
2	1N-（1）	反向输入端 1	6	1N-（2）	反向输入端 2
3	1N+（1）	正向输入端 1	7	OUT2	输出端 2
4	GND	地	8	V_{CC}	电源

除非特别说明，$V_{CC} = 5.0V$，$T_{amb} = 25℃$。

表 2-30　LM393 电特性

参数	符号	测试条件	最小	典型	最大	单位
输入失调电压	V_{IO}	$V_{CM} = 0 \sim V_{CC} - 1.5$，$V_{O(P)} = 1.4V$，$R_s = 0$		±1.0	±5.0	mV
输入失调电流	I_{IO}			±5	±50	nA
输入偏置电流	I_b			65	250	nA
共模输入电压	V_{IC}		0		$V_{CC} - 1.5$	V
静态电流	I_{CCQ}	$R_L = \infty$，$V_{CC} = 30V$		0.8	2.5	mA
电压增益	AV	$V_{CC} = 15V$，$R_L > 15k\Omega$		200		V/mV
灌电流	I_{sink}	$V_i(-) > 1V$，$V_i(+) = 0V$，$V_O(p) < 1.5V$	6	16		mA
输出漏电流	I_{OLE}	$V_i(-) = 0V$，$V_i(+) = 1V$，$V_O = 5V$		0.1		nA

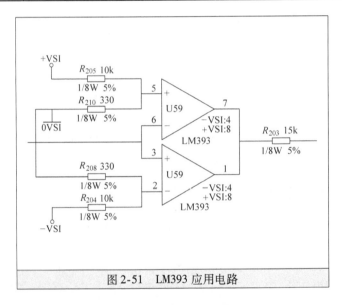

图 2-51　LM393 应用电路

LM393 参考代换型号有 AN1393、AN6914、BA6993、C393C、CA3290AE、CA3290E、EAS00-12900、ECG943M、EW84X196、HA17393、IR9393、LA6393D、LM393JG、LM393N、LM393NB、LM393P、M5233P、NJM2901、NJM2901D、NJM2903D、NTE943M、PC393C、RC2403NB、SK9721、SK9993、TA75393、TA75393P、TCG943M、TDB0193DP、UPC373C、UPC393、UPC393C 等。

★2.2.36　LT1013 运算放大器

LT1013 为双通道精准运算放大器。其一些特点如下：①单电源操作；②失调电压，最大值为 150μV；③低漂移，最大值为 2μV/℃；④失调电流，最大值为 0.8nA；⑤低电源电流，最大值为 500μA；⑥低电压噪声：$0.55μV_{P-P}$（$0.1 \sim 10Hz$）。

LT1013 引脚功能分布如图 2-52 所示。

LT1013 参考代换型号有 AD822、OP200、OP220、OP221、OPA1013、TS512、SSTSST4M、SST4406 等。

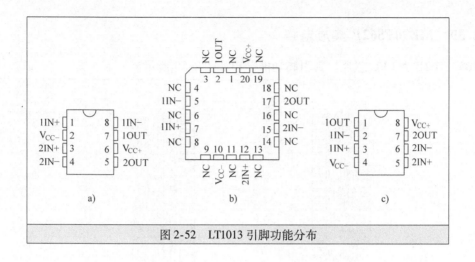

图 2-52 LT1013 引脚功能分布

★2.2.37 LT1244 波形发生器

LT1244 为波形发生器集成电路，其与开关电源采用的 UC3844 功能近似。LT1244 在变频器 ABB ACS300 中有应用。LT1244 引脚功能分布如图 2-53 所示。

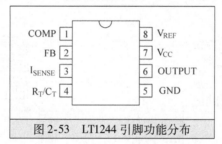

图 2-53 LT1244 引脚功能分布

LT1244 参考代换型号有 AS3844、UC3844、UC3844A 等。

★2.2.38 M51996 波形发生器

M51996 为波形发生器芯片，此芯片的损坏通常是由于工作电压的突变而导致的。M51996 引脚功能分布如图 2-54 所示。

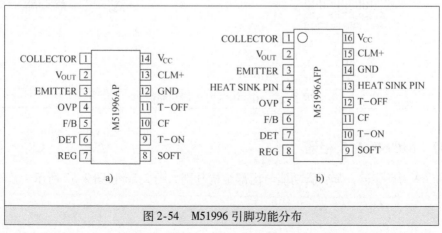

图 2-54 M51996 引脚功能分布

★2.2.39 MB90F562B 集成电路

MB90F562B 为 CPU 芯片，其引脚功能分布如图 2-55 所示。

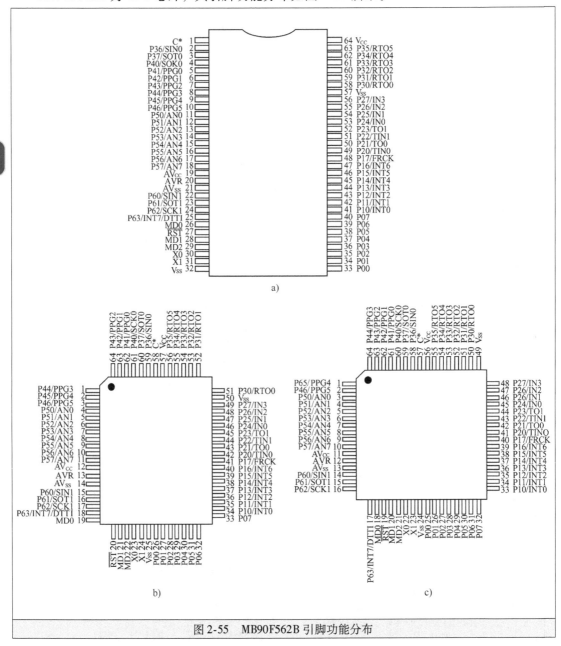

图 2-55 MB90F562B 引脚功能分布

★2.2.40 MC14069 反相器

MC14069 为反相器，其引脚功能与内部结构分别如图 2-56 和图 2-57 所示。

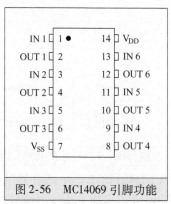

图2-56 MC14069 引脚功能

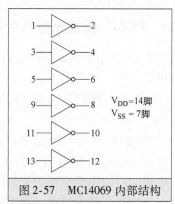

图2-57 MC14069 内部结构

47

MC14069 参考代换型号有 CD4069、CD4069B、DG4069、MC14069UB、MSM4069、MM74C04、MM54C04、LC4069、HEF4069、HD14069、F4069、HCC-4069、HCF-4069、CD4069UB、5C003、C033、C033A、CM4069、C033B、C033C、C063、C063B、CC4069、CC4069B、DG14069B、SCL4069、SCL4449、DG4069 等。

★2.2.41 MC33153P 单 IGBT 栅极驱动器

MC33153P 为单 IGBT 栅极驱动器。其一些特点如下：电流峰值为 1A，延迟时间为 80ns，电源电压为 11~20V，工作温度为 -40~105℃。MC33153P 应用电路如图 2-58 所示。

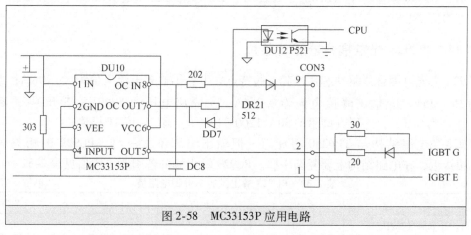

图2-58 MC33153P 应用电路

★2.2.42 MC4044 频相比较器

MC4044 频相比较器包括两个相位/频率检测器、一个电荷泵和一个放大器，是实现光外差信号相位测量的理想器件，其典型工作频率为 8MHz。MC4044 引脚功能如图 2-59 所示。

MC4044 参考代换型号有 ECG974、IP20-0210、IP20-2010、MC4040P、MC4044CP、MC4044D、MC4044L、MC4044P、NTE974、SK3965、TCG974、TM974 等。

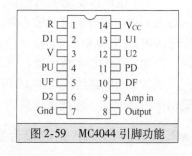

图2-59 MC4044 引脚功能

★2.2.43 PC817 线性光电耦合器

PC817 是常用的线性光电耦合器，其在电路中常常被当作耦合器件，具有上下级电路完全隔离的作用，相互不产生影响。PC817 引脚功能与内部结构如图 2-60 所示。

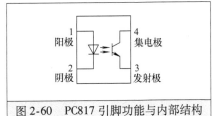

图 2-60　PC817 引脚功能与内部结构

PC817、PC816、4N35 等属于晶体管型光电耦合器，它们常用于开关电源电路的输出电压采样与误差电压放大电路，也应用于变频器控制端子的数字信号输入回路。该类光电耦合器结构简单，输入侧由一只发光二极管组成，输出侧由一只光电晶体管构成。当输入端加电信号时，发光器发出光线，照射在受光器上，受光器接受光线后导通，产生光电流从输出端输出，从而实现了"电—光—电"的转换。

PC817 光电耦合器的一些特点如下：①输入端工作压降约为 1.2V；②输入最大电流为 50mA，典型应用值为 10mA；③输出最大电流为 1A 左右，可以直接驱动小型继电器；④输出饱和压降小于 0.4V；⑤可用于几十千赫兹较低频率信号与直流信号的传输；⑥对输入电压/电流有极性要求；⑦当形成正向电流通路时，输出侧两引脚呈现通路状态，正向电流小于一定值或承受一定反向电压时，输出侧两引脚之间为开路状态。

PC817 参考代换型号有 TLP621、TLP521、TLP321、TLP124、TLP121、PC713、PC617、ON3111、ON3131 等。

★2.2.44 PC923 光电耦合器驱动芯片

PC923 为光电耦合器驱动芯片，其一些特点如下：①输入电流 I_F 值为 5～20mA；②电源电压为 15～35V；③输出峰值电流为 ±0.4A；④隔离电压为 5000V；⑤开通/关断时间（t_{PLH}/t_{PHL}）为 0.5μs；⑥可直接驱动 50A/1200V 以下的小功率 IGBT 模块。

PC923 的电路结构与 TLP250 等相近，但输出引脚不太一样。PC929 的相关参数与 PC923 相接近，在电路结构上要复杂一些。PC923 输出侧的各引脚电阻值见表 2-31。

表 2-31　PC923 输出侧的各引脚电阻值　　　　　　　　（单位：kΩ）

	2、3 脚	5、6 脚	5、7 脚	5、8 脚
正向电阻（5 脚接红表笔）	10	34	8.5	70
反向电阻（5 脚接黑表笔）	∞	∞	∞	∞

PC923 组成的驱动电路是经典驱动电路，在各个品牌的变频器产品中广泛采用。PC923 内部为一光电耦合电路，输入侧为发光二极管，输出侧为射极输出互补放大器电路，具有近安培级电流/功率输出能力，可直接驱动 15kW 以下变频器逆变模块，驱动更大功率的模块时，需加装后级功率放大器。PC923 应用电路如图 2-61 所示。

PC923 的电路结构与 TLP250 相近，但是输出脚不太一样。如果需要代换，则需要把其输出侧引线改动，才能够代换。

★2.2.45 PC929 光电耦合器驱动芯片

PC929 在台安 N2 系列等变频器中有应用，它的引脚功能见表 2-32，输出侧的各引脚电阻值见表2-33。

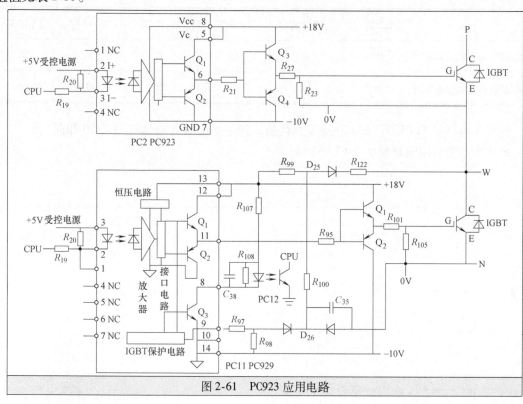

图 2-61 PC923 应用电路

PC929 驱动集成电路与 PC923 相比，参数与 PC923 相接近，在电路结构上要复杂一些。PC929 除内部有一个脉冲信号传输通道外，还含有 IGBT 管压降检测电路（又称 IGBT 保护电路）和 OC/SC 故障报警电路。IGBT 保护电路不是通过电流采样对 IGBT 实施保护的，而是通过对 IGBT 管压降的检测来实施保护动作的。IGBT 在额定电流运行状态下，导通管压降一般在 3V 以内。

表 2-32 PC929 引脚功能

引脚号	功　　能	引脚号	功　　能
1	内部发光二极管阴极端	9	IGBT 管压降信号检测端，一般 9、10 脚经外电路并联于 IGBT 的 C、E 极上。IGBT 在额定电流下的正常管压降仅为 3V 左右。异常管压降的产生表征了 IGBT 运行在危险的过电流状态下。9 脚故障报警阈值为 7V
2	内部发光二极管阴极端	10、14	输出侧供电负端
3	发光阳极端。1、3 脚构成信号输入端。在正常状态下，变频器无论处于待机或运行状态，2、3 脚输入脉冲信号电流，11 脚相继产生 +15V 与 -7.5V 的输出驱动电压信号	11	驱动信号输出端，一般经栅极电阻接 IGBT 或后置功率放大电路
4～7	空脚端	12	输出级供电端，一些应用电路中将 13、12 脚短接
8	IGBT 的 OC（过载、过电流、短路）信号输出端，一般由外接光耦合器将故障信号返回 CPU	13	输出侧供电正端

表 2-33 PC929 输出侧的各引脚电阻值   （单位：kΩ）

	3、2 脚	10、8 脚	10、9 脚	10、11 脚	10、12 脚	10、13 脚
正向电阻（10 脚接红表笔）	25	∞	55	10	∞	20
反向电阻（10 脚接黑表笔）	∞	13	13	12	11	10

PC929 可以与 TLP520、A3120 等互为代换。其上电检测方法也与 TLP520 相同。

PC929 典型应用电路如图 2-62 所示。

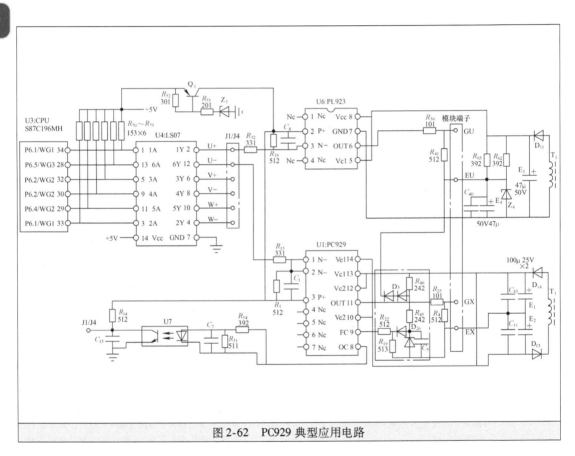

图 2-62 PC929 典型应用电路

★2.2.46 S87C196MH 微控制器

S87C196MH 为 16 位微控制器。其内部电路包括算术逻辑部件（RLU）、寄存器、内部 A-D 转换器、PWM 发生器、事件处理阵列（EPA）、SPWM 输出发生器、看门狗、时钟、中断控制电路等。S87C196MH 引脚分布如图 2-63 所示，在英威腾变频器主板上的应用见表 2-34。

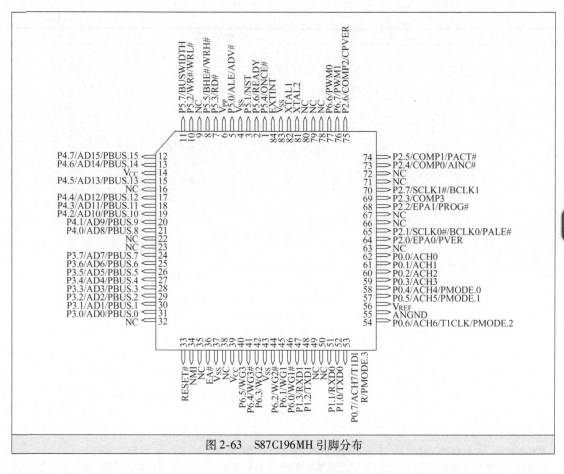

图 2-63 S87C196MH 引脚分布

51

表 2-34 S87C196MH（MC）在英威腾变频器主板上的应用

端 子	引 脚 应 用
数字、模拟信号处理	数字控制信号输入引脚： S1 端子信号输入 ———o 20 P3.0 AD0 S2 端子信号输入 ———o 19 P3.0 AD1 S3 端子信号输入 ———o 18 P3.0 AD2 S4 端子信号输入 ———o 17 P3.0 AD3 S5 端子信号输入 ———o 16 P3.0 AD4 S6 端子信号输入 ———o 15 P3.0 AD5 数字控制信号输出引脚： 故障/运行（开关量）输出信号 1 ———o 2 P5.7 故障/运行（开关量）输出信号 2 ———o 74 P5.6 模拟控制信号输入引脚： FV 电压/频率指令信号输入 ———o 50 P0.0/ACH0 FI 电流/频率指令信号输入 ———o 49 P0.1/ACH1 模拟控制信号输出引脚： 0～10V 输出频率信号 ———o 65 P6.6/PWM0
检测与保护信号处理	故障检测信号输入引脚 模块短路 SC 信号输入 ———o 61 P2.4/CCMP0/AIN 过电压 OU 信号输入 ———o 57 P2.3/CPA3 过电流 1-OCH 信号输入 ———o 53 P2.1/CAP1/PALE

（续）

端　子	引脚应用
检测与保护信号处理	过电流 2-OCL 信号输入 ————————o 56 P2.2/CAP2/PROG 故障信号生效/时序控制信号输出 1 ————o 63 P2.6/COMP2 故障信号生效/时序控制信号输出 2 ————o 58 P2.7/COMP3
供电、时钟、复位等	+5V ————o 5 V_{CC} ————o 27 V_{CC} ————o 31 GND ————o 43 AGND ————o 71 GND ————o 76 GND ————o 39 RXDO 与操作显示面板通信端 ————o 40 TXDO ————o 48 P0.2 X2 69 o———— 外接晶振 X1 70 o———— $\overline{RESET}$ 22 o———— 外接复位电路（低电平复位有效） P4.4/AD12 8 o———— P4.5/AD13 6 o———— P4.6/AD14 4 o———— 外接存储器 93C66 P4.7/AD15 3 o———— P4.3/AD11 9 o———— RXD1 35 o———— 外接 RS485 通信模块 75176B TXD1 36 o————
开关量控制信号，对充电接触器、对散热风扇控制、对驱动电路复位控制	控制信号输出引脚 充电接触器（继电器）控制输出 ————o 64 P6.7/PWM1 散热风扇控制信号输出 ————o 80 P5.5/BHE/WR 驱动电路复位控制信号输出 ————o 52 P2.0/CAP0
六路逆变脉冲信号（SPWM）处理	SPWM 脉冲输出引脚 U 相上臂脉冲输出 ————o 34 P6.0/WG U 相下臂脉冲输出 ————o 33 P6.1/WG V 相上臂脉冲输出 ————o 32 P6.2/WG V 相下臂脉冲输出 ————o 30 P6.3/WG W 相上臂脉冲输出 ————o 29 P6.4/WG W 相下臂脉冲输出 ————o 28 P6.5/WG

★2.2.47　SN7406N 反相器

SN7406N 为漏极开路输出六反相器，其在 JNTFBGA0400AZ-2 446kVA 东元变频器中有应用，如图 2-64 所示。其内部结构如图 2-65 所示。

SN7406N 参考代换型号有 AMX-3675、AMX-4591、AMX3675、C7406P、DM7406N、ECG7406、FLH481、GE-7406、HD7406、HD7406N、HD7406P、HEPC7406P、I64D7406P0、ITT7406N、M53206P、MC7406L、MC7406P、N7406A、N7406F、N7406N、NTE7406、RH-1X0038PAZZ、RS7406（IC）、SK7406、SN7406、SN7406J、SN7406N-10、T7406B1、TCG7406、TL7406N、X420100060、X440032060 等。

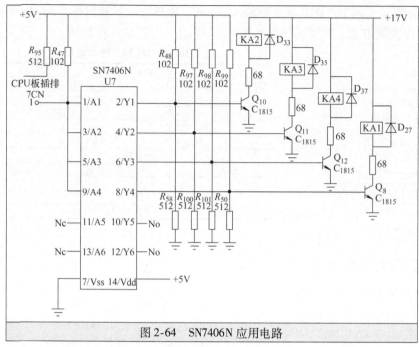

图 2-64 SN7406N 应用电路

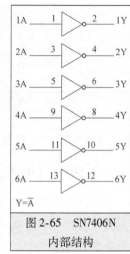

图 2-65 SN7406N
内部结构

53

★2.2.48 SN75179B 收发器

SN75179B 为 RS-422/485 收发器。其特点如下：①典型工作电压为 5.0V；②满足 EIA/TIA-422/485 及 V.11 要求；③共模输出电压范围为 -7.0~12V；④差模输入电压为 ±12V；⑤驱动器输出电流为 ±60mA；⑥接收器输入阻抗大于 12kΩ；⑦输入灵敏度为 ±200mV。

SN75179B 主要引脚定义如下：Y、Z 是驱动器输出；A、B 是接收器差动输入；R 是接收器输出。SN75179B 引脚分布如图 2-66 所示，功能表见表 2-35。

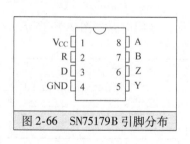

图 2-66 SN75179B 引脚分布

表 2-35 SN75179B 功能表

接收器	
差动输入 A-B	输出 R
$U \geqslant 0.2V$	高电平
$-0.2V < U < 0.2V$	不确定
$U \leqslant -0.2V$	低电平
开路	不确定
驱动器		
输入 D	输出	
	Y	Z
高电平	高电平	低电平
低电平	低电平	高电平

SN75179B 参考代换型号有 SN75179BD、SN75179BDE4、SN75179BP、SN75179BPSR、SN75179BPSRG4 等。

★2.2.49 SN75LBC179 收发器

SN75LBC179 为 RS-485 收发器。其特点如下：①典型工作电压为 5.0V；②满足 RS-485 与 ISO8482 标准要求；③共模输入电压范围为 -7.0~12V；④驱动器输出为 ±60mA。

SN75LBC179 主要引脚定义如下：D 是驱动器输入端；Y、Z 是驱动器输出端；A、B 是接收器输入端；R 是接收器输出端。其引脚分布如图 2-67 所示，功能表见表 2-36。

表 2-36   SN75LBC179 功能表

接收器	
差动输入 A-B	输出 R
$V_{ID} \geqslant 0.2V$	H
$-0.2V < V_{ID} < 0.2V$	不确定
$V_{ID} \leqslant -0.2V$	L
开路	H
驱动器		
输入	输出	
D	Y	Z
H	H	L
L	L	H

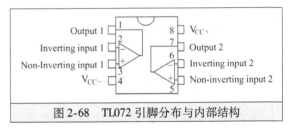

图 2-67   SN75LBC179 引脚分布

SN75LBC179 可直接代换 SN75179B。

★2.2.50   TL072 运算放大器

TL072 为双路低噪声 JFET 输入通用运算放大器，其引脚分布与内部结构如图 2-68 所示。

TL072 参考代换型号有 ECG858M、HA5062-5、LF353、LF353N、MC34002P、NJM072D、NTE858M、SK7641、TL072CP、TL082CP、UA772ARC、UA772ATC、UA772BRC、UA772BTC、UA772RC、UA772TC、XR082CP 等。

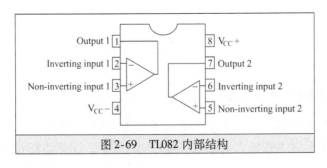

图 2-68   TL072 引脚分布与内部结构

★2.2.51   TL082 运算放大器

TL082 为通用 JFET 双运算放大器。其特点如下：①较低输入偏置电压与偏移电流；②输出没有短路保护；③输入级具有较高的输入阻抗；④内建频率补偿电路，较高的压摆率；⑤最大工作电压为 18V。

TL082 引脚功能见表 2-37，内部结构如图 2-69 所示，应用电路如图 2-70 所示。

表 2-37   TL082 引脚功能

引脚号	引脚名	功　能	引脚号	引脚名	功　能
1	Output 1	输出 1	5	Non-inverting input 2	正向输入 2
2	Inverting input 1	反向输入 1	6	Inverting input 2	反向输入 2
3	Non-inverting input 1	正向输入 1	7	Output 2	输出 2
4	$V_{CC}-$	电源 −	8	$V_{CC}+$	电源 +

图 2-69   TL082 内部结构

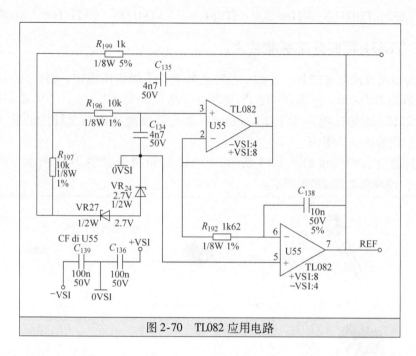

图 2-70 TL082 应用电路

TL082 参考代换型号有 ECG858M、LF353、LF353N、MC34002P、NJM072D、NTE858M、TL072CP、TL082CP、UA772ARC、UA772ATC、UA772BTC、UA772RC、UA772TC、XR082CP 等。

★2.2.52 TL084 运算放大器

TL084 为精密通用双电源 4 运算放大器，其内部结构如图 2-71 所示，内部原理图如图 2-72 所示。

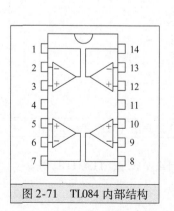

图 2-71 TL084 内部结构

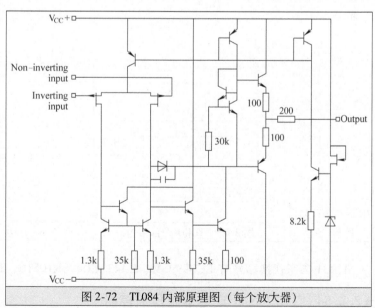

图 2-72 TL084 内部原理图（每个放大器）

TL084 参考代换型号有 ECG859、HA5084-5、LF347、LF347N、MC34004P、NTE859、

SK4826、TCG859、TL074CN、TL084CDP、TL084CN、UA774LDC、UA774LPC、XR084CP 等。

★2.2.53　TL431 可调分流基准芯片

TL431 为可调分流基准芯片。它的一些特点如下：①能提供稳定、精确的 2.5V 参考电压；②稳压值为 2.5~36V 连续可调；③参考电压源误差为 ±1.0%；④低动态输出电阻，典型值为 0.22Ω；⑤输出电流为 1.0~100mA；⑥全温度范围内温度特性平坦，典型值为 50×10^{-6}；⑦低输出电压噪声。

TL431 封装与引脚分布如图 2-73 所示，TL431 图形符号如图 2-74 所示，内部结构如图 2-75 所示，原理图如图 2-76 所示。

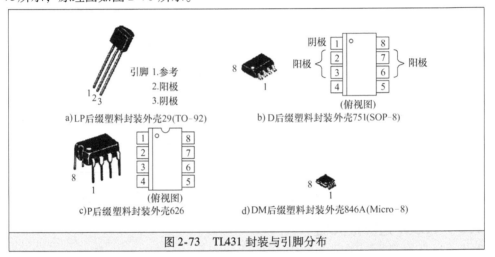

图 2-73　TL431 封装与引脚分布

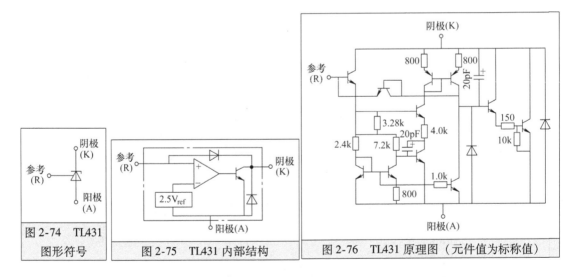

图 2-74　TL431 图形符号　　图 2-75　TL431 内部结构　　图 2-76　TL431 原理图（元件值为标称值）

TL431 参考代换型号有 ECG999SM、KA431CD、SK10516、TL431ACD、TL431CD 等。

★2.2.54　TL7705ACD 电源电压监控器

TL7705ACD 为电源电压监控器，其引脚分布如图 2-77 所示，原理图如图 2-78 所示，参数见表2-38。

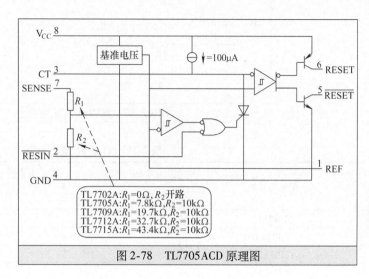

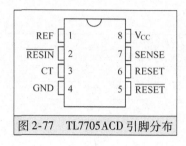

图 2-77 TL7705ACD 引脚分布

图 2-78 TL7705ACD 原理图

TL7702A: $R_1=0\Omega$, R_2 开路
TL7705A: $R_1=7.8k\Omega$, $R_2=10k\Omega$
TL7709A: $R_1=19.7k\Omega$, $R_2=10k\Omega$
TL7712A: $R_1=32.7k\Omega$, $R_2=10k\Omega$
TL7715A: $R_1=43.4k\Omega$, $R_2=10k\Omega$

表 2-38 TL7705ACD 参数

参数符号	名称	最小值	最大值	单位
V_{CC}	工作电源电压	3.5	18	V
V_{IH}	$\overline{RESIN}$ 端输入电压,高电平	2		V
V_{IL}	$\overline{RESIN}$ 端输入电压,低电平		0.6	V
V_I	SENSE 端输入电压	0	10	V
I_{OH}	RESET 端输出电流,高电平		-16	mA
I_{OL}	$\overline{RESET}$ 端输出电流,低电平		16	mA

★2.2.55 TLP120 光电耦合器

TLP120 为光电耦合器,其引脚分布与内部结构如图 2-79 所示。

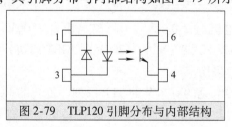

图 2-79 TLP120 引脚分布与内部结构

TLP120 参考代换型号有 PC354 等。

★2.2.56 TLP181 光电耦合器

TLP181(P181)是东芝小型扁平耦合器,适用于贴片安装。TLP181(P181)包含一个光电晶体管,该晶体管把光耦合到砷化镓红外发光二极管上,从而起到隔离、转换等作用。其应用电路如图 2-80 所示,型号分类见表 2-39。

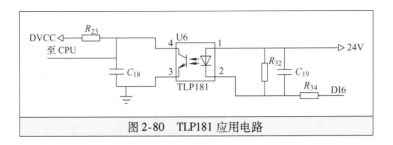

图 2-80　TLP181 应用电路

表 2-39　TLP181 型号分类

型号与分类	电流传输比(I_C/I_F)(%)	
	$I_F = 5\text{mA}, V_{CE} = 5\text{V}, T_a = 25℃$	
	最小值	最大值
TLP181	50	600
TLP181Y	50	150
TLP181GR	100	300
TLP181BL	200	600
TLP181GB	100	600
TLP181YH	75	150
TLP181GRL	100	200
TLP181GRH	150	300
TLP181BLL	200	400

　　TLP181 主要的一些参数如下：①电流转换率是 50%（最小）；②隔离电压是 3750V_{rms}（最小）；③最高耐压是 6000V；④集电极-发射极电压是 80V（最小）；⑤最大操作隔离电压是 565V。

　　TLP181 参考代换型号有 PS2701、PC357 等。

★2.2.57　TLP250 光电耦合器

　　TLP250 为光电耦合器，其一些主要参数特点如下：①输入电流 I_F 阈值是 5mA；②电源电压是 10 ~ 35V；③输出电流是 ± 0.5A；④隔离电压是 2500V；⑤开通/关断时间（t_{PLH}/t_{PHL}）是 0.5μs；⑥可直接驱动 IGBT（50A、1200V 的 IGBT 模块）；⑦小功率变频器驱动电路和早期变频器产品中被普遍采用。

　　变频器驱动光电耦合器常见的有东芝的 TLP 系列、夏普的 PC 系列、惠普的 HCPL 系列等。TLP250 属于东芝的 TLP 系列。对于小电流（15A）左右驱动 IGBT 模块一般采用 TLP251，外围再辅以驱动电源与限流电阻等就构成了最简单的驱动电路。

　　光电耦合器 TLP250 输出电路是采用互补式电压跟随器输出电路，上电检测中，其2脚、3脚输入电流通路接通时，6脚、7脚则与其8脚正常情况下电压相近或相等。当2脚、3脚输入电流为零时，6脚、7脚则与其5脚电位正常情况下相近或相等。如果2脚、3脚输入电压有变化，但输出脚无电压变化，或输出脚一直保持一个固定不变的低电平或者高电平，则说明光电耦合器 TLP250 损坏。

　　TLP250 引脚分布与内部电路如图 2-81 所示，应用电路如图 2-82 所示，真值表见表 2-40。

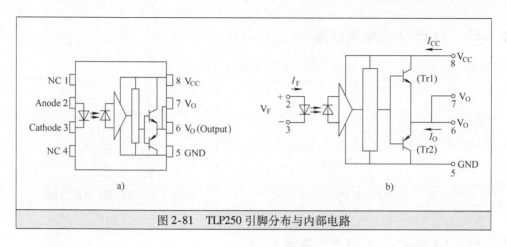

图 2-81 TLP250 引脚分布与内部电路

59

表 2-40 TLP250 内部真值表

LED 输入	Tr1	Tr2
通	通	断
断	断	通

TLP250 参考代换型号有 HCPL-T250、HCPL-250、HCPL-3120#560、PC923 等。

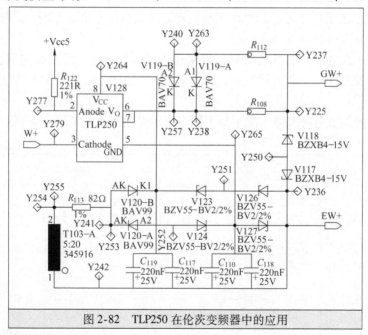

图 2-82 TLP250 在伦茨变频器中的应用

★2.2.58 TLP251 光电耦合器

TLP251 为光电耦合器，一般中等电流（50A）左右的驱动 IGBT 模块采用 TLP251。如果需要更大电流的驱动 IGBT 模块，驱动电路一般采取在光电耦合器驱动后面再增加一级放大电路，达到安全驱动 IGBT 模块的要求。TLP251 内部电路如图 2-83 所示。

TLP251 参考代换型号有 K1010 等。

★2.2.59 TLP591 光电耦合器

TLP591 为光电耦合器，其内部结构如图 2-84 所示。

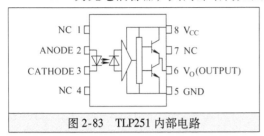

图 2-83　TLP251 内部电路

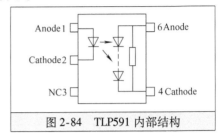

图 2-84　TLP591 内部结构

★2.2.60 UC3842 电流模式控制器

UC3842 是电流模式单端 PWM 控制芯片，其内部电路框图如图 2-85 所示，主要由基准电压发生器、欠电压保护电路、振荡器、PWM 闭锁保护电路、推挽放大电路、误差放大器、电流比较器等组成。UC3842 可以与外围振荡定时器件、开关管、开关变压器等构成功能完善的他励式开关电源。

UC384× 系列主要包括 UC3842、UC3843、UC3844、UC3845 等芯片，它们的功能基本一致，不同的是：①集成电路的起动电压与起动后的最低工作电压不同；②输出驱动脉冲占空比不同；③允许工作环境温度不同。

采用 UC3843 的电源，当其损坏后，可采用 UC3842 代换。但需要注意，由于 UC3842 的起动电压不得低于 16V，因此代换后应使 UC3842 的起动电压达到 16V 以上，否则，电源将不能起动。

UC384× 系列集成电路型号末尾字母不同，表示封装形式也不同。

UC384× 系列引脚功能见表 2-41。

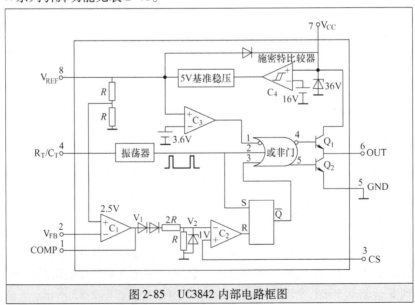

图 2-85　UC3842 内部电路框图

表 2-41   UC3842A/43、UC2842A/43 引脚功能

8 引脚封装	14 引脚封装	功　能	说　明
1	1	补偿	该引脚为误差放大器输出，并可用于环路补偿
2	3	电压反馈	该引脚是误差放大器的反相输入，通常通过一个电阻分压器连至开关电源输出
3	5	电流取样	一个正比于电感器电流的电压接至此输入，脉宽调制器使用此信息中止输出开关的导通
4	7	R_T/C_T	通过将电阻 R_T 连接至 V_{REF} 以及电容 C_T 连接至地，使振荡器频率和最大输出占空比可调。工作频率可达 500kHz
5	—	地	该引脚是控制电路和电源的公共地（仅对 8 引脚封装如此）
6	10	输出	该输出直接驱动功率 MOSFET 的栅极，高达 1.0A 的峰值电流经此引脚拉和灌
7	12	V_{CC}	该引脚是控制集成电路的正电源
8	14	V_{REF}	该引脚为参考输出，它通过电阻 R_T 向电容 C_T 提供充电电流
—	8	电源地	该引脚是一个连回至电源的分离电源地返回端（仅 14 引脚封装如此），用于减少控制电路中开关瞬态噪声的影响
—	11	V_C	输出高态（V_{OH}）由加到此引脚（仅 14 引脚封装如此）的电压设定。通过分离的电源连接，可以减小开关瞬态噪声对控制电路的影响
—	9	地	该引脚是控制电路地返回端（仅 14 引脚封装如此），并被连回到电源地
	2, 4, 6, 13	空脚	无连接（仅 14 引脚封装如此）。这些引脚没有内部连接

UC3842 参考代换型号有 KA3842、UC3843 等。

★2. 2. 61   UC3844 电流模式控制器

UC3844 为高性能固定频率电流模式控制器，它的一些特点如下：①内置了可微调的振荡器、精确的占空比控制、温度补偿参考、高增益误差放大器等；②具有电流取样比较器与大电流图腾柱式输出；③输入与参考欠电压锁定，各有滞后、逐周电流限制、可编程输出静区时间和单个脉冲测量锁存；④电流模式工作到 500kHz；⑤输出静区时间 50% ~ 70% 可调。

UC3844 内部结构如图 2-86 所示，引脚分布如图 2-87 所示，引脚功能见表 2-42。

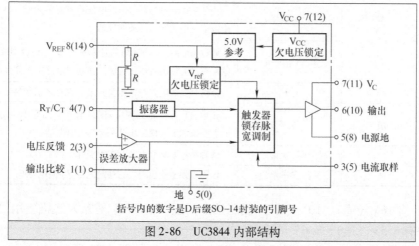

图 2-86   UC3844 内部结构

UC3842/3/4/5 应用电路中的作用主要是为开关管（MOSFEF）提供 PWM 信号，让开关管（MOSFET）导通或者关断。其中，UC3842/4 供电电压为 16V，UC3843/5 供电电压为 8V，即它们的 7 脚 V_{CC} 电压不同。

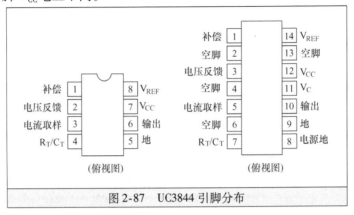

图 2-87　UC3844 引脚分布

表 2-42　UC3844 引脚功能

8 引脚封装	14 引脚封装	功　能	解　说
	8	电源地	该脚是一个连回到电源的分离电源地返回端（仅 14 引脚封装而言），用于减少控制电路中开关瞬态噪声的影响
	11	V_C	输出高态（V_{oH}）加到该脚（仅 14 引脚封装而言）的电压设定。通过分离的电源连接，可以减小开关瞬态噪声对控制电路的影响
	9	地	该脚是控制电路地返回端（仅 14 引脚封装而言），并被连回到电源地
	2、4、6、13	空脚	无连接（仅 14 引脚封装而言）。这些引脚没有内部连接
1	1	补偿	该脚为误差放大器输出端，并可以用于环路补偿
2	3	电压反馈	该脚是误差放大器的反相输入端，一般通过一个电阻分压器连到开关电源输出端
3	5	电流取样	一个正比于电感器电流的电压接到此输入端，脉宽调制器使用该信息中止输出开关的导通
4	7	R_T/C_T 外接	通过将电阻 R_T 连接到 V_{REF} 以及电容 C_T 连接到地，使振荡器频率与最大输出占空比可调。该集成电路工作频率可达 1MHz
5	—	地	该脚是控制电路与电源公共地（仅对 8 引脚封装而言）
6	10	输出	该输出直接驱动功率 MOSFET 栅极，高达 1A 的峰值电流经此引脚拉和灌，使输出开关频率为振荡器频率的一半
7	12	V_{CC} 电源	该脚是控制集成电路的正电源端
8	14	V_{REF} 参考输出	该脚为参考输出端，它通过电阻 R_T 向电容 C_T 提供充电电流

UC3844 有 16V（通）、10V（断）低压锁定门限。UC3845 是专为低压应用设计的，低压锁定门限有 8.5V（通）、7.6V（断）。

UC3844 在康沃 CVF-G 变频器开关电源电路中的应用如图 2-88 所示。

UC3844 参考代换型号有 UC3842、CS3842、KA3842、UC3845 等。

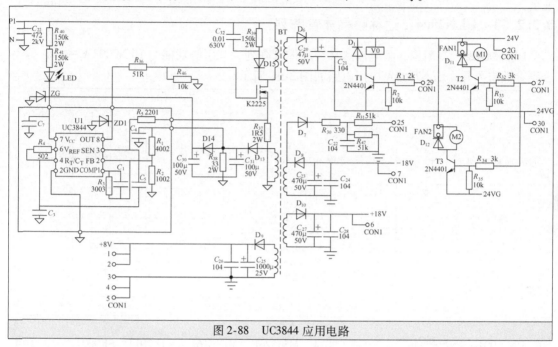

图 2-88 UC3844 应用电路

★2.2.62 ULN2003A 达林顿晶体管阵列

ULN2003A 为高耐压、大电流达林顿晶体管阵列，它的一些特点如下：①继电器驱动应用；②具有输出钳位二极管；③输入兼容多种逻辑；④最大峰值输出电流为 500mA；⑤最大输出电压为 50V；⑥最大转换电压为 50V。

ULN2003A 引脚分布如图 2-89 所示，内部结构如图 2-90 所示。

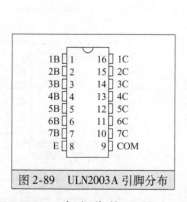

图 2-89 ULN2003A 引脚分布

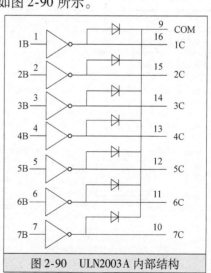

图 2-90 ULN2003A 内部结构

ULN2003A 参考代换型号有 BA12003、ECG2013、M54523P、MC1413P、MX-4821、NTE2013、SK9093、TCG2013、TD62003P、TM2013、ULN2003、ULN2003AJ、ULN2003AN、

ULN2013A、UPA2003、UPA2003C、XR2203CP 等。

★2.2.63 ULN2004A 达林顿晶体管阵列

ULN2004A 为高耐压、大电流达林顿晶体管阵列，其引脚功能与 ULN2003A 一样，但是个别参数有差异。ULN2004A 应用电路如图 2-91 所示。

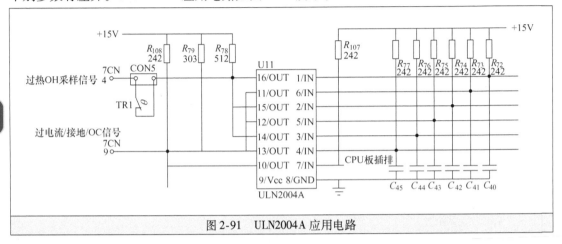

图 2-91 ULN2004A 应用电路

ULN2004A 参考代换型号有 ECG2014、M54526P、MC1416P、NTE2014、SK9094、TCG2014、TM2014、ULN2004AJ、ULN2004AN、ULN2014A、UPA2004C、XR2204CP 等。

★2.2.64 VIPER100 控制器

VIPER100 为 PWM 控制器，其系列差异见表 2-43，引脚分布如图 2-92 所示。VIPER100 在圣东尼变频器电源电路中的应用如图 2-93 所示。

表 2-43 VIPER100 系列差异

	V_{DSS}	I_n	$R_{DS(on)}$
VIPER100/SP	620V	3A	2.5Ω
VIPER100A/ASP	700V	3A	2.8Ω

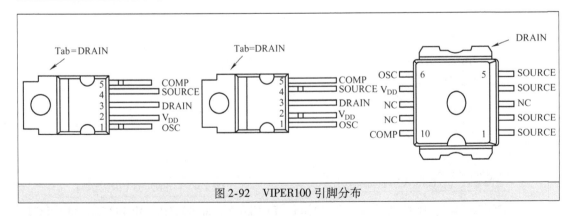

图 2-92 VIPER100 引脚分布

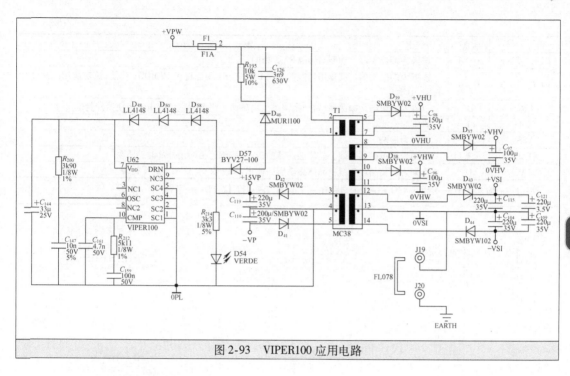

图 2-93　VIPER100 应用电路

★2. 2. 65　W78E365 微控制器

W78E365 是带 ISP 功能的 Flash EPROM 的低功耗 8 位微控制器，它的指令集与标准8052 指令集完全兼容。W78E365 包含 64KB 的主 ROM、4KB 的辅助 Flash EPROM，256B 片内 RAM，1KB 辅助 RAM；4 个 8 位双向、可位寻址的 I/O 口；一个附加的 4 位 I/O 口 P4；3个 16 位定时/计数器及一个串行口。W78E365 内含的 ROM 允许电编程和电读写。一旦代码确定后，用户就可以对代码进行保护。

W78E365 有两种节电模式：空闲模式与掉电模式。两种模式均可由软件来控制选择。空闲模式下，处理器时钟被关闭，但外设仍继续工作。掉电模式下，晶体振荡器停止工作，以将功耗降到最低。外部时钟可以在任何时间及状态下被关闭，而不影响处理器运行。

W78E365 引脚分布如图 2-94 所示，应用电路如图 2-95 所示，引脚功能见表 2-44。

表 2-44　W78E365 引脚功能

符　号	类型	解　说
$\overline{EA}$	I	该脚为外部访问使能端。该脚使处理器访问外部 ROM。当 $\overline{EA}$ 保持高电平时，处理器访问内部 ROM。如果 $\overline{EA}$ 脚为高电平且程序计数器指向片内 ROM 空间，ROM 的地址与数据不会出现在总线上
$\overline{PSEN}$	OH	该脚为程序存储使能端。在执行取指令和 MOVC 操作时，该脚允许外部 ROM 数据出现在 P0 口的地址/数据总线上。当访问内部 ROM 时，该脚上不输出 $\overline{PSEN}$ 的选通信号
ALE	OH	该脚为地址锁存使能端。ALE 用于将 P0 口地址锁存，使其与数据分离
P0. 0 ~ P0. 7	I/OD	该脚为端口 0 端。默认状态下功能与标准 8052 相同
P1. 0 ~ P1. 7	I/OH	该脚为端口 1 端。功能与标准 8052 相同
P2. 0 ~ P2. 7	I/OH	该脚为端口 2 端。端口 2 是一个具有内部上拉电路的双向 I/O。此端口提供访问外部存储器的高位地址。P2.6 及 P2.7 也提供 $\overline{REBOOT}$ 的功能，该功能用来从 LD Flash 中重启

(续)

符 号	类型	解 说
P3.0~P3.7	I/OH	该脚为端口3端。功能与标准8052相同
P4.0~P4.3	I/OH	该脚为端口4端。有复用功能的双向I/O口,P4.3也提供REBOOT功能,该功能用来从LD Flash中重启
RST	IL	该脚为复位端。振荡器运行时,该脚上出现两个机器周期的高电平将使器件复位
VDD	I	该脚为电源端
VSS	I	该脚为地端
XTAL1	I	该脚为石英晶体1端。晶体振荡器的输入,该脚可由一个外部时钟驱动
XTAL2	O	该脚为石英晶体2端。晶体振荡器的输出,XTAL2是XTAL1的反相端

注:I——输入;0——输出;I/0——双向口;H——上拉;L——下拉;D——开漏。

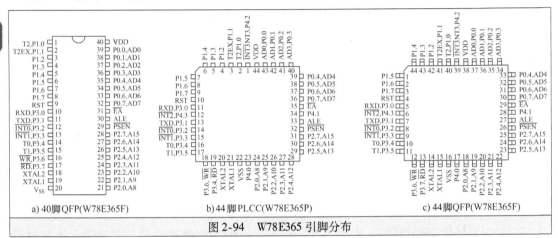

图2-94　W78E365引脚分布

a) 40脚QFP(W78E365F)　　b) 44脚PLCC(W78E365P)　　c) 44脚QFP(W78E365F)

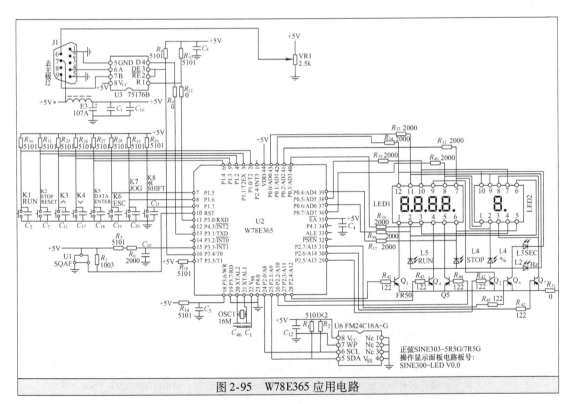

图2-95　W78E365应用电路

★2.2.66 其他集成电路

其他集成电路见表2-45。

表2-45 其他集成电路

名　称	图　例
EXB841 驱动 集成电路	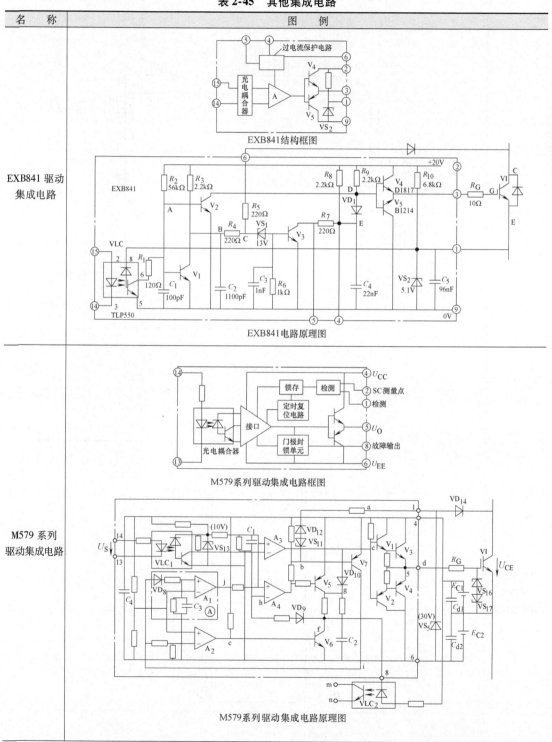 EXB841结构框图 EXB841电路原理图
M579 系列 驱动集成电路	M579系列驱动集成电路框图 M579系列驱动集成电路原理图

(续)

名 称	图 例

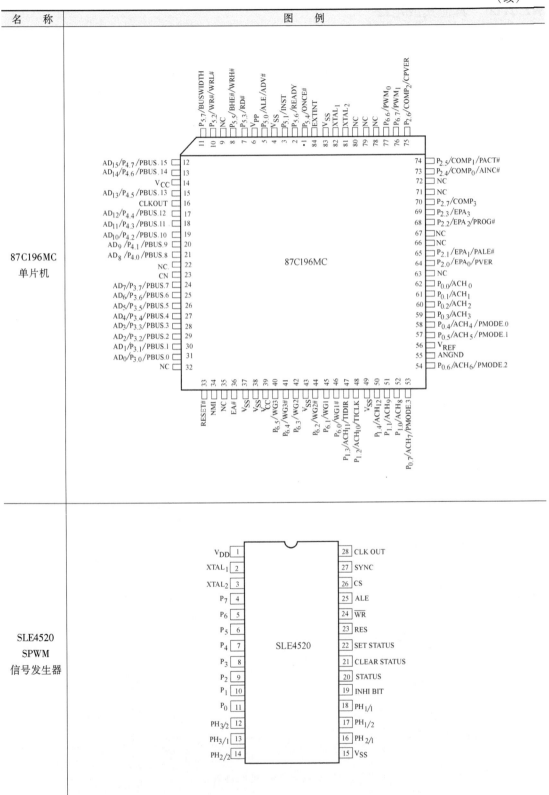

87C196MC
单片机

SLE4520
SPWM
信号发生器

（续）

名　称	图　例
HEF4752 SPWM 信号发生器	B相辅助脉冲输出端 OBC$_1$ ─ 1　　28 ─ V$_{DD}$ 电源正端 B相主脉冲输出端 { OBM$_2$ ─ 2　　27 ─ OBC$_2$ B相辅脉冲输出端 OBM$_1$ ─ 3　　26 ─ VAV 模拟变频器输出线电压值的信号，供测试用 最高开关频率基准时钟输入端 RCT ─ 4　　25 ─ I 使HEF4752适应于所控制的变频器类型 相序控制端 CW ─ 5　　24 ─ L 启动/停止控制端 输出延迟时钟输入端 OCT ─ 6　　23 ─ RSYN 为R相同步信号输出，供示波器外同步用 K端与OCT端配合控制死区时间 K ─ 7　　HEF4752　　22 ─ OYM$_1$ Y相主脉冲输出端 R相主脉冲输出端 { ORM$_1$ ─ 8　　21 ─ OYM$_2$ ORM$_2$ ─ 9　　20 ─ OYC$_1$ Y相辅脉冲输出端 R相辅脉冲输出端 { ORC$_1$ ─ 10　　19 ─ OYC$_2$ ORC$_2$ ─ 11　　18 ─ CSP 变频器开关信号输出端 频率控制时钟输入端 FCT ─ 12　　17 ─ VCT 电压控制时钟输入端 复位输入控制端 A ─ 13　　16 ─ C 功能和用途与B端相同 电源负端 V$_{SS}$ ─ 14　　15 ─ B 芯片制造商测试用的端
SKHI21/22 系列混合驱动集成电路	（见下表）
A316J	1 V$_{IN+}$　　V$_E$ 16 2 V$_{IN-}$　　V$_{LED2+}$ 15 3 V$_{CC1}$　　DESAT 14 4 GND　　V$_{CC2}$ 13 5 $\overline{RESET}$　　V$_C$ 12 6 $\overline{FAULT}$　　V$_{OUT}$ 11 7 V$_{LED1+}$　　V$_{EE}$ 10 8 V$_{LED1-}$　　V$_{EE}$ 9

SKHI21/22 系列混合驱动集成电路引脚说明：

引脚	引脚符号	说明
P$_7$、P$_{14}$	GND/0V	控制脉冲输入部分参考地端
P$_{13}$	V$_S$	输入级电源端 [+15(1±4%)V]
P$_{12}$	V$_{IN1}$	上开关管的输入开关信号1，+5V逻辑(对于SKHI22A/21A为+15V逻辑)
P$_{11}$	R$_{TD2}$	封锁延迟时间设置电阻连接端2
P$_{10}$	$\overline{ERROR}$	脉冲封锁信号输出端
P$_9$	R$_{TD1}$	封锁延迟时间设置电阻连接端1
P$_8$	V$_{IN2}$	下开关管的输入开关信号1，+5V逻辑(对于SKHI22A/21A为+15V逻辑)
S$_1$、S$_{20}$	V$_{CE2}$、V$_{CE1}$	被驱动IGBT集-射极间压降监视输入端，接IGBT的集电极
S$_6$、S$_{15}$	C$_{CE2}$、C$_{CE1}$	IGBT欠饱和保护门槛电压设置端，通过外接一个电阻和一个电容的并联网络接IGBT的发射极
S$_7$、S$_{14}$	G$_{ON2}$、G$_{ON1}$	两驱动脉冲输入信号端
S$_8$、S$_{13}$	G$_{OFF2}$、G$_{OFF1}$	IGBT关断速度设置端，接IGBT的栅极
S$_9$、S$_{12}$	E$_2$、E$_1$	输出驱动信号参考地端，接IGBT的发射极

SKHI21/22 封装图引脚标注：

一次侧：输入2 P$_7$、GND/0V、V$_{IN2}$、R$_{TD1}$、$\overline{ERROR}$、输入1 R$_{TD2}$、V$_{IN1}$、V$_S$、GND/0V、P$_{14}$

二次侧：V$_{CE2}$ S$_1$、C$_{CE2}$ S$_6$、G$_{ON2}$ G$_{OFF2}$ E$_2$ S$_9$ 输出2、E$_1$ G$_{OFF1}$ G$_{ON1}$ C$_{CE1}$ S$_{12}$ S$_{15}$ 输出1、V$_{CE1}$ S$_{20}$

底　　　顶

69

（续）

名　称	图　例
PM50RSA120 智能功率模块	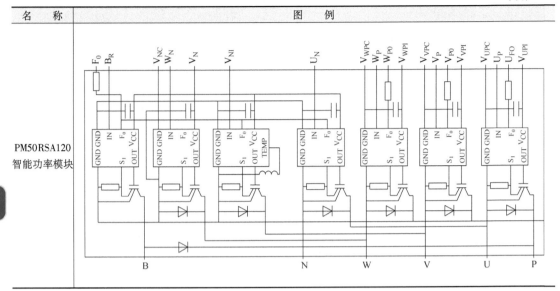

第**3**章

故障信息与代码

☆☆☆ **3.1 ABB 系列变频器** ☆☆☆

★3.1.1 ACS150 系列变频器故障信息与代码（见表 3-1～表 3-3）

表 3-1 ACS150 系列变频器故障信息与代码 1

故障信息、代码	故障现象、类型	故障原因	故障检查
A2001	过电流	输出电流限值控制器动作	检查电机负载；检查加速时间参数；检查电机、电机电缆、相序；检查安装地点的环境温度，若超过 40℃，则应降容使用；检查周围环境条件
A2002	过电压	DC 过电压控制器动作	检查减速时间参数；检查输入功率电缆的稳态、瞬态电压
A2003	欠电压	DC 欠电压控制器动作	检查电源
A2004	方向锁定	不允许换向	检查参数的设置
A2006	AI1 丢失	模拟输入 AI1 的信号小于由参数定义的限值	检查故障功能的参数设置；检查模拟控制信号的电压等级是否正确；检查接线
A2009	设备过温	变频器 IGBT 的温度超过了报警值 120℃	检查周围环境条件；检查冷却风量、风机的工作情况；检查电机功率、变频器功率
A2010	电机过温	冷却不足、过载、电机功率不够、起动数据错误	检查电机的额定参数、负载、冷却情况；检查起动参数；检查故障功能的参数设置
A2011	欠载	可能是驱动设备机械负载脱开	检查变频器；检查故障功能的参数设置；检查电机的功率、变频器的功率
A2012	电机堵转	可能是过载或电机功率太小	检查电机的负载、电机的额定参数；检查故障功能参数的设置
A2013	自动复位	可能是自动复位报警	检查参数组的设置
A2017	OFF 按钮	本地控制锁激活时，变频器停止命令已经从控制盘发出	通过参数禁止本地控制模式锁，然后重试
A2023	紧急停车	变频器已经接收到紧急停车命令，且按照参数定义的斜坡时间停车	确保变频器继续运行是安全的；使紧急停车按钮回到正常位置
A2026	输入断相	可能是电源断相、熔断器烧断、中间直流电路电压的纹波超过中间直流电路电压的 14% 时发出报警	检查进线熔断器；检查电源的三相电压是否平衡；检查故障功能的参数设置

表 3-2 ACS150 系列变频器故障信息与代码 2

故障信息、代码	故障原因	故障信息、代码	故障原因
A5011	变频器由另外一个控制设备进行控制	A5024	传动正在执行任务
A5012	电机旋转方向被锁住	A5026	参数值低于最小限值
A5013	激活了起动禁止功能、控制盘的控制无效	A5027	参数值大于最高限值
A5014	变频器故障、控制盘控制失效	A5028	非法值
A5015	激活了本地控制模式锁、控制盘的控制无效	A5029	存储器没有准备好
		A5030	无效请求
A5019	禁止写入非零参数值	A5031	变频器没有准备好
A5022	参数写保护	A5032	参数错误
A5023	变频器运行时不允许进行参数修改		

表 3-3 ACS150 系列变频器故障信息与代码 3

故障信息、代码	故障现象、类型	故障原因	故障检查
F0001	过电流	变频器过电流跳闸限值是变频器额定电流的 325%。输出电流超过了跳闸值	检查电机负载;检查加速时间;检查电机、电机电缆、相序;检查周围环境条件
F0002	直流过电压	中间电流直流电压过高。200V 变频器中间电路直流电压的跳闸值是 420V。400V 变频器中间电路直流电压的跳闸值是 840V	检查过电压控制器;检查输入电源的稳态和瞬态电压;检查制动斩波器和制动电阻;增加制动斩波器和制动电阻;检查减速时间
F0003	设备过温	变频器 IGBT 温度过高。IGBT 温度过高跳闸值是 135℃	检查冷却空气流量冷却风机;检查电机功率和变频器功率;检查周围环境条件
F0004	短路	电机电缆短路;电机短路	检查电机;检查电机电缆
F0006	直流欠电压	中间电路直流电压太低。200V 变频器中间电路直流电压欠电压跳闸值是 162V。400V 变频器中间电路直流电压欠电压跳闸值是 308V	检查电源;检查熔断器;检查欠电压控制器
F0007	AI1 丢失	模拟输入 AI1 低于由参数定义的限值	检查接线;检查故障功能的参数设置;检查模拟控制信号电压等级是否正确
F0009	电机过温	可能是过载、冷却不足、电机功率太小、起动数据错误	检查电机额定参数、负载、冷却;检查故障功能参数设置;检查冷却风机;检查起动数据
F0012	电机堵转	过载或者电机功率太小,造成电机工作在堵转区	检查电机负载;检查故障功能的参数设置;检查变频器额定参数
F0014	外部故障 1	外部故障 1	检查故障功能的参数设置;检查外部设备是否有故障
F0015	外部故障 2	外部故障 2	检查故障功能的参数设置;检查外部设备是否有故障
F0016	接地故障	电机接地;电机电缆接地	检查故障功能参数设置;检查电机电缆,电机电缆不能超过规定的最大长度;检查电机

（续）

故障信息、代码	故障现象、类型	故障原因	故障检查
F0017	欠载	机械负载脱开，造成电机负载太轻	检查故障功能参数设置；检查变频器的机械负载；检查电机功率；检查变频器功率
F0018	热故障	用于测量变频器内部温度的热敏电阻发生短路或者开路故障	检修
F0021	电流测量故障	变频器内部故障。电流测量超出了范围	检修
F0022	电源断相	电源断相或者熔断器烧损，造成中间电路直流电压振荡。中间电路直流电压的纹波超过额定中间电路直流电压的14%后，变频器跳闸	检查故障功能的参数设置；检查电源三相电压是否平衡；检查输入熔断器
F0026	变频器识别号	变频器辨识故障	检修
F0027	配置文件	内部配置文件错误	检修
F0034	电机断相	电机断相造成电机电路故障	检查电机；检查电机电缆
F0035	输出接线故障	输入功率电缆连接错误；电机电缆连接错误	检查故障功能的参数设置；检查输入功率电缆连接
F0036	软件版本不兼容	载入的软件不兼容	检修
F0101	串行闪存故障	串行闪存芯片文件系统崩溃	检修
F0103	串行闪存故障	串行闪存芯片的有效宏文件丢失	检修
F0201	DSP T1 OVERLOAD	系统错误	检修
F0202	DSP T2 OVERLOAD		
F0203	DSP T3 OVERLOAD		
F0204	DSP STACK ERROR		
F0206	MMIO ID ERROR	内部 I/O 控制板（MMIO）故障	检修
F1000	PAR HZRPM	转速/频率限值参数设置错误	检查参数设置
F1003	PAR AI SCALE	模拟输入 AI 信号换算错误	检查参数组的设置

73

★3.1.2 ACS310 系列变频器故障信息与代码（见表3-4～表3-6）

表3-4 ACS310 系列变频器故障信息与代码1（变频器发出的报警信息）

故障信息、代码	故障现象、类型	故障原因	故障检查
2001	过电流	输出电流限值控制器动作	检查电机相序；检查加速时间；检查电机；检查电机电缆；检查电机负载；检查周围环境条件，如果安装地点的环境温度超过40℃，则变频器需要降容使用
2002	过电压	DC 过电压控制器动作	检查输入动力电缆的稳态与瞬态电压；检查减速时间参数

untml(续)

故障信息、代码	故障现象、类型	故障原因	故障检查
2003	欠电压	DC 欠电压控制器动作	检查电源
2004	方向锁定	不允许换向	检查参数的设置
2005	IO 通信中断	现场总线通信中断	检查内置现场总线控制；检查故障功能的参数设置；检查接线；检查现场总线通信的状态；检查主机的通信情况
2006	AI1 丢失	模拟输入 AI1 信号低于由相关参数定义的限值（例如 AI1 FAULT LIMIT 定义的限值）	检查接线；检查模拟控制信号电压等级是否正确；检查故障功能的参数设置
2007	AI2 丢失	模拟输入 AI2 信号低于由相关参数定义的限值（例如 AI2 FAULT LIMIT 定义的限值）	检查接线；检查模拟控制信号电压等级是否正确；检查故障功能的参数设置
2008	控制盘丢失	被选为有效控制地的控制盘中止通信	检查故障功能的参数设置；检查控制盘的连接；检查控制盘连接器；检查安装板上的控制盘；检查参数组指令输入的设置情况；检查参数组给定选择的设置情况
2009	传动过温	变频器 IGBT 温度过高。变频器 IGBT 温度过高的报警值为 120℃	检查风机的工作情况；检查冷却风量；检查变频器功率；检查电机功率；检查周围环境条件
2010	电机过温	可能是过载、电机功率太小、冷却不足、起动数据错误。电机温度测量值超过了参数 ALARM LIMIT 等设置的报警值	检查电机额定参数、负载、冷却；检查故障功能的参数设置；检查起动数据；检查报警限值；检查传感器型号是否与参数设定的型号相符；保证电机冷却系统正常
2012	电机堵转	过载；电机功率太小	检查变频器额定参数；检查电机负载；检查故障功能的参数设置
2013	自动复位	自动复位报警	检查参数组自动复位等的设置
2014	自动切换	PFC 自动切换功能激活	检查参数组 PFC 控制等的设置
2015	PFC 联锁	PFC 联锁激活	检查参数组 PFC 控制等的设置；检查电机
2018	PID 睡眠	进入睡眠模式	检查参数组过程 PID 参数集 1 的设置；检查参数组过程 PID 参数集 2 的设置
2021	起动允许 1 丢失	没有接收到起动使能 1 信号	检查现场总线通信的设置情况；检查参数 START ENABLE 1 的设置；检查数字输入的接线
2022	起动允许 2 丢失	没有接收到起动使能 2 信号	检查现场总线通信的设置情况；检查参数 START ENABLE 2 的设置；检查数字输入的接线
2023	急停	变频器已经接收到紧急停车命令，且根据 EMERG DEC TIME 等相关参数定义的斜坡时间停车	检查紧急停车按钮；确保变频器继续运行是安全的
2025	首次起动	电机正在进行励磁识别（该报警属于正常起动程序）	等待，直到变频器指示电机辨识运行完成

74

（续）

故障信息、代码	故障现象、类型	故障原因	故障检查
2027	用户负载曲线	可能是通过 USER LOAD C MODE 定义的条件有效期长于通过 USER LOAD C TIME 设置时间的一半	检查参数组 USER LOAD CURVE（用户负载曲线模式）
2028	起动延时	可能是正在起动延时	检查参数 START DELAY
2030	入口压力低	泵/风机入口压力低	检查泵/风机入口侧闭合的阀门；检查管道是否出现泄漏情况；检查泵保护等相关参数
2031	出口压力高	泵/风机出口压力高	检查管道是否堵塞；检查泵保护等相关参数
2032	管道加注	正在加注管道	检查相关参数
2033	入口压力过低	泵/风机入口压力过低	检查泵/机入口侧闭合的阀门；检查泵保护等相关参数；检查管道是否泄漏
2034	出口压力过高	泵/风机出口压力过高	检查管道是否堵塞；检查泵保护等相关参数

ACS310 系列变频器由基本控制盘发出的报警信息见表 3-5。基本控制盘，一般用代码 A5xxx 表示控制盘报警。

表 3-5　ACS310 系列变频器故障信息与代码 2（基本控制盘发出的报警信息）

故障信息、代码	故障原因	故障检查
5001	变频器没有响应	检查控制盘的连接情况
5002	通信协议不兼容	检修
5010	控制盘参数备份文件损坏	重试参数下装；重试参数上传
5011	变频器由另外的控制源控制	将变频器的控制模式切换到本地控制模式
5012	换向功能被锁定	允许换向；检查 DIRECTION 等相关参数
5013	激活了起动禁止功能，造成控制盘控制失效	不能从控制盘起动；检查 EXT1 COMMANDS、EXT2 COMMANDS、EMERG STOP SEL 等相关参数
5014	由于变频器故障造成控制盘控制失效	对变频器故障进行复位，并且重试
5015	由于本地控制模式被禁止，造成控制盘控制失效	检查 LOCAL LOCK 等相关参数；使本地控制模式锁失效，并且重试
5018	没有找到参数的缺省值	检修
5019	禁止写入非零参数值	可能只允许进行参数复位
5020	参数值与参数不匹配；参数或者参数组不存在	检修
5021	参数或者参数组被隐藏了	检修
5022	参数处于写保护状态	参数值处于只读状态，因此不能改变该参数的值
5023	当变频器运行时，不允许改变参数值	停止变频器，并且改变相关参数值
5024	变频器正在执行任务	等待，直到任务完成
5025	正在进行软件的上传或下装	等待，直到任务完成
5026	达到或者低于最低限值	检修
5027	达到或者高于最高限值	检修

（续）

故障信息、代码	故障原因	故障检查
5028	非法值	检修
5029	存储器没有准备好	需要重试
5030	非法请求	检修
5031	变频器没有准备好，例如由于中间直流电路电压过低	检查电源
5032	参数错误	检修
5040	选择的参数集在当前的参数备份文件中不存在；参数下装错误	在下装之前执行上传功能
5041	参数备份文件没有放入存储器中	检修
5042	参数下装错误；选择的参数集在当前的参数备份文件中不存在	在下装之前执行上传功能
5043	无起动禁止	
5044	参数备份文件恢复错误	检查该文件是否与变频器兼容
5050	参数上传失败	重试参数上传
5051	文件错误	检修
5052	参数上传失败	重试参数上传
5060	参数下装失败	重试参数下装
5062	参数下装失败	重试参数下装
5070	控制盘备份存储器写错误	检修
5071	控制盘备份存储器读错误	检修
5080	变频器不处于本地控制模式下，禁止操作	切换到本地控制模式
5081	存在故障，禁止操作	检查故障原因并对故障进行复位
5083	参数锁处于打开状态，禁止操作	检查 PARAMETER LOCK 等参数有关设置
5084	变频器正在执行任务，禁止操作	等待，直到任务完成后再重试
5085	从源变频器到目标变频器的参数下装失败	检查源变频器和目标变频器的型号是否相同
5086	从源变频器到目标变频器的参数下装失败	检查源变频器和目标变频器的型号代码是否相同
5087	参数集不匹配，从源变频器到目标变频器的参数下装失败	检查源变频器和目标变频器的信息是否相同
5088	变频器存储器错误，操作失败	检修
5089	CRC 错误，下装失败	检修
5090	数据处理错误，下装失败	检修
5091	参数错误，操作失败	检修
5092	参数集不匹配，从源变频器到目标变频器的参数下装失败	检查源变频器和目标变频器的信息是否相同

表3-6　ACS310 系列变频器故障信息与代码 3（变频器发出的故障信息）

故障信息、代码	故障现象、类型	故障原因	故障检查
0001	过电流	输出电流超过了跳闸值	检查加速时间；检查周围环境条件；检查电机；检查电机电缆、相序；检查电机负载

（续）

故障信息、代码	故障现象、类型	故障原因	故障检查
0002	直流过电压	中间电路直流电压过高。200V 变频器中间电路直流电压的跳闸值是 420V。400V 变频器中间电路直流电压的跳闸值是 840V	检查过电压控制器；检查减速时间；检查输入电源的稳态、瞬态电压
0003	传动过温	变频器 IGBT 温度过高（跳闸值是 135℃）	检查电机功率；检查变频器功率；检查周围环境条件；检查冷却风机
0004	短路	电机电缆短路；电机短路	检查电机电缆；检查电机
0006	直流欠电压	电源断相、熔断器烧损、整流桥内部故障、电源电压太低	检查电源；检查欠电压控制器；检查熔断器
0007	AI1 丢失	模拟输入 AI1 信号低于参数 AI1 FAULT LIMIT 定义的限值	检查故障功能的参数设置；检查接线；检查模拟控制信号电压等级是否正确
0008	AI2 丢失	模拟输入 AI2 信号低于参数 AI2 FAULT LIMIT 定义的限值	检查故障功能的参数设置；检查接线；检查模拟控制信号电压等级是否正确
0009	电机过温	过载、电机功率太小、冷却不足、起动数据错误、电机温度超过参数 FAULT LIMIT 定义的故障限值	检查 SENSOR TYPE 设置的传感器的型号；检查电机额定参数、负载、冷却；检查故障功能的参数设置；检查故障限值；检查起动数据；检查电机冷却系统
0010	控制盘丢失	被选为有效控制地的控制盘中止通信	检查控制盘的连接；检查控制盘连接器；检查安装板上的控制盘；检查参数组指令输入、给定选择等参数的设置情况；检查故障功能的参数设置
0012	电机堵转	过载、电机功率太小	检查电机负载；检查变频器额定参数；检查故障功能的参数设置情况
0014	外部故障 1	外部故障 1	检查 EXTERNAL FAULT 1 等参数的设置情况；检查外部设备是否有故障
0015	外部故障 2	外部故障 2	检查 EXTERNAL FAULT 2 等参数的设置情况；检查外部设备是否有故障
0016	接地故障	电机接地故障；电机电缆接地故障	检查电机、检查故障功能的参数设置情况；检查电机电缆（电机电缆不能超过规定的最大长度）
0018	内部故障	测量变频器内部温度的热敏电阻发生短路或者开路故障	检修
0021	电流测量	变频器内部故障（电流测量超出了范围）	检修
0022	电源断相	电源断相、熔断器烧损、直流电压振荡、中间电路直流电压的纹波超过额定中间电路直流电压的 14%、变频器跳闸	检查故障功能的参数设置情况；检查输入电源三相电压是否平衡；检查输入熔断器

（续）

故障信息、代码	故障现象、类型	故障原因	故障检查
0024	超速	最低转速/最高转速设置错误；电机工作速度范围 MINIMUMFREQ、MAXIMUM FREQ 等参数设定错误	检查电机制动转矩是否足够；检查最低转速/最高转速的设置情况
0026	变频器辨识号	变频器辨识故障	检修
0027	配置文件	变频器内部配置文件错误	检修
0028	串口 1 故障	现场总线通信中断	检查现场总线通信的状态；检查主机的通信；检查故障功能的参数设置情况；检查接线
0029	EFB 配置文件	配置文件读取错误	检修
0030	强制跳闸	接受到来自现场总线的跳闸命令	检修
0031	EFB1	内置现场总线（EFB）协议应用程序错误（取决于所使用的协议）	检修
0032	EFB2	内置现场总线（EFB）协议应用程序错误（取决于所使用的协议）	检修
0033	EFB3	内置现场总线（EFB）协议应用程序错误（取决于所使用的协议）	检修
0034	电机断相	电机断相、电机热继电器（用于电机温度测量电路）故障造成电机电路故障	检查电机；检查电机电缆；检查电机热继电器（如果有）
0035	输出接线故障	输入动力电缆和电机电缆连接错误	检查故障功能参数的设置情况；检查输入动力电缆连接情况
0036	软件版本不兼容	载入的软件不兼容	检修
0038	用户负载曲线	通过 USER LOAD C MODE 定义的条件有效期长于通过 USER LOAD C TIME 设置的时间	检查 USER LOAD CURVE（用户负载曲线模式）等参数组设置情况
0039	未知扩展	变频器固件不支持的可选模块连接到了变频器上	检查接线
0040	入口压力过低	泵/风机入口压力过低	检查泵/风机入口侧闭合的阀门；检查管道是否泄漏；检查 PUMP PROTECTION（泵保护）等参数组设置情况
0041	出口压力过高	泵/风机出口压力过高	检查泵保护等参数组设置情况；检查管道是否堵塞
0042	入口压力低	泵/风机入口压力低	检查泵保护等参数组设置情况；检查泵/风机入口侧闭合的阀门；检查管道是否泄漏
0043	出口压力高	泵/风机出口压力高	检查管道是否堵塞；检查泵保护等参数组设置情况
0101	SERF CORRUPT	变频器内部错误	检修
0103	SERF MACRO	变频器内部错误	检修
0201	DSP T1 OVERLOAD	变频器内部错误	检修
0202	DSP T2 OVERLOAD	变频器内部错误	检修

78

（续）

故障信息、代码	故障现象、类型	故障原因	故障检查
0203	DSP T3 OVERLOAD	变频器内部错误	检修
0204	DSP STACK ERROR	变频器内部错误	检修
0206	CB ID ERROR	变频器内部错误	检修
1000	参数不一致	不正确的频率极限值参数设置	检查参数设置情况，例如 MINIMUM FREQ、MAXIMUM FREQ 等
1001	PAR PFC REF NEG	不正确的 PFC 参数设置	检查参数组 PFC 控制的设置情况
1003	AI 参数错误	模拟输入 AI 信号换算错误	检查参数组模拟输入的设置情况
1004	AO 参数错误	模拟输入 AO 信号换算错误	检查参数组模拟输出的设置情况
1005	功率参数错误 2	电机额定功率设置错误	检查 MOTOR NOM CURR 等参数的设置情况
1006	PAR EXT RO	不正确的扩展继电器输出参数	检查参数设置，例如 MREL-0、RELAY OUTPUT 等
1007	总线指令错误	没有激活现场总线控制等引起的	检查现场总线参数设置情况
1009	功率参数错误 1	电机额定转速/频率设置错误	检查参数设置情况，例如 MOTOR NOM FREQ、MOTOR NOM SPEED 等
1012	PAR PFC IO 1	未完成 PFC 的 I/O 配置	检查参数设置情况，例如 RELAY OUTPUTS（继电器输出）、NR OF AUX MOT、AUTOCHNG INTERV 等参数
1013	PAR PFC IO 2	未完成 PFC 的 I/O 配置	检查参数设置情况，例如 MOTORS、RELAY OUTPUTS（继电器输出）、AUTOCHNG INTERV 等参数
1014	PAR PFC IO 3	未完成 PFC 的 I/O 配置（传动不能为每个 PFC 电机分配一个数字输入）	检查参数设置情况，例如 INTERLOCKS、MOTORS 等参数
1015	U/f 参数错误	压频比（U/f）设置错误	检查参数设置情况，例如 USER DEFINED U1…USER DEFINED F4 等参数
1017	PAR SETUP 1	不允许同时使用频率输入信号和频率输出信号	检查禁用频率输出或频率输入等有关参数设置情况
1026	PAR USER LOAD C	不正确的用户负载曲线参数设置	检查参数设置情况，例如 LOAD FREQ 1、LOAD FREQ 2、LOAD FREQ 3、LOAD TORQ LOW 1、LOAD TORQ HIGH 1、LOAD TORQ LOW 2、LOAD TORQ HIGH 4、LOAD TORQ HIGH 5 等

ACS310 系列变频器指示灯指示的信息见表 3-7。

79

表 3-7　ACS310 系列变频器指示灯指示的信息

位置	指示灯灭	指示灯闪烁		指示灯亮	
指示灯在变频器前面。如果控制盘安装到变频器上，则取下控制盘即可看到该指示灯	没有通电	绿色	说明变频器处于报警状态	绿色	说明板上电源正常
		红色	说明变频器处于故障状态。切断变频器电源，可以将该故障复位	红色	说明变频器处于故障状态。按下控制盘上的 RESET 按钮或者断开变频器电源，均可以将该故障复位
指示灯在助手控制盘左上角	控制盘无电或没有和任何变频器连接	绿色	说明变频器处于报警状态	绿色	说明变频器处于正常状态
		红色	—	红色	说明变频器处于故障状态。按下控制盘上的 RESET 按钮或者断开变频器的电源，均可以将该故障复位

注：在 ACS310 系列变频器前面板上有一个绿色指示灯和一个红色指示灯。通过控制盘盖板可以看到这两个指示灯。但是，如果将控制盘安装到变频器上，将看不到这两个指示灯。助手控制盘有一个指示灯。

★3.1.3　ACS510-01 系列变频器故障信息与代码（见表 3-8～表 3-10）

表 3-8　ACS510-01 系列变频器故障信息与代码

故障信息、代码	故障现象、类型	故障原因	故障检查
1	过电流	输出电流过大	加速时间过短，则检查加速时间 1、加速时间 2 等参数设置情况；电机故障，则检查电机电缆、接线是否错误；检查电机是否过载
2	直流过电压	中间回路 DC 电压过高	检查输入侧的供电电源是否发生静态或瞬态过电压；减速时间过短，则检查减速时间 1、减速时间 2 等参数设置情况；制动斩波器选型太小，则需要选型正确；检查过电压控制器是否处于正常工作状态
3	过温	散热器过温；温度达到或超过极限值（R1～R4 为 115℃、R5/R6 为 125℃）	检查电机负载是否过大；检查风扇故障；检查环境温度是否过高；检查空气流通情况；检查散热器是否积尘
4	短路	短路故障	检查供电电源，看是否存在扰动；检查电机电缆、电机
5	保留	未用	
6	直流欠电压	中间回路 DC 电压不足	检查主电源，看是否存在欠电压情况；检查供电电源，看是否存在断相；检查熔断器，看是否存在熔断
7	AI1 丢失	模拟输入 1 丢失；模拟输入值小于 AI 故障极限参数的值	检查模拟输入信号源及其接线；检查 AI 故障极限、AI 故障功能等参数设置情况
8	AI 2 丢失	模拟输入 2 丢失；模拟输入值小于 AI 故障极限参数的值	检查模拟输入信号源、输入接线；检查 AI 故障极限、AI 故障功能等参数设置情况

（续）

故障信息、代码	故障现象、类型	故障原因	故障检查
9	电机过温	电机过热	检查温度传感器等参数设置情况；检查电机是否过载
10	控制盘丢失	控制盘通信丢失	检查传动处于本地控制或传动处于远程控制模式的设置情况。例如 PANEL COMM ERROR（控制盘丢失故障）等参数组；检查通信链路、接线
11	保留	未用	
12	电机堵转	电机或工艺堵转	检查相关参数设置情况；检查电机是否功率不够；检查是否存在过载
13	保留	未用	
14	外部故障1	第一外部故障报警对应的数字输入激活	检查外部故障/等相关参数设置情况
15	外部故障2	第二外部故障报警对应的数字输入激活	检查外部故障2等相关参数设置情况
16	接地故障	电机或电机电缆处存在接地故障	检查接线故障等相关参数设置情况；检查进线接地情况（电机电缆的长度不应超过允许的最大长度）
17	保留	未用	
18	THERM FAIL	监测传动的内部温度热敏电阻断开或短路；内部故障	检修
19	OPEX 连接	OMIO 和 OITFA 板间的通信有问题；内部故障	检修
20	OPEX 电源	OITF 板欠电压；内部故障	检修
21	电流测量	电流测量超过范围；内部故障	检修
22	电源断相	DC 回路的纹波电压太高	检查主电源，看是否存在断相；检查熔断器，看是否存在熔断情况
24	保留	未用	
25	保留	未用	
26	传动识别号	变频器 ID 配置无效；内部故障	检修
27	配置文件	内部配置文件出错	检修
28	串口1故障	现场总线通信超时	检查现场总线通信情况；检查通信故障功能、通信故障时间等相关参数设置情况；检查通信链路连接情况，以及看是否存在干扰现象
29	EFB 配置文件	嵌入式现场总线在读取配置文件时出错	检修
30	强制跳闸	现场总线强迫故障停车	检修
31	EFB 1	嵌入式现场总线（EFB）协议应用程序保留的故障代码	用的协议不同，故障代码的含义也不相同
32	EFB 2	嵌入式现场总线（EFB）协议应用程序保留的故障代码	用的协议不同，故障代码的含义也不相同

（续）

故障信息、代码	故障现象、类型	故障原因	故障检查
33	EFB 3	嵌入式现场总线（EFB）协议应用程序保留的故障代码	用的协议不同，故障代码的含义也不相同
34	电机断相	电机回路有故障；电机断相	检查变频器内部；检查电机电缆；检查热敏继电器
35	输出接线故障	功率接线错误	检查输入功率电缆连接方式；检查接线故障等相关参数设置情况；检查输入电缆连接情况
36	软件版本不兼容	传动不能使用软件	检查变频器内部；检查安装的软件与传动的兼容性
37	控制板过温	控制板温度超过 88℃	检查周围环境温度，看是否过高；检查风扇；检查空气流通情况
38	用户自定义负载曲线故障	用户自定义负载曲线故障	检修
101…109	SYSTEM ERROR	传动内部故障	检修
201…209	SYSTEM ERROR	系统故障	检修

表 3-9　ACS510-01 系列变频器与参数设置冲突有关的故障代码

故障信息、代码	故障现象、类型	故障原因	故障检查
1000	参数不一致	参数设置不一致	检查最低频率、最高频率、电机额定频率等相关参数设置情况
1001	PFC 参数错误	参数值不一致	检查 PFC 允许、最低频率等相关参数设置情况
1003	AI 参数错误	参数值不一致	检查 AI 1 下限、AI 1 上限、AI 2 下限、AI 2 上限等相关参数设置情况
1004	AO 参数错误	参数值不一致	检查 AO 1 下限、AO 1 上限、AO 2 下限、AO 2 上限等相关参数设置情况
1005	功率参数错误 2	功率控制的参数值不一致；额定容量与电机额定功率不正确	检查电机额定电流、电机额定电压、电机额定功率（单位是 kW 或马力）等相关参数设置情况
1006	扩展模块参数错误	参数值不一致	检查扩展继电器模块连接情况；检查继电器输出等相关参数设置情况
1007	总线指令错误	参数值不一致	检查外部 1 命令、通信协议选择等相关参数设置情况
1008	保留		
1009	功率参数错误 1	功率控制的参数值不一致，额定频率或转速不正确	检查电机额定频率、电机额定转速等相关参数设置情况
1011	超越模式参数错误	参数组设置错误	

（续）

故障信息、代码	故障现象、类型	故障原因	故障检查
1012	PFC IO 参数错误1	IO 配置不完整	检查是否存在没有足够的继电器个数被分配为 PFC；检查辅机个数、自动切换间隔等相关参数设置情况
1013	PFC IO 参数错误2	IO 配置不完整	检查电机台数、自动切换间隔等相关参数设置情况
1014	PFC IO 参数错误3	IO 配置不完整	检查是否存在传动不能为每个 PFC 电机分配一个数字输入；检查互锁、电机台数等相关参数设置情况
1015	用户自定义 U/f 曲线错误	自定义的 U/f 曲线参数冲突	
1016	用户自定义负载曲线错误	自定义负载曲线参数错误	

表 3-10 ACS510-01 系列变频器报警代码

故障信息、代码	故障现象、类型	故障原因	故障检查
2001	过电流	限流控制器被激活	检查加速时间，看是否过短。检查加速时间1、加速时间2等相关参数设置情况；检查电机，看是否存在过载；检查电机电缆、接线情况
2002	过电压	过电压控制器被激活	检查减速时间看是否过短，检查减速时间1、减速时间2等相关参数设置情况；检查输入电源看是否存在静态或瞬态过电压
2003	欠电压	欠电压控制器被激活	检查电源
2004	方向锁定故障	不允许改变方向	改变 DIRECTION 等参数的值以允许改变电机的旋转方向；不要试图改变电机的旋转方向
2005	I/O 通信	现场总线通信超时	检查 COMM FAULT FUNC、COMM FAULT TIME 等参数设置情况；检查通信设置；检查导线，看是否存在噪声；检查连接情况
2006	AI1 丢失	模拟输入1丢失；给定小于最小设定	检查输入源与连接情况；检查最小值的参数、报警/故障动作的参数等相关参数设置情况
2007	AI2 丢失	模拟输入2丢失；给定小于最小设定	检查输入源和连接情况；检查最小值的参数、报警/故障动作的参数等相关参数设置情况
2008	控制盘丢失	控制盘通信丢失	检查本地控制模式、远程控制模式等相关参数设置情况；检查通信链路和接线情况；检查 PANEL LOSS、COMMAND INPUTS 等相关参数设置情况

83

（续）

故障信息、代码	故障现象、类型	故障原因	故障检查
2009	传动过温	传动散热器过热	检查电机的情况；检查空气流通情况；检查散热器情况；检查风机；检查环境温度的情况
2010	电机过温	电机发热	检查相关参数设置情况；检查电机过载情况；检查温度传感器
2011	保留		
2012	电机堵转	电机工作在堵转区间	
2013	自动复位	传动将要进行自动故障复位，可能会起动电机	检查 AUTOMATIC RESET 等相关参数设置情况，自动复位
2014	自动切换	PFC 自动切换功能被激活	检查参数组"应用宏：PFC 控制宏"来设置 PFC 控制应用的情况
2015	PFC 互锁	PFC 互锁功能被激活、电机不能起动	检查调整速度的电机；检查所有电机
2016/2017	保留		
2018	PID 睡眠	PID 睡眠功能被激活，睡眠结束后电机可能会加速	检查参数设置 PID 睡眠功能的情况
2019	保留		
2020	保留		
2021	起动允许 1 丢失	Start Enable 1（起动允许 1）信号丢失	检查参数控制起动允许 1 功能的情况；检查数字输入的配置的情况；检查通信设置的情况
2022	起动允许 2 丢失	Start Enable 2（起动允许 2）信号丢失	检查参数控制起动允许 2 功能的情况；检查数字输入配置情况；检查通信设置情况
2023	急停	激活紧急停车功能	
2025	首次起动	电机数据改变后首次进行标量跟踪起动	
2027	用户自定义负载曲线		检查有关参数
2028	起动延时		检查有关参数

ACS510-01 系列变频器基本型控制盘，使用一个代码（一般用 A5xxx 形式来表达）来指示控制盘报警。其报警代码及其说明见表 3-11。

表 3-11　ACS510-01 系列变频器基本型控制盘报警代码及其说明

故障信息、代码	故障原因	故障信息、代码	故障原因
5001	传动无响应	5015	封锁按钮信号，传动被锁定在本地控制模式
5002	通信配置文件与传动不兼容		
5010	控制盘的参数备份文件已经损坏	5018	没有找到参数默认值
5011	传动由另外一个信号源控制	5019	禁止写入非零值（只能写入 0）
5012	电机旋转方向被锁定	5020	参数组或参数不存在、参数值不匹配
5013	封锁按钮信号，起动被禁止	5021	参数组或参数被隐藏
5014	封锁按钮信号，传动出现故障	5022	参数组或参数处于写保护状态

（续）

故障信息、代码	故障原因	故障信息、代码	故障原因
5023	传动单元正处于运行状态，不允许对参数进行修改	5050	放弃参数上传
		5051	检测到文件错误
5024	传动单元繁忙	5052	参数上传失败
5025	传动处于上传或下载进程中，禁止写入	5060	放弃参数下装
		5062	参数下装失败
5026	参数值达到或低于低限值	5070	控制盘备用内存写错误
5027	参数值达到或超过高限值	5071	控制盘备用内存读错误
5028	参数值无效、参数值列表中的值不匹配	5080	操作无效，传动不处于本地控制模式
		5081	操作无效，出现故障
5029	内存没有准备好	5082	操作无效，超越模式被允许
5030	请求非法	5083	操作无效，参数锁没有打开
5031	传动单元没有准备好	5084	操作无效，传动繁忙
5032	检测到参数错误	5085	操作无效，传动型号不匹配
5040	所选择的参数集在当前的参数备份文件中没有找到	5086	操作无效，传动模型不兼容
		5087	下装无效，参数集不匹配
5041	参数备份文件不能移入内存	5088	操作失败，传动内存错误
5042	所选择的参数集在当前的参数备份文件中没有找到	5089	下装失败，CRC 错误
		5090	下装失败，数据处理错误
5043	所有起动禁止均被拒绝	5091	操作失败，参数错误
5044	参数备份文件版本不匹配	5092	下装失败，参数集不匹配

★3.1.4 ACS530 系列变频器故障自动复位字位与故障类型

ABB ACS530 系列变频器具有故障自动复位，即参数设置故障自动复位。其自动复位选择参数项，每一位（二进制数码）对应一个故障类型，具体见表3-12。

表3-12 ACS530 系列变频器故障自动复位字位与故障类型

位	故障类型	位	故障类型	位	故障类型
0	过电流故障	4~9	保留	13	外部故障3
1	过电压故障	10	自定义自动复位	14	外部故障4
2	欠电压故障	11	外部故障1	15	外部故障5
3	AI 监控故障	12	外部故障2		

☆☆☆ 3.2 LG、LS 系列变频器 ☆☆☆

★3.2.1 LG iG5 系列变频器故障信息与代码（见表3-13）

表3-13 LG iG5 系列变频器故障信息与代码

故障信息、代码	故障现象、类型	故障原因
OH	散热片过热	由于风扇损坏或者通过检测散热片的温度检到有外物进入到冷却风扇引起散热片过热时，变频器关断它的输出
EtH	电子热量	电机超载等引起变频器内部电子热量影响、决定电机的过热 该变频器超载容量一般为150%、1min 会引起该故障报警

85

（续）

故障信息、代码	故障现象、类型	故障原因
COL	输入断相	一个或者多个输入（R、S、T）相开路时，变频器关断其输出
OPO	输出断相	一个或者多个输出（U、V、W）相开路时，变频器关断其输出
bh	BX 故障（即时关断）	该功能用于变频器的紧急停止，使用该功能时一定要小心；BX 端子变成 ON 时，变频器紧急关断其输出。BX 端子变成 OFF 时，回到正常的运行状态
EhtA	外部故障 A	因为外部故障信号用户需要关断输出时，使用该功能（常开触点）
Ehtb	外部故障 B	因为外部故障信号用户需要关断输出时，使用该功能（常闭触点）
EO1	EEPROM 故障 1	变频器面板 EEPROM 故障时引起参数读写错误
EO2	EEPROM 故障 2	变频器与面板 ROM 版本不一样
Hh	变频器 H/W 故障	变频器控制电路出现故障时，其输出一个故障信号，例如 EEP 错误信号、ADC 偏移量信号、Wdog 错误信号等
CPU2	CPU 故障	CPU 故障
EEP	EEPROM 故障	变频器主板 EEPROM 故障
FAn	风扇故障	变频器冷却用风扇不转动、风扇故障
OC	过电流	变频器输出电流大于变频器额定电流的 200% 时，变频器关断其输出
Ou	过电压	主电路的 DC 电压高于额定值，或者电机减速，或者再生负载引起的再生能量回流到变频器时，变频器关断其输出。该故障也可能是电源供应系统中产生浪涌电压引起的
OLt	过电流（过载）	变频器输出电流达到变频器额定电流的 180%，并且超过电流限制时间（S/W）时，变频器关断其输出
---L	失去给定频率时操作方法	根据设置有 3 个模式，即继续运行、减速和停止、自由运行
hrE	接线故障	变频器输出/输入故障
iOLt	变频器超载	变频器输出电流大于其额定水平时，变频器关断其输出
Lu	低电压	变频器输入电压下降，引起转矩不够、电机过热，从而使变频器关断其输出

★3.2.2 LSLV-C100 系列变频器故障信息与代码（见表3-14）

表3-14 LSLV-C100 系列变频器故障信息与代码

故障信息、代码	故障现象、类型	故障信息、代码	故障现象、类型
OCt	过电流	SAFb	安全停止 B 端子断开
OC2	短路	EEP	参数保存异常
GFt	接地故障	HWt	硬件异常
IOL	变频器过载	IE7	面板通信异常
OLt	过载保护	COM	面板异常
OHt	变频器过热	FAn	冷却风扇异常
POt	输出断相	ESt	紧急停止
Out	过电压	EtA	A 触点故障信号
Lut	低电压	Etb	B 触点故障信号
EtH	电子热保护	..L	频率指令丢失
COL	输入断相	ntC	NTC 断开
SAFA	安全停止 A 端子断开	nbr	抱闸控制异常

★3.2.3 LSLV-E100 系列变频器故障信息与代码（见表3-15）

表3-15 LSLV-E100 系列变频器故障信息与代码

故障信息、代码	故障现象、类型	故障原因	故障检查
EHU1	加速运行中过电压	输入电压异常	检查输入电源
		对旋转中的电机进行再起动	设置为直流制动后起动
EHU2	减速运行中过电压	减速时间太短	延长减速时间
		输入电压异常	检查输入电源
EHU3	匀速运行中过电压	输入电压异常	检查输入电源
EHU4	停机时过电压	输入电压异常	检查电源电压
ELU0	运行中欠电压	输入电压异常或继电器未吸合	检查电源电压
ESC1	功率模块故障	变频器输出短路或接地	检查电机接线
		变频器瞬间过电流	检修
		控制板异常或干扰严重	检修
		功率器件损坏	检修
E-OH	散热器过热	环境温度过高	降低环境温度
		风扇损坏	更换风扇
		风道堵塞	疏通风道
E-EF	外部设备故障	外部设备故障输入端子闭合	断开外部设备故障输入端子并清除故障
EPID	PID 反馈断线	PID 反馈线路松动	检查反馈连线
		反馈量小于断线检测值	调整检测输入阈值

（续）

故障信息、代码	故障现象、类型	故障原因	故障检查
E485	RS485 通信故障	与上位机波特率不匹配	调整波特率
		RS485 信道干扰	检查通信连线是否屏蔽，配线是否合理
		通信超时	重试
ECCF	电流检测故障	电流采样电路故障	检修
		辅助电源故障	
EEEP	EEPROM 读写错误	EEPROM 故障	检修
EPAO	爆管故障	反馈压力小于低压检测阈值或大于等于高压检测阈值	检测反馈连线或调整检测高低压阈值
EPOF	双 CPU 通信故障	CPU 通信故障	检修
E0C1	加速运行中过电流	加速时间太短	延长加速时间
		变频器功率偏小	选用功率等级大的变频器
		V/F 曲线或转矩提升设置不当	调整 V/F 曲线或转矩提升量
E0C2	减速运行中过电流	减速时间太短	延长减速时间
		变频器功率偏小	选用功率等级大的变频器
E0C3	匀速运行中过电流	电网电压偏低	检查输入电源
		负载发生突变或异常	检查负载或减小负载突变
		变频器功率偏小	选用功率等级大的变频器
EOL1	变频器过载	V/F 曲线或转矩提升设置不当	调整 V/F 曲线和转矩提升量
		电网电压过低	检查电网电压
		加速时间太短	延长加速时间
		电机负载过重	选择功率更大的变频器
EOL2	电机过载	V/F 曲线或转矩提升设置不当	调整 V/F 曲线和转矩提升量
		电网电压过低	检查电网电压
		电机堵转或负载突变过大	检查负载
		电机过载保护系数设置不正确	正确设置电机过载保护系数

★3.2.4 LSLV-M100 系列变频器故障信息与代码（见表 3-16）

表 3-16 LSLV-M100 系列变频器故障信息与代码

故障信息、代码	故障现象、类型	故障信息、代码	故障现象、类型
OLt	过载	IOL	变频器过载
OCt	过电流	OHt	过热
Out	过电压	ntC	NTC 断开
Lut	低电压	FAn	风扇故障
GFt	接地故障	EtA	外部故障 A、B
EtH	电子热保护	Etb	
OPO	输出断相	COi	通信故障

★3.2.5 LSLV-S100 系列变频器故障信息与代码（见表 3-17～表 3-20）

表 3-17 LSLV-S100 系列变频器故障信息与代码

SEG 显示（故障信息、代码）	LCD 显示（故障信息、代码）	故障原因
IOLV	INV Over Load	变频器过热
FAn	1Fn Warning	冷却风扇异常
trEr	Retry Tr Tune	自整定时转子时间整数（Tr）过高或过低
OLV	Over Load	电机过载
ULV	Under Load	轻载
dbV	DB Warn % ED	DB 电阻使用率超过设定值

表 3-18 LSLV-S100 系列变频器对输出电流、输入电压的保护

SEG 显示（故障信息、代码）	LCD 显示（故障信息、代码）	故障现象、类型	故障原因
Lu2	Low Voltage2	故障改善后输入复位信号后解除	变频器运行中内部回路的直流电压低于规定值
GFt	Ground Trip	故障改善后输入复位信号后解除	变频器输出侧发生接地，并且有规定值以上电流；变频器容量不同，接地检测电流存在差异
EtH	E-Thermal	故障改善后输入复位信号后解除	防止电机过载运行时过热，根据反时限热特性发生故障
POt	Out Phase Open	故障改善后输入复位信号后解除	变频器三相输出中一相以上存在断相
IOL	Inverter OLT	故障改善后输入复位信号后解除	保护变频器过热的反限时热特性保护功能
nit	No Motor Trip	故障改善后输入复位信号后解除	变频器没有连接电机
OLt	Over Load	故障改善后输入复位信号后解除	设置了电机过载故障的情况，负载量超过设定值时发生
OCt	Over Current1	故障改善后输入复位信号后解除	变频器输出电流超过额定电流的 200%
Out	Over Voltage	故障改善后输入复位信号后解除	直流部回路的电压增加到规定值以上
Lut	Low Voltage	故障改善后自动解除。不保存到历史故障中	变频器内部回路的直流电压低于规定值

表 3-19　LSLV-S100 系列变频器根据键盘、选件的故障信息与代码

SEG 显示（故障信息、代码）	LCD 显示（故障信息、代码）	故障现象、类型	故障原因
IOt *IO7* *ErrC*	IO Board Trip	故障改善后输入复位信号后解除	接触状态不良；基本 I/O 异常；外置型通信卡没有与变频器连接
PAr	ParaWrite Trip	故障改善后输入复位信号后解除	接触不良等导致参数无法通信
OPt	Option Trip-1	故障改善后输入复位信号后解除	变频器主机和选件（通信）间发生通信异常
LOr	Lost Command	故障改善后自动解除。不保存到历史故障中	运行指令时，指令发生异常的情况；设置异常；用端子台、通信指令等面板以外的方式输入频率指令

表 3-20　LSLV-S100 系列变频器根据变频器内部回路异常、外部信号的保护

SEG 显示（故障信息、代码）	LCD 显示（故障信息、代码）	故障现象、类型	故障原因
H_t	H/W-Diag	故障改善后变频器电源断开，内部充电灯灭后再上电后解除，或者需要检修	变频器内部的存储设备、模拟量-数字量转换器输出、CPU 误动作
ntC	NTC Open	故障改善后输入复位信号后解除	IGBT 的温度检测传感器检测到异常
4br	Ext-Brake	故障改善后输入复位信号后解除	通过多功能端子功能，进行外部刹车信号运行时动作
SFA *SFb*	Safety A（B）Err	故障改善后自动解除。不保存到历史故障中	两个安全输入中至少一个信号为 off 时发生的情况
OHt	Over Heat	故障改善后输入复位信号后解除	变频器散热器的温度上升到规定值以上
OC2	Over Current2	故障改善后输入复位信号后解除	变频器内部的直流部检测出短路电流
Est	External Trip	故障改善后输入复位信号后解除	设置多功能端子的功能时检测的外部故障信息
b4	BX	故障改善后自动解除。不保存到历史故障中	根据多功能端子的功能选择切断变频器输出
FAn	1Fn Trip	故障改善后输入复位信号后解除	检测到冷却风扇异常
PId	Pre-PID 1Fil	故障改善后输入复位信号后解除	Pre-PID 运行中控制量（PID 反馈值）输入一直低于设定值

☆☆☆ 3.3 阿尔法系列变频器 ☆☆☆

★3.3.1 阿尔法 A5T 系列变频器状态指示灯信息（见表3-21）

表 3-21 阿尔法 A5T 系列变频器状态指示灯信息

指示灯	显示情况	信息
FWD 正转运行方向指示灯	灭	表示反转或没有运行
	常亮	表示正转稳定运行
REMOTE 指示灯	灭	表示键盘控制状态
	亮	表示端子控制状态
	闪烁	表示串行通信状态
REV 反转运行方向指示灯	灭	表示正转或没有运行
	常亮	表示反转稳定运行
RUN 运行状态指示灯	灭	表示处于停机状态
	亮	表示处于运行状态
TRIP 故障指示灯	灭	表示正常
	常亮	表示转矩模式控制
	快速闪烁	表示存在故障
	慢闪烁	表示电机调谐

★3.3.2 阿尔法 A5T 系列变频器故障信息与代码（见表3-22）

表 3-22 阿尔法 A5T 系列变频器故障信息与代码

故障信息、代码	故障现象、类型	故障原因	故障检查
E01	逆变单元保护	1）模块过热；2）变频器内部接线松动；3）主控板异常；4）驱动板异常；5）逆变模块异常；6）变频器输出回路短路；7）电机、变频器接线过长	1）检查风道、风扇；2）连接线插好；3）检修主控板；4）检修驱动板；5）更换逆变模块；6）检查外围；7）加装电抗器、输出滤波器
E02	加速过电流	1）手动转矩提升、V/f 曲线不合适；2）电压偏低；3）对正在旋转的电机进行起动；4）加速过程中突加负载；5）变频器选型偏小；6）变频器输出回路存在接地、短路等现象；7）控制方式为矢量，并且没有进行参数辨识；8）加速时间太短	1）调整手动提升转矩、调整 V/f 曲线；2）电压调到正常范围；3）选择转速追踪起动或等电机停止后再起动；4）取消突加负载；5）选择功率等级更大的变频器；6）检查外围；7）进行电机参数辨识；8）增大加速时间
E03	减速过电流	1）减速过程中突加负载；2）没有加装制动单元、制动电阻；3）变频器输出回路存在接地、短路等现象；4）控制方式为矢量，并且没有进行参数辨识；5）减速时间太短；6）电压偏低	1）取消突加负载；2）加装制动单元、制动电阻等；3）检查外围；4）进行电机参数辨识；5）增大减速时间；6）电压调到正常范围

（续）

故障信息、代码	故障现象、类型	故障原因	故障检查
E04	恒速过电流	1）电压偏低；2）运行中存在突加负载；3）变频器选型偏小；4）变频器输出回路存在接地、短路等现象；5）控制方式为矢量，并且没有进行参数辨识	1）电压调到正常范围；2）取消突加负载；3）选用功率等级更大的变频器；4）排除外围故障；5）进行电机参数辨识
E05	加速过电压	1）加速过程中存在外力拖动电机运行；2）加速时间过短；3）没有加装制动单元、制动电阻；4）输入电压偏高	1）取消此外力或加装制动电阻；2）增大加速时间；3）加装制动单元、制动电阻；4）将电压调到正常范围
E06	减速过电压	1）减速过程中存在外力拖动电机运行；2）减速时间过短；3）没有加装制动单元、制动电阻；4）输入电压偏高	1）取消此外力或加装制动电阻；2）增大减速时间；3）加装制动单元、制动电阻；4）将电压调到正常范围
E07	恒速过电压	1）输入电压偏高；2）运行过程中存在外力拖动电机运行	1）将电压调到正常范围；2）取消此外力或加装制动电阻
E08	缓冲电阻过载	输入电压不在规范的规定范围内	电压调到规范要求的范围内
E09	欠电压	1）瞬时停电；2）变频器输入端电压不在规范要求的范围；3）母线电压不正常；4）整流桥及缓冲电阻不正常；5）驱动板异常；6）控制板异常	1）复位；2）调整电压到正常范围；3）检查母线电压；4）更换整流桥、缓冲电阻；5）检修驱动板；6）检修控制板
E10	变频器过载	1）负载过大、发生电机堵转；2）变频器选型偏小	1）减小负载，并且检查电机与机械情况；2）选择功率等级更大的变频器
E11	电机过载	1）电机保护参数设定不合适；2）负载过大、发生电机堵转；3）变频器选型偏小	1）正确设定电机保护参数；2）减小负载，检查电机、机械情况；3）选择功率等级更大的变频器
E12	输入断相	1）三相输入电源不正常；2）驱动板异常；3）防雷板异常；4）主控板异常	1）检查外围线路；2）检修驱动板；3）检修防雷板；4）检修主控板
E13	输出断相	1）变频器到电机的引线不正常；2）电机运行时变频器三相输出不平衡；3）驱动板异常；4）模块异常	1）排除外围故障；2）检查电机三相绕组；3）检修驱动板；4）更换模块
E14	模块过热	1）风扇损坏；2）模块热敏电阻损坏；3）逆变模块损坏；4）环境温度过高；5）风道堵塞	1）更换风扇；2）更换热敏电阻；3）更换逆变模块；4）降低环境温度；5）清理风道
E15	外部设备故障	多功能端子 X 输入外部故障的信号	复位
E16	通信超时	1）通信线异常；2）通信扩展卡异常；3）通信参数 PA 组设置异常；4）上位机工作异常	1）检查通信连接线；2）正确设置通信扩展卡类型；3）正确设置通信参数；4）检查上位机接线

（续）

故障信息、 代码	故障现象、 类型	故障原因	故障检查
E17	接触器吸合故障	1）驱动板、电源异常；2）接触器异常	1）检测接触器24V供电电源、检修驱动板；2）检查接触器电缆、检查接触器
E18	电流检测故障	1）霍尔器件异常；2）驱动板异常	1）更换霍尔器件；2）检修驱动板
E19	电机调谐故障	1）电机参数设置错误；2）参数辨识过程超时	1）正确设定电机参数；2）检查变频器到电机引线的情况、检查电机
E20	反电动势辨识异常警告	动态辨识时反电动势异常	1）检查辨识过程中电机是否运行到额定频率的40%左右。如果没有，则可能电机负载过大；2）如果确认反电动系数没有问题，则看复位故障后是否可以运行
E21	EEPROM 读写故障	EEPROM 芯片损坏	更换 EEPROM 芯片
E23	电机对地短路	电机对地短路	更换电缆或电机
E25	电机过温	1）电机温度过高；2）温度传感器接线松动	1）降低载频、采取散热措施；2）检测温度传感器接线的情况
E26	运行时间到达	累计运行时间达到设定值	使用参数初始化功能清除记录信息
E27	用户自定义故障1	多功能端子输入，用户自定义故障信号	复位运行
E31	运行时PID反馈丢失	PID 反馈小于 P6-28 设定值	检查 PID 反馈信号或设置 P6-28 为一个合适值
E32	软件过电流	电流超过软件过电流点，且持续时间达到软件过电流检测延迟时间	1）检查输出电流，减小负载；2）检查电机、机械情况；3）检查设置值是否过小
E40	快速限流	1）变频器选型偏小；2）负载过大或发生电机堵转	1）选择功率等级更大的变频器；2）减小负载，检查电机、机械情况
E41	切换电机故障	变频器运行过程中通过端子更改当前电机选择	变频器停机后再进行电机切换操作
E42	速度偏差过大	1）速度偏差过大，参数设置不合理；2）变频器输出端 U、V、W 到电机的接线错误；3）编码器参数设置错误；4）电机堵转错误	1）检查参数的设置；2）检查变频器与电机间的接线；3）正确设置编码器参数；4）检查机械、电机
E43	电机过速度	1）没有进行参数调谐；2）电机过速度检测参数设置错误；3）编码器参数设定错误	1）进行电机参数调谐；2）合理设置检测参数；3）正确设置编码器参数
E51	初始位置检测故障	电机参数与实际参数相差太大	1）重新确认电机参数；2）检查电机与接线

★3.3.3　阿尔法 A6、A6T 系列变频器故障信息与代码（见表 3-23）

表 3-23　阿尔法 A6、A6T 系列变频器故障信息与代码

故障信息、代码	故障现象、类型	故障原因	故障检查
E01	逆变单元保护	1）变频器输出回路短路；2）电机和变频器接线过长；3）模块过热；4）变频器内部接线松动；5）主控板异常；6）驱动板异常；7）逆变模块异常	1）检查外围；2）加装电抗器或输出滤波器；3）检查风道、风扇；4）检查连接线；5）检修主控板；6）检修驱动板；7）更换逆变模块
E02	加速过电流	1）电压偏低；2）对正在旋转的电机进行起动；3）加速过程中突加负载；4）变频器选型偏小；5）变频器输出回路存在接地或短路；6）控制方式为矢量且没有进行参数调谐；7）加速时间太短；8）手动转矩提升、V/f 曲线不合适	1）电压调到正常范围；2）选择转速追踪起动；3）取消突加负载；4）选用功率等级更大的变频器；5）检查外围；6）进行电机参数调谐；7）增大加速时间；8）调整手动提升转矩、调整 V/f 曲线
E03	减速过电流	1）变频器输出回路存在接地或短路；2）控制方式为矢量且没有进行参数调谐；3）减速时间太短；4）电压偏低；5）减速过程中突加负载；6）没有加装制动单元、制动电阻	1）检查外围；2）进行电机参数调谐；3）增大减速时间；4）将电压调到正常范围；5）取消突加负载；6）加装制动单元、制动电阻
E04	恒速过电流	1）变频器输出回路存在接地或短路；2）控制方式为矢量且没有进行参数调谐；3）电压偏低；4）运行中是否有突加负载；5）变频器选型偏小	1）检查外围；2）进行电机参数调谐；3）将电压调到正常范围；4）取消突加负载；5）选择功率等级更大的变频器
E05	加速过电压	1）输入电压偏高；2）加速过程中存在外力拖动电机运行；3）加速时间过短；4）没有加装制动单元和制动电阻	1）将电压调到正常范围；2）取消此外力或加装制动电阻；3）增大加速时间；4）加装制动单元、制动电阻
E06	减速过电压	1）减速时间过短；2）没有加装制动单元、制动电阻；3）输入电压偏高；4）减速过程中存在外力拖动电机运行	1）增大减速时间；2）加装制动单元、制动电阻；3）将电压调到正常范围；4）取消此外力或加装制动电阻
E07	恒速过电压	1）输入电压偏高；2）运行过程中存在外力拖动电机运行	1）将电压调到正常范围；2）取消此外力或加装制动电阻
E08	控制电源故障	输入电压不在规范规定的范围内	电压调到规范要求的范围内
E09	欠电压	1）瞬时停电；2）变频器输入端电压不在规范要求的范围；3）母线电压不正常；4）整流桥及缓冲电阻不正常；5）驱动板异常；6）控制板异常	1）复位；2）调整电压到正常范围；3）检查母线电压；4）更换整流桥、缓冲电阻；5）检修驱动板；6）检修控制板
E10	变频器过载	1）负载是否过大或发生电机堵转；2）变频器选型偏小	1）减小负载，检查电机、机械情况；2）选择功率等级更大的变频器
E11	电机过载	1）负载过大、发生电机堵转；2）变频器选型偏小；3）电机保护参数设定不合适	1）检查电机、机械情况。减小负载；2）选择功率等级更大的变频器；3）正确设定电机保护参数

（续）

故障信息、代码	故障现象、类型	故障原因	故障检查
E12	输入断相	1）三相输入电源不正常；2）驱动板异常；3）防雷板异常；4）主控板异常	1）检查外围线路；2）检修驱动板；3）检修防雷板；4）检修控制板
E13	输出断相	1）变频器到电机的引线不正常；2）电机运行时变频器三相输出不平衡；3）驱动板异常；4）模块异常	1）检查外围；2）检查电机三相绕组；3）检修驱动板；4）更换模块
E14	模块过热	1）模块热敏电阻损坏；2）逆变模块损坏；3）环境温度过高；4）风道堵塞；5）风扇损坏	1）更换热敏电阻；2）维修、更换逆变模块；3）降低环境温度；4）清理风道；5）更换风扇
E15	外部设备故障	1）通过虚拟 I/O 功能输入外部故障的信号；2）通过多功能端子 X 端子输入外部故障的信号	复位运行
E16	通信故障	1）通信扩展卡设置错误；2）通信参数设置错误；3）上位机工作不正常；4）通信线不正常	1）正确设置通信扩展卡类型；2）正确设置通信参数；3）检查上位机接线；4）检查通信连接线
E17	接触器故障	1）驱动板、电源不正常；2）接触器错误	1）维修驱动板或电源板；2）更换接触器
E18	电流检测故障	1）霍尔器件异常；2）驱动板异常	1）更换霍尔器件；2）维修驱动板
E19	电机调谐故障	1）参数调谐过程超时；2）电机参数设置错误	1）检查变频器到电机引线情况；2）正确设定电机参数
E20	码盘故障	1）编码器损坏；2）PG 卡异常；3）编码器型号不匹配；4）编码器连线错误	1）更换编码器；2）更换 PG 卡；3）正确设定编码器类型；4）排除线路故障
E21	EEPROM 读写故障	EEPROM 芯片损坏	更换 EEPROM 芯片
E22	变频器硬件故障	1）存在过电流；2）存在过电压	1）根据过电流故障方法来处理；2）根据过电压故障方法来处理
E23	对地短路	电机对地短路	更换电缆或电机
E26	累计运行时间到达	累计运行时间达到设定值	使用参数初始化功能清除记录信息
E27	用户自定义故障 1	1）虚拟 I/O 功能输入用户自定义故障 1 的信号；2）多功能端子 X 端子输入用户自定义故障 1 的信号	复位运行
E28	用户自定义故障 2	1）虚拟 I/O 功能输入用户自定义故障 2 的信号；2）多功能端子 X 端子输入用户自定义故障 2 的信号	复位运行
E29	累计上电时间到达	累计上电时间达到设定值	使用参数初始化功能清除记录信息
E30	掉载	变频器运行电流小于参数设置值	1）检查参数设置是否符合实际运行工况；2）检查负载看是否脱离
E31	运行时 PID 反馈丢失	PID 反馈小于参数设置值	检查 PID 反馈信号或者设置合适参数值

（续）

故障信息、 代码	故障现象、 类型	故障原因	故障检查
E40	逐波限流	1）负载过大、电机堵转；2）变频器选型偏小	1）减小负载、检查电机、检查机械情况；2）选择功率等级更大的变频器
E41	运行时切换电机故障	变频器运行过程中通过端子更改当前电机选择	变频器停机后再进行电机切换操作
E42	速度偏差过大	1）编码器参数设置不正确；2）电机堵转；3）速度偏差过大；4）变频器输出端U、V、W到电机的接线不正常	1）正确设置编码器参数；2）检查机械情况；3）检查电机参数调谐、转矩设定值设置情况。检查速度偏差、检测参数设置；4）检查变频器与电机间的接线情况
E43	电机过速度	1）电机过速度检测参数设置不合理；2）编码器参数设定不正确；3）没有进行参数调谐	1）根据实际情况合理设置检测参数；2）正确设置编码器参数；3）进行电机参数调谐
E45	电机过温	1）温度传感器接线松动；2）电机温度过高	1）检查温度传感器接线；2）降低载频或采取散热措施对电机进行散热处理
E51	初始位置错误	电机参数与实际偏差太大	1）检查额定电流是否设定偏小；2）检查电机参数
E60	制动管保护	制动电阻被短路或制动模块异常	检查制动电阻、维修

★3.3.4 阿尔法 ALPHA6000E、ALPHA6000M 系列变频器故障信息与代码（见表3-24）

表3-24 阿尔法 ALPHA6000E、ALPHA6000M 系列变频器故障信息与代码

故障信息、 代码	故障现象、 类型	故障原因	故障检查
CCF1	控制回路故障0	通电5s内变频器与键盘间传输仍不能建立	更换键盘；维修控制板；重新插拔键盘；检查连接线
CCF2	控制回路故障1	通电后变频器与键盘间连通了一次，但是以后传输故障连续2s以上（操作中）	更换键盘；维修控制板；重新插拔键盘；检查连接线
CCF3	EEPROM 故障	变频器控制板的 EEPROM 故障	维修控制板
CCF4	A-D 转换故障	变频器控制板的 A-D 转换故障	维修控制板
CCF5	RAM 故障	变频器控制板的 RAM 故障	维修控制板
CCF6	CPU 干扰	1）严重干扰；2）控制板 MCU 读写错误；3）通信线接反或拨码开关拨错	1）停止/复位键复位；2）电源侧外加电源滤波器；3）维修
EF0	来自 RS485 串行通信的外部故障	1）串行（MODBUS）传输错误；2）外部控制电路产生的故障	1）正确设定检测时间；2）检查外部控制电路、检查输入端子的情况
EF1	端子 X1～X5	1）串行（MODBUS）传输错误；2）外部控制电路产生的故障	1）正确设定检测时间；2）检查外部控制电路、检查输入端子的情况
GF	输出接地	输出侧接地电流超过规定值	1）检查变频器与电机间的连接线情况；2）检查电机绝缘情况

（续）

故障信息、代码	故障现象、类型	故障原因	故障检查
HE	电流检测故障	1）霍尔器件损坏；2）变频器电流检测电路故障	1）更换霍尔器件；2）维修变频器
OC1	加速运行过电流	1）变频器功率过小；2）变频器输出负载短路；3）加速时间太短；4）V/f曲线不适合；5）电源电压低	1）选择功率大的变频器；2）检查电机绕组电阻、检查电机绝缘情况；3）加长加速时间；4）调整 V/f 曲线设置，设置合适转矩；5）检查输入电源
OC2	减速运行过电流	1）变频器功率过小；2）变频器输出负载短路；3）减速时间太短；4）负载惯性转矩大	1）选择功率大的变频器；2）检查电机绕组电阻、检查电机的绝缘；3）加长减速时间；4）外加合适的制动组件
OC3	恒速运行过电流	1）变频器功率过小；2）变频器输出负载短路；3）负载异常；4）加/减速时间设置太短；5）电源电压低	1）选择功率更大的变频器；2）检查电机绕组电阻、检查电机的绝缘；3）检查负载；4）适当增加加/减速时间；5）检查输入电源
OH1	散热器过热	1）环境温度过高；2）风道堵塞；3）风扇异常	1）降低环境温度；2）清理风道；3）更换风扇
OL1	电机过载	1）变频器输出超过电机过载值；2）V/f曲线不合适；3）电网电压过低；4）普通电机长期低速大负载运行；5）电机堵转或负载突变过大	1）减小负载；2）调整 V/f 曲线、转矩提升；3）检查电网电压；4）选择专用电机；5）检查负载
OL2	变频器过载	1）加速时间太短；2）电流限幅水平过低；3）变频器输出超过变频器过载值；4）直流制动量过大；5）V/f曲线不合适；6）电网电压过低；7）负载过大	1）增加加速时间；2）调高电流限幅水平；3）减小负载、延长加速时间；4）减小直流制动电流、延长制动时间；5）调整 V/f 曲线、转矩提升；6）检查电网电压；7）选择功率更大的变频器
Ou1	加速运行过电压	1）输入电压异常；2）加速时间设置太短；3）失速过电压点过低	1）检查输入电源、检查电平设置情况；2）适当增加加速时间；3）提高失速电压点
Ou2	减速运行过电压	1）减速时间设置太短；2）负载惯性转矩大；3）失速过电压点过低；4）输入电压异常	1）检查输入电源、检查电平设置情况；2）适当增加减速时间；3）外加合适的制动组件；4）提高失速过电压点
Ou3	恒速运行过电压	1）输入电压异常；2）加/减速时间设置太短；3）负载惯性转矩大；4）失速过电压点过低	1）检查输入电源、检查电平设置情况；2）适当增加加/减速时间；3）外加合适的制动组件；4）提高失速过电压点
PCE	参数复制错误	1）键盘和控制板的 EEPROM 间参数复制错误；2）控制板的 EEPROM 损坏	1）重新进行复制操作；2）维修控制板；3）维修
SC	负载短路/输出接地短路	1）变频器输出负载短路；2）输出侧接地短路	1）检查变频器与电机间的连接线情况；2）检查电机绕组电阻；3）检查电机绝缘情况
SP0	输出断相或不平衡	1）输出三相不平衡；2）输出 U、V、W 有断相	1）检查电机、检查电缆绝缘的情况；2）检查输出接线的情况
SP1	输入断相或不平衡	1）三相不平衡；2）输入 R、S、T 有断相	1）检查输入接线；2）检查输入电压
Uu1	母线欠电压	输入电压异常	1）检查电源电压；2）检查电平设置

☆☆☆ 3.4 艾克特系列变频器 ☆☆☆

★3.4.1 艾克特 AT100 系列变频器故障信息与代码（见表 3-25）

表 3-25 艾克特 AT100 系列变频器故障信息与代码

故障信息、代码	故障现象、类型	故障检查
E.oC **E.FoP**	加速中过电流	变频器配置不合理，需要增大变频器容量；需要降低转矩提升设定值；检查电机是否存在短路；检查输出线绝缘是否良好；延长加速时间
	恒速中过电流	变频器容量是否太小，若是则需要增大变频器容量；电网电压是否存在突变；检查电机是否存在短路，输出连线是否存在绝缘不良；检查电机是否堵转，机械负载是否有突变
	减速中过电流	延长减速时间；更换容量较大的变频器；直流制动量太大，需要减少直流制动量；维修机器；输出线绝缘是否良好；电机是否存在短路现象
E.ou	过电压	改善电网电压；延长减速时间，或加装制动电阻
E.Lu	欠电压	检查电网电压；检修
E.oH	过热	检查热敏电阻、连线的情况；检查风扇、散热片；检查环境温度；检查通风空间、空气对流
E.oLd	过载	可能是电机配用太小；检查电机；检查变频器容量；检查机械负载是否存在卡死现象；转矩提升参数设定情况
E.HHC	MCU 通信故障	检修
E.PLo	输出断相	检查电机、电源线；检修

★3.4.2 艾克特 AT500 系列变频器故障信息与代码（见表 3-26）

表 3-26 艾克特 AT500 系列变频器故障信息与代码

故障信息、代码	故障现象、类型	故障原因	故障检查
Err02	加速过电流	1）变频器输出回路存在接地或短路；2）控制方式为矢量控制且没有进行参数辨识；3）加速时间太短；4）加速过程中突加负载；5）变频器选型偏小；6）手动转矩提升或 V/f 曲线不合适；7）电压偏低；8）对正在旋转的电机进行起动	1）排除外围故障；2）进行电机参数辨识；3）增大加速时间；4）取消突加负载；5）选择功率等级更大的变频器；6）调整手动提升转矩或 V/f 曲线；7）电压调到正常范围；8）选择转速追踪起动或等电机停止后再起动
Err03	减速过电流	1）减速时间太短；2）电压偏低；3）减速过程中突加负载；4）没有加装制动单元、制动电阻；5）变频器输出回路存在接地或短路；6）控制方式为矢量控制且没有进行参数辨识	1）增大减速时间；2）将电压调到正常范围；3）取消突加负载；4）加装制动单元、制动电阻；5）排除外围故障；6）进行电机参数辨识

（续）

故障信息、代码	故障现象、类型	故障原因	故障检查
Err04	恒速过电流	1）运行中有突加负载；2）变频器选型偏小；3）变频器输出回路存在接地或短路；4）控制方式为矢量控制且没有进行参数辨识；5）电压偏低	1）取消突加负载；2）选择功率等级更大的变频器；3）排除外围故障；4）进行电机参数辨识；5）电压调到正常范围
Err05	加速过电压	1）加速时间过短；2）没有加装制动单元、制动电阻；3）输入电压偏高；4）加速过程中存在外力拖动电机运行	1）增大加速时间；2）加装制动单元、制动电阻；3）电压调到正常范围；4）取消此外力或加装制动电阻
Err06	减速过电压	1）输入电压偏高；2）减速过程中存在外力拖动电机运行；3）减速时间过短；4）没有加装制动单元、制动电阻	1）电压调到正常范围；2）取消此外力或加装制动电阻；3）增大减速时间；4）加装制动单元、制动电阻
Err07	恒速过电压	1）输入电压偏高；2）运行过程中存在外力拖动电机运行	1）电压调到正常范围；2）取消此外力或加装制动电阻
Err08	控制电源故障	输入电压不在规范规定的范围内	电压调到规范要求的范围内
Err09	欠电压	1）瞬时停电；2）变频器输入端电压不在规范要求的范围；3）母线电压不正常；4）整流桥及缓冲电阻不正常；5）驱动板异常；6）控制板异常	1）复位；2）调整电压到正常范围；3）检查母线电压；4）更换整流桥、缓冲电阻；5）检修驱动板；6）检修控制板
Err10	变频器过载	1）变频器选型偏小引起的；2）负载过大、电机发生堵转引起的	1）选择功率等级更大的变频器；2）减小负载、检查电机与机械情况
Err11	电机过载	1）电机保护参数设定不合适；2）负载过大、电机发生堵转；3）变频器选型偏小	1）正确设定电机保护参数；2）减小负载、检查电机与机械情况；3）选择功率等级更大的变频器
Err12	输入断相	1）三相输入电源不正常；2）驱动板异常；3）防雷板异常；4）主控板异常	1）检查排除外围线路的问题；2）维修驱动板；3）维修防雷板；4）维修主控板
Err13	输出断相	1）变频器到电机引线不正常；2）模块异常；3）电机运行时变频器三相输出不平衡；4）驱动板异常	1）排除外围故障；2）更换模块；3）检查电机三相绕组的情况；4）维修驱动板
Err14	模块过热	1）模块热敏电阻损坏；2）逆变模块损坏；3）环境温度过高；4）风道堵塞；5）风扇损坏	1）更换热敏电阻；2）更换逆变模块；3）降低环境温度；4）清理风道；5）更换风扇
Err15	外部设备故障	通过多功能端子 X 输入外部故障的信号	复位运行
Err16	通信故障	1）上位机工作不正常；2）通信线不正常；3）通信参数组设置不正确	1）检查上位机接线；2）检查通信连接线；3）正确设置通信参数
Err17	接触器故障	1）驱动板异常、电源板异常；2）接触器不正常	1）维修或者更换驱动板、电源板；2）更换接触器
Err18	电流检测故障	1）驱动板异常；2）霍尔器件异常	1）维修或者更换驱动板；2）维修或者更换霍尔器件
Err19	电机调谐故障	1）电机参数设置错误；2）参数辨识过程超时	1）正确设定电机参数；2）检查变频器到电机的引线情况

（续）

故障信息、代码	故障现象、类型	故障原因	故障检查
Err20	编码器故障	1）PG 卡异常；2）编码器型号不匹配；3）编码器连线错误；4）编码器损坏	1）更换 PG 卡；2）正确设定编码器类型；3）排除线路的故障；4）更换编码器
Err21	EEPROM 读写故障	EEPROM 芯片损坏	更换 EEPROM 芯片
Err22	变频器硬件故障	1）存在过电流；2）存在过电压	1）根据过电流故障处理的方法进行；2）根据过电压故障处理的方法进行
Err23	对地短路	电机对地短路	更换电缆或电机
Err27	用户自定义故障 1	通过多功能端子 X 输入用户自定义故障 1 的信号	复位运行
Err28	用户自定义故障 2	通过多功能端子 X 输入用户自定义故障 2 的信号	复位运行
Err29	累计上电时间到达	累计上电时间达到了设定值	使用参数初始化功能清除记录信息
Err30	掉载	变频器运行电流小于设定值	1）参数设置需要符合实际运行工况；2）确认负载是否脱离
Err31	运行时 PID 反馈丢失	PID 反馈小于设定值	1）正确设置合适值；2）检查 PID 反馈信号的情况
Err40	逐波限流故障	1）负载过大、发生电机堵转；2）变频器选型偏小	1）减小负载、检查电机与机械情况；2）选择功率等级更大的变频器
Err42	速度偏差过大	1）编码器参数设定不正确；2）没有进行参数辨识；3）速度偏差过大，检测参数设置不合理	1）正确设置编码器参数；2）进行电机参数辨识；3）根据实际情况合理设置检测参数
Err43	电机过速度	1）电机过速度检测参数设置不合理；2）编码器参数设定不正确；3）没有进行参数辨识	1）根据实际情况合理设置检测参数；2）正确设置编码器参数；3）进行电机参数辨识

100

☆☆☆ 3.5 艾默生系列变频器 ☆☆☆

★3.5.1 艾默生 EV100 系列变频器故障信息与代码（见表 3-27）

表 3-27 艾默生 EV100 系列变频器故障信息与代码

故障信息、代码	故障现象、类型	故障原因	故障检查
CE	通信故障	1）采用串行通信的通信错误；2）通信长时间中断；3）波特率设置不当	1）复位、检查通信接口配线；2）检查通信接口配线；3）设置合适的波特率
EEP	EEPROM 读写故障	1）控制参数的读写发生错误；2）EEPROM 异常	1）按 STOP 键复位；2）更换 EEPROM、检修主控板
EF	外部故障	外部故障输入端子动作	检查外部设备输入

（续）

故障信息、 代码	故障现象、类型	故障原因	故障检查
END	厂家设定时间到达	用户试用时间到达	调节设定运行时间
ItE	电流检测电路故障	1）控制板连接器接触不良；2）放大电路异常；3）霍尔器件故障	1）检查连接器，重新插好线；2）检修电路、更换主控板；3）更换霍尔器件
OC1	加速运行过电流	1）变频器功率偏小；2）加速太快；3）电网电压偏低	1）需要选用功率大一档的变频器；2）需要增大加速时间；3）需要检查输入电源
OC2	减速运行过电流	1）减速太快；2）负载惯性转矩大；3）变频器功率偏小	1）需要增大减速时间；2）需要外加合适的能耗制动组件；3）需要选择功率大一档的变频器
OC3	恒速运行过电流	1）负载发生突变或异常；2）电网电压偏低；3）变频器功率偏小	1）需要检查负载、减小负载突变；2）需要检查输入电源；3）需要选择功率大一档的变频器
OH2	逆变模块过热	1）环境温度过高；2）长时间过载运行；3）风道堵塞、风扇损坏	1）应降低环境温度；2）检查负载；3）应疏通风道、更换风扇
OL1	电机过载	1）电机堵转、负载突变过大；2）电机功率不足；3）电网电压过低；4）电机额定电流设置不正确	1）检查负载、调节转矩提升量；2）选择合适的电机；3）检查电网电压；4）应重新设置电机额定电流
OL2	变频器过载	1）加速太快；2）对旋转中的电机实施再起动；3）电网电压过低；4）负载过大	1）增大加速时间；2）等停机后再起动；3）检查电网电压；4）应选择功率更大的变频器
OL3	过转矩	1）负载过大；2）加速太快；3）对旋转中的电机再起动；4）电网电压过低	1）选择功率更大的变频器；2）增大加速时间；3）等停机后再起动；4）检查电网电压
OUt1	逆变单元故障	1）输出三相有相间短路或接地短路；2）IGBT内部损坏；3）控制板故障；4）驱动线连接不良；5）干扰引起误动作；6）接地不良	1）需要重新配线；2）更换IGBT；3）维修、更换主控板；4）检查驱动线；5）检查外围设备看是否存在强干扰源。如果存在干扰源，则应消除干扰源；6）检查接地情况
OUt2	接地或过电流	变频器输出侧接地电流超过了变频器额定电流的50%	检查接地、负载等情况
OV1	加速运行过电压	1）瞬间停电后，对旋转中电机实施再起动；2）输入电压异常	1）等停机后再起动；2）检查输入电源
OV2	减速运行过电压	1）输入电压异常；2）减速太快；3）负载惯量大	1）检查输入电源；2）增大减速时间；3）增大能耗制动组件
OV3	恒速运行过电压	1）输入电压发生异常变动；2）负载惯量大	1）安装输入电抗器；2）外加合适的能耗制动组件
PIDE	PID反馈断线	1）PID反馈源消失；2）PID反馈断线	1）检查PID反馈源；2）检查PID反馈信号线

（续）

故障信息、代码	故障现象、类型	故障原因	故障检查
POFF	母线欠电压	1）变频器按照设定值进行欠电压预警；2）存在断相、电源波动大	1）检查欠电压预警点的设置情况；2）检查输入电源
SPO	输出侧断相	1）U、V、W断相输出；2）负载三相严重不对称	1）检查输出配线；2）检查电机、检查电缆
tE	电机自学习故障	1）电机容量与变频器容量不匹配；2）电机额定参数设置不当；3）自学习出的参数与标准参数偏差过大；4）自学习超时	1）应更换变频器型号；2）根据电机实际特点设置额定参数；3）使电机空载，重新辨识；4）检查电机接线，设置好参数
UV	运行中欠电压	电网电压偏低	检查电网电压

★3.5.2 艾默生 EV2000 系列变频器故障信息与代码（见表 3-28）

表 3-28 艾默生 EV2000 系列变频器故障信息与代码

故障信息、代码	故障现象、类型	故障信息、代码	故障现象、类型
E001	变频器加速运行过电流	E013	变频器过载
E002	变频器减速运行过电流	E014	电机过载
E003	变频器恒速运行过电流	E015	紧急停车或外部设备故障
E004	变频器加速运行过电压	E016	EEPROM 读写故障
E005	变频器减速运行过电压	E017	RS232/485 通信故障
E006	变频器恒速运行过电压	E018	接触器未吸合
E007	变频器控制电源过电压	E019	电流检测电路故障
E008	输入侧断相	E020	系统干扰
E009	输出侧断相	E021	保留
E010	逆变模块故障	E022	保留
E011	逆变模块散热器过热	E023	操作面板参数复制出错
E012	整流模块散热器过热	E024	自整定不良

☆☆☆　3.6　爱德利系列变频器　☆☆☆

★3.6.1 爱德利 320 系列变频器故障信息与代码（见表 3-29）

表 3-29 爱德利 320 系列变频器故障信息与代码

故障信息、代码	故障现象、类型	故障原因	故障检查
Err01	逆变单元故障	1）变频器输出回路短路；2）电机和变频器接线过长；3）模块过热；4）变频器内部接线松动；5）主控板异常；6）驱动板异常；7）逆变模块异常	1）排除外围故障；2）加装电抗器或输出滤波器；3）检查风道、风扇；4）插好所有连接线；5）检修主控板；6）检修驱动板；7）更换逆变模块

（续）

故障信息、代码	故障现象、类型	故障原因	故障检查
Err02	加速过电流	1）变频器输出回路存在接地或短路；2）控制方式为矢量控制且没有进行参数辨识；3）加速时间太短；4）手动转矩提升、V/f曲线不合适；5）电压偏低；6）对正在旋转的电机进行起动；7）加速过程中突加负载；8）变频器选型偏小	1）排除外围故障；2）进行电机参数辨识；3）增大加速时间；4）调整手动提升转矩或V/f曲线；5）电压调到正常范围；6）选择转速追踪起动或等电机停止后再起动；7）取消突加负载；8）选择功率等级更大的变频器
Err03	减速过电流	1）减速时间太短；2）电压偏低；3）减速过程中突加负载；4）没有加装制动单元、制动电阻；5）变频器输出回路存在接地或短路；6）控制方式为矢量控制且没有进行参数辨识	1）增大减速时间；2）电压调到正常范围；3）取消突加负载；4）加装制动单元、制动电阻；5）排除外围故障；6）进行电机参数辨识
Err04	恒速过电流	1）运行中存在突加负载；2）变频器选型偏小；3）变频器输出回路存在接地或短路；4）控制方式为矢量控制且没有进行参数辨识；5）电压偏低	1）取消突加负载；2）选择功率等级更大的变频器；3）排除外围故障；4）进行电机参数辨识；5）电压调到正常范围
Err05	加速过电压	1）输入电压偏高；2）加速过程中存在外力拖动电机运行；3）加速时间过短；4）没有加装制动单元、制动电阻	1）电压调到正常范围；2）取消此外力或加装制动电阻；3）增大加速时间；4）加装制动单元、制动电阻
Err06	减速过电压	1）减速过程中存在外力拖动电机运行；2）减速时间过短；3）没有加装制动单元和制动电阻；4）输入电压偏高	1）取消此外力或加装制动电阻；2）增大减速时间；3）加装制动单元、制动电阻；4）电压调到正常范围
Err07	恒速过电压	1）输入电压偏高；2）运行过程中存在外力拖动电机运行	1）电压调到正常范围；2）取消此外力或加装制动电阻
Err08	控制电源故障	输入电压不在规范规定的范围内	电压调到规范要求的范围内
Err09	欠电压	1）瞬时停电；2）变频器输入端电压不在规范要求的范围；3）母线电压不正常；4）整流桥及缓冲电阻不正常；5）驱动板异常；6）控制板异常	1）复位；2）调整电压到正常范围；3）检查母线电压；4）更换整流桥、缓冲电阻；5）检修驱动板；6）检修控制板
Err10	变频器过载	1）负载过大或发生电机堵转；2）变频器选型偏小	1）减小负载、检查电机与机械情况；2）选择功率等级更大的变频器
Err11	电机过载	1）负载过大或发生电机堵转；2）变频器选型偏小；3）电机保护参数设定不合适	1）减小负载、检查电机与机械情况；2）选择功率等级更大的变频器；3）正确设定参数
Err12	保留		
Err13	输出断相	1）变频器到电机的引线不正常；2）电机运行时变频器三相输出不平衡；3）驱动板异常；4）模块异常	1）排除外围故障；2）检查电机三相绕组；3）检修驱动板；4）更换模块
Err14	模块过热	1）风道堵塞；2）风扇损坏；3）模块热敏电阻损坏；4）逆变模块损坏；5）环境温度过高	1）清理风道；2）更换风扇；3）更换热敏电阻；4）更换逆变模块；5）降低环境温度

故障信息、代码	故障现象、类型	故障原因	故障检查
Err15	外部设备故障	1）通过多功能端子 DI 输入外部故障的信号；2）通过虚拟 IO 功能输入外部故障的信号	复位运行
Err16	通信故障	1）上位机工作异常；2）通信线异常；3）通信扩展卡设置异常；4）通信参数组设置异常	1）检查上位机接线；2）检查通信连接线；3）正确设置通信扩展卡类型；4）正确设置通信参数
Err17	接触器故障	1）驱动板和电源异常；2）接触器异常	1）维修、更换驱动板或电源板；2）检查、更换接触器
Err18	电流检测故障	1）霍尔器件异常；2）驱动板异常	1）更换霍尔器件；2）维修、更换驱动板
Err19	电机调谐故障	1）电机参数设置错误；2）参数辨识过程超时	1）正确设定电机参数；2）检查变频器到电机引线情况
Err20	保留		
Err21	EEPROM 读写故障	EEPROM 芯片损坏	更换 EEPROM 芯片
Err22	变频器硬件故障	1）存在过电压；2）存在过电流	根据过电压、过电流故障来处理
Err23	对地短路	电机对地短路	更换电缆或电机
Err24	保留		
Err25	保留		
Err26	累计运行时间到达故障	累计运行时间达到设定值	使用参数初始化功能清除记录信息
Err27	保留		
Err28	保留		
Err29	累计上电时间到达故障	累计上电时间达到设定值	使用参数初始化功能清除记录信息
Err30	掉载	变频器运行电流小于设定值	确认负载是否脱离、参数设置是否不符合实际运行工况
Err31	运行时 PID 反馈丢失	PID 反馈小于设定值	检查 PID 反馈信号、正确设置合适值
Err40	逐波限流	1）负载过大、发生电机堵转；2）变频器选型偏小	1）减小负载、检查电机及机械情况；2）选择功率等级更大的变频器
Err41	运行时切换电机故障	变频器运行过程中通过端子更改当前电机选择	变频器停机后再进行电机切换操作
Err42	保留		
Err43	保留		
Err45	保留		
Err51	保留		

★3.6.2　爱德利 9000 系列变频器故障信息与代码（见表 3-30）

表 3-30　爱德利 9000 系列变频器故障信息与代码

故障信息	故障代码	故障现象、类型	故障检查
– –	0	正常，无故障	
CA	1	加速中过电流	降低转矩提升；延长加速时间；减小负载惯性；检查输入电源；将起动方式选择为转速追踪起动
CB	8	直流制动中过电流	修改参数
CD	2	减速中过电流	负载惯性太大；减速时间过短；变频器功率偏小
CS	9	软件检测过电流	检查电流传感器
OC	3	运行中过电流	检查输入电源；更换功率等级大的变频器；减小负载突变
OH	4	变频器过热	检查负载电流；降低载波频率
OL	7	过负荷	检查负载电流
OP	5	电源电压过高	检查输入电源；检查输入交流电源电压的设定值；延长减速时间
SE		存储器自我测试故障	更换存储器、维修更换主 CPU 板
UP	6	电源电压过低	检查输入交流电源电压的设定值；检查输入电源

☆☆☆　3.7　安邦信系列变频器　☆☆☆

★3.7.1　安邦信 AMB100 系列变频器故障信息与代码（见表 3-31）

表 3-31　安邦信 AMB100 系列变频器故障信息与代码

故障信息、代码	故障现象、类型	故障原因	故障检查
E. SPO	输出断相	1）电机断线；2）U、V、W 输出断相	1）检查电机、电缆；2）检查输出配线
E. Con	通信异常	1）上位机没有工作；2）波特率设置错误；3）串行口通信错误	1）检查上位机；2）正确设置波特率；3）检修
E. EF	外部故障	外部故障急停端子有效	外部故障撤销后，释放外部故障端子
E. EP	EEPROM 错误	1）干扰使 EEPROM 读写错误；2）EEPROM 损坏	1）按 STOP/RESET 键复位；2）检修、更换 EEPROM
E. Id	电流检测故障	1）驱动板插座接触不良；2）辅助电源损坏；3）电流传感器损坏；4）检测电路异常	1）检查插座，重新插线；2）检修辅助电源；3）检修电流传感器；4）检修检测电路
E. ISP	输入断相	三相输入电源不正常	检查外围线路
E. LU	欠电压	1）输入电源断相；2）输入电源变化太大	检查输入电源
E. OCA	加速过电流	1）转矩提升设定值太大；2）变频器输出侧短路；3）负载太重，加速时间太短	1）减小转矩提升设定值；2）检查变频器输出侧情况；3）延长加速时间

（续）

故障信息、代码	故障现象、类型	故障原因	故障检查
E. OCC	稳速过电流	1）负载发生突变或异常；2）输入电源变化太大	1）进行负载检测；2）检查输入电源
E. OCd	减速过电流	1）减速时间过短，电机的再生能量过大；2）变频器功率偏小	1）延长减速时间或外加适合的能耗制动组件；2）选用功率等级大的变频器
E. OH	模块过热	1）冷却风扇故障；2）温度检测电路故障；3）周围环境温度过高；4）变频器通风不良	1）更换冷却风扇；2）检修温度检测电路；3）改善变频器运行环境，使其符合规格要求；4）改善通风环境
E. OL1	电机过载	1）电机参数不准；2）电机堵转或者负载波动过大	1）重新设定电机参数；2）检查负载，调节转矩提升
E. OL2	变频器过载	1）加速时间过短；2）转矩提升过大；3）负载过重	1）延长加速时间；2）调节转矩提升；3）选择功率更大的变频器
E. OUA	加速过电压	1）输入电源变化太大；2）对旋转中的电机进行再起动	1）检查输入电源；2）等停机后再起动
E. OUC	稳速过电压	1）负载惯性过大；2）输入电源变化太大	1）外加适合的能耗制动组件；2）安装输入电抗器
E. OUd	减速过电压	1）减速时间太短，电机的再生能量太大；2）输入电源变化太大	1）延长减速时间或外加适合的能耗制动组件；2）检查输入电源
E. PID	PID 反馈断线	1）PID 反馈断线；2）PID 反馈源消失	1）检查 PID 反馈信号线；2）检查 PID 反馈源
E. SC	驱动电路故障	1）功率模块同桥臂直通；2）模块损坏；3）变频器三相输出相间或对地短路	1）更换功率模块；2）更换损坏的模块；3）检查三相情况
E. tUE	电机调谐异常	1）自学习出参数异常；2）调谐超时；3）电机铭牌参数设置错误；4）电机功率与变频器功率相差过大	1）使电机空载，并且重新学习；2）检查电机接线，重新设定参数；3）正确设置参数；4）更换功率匹配的变频器

★3.7.2 安邦信 AMB160 系列变频器故障信息与代码（见表3-32）

表3-32 安邦信 AMB160 系列变频器故障信息与代码

故障信息、代码	故障现象、类型	故障原因	故障检查
E. SPO	输出断相	1）U、V、W 输出断相；2）电机断线	1）检查输出配线；2）检查电机、电缆的情况
E. Con	通信异常	1）串行口通信错误；2）上位机没有工作；3）波特率设置不当	1）检查串行口通信的情况；2）检查上位机；3）正确设置波特率
E. EF	外部故障	外部故障急停端子有效	外部故障撤销后，释放外部故障端子
E. EP	EEPROM 错误	1）干扰使 EEPROM 读写错误；2）EEPROM 损坏	1）按 STOP/RESET 键复位；2）更换 EEPROM
E. Id	电流检测故障	1）驱动板插座接触不良；2）检测电路异常；3）辅助电源损坏；4）电流传感器损坏	1）检查插座，重新插线；2）检修检测电路；3）检修辅助电源；4）检查、更换电流传感器

（续）

故障信息、代码	故障现象、类型	故障原因	故障检查
E. ISP	输入断相	三相输入电源不正常	检查外围线路
E. LU	欠电压	1）输入电源断相；2）输入电源变化太大	检查输入电源
E. OCA	加速过电流	1）变频器输出侧短路；2）负载太重、加速时间太短；3）转矩提升设定值太大	1）检查变频器输出侧情况；2）延长加速时间；3）减小转矩提升设定值
E. OCC	稳速过电流	1）负载发生突变、异常；2）输入电源变化太大	1）进行负载检测；2）检查输入电源
E. OCd	减速过电流	1）减速时间过短，电机再生能量过大；2）变频器功率偏小	1）延长减速时间或外加适合的能耗制动组件；2）选择功率等级大的变频器
E. OH	模块过热	1）冷却风扇故障；2）温度检测电路故障；3）周围环境温度过高；4）变频器通风不良	1）更换冷却风扇；2）检修温度检测电路；3）检查变频器的运行环境；4）改善通风环境
E. OL1	电机过载	1）电机参数不准；2）电机堵转、负载波动过大	1）重新设定电机参数；2）检查负载，调节转矩提升
E. OL2	变频器过载	1）加速时间过短；2）转矩提升过大；3）负载过重	1）延长加速时间；2）调节转矩提升；3）选择功率更大的变频器
E. OUA	加速过电压	1）输入电源变化太大；2）对旋转中的电机进行再起动	1）检查输入电源；2）避免电机没有停稳再起动
E. OUC	稳速过电压	1）负载惯性过大；2）输入电源变化太大	1）外加适合的能耗制动组件；2）安装输入电抗器
E. OUd	减速过电压	1）减速时间太短，电机再生能量太大；2）输入电源变化太大	1）延长减速时间或外加适合的能耗制动组件；2）检查输入电源
E. PID	PID 反馈断线	1）PID 反馈源消失；2）PID 反馈断线	1）检查 PID 反馈源；2）检查 PID 反馈信号线
E. SC	驱动电路故障	1）模块损坏；2）变频器三相输出相间或对地短路；3）功率模块同桥臂直通	1）更换损坏的模块；2）检查变频器三相输出情况；3）更换功率模块
E. tUE	电机调谐异常	1）调谐超时；2）电机参数设置错误；3）电机功率、变频器功率相差过大；4）自学习出参数异常	1）检查电机接线，并且重新设定参数；2）电机正确设置参数；3）更换功率匹配的变频器；4）使电机空载，并且重新学习

★3.7.3 安邦信 AMB300 系列变频器故障信息与代码（见表 3-33）

表 3-33 安邦信 AMB300 系列变频器故障信息与代码

故障信息、代码	故障现象、类型	故障原因	故障检查
E. Con	通信异常	1）串行口通信错误；2）上位机没有工作；3）波特率设置不当	1）检查串行口通信；2）检查上位机；3）正确设置波特率
E. EF	外部故障	外部故障急停端子有效	外部故障撤销后，释放外部故障端子
E. EP	EEPROM 错误	1）干扰使 EEPROM 读写错误；2）EEPROM 损坏	1）按 STOP/RESET 键复位；2）更换 EEPROM

（续）

故障信息、代码	故障现象、类型	故障原因	故障检查
E. Id	电流检测故障	1）电流传感器损坏；2）检测电路异常；3）驱动板插座接触不良；4）辅助电源损坏	1）检修、更换电流传感器；2）检修检测电路；3）检查插座，重新插线；4）检修辅助电源
E. ISP	输入断相	三相输入电源不正常	检查外围线路
E. LU	欠电压	1）输入电源断相；2）输入电源变化太大	检查输入电源
E. OCA	加速过电流	1）负载太重，加速时间太短；2）转矩提升设定值太大；3）变频器输出侧短路	1）延长加速时间；2）减小转矩提升设定值；3）检查变频器输出侧情况
E. OCC	稳速过电流	1）负载发生突变或异常；2）输入电源变化太大	1）进行负载检测；2）检查输入电源
E. OCd	减速过电流	1）减速时间过短，电机的再生能量过大；2）变频器功率偏小	1）延长减速时间或外加适合的能耗制动组件；2）选择功率等级大的变频器
E. OH1	模块（1）过热	1）冷却风扇故障；2）温度检测电路故障；3）周围环境温度过高；4）变频器通风不良	1）更换冷却风扇；2）检修温度检测电路；3）检查变频器运行环境；4）改善通风环境
E. OH2	模块（2）过热	1）温度检测电路故障；2）周围环境温度过高；3）变频器通风不良；4）冷却风扇故障	1）检修温度检测电路；2）检查变频器运行环境；3）改善通风环境；4）更换冷却风扇
E. OL1	电机过载	1）电机参数不准；2）电机堵转或者负载波动过大	1）重新设定电机参数；2）检查负载，调节转矩提升
E. OL2	变频器过载	1）负载过重；2）加速时间过短；3）转矩提升过大	1）选择功率更大的变频器；2）延长加速时间；3）调节转矩提升
E. OUA	加速过电压	1）对旋转中的电机进行再起动；2）输入电源变化太大	1）等停机后再起动；2）检查输入电源
E. OUC	稳速过电压	1）负载惯性过大；2）输入电源变化太大	1）外加适合的能耗制动组件；2）安装输入电抗器
E. OUd	减速过电压	1）减速时间太短，电机的再生能量太大；2）输入电源变化太大	1）延长减速时间或外加适合的能耗制动组件；2）检查输入电源
E. PID	PID 反馈断线	1）PID 反馈断线；2）PID 反馈源消失	1）检查 PID 反馈信号线；2）检查 PID 反馈源
E. SC	驱动电路故障	1）变频器三相输出相间或对地短路；2）功率模块同桥臂直通；3）模块损坏	1）检查变频器三相输出情况；2）更换功率模块；3）更换损坏的模块
E. SPO	输出断相	1）电机断线；2）U、V、W 输出断相	1）检查电机、电缆；2）检查输出配线
E. tUE	电机调谐异常	1）电机铭牌参数设置错误；2）电机功率和变频器功率相差过大；3）自学习出参数异常；4）调谐超时	1）正确设置电机参数；2）更换功率匹配的变频器；3）使电机空载，并且重新学习；4）检查电机接线，重新设定参数

★3.7.4 安邦信 AMB600 系列变频器故障信息与代码（见表3-34）

表3-34 安邦信 AMB600 系列变频器故障信息与代码

故障信息、代码	故障现象、类型	故障原因	故障检查
E. APO	上电时间到达	上电时间达到设定值	使用参数初始化功能清除记录信息
E. CbC	逐波限流超时	1）负载过大、发生电机堵转；2）变频器选型偏小	1）减小负载、检查电机及机械情况；2）选择功率等级更大的变频器
E. CHd	运行时切换电机	在变频器运行过程中通过端子更改当前电机选择	变频器停机后再进行电机切换操作
E. Con	通信异常	1）上位机没有工作；2）波特率设置不当；3）串行口通信错误	1）检查上位机；2）正确设置波特率；3）检修串行口通信
E. DEU	速度偏差过大	1）编码器参数设定不正确；2）没有进行参数辨识；3）速度偏差过大，检测参数设置不合理	1）正确设置编码器参数；2）进行电机参数辨识；3）合理设置检测参数
E. EF	外部故障	外部故障急停端子有效	外部故障撤销后，释放外部故障端子
E. Ep	参数读写异常	EEPROM 芯片损坏	更换 EEPROM 芯片
E. GF	电机对地短路	电机对地短路	更换电缆、电机
E. Had	变频器硬件异常	1）存在过电压；2）存在过电流	1）根据过电压故障来处理；2）根据过电流故障来处理
E. Id	电流检测异常	1）电流传感器损坏；2）检测电路异常；3）驱动板插座接触不良；4）辅助电源损坏	1）更换电流传感器；2）检修检测电路；3）检查插座，重新插线；4）检修辅助电源
E. ISP	输入断相	三相输入电源不正常	检查外围电路
E. LOL	掉载	变频器运行电流小于设定值	检查负载、正确设置参数
E. LU	欠电压	1）输入电源断相；2）输入电源变化太大	检查输入电源
E. OCA	加速过电流	1）负载太重，加速时间太短；2）转矩提升设定值太大；3）变频器输出侧短路	1）延长加速时间；2）减小转矩、提升设定值；3）检查变频器输出侧
E. OCC	恒速过电流	1）负载发生突变或异常；2）输入电源变化太大	1）进行负载检测；2）检查输入电源
E. OCd	减速过电流	1）减速时间过短，电机的再生能量过大；2）变频器功率偏小	1）延长减速时间或外加适合的能耗制动组件；2）选择功率等级大的变频器
E. OH1	模块过热	1）温度检测电路故障；2）周围环境温度过高；3）变频器通风不良；4）冷却风扇故障	1）检修温度检测电路；2）检查变频器的运行环境；3）改善通风环境；4）更换冷却风扇
E. Olb	变频器过载	1）转矩提升过大；2）负载过重；3）加速时间过短	1）调节转矩提升；2）选择功率更大的变频器；3）延长加速时间
E. Old	电机过载	1）电机参数不准；2）电机堵转、负载波动过大	1）重新设定电机参数；2）检查负载、调节转矩提升
E. Olr	充电电阻过载	主回路继电器未吸合	检查输入电源
E. OSP	输出断相	1）U、V、W 输出断相；2）电机断线	1）检查输出配线；2）检查电机、电缆
E. OUA	加速过电压	1）对旋转中的电机进行再起动；2）输入电源变化太大	1）等停机后再起动；2）检查输入电源

（续）

故障信息、代码	故障现象、类型	故障原因	故障检查
E. OUC	恒速过电压	1）输入电源变化太大；2）负载惯性过大	1）安装输入电抗器；2）外加适合的能耗制动组件
E. OUd	减速过电压	1）减速时间太短，电机的再生能量太大；2）输入电源变化太大	1）延长减速时间或外加适合的能耗制动组件；2）检查输入电源
E. Pg	编码器/PG 卡异常	1）编码器损坏；2）PG 卡异常；3）编码器型号不匹配；4）编码器连线错误	1）更换编码器；2）更换 PG 卡；3）正确设定编码器类型；4）排除线路故障
E. PID	运行时 PID 反馈丢失	PID 反馈小于设定值	检查 PID 反馈信号、正确设置参数
E. rE2	运行时间到达	运行时间达到设定值	使用参数初始化功能清除记录信息
E. rLy	接触器异常		
E. SC	逆变单元保护	1）负载太重，加速时间太短；2）转矩提升设定值太大；3）变频器输出侧短路	1）延长加速时间；2）减小转矩、提升设定值；3）检查变频器输出侧
E. TUE	电机自学习异常	1）参数辨识过程超时；2）电机参数未按铭牌设置	1）检查变频器到电机引线；2）正确设定电机参数
E. US1	用户自定义故障 1	通过多功能端子 X 输入用户自定义故障 1 的信号	复位运行
E. US2	用户自定义故障 2	通过多功能端子 X 输入用户自定义故障 2 的信号	复位运行

110

☆☆☆ **3.8　安川系列变频器** ☆☆☆

★3.8.1　安川 A1000 系列变频器故障信息与代码（见表 3-35）

表 3-35　安川 A1000 系列变频器故障信息与代码

故障信息、代码	故障现象、类型	故障信息、代码	故障现象、类型
AEr	站号设定故障	CPF06	EEPROM 存储数据故障
bb	变频器基极封锁	CPF07、CPF08	端子电路板连接故障
boL	制动晶体管过载	CPF11	RAM 故障
bUS	选购卡通信故障	CPF12	闪存故障
CALL	通信等待中	CPF13	监视装置故障
CE	MEMOBUS 串行通信故障	CPF14	控制回路故障
CF	控制故障	CPF16	时钟故障
CoF	电流复位	CPF17	中断故障
CoPy	参数写入中（闪烁）报警	CPF18 ~ CPF21	控制回路故障
CPEr	控制模式不一致	CPF22	混合 IC 故障
CPF00、CPF01	控制回路故障	CPF23	控制电路板连接故障
CPF02	A/D 转换器故障	CPF24	变频器信号故障
CPF03	控制电路板连接故障	CPF25	端子电路板未连接故障

（续）

故障信息、代码	故障现象、类型	故障信息、代码	故障现象、类型
CPF26 ~ CPF35	控制回路故障	Er-15	转矩饱和故障
CPF40 ~ CPF45	控制回路故障	Er-16	惯性识别值故障
CPyE	写入错误	Er-17	禁止反转故障
CrST	运行指令输入中复位报警	Er-18	感应电压故障
CSEr	使用复制功能时的硬件不良	Er-19	PM 电感故障
dEv	速度偏差过大（带 PG 控制模式）	Er-20	电枢电阻故障
dFPS	机型不一致	Er-21	Z 相脉冲补偿量异常
dnE	驱动器禁用中报警	Er-25	高频重叠参数自学习故障
dv1	Z 相脉冲丢失检出	Err	EEPROM 写入不当
dv2	Z 相噪声故障检出	FAn	搅动风扇故障
dv3	反转检出故障	FbH	PID 反馈超值
dv4	防止反转检出故障	FbL	PID 的反馈丧失
dv7	初期磁极推定超时	GF	接地短路
dWAL	DriveWorksEZ 警报	Hbb	安全信号输入中
dWF1	EEPROM 存储的 DriveWorksEZ 不良	HbbF	安全信号输入中
		HCA	电流警告
dWFL	DriveWorksEZ 故障	iFEr	通信故障
E5	通信协定监视装置错误	LF	输出断相
EF	正反转指令同时输入报警	LF2	输出电流失衡
EF0	通信卡外部故障检出中报警	LF3	输出断相 3
EF1 ~ EF8	外部故障（输入端子 S1 ~ S8）	LSo	低速失调
End	读/复制/核准动作结束	LT-1	冷却风扇维护时期
End1	V/f 设定过大	LT-2	电容器维护时期
End2	电机铁心饱和系数故障	LT-3	冲击电流防止继电器维护时期
End3	额定电流设定故障	LT-4	IGBT 维护时期
End4	额定转差故障	ndAT	机型、电源规格、容量、控制模式不一致
End5	线间电阻故障		
End6	漏电感故障	nSE	Node Setup 故障
End7	空载电流故障	oC	过电流
Er-01	电机数据故障	oFA00	连接了不匹配的选购件、选购卡连接不当
Er-02	发生轻故障		
Er-03	STOP 键输入	oFA01	选购卡故障（CN5-A）
Er-04	线间电阻故障	oFA03 ~ oFA06	选购卡不良（CN5-A）
Er-05	空载电流故障	oFA10、oFA11	选购卡不良（CN5-A）
Er-08	额定转差故障	oFA12 ~ oFA17	选购卡连接不当（CN5-A）
Er-09	加速故障	oFA30 ~ oFA43	通信选购卡连接不当（CN5-A）
Er-10	电机旋转方向故障	oFb00	连接了不匹配的选购件
Er-11	电机速度故障 1	oFb01	选购卡连接不当
Er-12	电流检出故障	oFb02	连接了同类选购件
Er-13	漏电感故障	oFb03 ~ oFb11	选购卡不良（CN5-B）
Er-14	电机速度故障 2	oFb12 ~ oFb17	通信选购卡连接不当（CN5-B）

（续）

故障信息、代码	故障现象、类型	故障信息、代码	故障现象、类型
oFC00	选购卡连接不当	oPr	操作器连接故障
oFC01	选购卡连接不当	oS	过速
oFC02	连接了同类选购件	ov	主回路过电压
oFC03 ~ oFC11	选购卡不良（CN5-C）	PASS	MEMOBUS 通信测试模式正常结束
oFC12 ~ oFC17	选购卡连接不当（CN5-C）	PF	主回路电压故障
oFC50 ~ oFC55	选购卡不良（CN5-C）	PGo	PG 断线检出故障（带 PG 控制模式）
oH	散热片过热		
oH1	散热片过热	PGoH	PG 断线硬件检出故障（安装 PG-X3 时检出）
oH2	变频器过热预警		
oH3	电机过热警告 1（PTC 输入）	rdEr	读取故障
oH4	电机过热警告 2（PTC 输入）	rEAd	参数读取中（闪烁）
oH5	电机过热（NTC 输入）	rF	制动电阻器电阻值异常
oL1	电机过载	rH	安装型制动电阻器过热
oL2	变频器过载	rr	内置制动晶体管故障
oL3	过转矩检出 1	rUn	运行中输入电机切换指令
oL4	过转矩检出 2	SC	输出短路、IGBT 故障
oL5	机械老化检出 1	SE	MEMOBUS 通信测试模式故障
oL6	轻载增速 2 故障	SEr	速度搜索重试故障
oL7	高转差制动过载	STo	失调检出故障
oPE01	变频器容量的设定故障	SvE	零伺服故障
oPE02	参数设定范围不当	THo	热继电器断线
oPE03	多功能输入的选择不当	TrPC	IGBT 维护时期（90%）
oPE04	端子电路板更换检出故障	UL3	转矩不足故障 1
oPE05	指令的选择不当	UL4	转矩不足故障 2
oPE06	控制模式选择不当	UL5	机械老化故障 2
oPE07	多功能模拟量输入的选择不当	UnbC	电流失衡
oPE08	参数选择不当	Uv	主回路欠电压
oPE09	PID 控制的选择故障	Uv1	主回路欠电压
oPE10	V/f 数据的设定故障	Uv2	控制电源故障
oPE11	载波频率的设定故障	Uv3	冲击防止回路故障
oPE13	脉冲序列监视选择故障	Uv4	栅极驱动电路板欠电压
oPE15	转矩控制设定故障	vAEr	电源规格或容量不一致
oPE16	节能控制参数的设定故障	vFyE	参数不一致
oPE18	在线调整参数的设定故障	voF	输出电压检出故障
oPE20	PG-F3 设定不良	vrFy	参数比较中（闪烁）

★3.8.2 安川 CH700 系列变频器故障信息与代码（见表 3-36）

表 3-36 安川 CH700 系列变频器故障信息与代码

故障信息、代码	故障现象、类型	故障原因	故障检查
AEr	站号设定故障	选购卡的地址设定值超出了设定范围	通信时，正确设定参数
bAT	操作器电池低电量	操作器的电池电压不足	检查、更换操作器电池

（续）

故障信息、代码	故障现象、类型	故障原因	故障检查
bb	变频器基极封锁	多功能接点输入端子 S1～S10 输入了外部基极封锁信号指令，变频器切断了其输出	检查外部回路、修正基极封锁信号的输入时间点
bCE	蓝牙通信故障	1）存在电波干扰；2）安装智能机器离操作器太远	1）采取消除电波干扰等措施；2）调整距离
boL	制动晶体管过载	1）使用再生变流器时，也启用了制动晶体管保护功能；2）变频器内部的制动晶体管故障；3）制动晶体管的使用率过高	1）设定好制动晶体管保护参数；2）检修变频器；3）设置制动单元、再生变流器，增加减速时间
bUS	选购卡通信故障	1）无法接受上位装置发出的通信指令、通信电缆接线不当；2）选购卡、变频器的连接不当；3）选购卡损坏；4）发生了短路、没有连接通信电缆；5）受到干扰	1）确认接线情况，若有误则更正；2）采取必要的抗干扰措施；3）正确将选购卡安装到变频器上；4）更换选购卡；5）修复短路的地方，连接好电缆；6）检查检修控制回路、主回路、接地等部位的接线情况
CALL	SI-B 通信故障	1）通信电缆接线不当；2）通信电缆短路、断线；3）上位装置发生程序错误；4）通信回路发生故障；5）MEMOBUS 通信的终端电阻没有设定为有效	1）确认接线情况，若有误则更正；2）排除短路、断线情况；3）确认通信开始时的动作，修正程序错误；4）检修、更换主板；5）将从站末端的变频器拨动开关设置到 ON 状态，使终端电阻有效
CE	MEMOBUS 通信故障	1）发生了短路、没有连接通信电缆；2）受到干扰；3）通信电缆接线故障	1）排除短路、断线情况；2）采取必要的抗干扰措施；3）确认接线情况，若有误则更正
CF	控制故障	1）负载惯性大；2）无法减速停止的机械、不需要减速的机械中启用了减速停止功能；3）电机、变频器连接不当；4）未进行线间电阻自学习；5）电机自由运行时输入了运行指令；6）电机参数设定不当；7）转矩极限的设定值过小	1）调整减速时间参数；2）恰当设定停止方法选择；3）确认接线情况，若有误则更正；4）实施仅对线间电阻的停止型自学习；5）重新设置电机完全停止后才能输入运行指令的顺控；6）重新正确设定电机参数；7）调整转矩极限参数
CnT1	电机 1 起动次数超标	起动次数超出警报输出起动次数设定的设定值	调整运行起动次数的设置，输入故障复位信号
CnT2	电机 2 起动次数超标	起动次数超出警报输出起动次数设定的设定值	调整运行起动次数的设置，输入故障复位信号
CnT3	电机 3 起动次数超标	起动次数超出警报输出起动次数设定的设定值	调整运行起动次数的设置，输入故障复位信号
CoF	电流偏置故障	1）变频器发生硬件故障；2）自由运行中或急减速后，电机中还残留有感应电压又重起运行	1）检修变频器；2）设置电机中残留有感应电压时无法重起运行的顺控回路

（续）

故障信息、代码	故障现象、类型	故障原因	故障检查
CP1	比较器 1 超范围故障	比较器监视选择设定的监视值超出比较器下限值、比较器上限值	确认监视值的状况，并且排除故障的原因
CP2	比较器 2 超范围故障	比较器监视选择设定的监视值超出比较器下限值、比较器上限值	确认监视值的状况，并且排除故障的原因
CPEr	控制模式不一致	控制模式选择设定错误	设定好参数
CPF00 ~ CPF03、CPF07 ~ CPF08、CPF11 ~ CPF14、CPF16 ~ CPF24、CPF26 ~ CPF39	控制回路故障	变频器硬件故障	检修变频器
CPF06	EEPROM 存储数据不良	1）通过通信选购卡正在向变频器输入参数写入指令的过程中，变频器的电源被切断；2）EEPROM 外围回路故障	1）设定正确的参数；2）检修变频器
CPF25	端子电路板未连接	端子电路板没有切实插入变频器	正确连接
CPyE	恢复出错	参数的恢复没有正常结束	重新进行恢复参数的操作
CrST	外部运行输入故障	输入运行指令时，执行了故障复位等操作	使运行指令 OFF 后实施故障复位操作
CSEr	使用复制功能时的硬件故障	操作器发生了故障	检修、更换操作器
dEv	电机速度偏差过大	1）基准设定不当；2）负载为锁定状态；3）电机电磁制动器处于抱闸状态；4）负载过大；5）加/减速时间过短	1）调整基准设定；2）检查机械系统；3）打开制动器；4）减小负载；5）调高加/减速时间的设定值
dFPS	机型不一致	试图在不同机型变频器上恢复备份的参数	确认变频器机型，重新恢复参数
E5	SI-T WDT 故障	看门狗故障	检查电缆连接状况和抗干扰措施
EF	正反转指令同时输入故障	同时输入了正转指令与反转指令，并且持续了 0.5s 以上	重新设定正转指令与反转指令的顺控
EF0	来自通信选购卡的外部故障输入	1）通信选购卡接收了上位装置发出的外部故障信号；2）上位装置发生了程序错误	1）排除外部故障；2）检查上位装置的程序
EF1	外部故障（输入端子 S1）	1）接线不当；2）在未使用的多功能接点输入端子上分配了外部故障；3）外部机器的警报功能触发	1）多功能接点输入端子上正确连接信号线；2）正确设定多功能接点输入；3）排除外部故障原因
EF2	外部故障（输入端子 S2）	1）外部机器的警报功能触发；2）接线不当；3）在未使用的多功能接点输入端子上分配了外部故障	1）排除外部故障原因；2）多功能接点输入端子上正确连接信号线；3）需要正确设定多功能接点输入
EF3	外部故障（输入端子 S3）	1）接线不当；2）在未使用的多功能接点输入端子上分配了外部故障；3）外部机器的警报功能触发	1）多功能接点输入端子上正确连接信号线；2）正确设定多功能接点输入；3）排除外部故障原因

（续）

故障信息、代码	故障现象、类型	故障原因	故障检查
EF4	外部故障（输入端子S4）	1）接线不当；2）在未使用的多功能接点输入端子上分配了外部故障；3）外部机器的警报功能触发	1）多功能接点输入端子上正确连接信号线；2）正确设定多功能接点输入；3）排除外部故障原因
EF5	外部故障（输入端子S5）	1）外部机器的警报功能触发；2）接线不当；3）在未使用的多功能接点输入端子上分配了外部故障	1）排除外部故障原因；2）多功能接点输入端子上正确连接信号线；3）正确设定多功能接点输入
End1	V/f设定过大	1）自学习后空载电流的测定结果超过80%；2）自学习时的转矩指令超过20%	1）重新进行自学习，并且正确设定电机的数据；2）确认输入电机铭牌数据是否正确
End3	额定电流设定不当	输入额定电流异常	重新进行自学习，并且正确设定电机铭牌上标明的额定电流
End5	线间电阻故障	线间电阻的测定结果超出了上下限	输入正确的电机铭牌数据，电机接线要正确
EP24v	外部24V电源故障	主回路电压不足，由外部24V电源给变频器供电	检查主回路电源
Er-11	电机速度故障1	加速时的转矩指令过大（100%）	增大加速时间的设定值，把电机与机械分离后重新进行旋转型自学习
Er-14	电机速度故障2	惯性自学习过程中，电机速度达到了速度指令振幅的2倍以上	减小速度环的高速比例增益的设定值等
Er-15	转矩饱和	惯性自学习过程中，输出转矩超出了转矩极限的设定值	尽可能增大转矩极限的设定值，减小惯性自学习时的指令频率与指令振幅
Er-16	惯性识别值故障	惯性自学习中惯性识别值过小或过大	减小惯性自学习时的指令频率与指令振幅，正确设定电机单体的惯性
Err	EEPROM存储不良	1）EEPROM硬件故障；2）存在干扰	1）检修变频器；2）重新设定参数，消除干扰
FAn	内部搅动风扇故障	风扇发生故障	检查风扇
FAn	内部搅动风扇故障	1）电磁接触器与搅动风扇电源发生故障；2）风扇发生故障	1）检查变频器电源和变频器电路板；2）检查风扇
FAn1	变频器冷却风扇故障	冷却风扇故障	检查风扇和参数设置情况
FWdL	正转限制输入中	参数设置错误	通过输入反转指令运行使极限输入OFF
GF	接地短路	1）电机主回路电缆损坏；2）电缆与接地端子间的分布电容较大，漏电流变大；3）变频器存在硬件故障；4）电机烧毁、绝缘老化	1）检查电机主回路电缆，排除发生短路的部位；2）检查电缆与接地端子间的分布电容情况；3）检修主板；4）通过测量电机的线间电阻来判断绝缘的情况
iFEr	通信故障	操作器和变频器间发生了通信故障	确认插口与电缆的连接情况

（续）

故障信息、代码	故障现象、类型	故障原因	故障检查
L24v	外部 24V 电源缺失	1）备用电源的外部 24V 电源的电压不足；2）主回路电源故障	确认外部 24V 电源接线、电压等情况是否正常
LF	输出断相	1）变频器输出端子的螺钉松动；2）使用了容量低于变频器额定输出电流的 5% 的电机；3）连接了单相电机；4）变频器内部的制动晶体管损坏；5）电机主回路电缆断线；6）电机内部绕组断线	1）用适当的紧固力矩拧紧螺钉；2）重新设定变频器容量或电机容量；3）不采用单相电机；4）检修电路板；5）重新接好线；6）更换电机
LT-1	冷却风扇维护时期	变频器冷却风扇使用时长达到了其寿命的 90%	更换冷却风扇
LT-2	电容器维护时期	主回路、控制回路的电容器使用时长达到了其寿命的 90%	更换电容器
LT-3	接触器维护时期	冲击电流防止继电器的使用时长达到了其寿命的 90%	检修主板
LT-4	晶体管维护时期	IGBT 的使用时长达到了其寿命的 50%	修改负载、载波频率、输出频率
oC	过电流	1）变频器输出侧短路或接地短路导致晶体管损坏；2）加速时间过短；3）使用了特殊电机、电机输出超出了变频器支持的电机最大容量；4）变频器输出侧，对电磁接触器进行了开闭；5）V/f 曲线的设定不当；6）转矩补偿过大；7）干扰；8）过励磁运行时的增益过大；9）电机自由运行时输入了运行指令；10）设定的控制模式不支持所用电机；11）电机主回路电缆的接线长度过长；12）负载过大；13）电机烧毁、绝缘老化；14）电机主回路电缆接触发生短路	1）确认相关端子是否短路；2）计算加速时所需的转矩；3）重新配套电机和变频器；4）设置顺控器，使变频器输出电压时电磁接触器不会发生开闭；5）确认 V/f 设定的频率和电压的关系；6）缩小转矩补偿增益设定值直到不会发生电机失速；7）检查控制回路、主回路、接地等处的接线，并且采取抗干扰措施；8）正确设置过励磁增益的设定值；9）重新设置电机完全停止后才能输入运行指令的顺控；10）正确设定控制模式的选择；11）更换容量大的变频器；12）减小负载变动，或者增大变频器的容量；13）更换电机；14）检查电机主回路电缆
oH	散热片过热 1	1）负载过大；2）冷却风扇停止运行；3）环境温度过高，变频器散热片的温度超过了设定值	1）减小负载；2）更换冷却风扇；3）改善控制柜内的换气状况，更换冷却风扇
oH1	散热片过热 2	1）环境温度过高，变频器散热片的温度超过了 oH1 的检出基准；2）负载过大	1）改善控制柜内的换气状况，更换冷却风扇；2）减小负载
oH3	电机过热警告 1（PTC 输入）	1）机械侧发生故障；2）电机过热；3）热继电器的接线不当	1）确认机械状况，并且排除故障原因；2）减小负载；3）确认接线情况
oH4	电机过热警告 2（PTC 输入）	电机过热	减小负载，调高加/减速时间设定值

（续）

故障信息、代码	故障现象、类型	故障原因	故障检查
oL1	电机过载	1）设置电机保护功能选择参数错误；2）V/f曲线不符合电机特性；3）没有正确设定基本频率；4）用1台变频器驱动多台电机；5）电子热继电器的特性与电机负载的特性不一致；6）电子热继电器触发基准不当；7）过励磁运行导致电机损失增大；8）输出电流因输入电源断相而失调；9）负载过大；10）加/减速时间、周期时间过短；11）低速运行时发生过载	1）使用变频器专用电机，并且设定好；2）确认V/f设定的频率和电压的关系。如果电压过高，则降低电压；3）根据电机铭牌上标注的额定频率正确设定；4）正确设定电机保护功能选择；5）确认电机特性，并且正确设定电机保护功能；6）根据电机铭牌的标示值正确设定电机额定电流；7）调低过励磁增益的设定值；8）改善断相情况；9）减小负载；10）调高加/减速时间的设定值；11）减小低速运行时的负载
oL2	变频器过载	1）V/f曲线不符合电机特性；2）变频器容量过小；3）低速运行时发生过载；4）转矩补偿过大；5）输出电流因输入电源断相而失调；6）负载过大；7）加/减速时间、周期时间过短	1）正确设置V/f设定的频率和电压的关系；2）更换容量大的变频器；3）减小低速运行时的负载；4）缩小转矩补偿增益设定值直至不会发生电机失速；5）确认主回路电源接线情况；6）减小负载；7）正确设置加/减速时间的设定值
oL3	过转矩检出1	1）负载参数设定不当；2）机械侧发生故障	1）调整过转矩检出的参数；2）排除机械故障原因
oL4	过转矩检出2	1）机械侧发生故障；2）负载参数设定不当	1）排除机械故障原因；2）调整过转矩检出的参数
oL5	过载检出	1）负载参数设定不当；2）机械侧发生故障	1）调整过载检出的参数；2）排除机械故障原因
oL6	轻载增速2故障	1）基准设定不当；2）处于输出频率大于轻载增速2有效频率的状态	调整参数
oPE01	变频器容量设定不当	变频器容量选择的设定值与实际不符	正确设定参数
oPE06	控制模式选择不当	设定控制模式的选择为带PG选购卡模式，PG选购卡却没有装入变频器	把PG选购卡装入变频器，并且正确设定参数
oPr	操作器连接不当	1）变频器与操作器的连接电缆断线；2）操作器的插头没有切实地插入变频器接口	1）更换损坏的电缆；2）操作器和变频器的连接正确
oS	过速	发生超调	减小速度环的高速比例增益的设定值，增大速度环的高速积分时间的设定值

117

（续）

故障信息、代码	故障现象、类型	故障原因	故障检查
ov	主回路过电压	1）制动负载过大；2）输入电源中混有浪涌电压；3）发生接地短路；4）电源电压过高；5）制动电阻器或制动电阻器单元的接线不正确；6）PG 电缆的接线不正确、断线；7）PG 电缆受到噪声干扰；8）受到干扰导致变频器发生误动作；9）负载惯性设定不正确；10）电机发生了失调；11）减速时间过短，返回变频器的再生电能过大；12）加速时间过短	1）将制动选购件与变频器连接；2）将DC 电抗器与变频器连接；3）检查电机的动力电缆、端子、电机端子箱等；4）电压降低到变频器的额定电压；5）制动电阻器或制动电阻器单元的接线应完好；6）PG 电缆接线应完好；7）PG电缆、变频器输出线等应远离噪声源；8）检查控制回路、主回路、接地等部位的接线情况，以及采取抗干扰措施；9）正确设置减速中防止失速（最佳调整）功能时负载惯性、负载惯性比的设定；10）正确设置防止失调增益、速度反馈检出抑制时间参数等的设定；11）正确设定减速时防止失速功能选择、减速时间的设定值；12）正确设定加速时间的设定值
PF	主回路电压故障	1）输入电源的电压波动过大；2）相间电压失衡；3）变频器内部的主回路电容器回路老化；4）输入电源断相；5）变频器主回路电源输入端子螺钉松动	1）改善电源电压状况，采取必要的稳压措施；2）正确设定输入断相保护选择等参数；3）确认电容器的维护时期、检修主板；4）改正主回路电源的错误接线；5）使用适当的紧固力矩拧紧螺钉
PGo	PG 断线检出	1）PG 电缆的接线不正确、断线；2）PG 无供电电源；3）电机电磁制动器处于抱闸状态	1）检查 PG 电缆接线情况；2）检查 PG 电源；3）打开制动器
PGoH	PG 断线硬件检出	PG 电缆断线	修复断线
rF	制动电阻器电阻值故障	1）再生变流器、再生单元、制动单元连接在变频器上；2）连接在变频器的制动选购件的电阻值过小	1）正确设置制动晶体管保护参数的设定；2）选择适当的制动选购件
rH	安装型制动电阻器过热	1）负载占空比过高；2）制动负载过大；3）制动电阻器选择错误；4）减速时间过短，使得返回变频器的再生电能过大	1）确认负载循环；2）重新计算制动负载与制动能力的关系，并且减轻制动负载。重新选择制动电阻器，提高制动能力；3）选择适当规格的制动电阻器；4）确认负载大小、减速时间、速度，并且正确设置相关参数的设定值
rr	内置制动晶体管故障	1）变频器控制回路故障；2）变频器制动晶体管故障	检修电路板
SC	输出短路或 IGBT 故障	1）变频器输出晶体管损坏；2）电机烧毁、绝缘老化；3）电缆发生短路	1）检修变频器；2）更换电机；3）检查电缆，排除短路

（续）

故障信息、代码	故障现象、类型	故障原因	故障检查
SCF	安全回路故障	安全回路发生故障	检修变频器
SE1	运行指令故障	同时输入了正转指令和反转指令	确认正转指令和反转指令的顺控回路
SE2	制动器打开故障	1）没有连接电机，制动器打开指令无法变为ON；2）制动器打开电流、转矩的设定值过大；3）制动器打滑，达不到制动器打开转矩	1）检查电机回路；2）根据负载情况调低有关参数的设定值；3）确认制动器转矩
SE3	制动器反应故障1	1）制动器回路的顺控不良、响应延迟；2）继电器、接触器、制动器接触不良	1）确认制动器打开确认信号的顺控回路；2）检查继电器、接触器、制动器及其接线
SE4	制动器反应故障2	1）制动器打开指令状态下，制动器打开确认（BX）ON；2）继电器、接触器、制动器接触不良	1）确认制动器打开确认信号的顺控回路；2）检查继电器、接触器、制动器及其接线
SvE	零伺服故障	1）负载转矩过大；2）PG电缆受到干扰；3）转矩极限设定值过小	1）减小负载转矩；2）接线远离干扰源；3）调整转矩极限相关参数的设定
TiM	未设置操作器的时钟	操作器的时钟用电池虽然已安装，但未设定日期/时刻	需要正确设定操作器的时钟日期/时刻
Uv1	主回路欠电压	1）输入电源电压波动过大；2）停电；3）变频器主回路电容器回路老化；4）变频器冲击防止回路的继电器或电磁接触器动作不良；5）输入电源断相；6）变频器主回路电源输入端子螺钉松动	1）改善电源电压；2）改善电源；3）确认电容器的维护时期。如果超过90%，则更换电容器；4）确认冲击电流防止继电器维护的维护时期。如果超过90%，则更换继电器；5）正确连接电源接线；6）根据规定的紧固力矩拧紧螺钉
Uv2	控制电源故障	变频器发生硬件故障	检修变频器
Uv3	冲击防止回路故障	变频器内部继电器或电磁接触器动作不良	检修变频器
vAEr	电源规格或容量不一致	电源规格或变频器容量等参数设定值错误	正确设定参数
vFyE	参数不一致	操作器中备份参数和变频器内的参数不一致	重新进行恢复参数或备份操作和校验操作

119

★3.8.3 安川 E1000 系列变频器故障信息与代码（见表3-37）

表3-37 安川 E1000 系列变频器故障信息与代码

故障信息、代码	故障现象、类型	故障信息、代码	故障现象、类型
AEr	站号设定故障	CALL	通信等待中
bb	变频器基极封锁	CE	MEMOBUS 串行通信故障
bUS	选购卡通信故障	CoPy	参数写入中（闪烁）

（续）

故障信息、代码	故障现象、类型	故障信息、代码	故障现象、类型
CPEr	控制模式不一致	FAn	内气搅动风扇故障
CPF00、CPF01	控制回路故障	FbH	PI 反馈超值
CPF02	A/D 转换器故障	FbL	PI 反馈丧失
CPF03	控制电路板连接故障	GF	短路
CPF06	EEPROM 存储数据故障	HCA	电流故障
CPF07、CPF08	端子电路板通信故障	iFEr	通信故障
CPF20、CPF21	控制回路故障	LF	输出断相
CPF22	混合 IC 故障	LF2	输出电流失衡
CPF23	控制电路板连接故障	LT-1	冷却风扇维护时期
CPF24	变频器信号故障	LT-2	电容器维护时期
CPF26 ~ CPF34	控制回路故障	LT-3	冲击电流防止继电器维护时期
CPF40 ~ CPF45	CPU 故障	LT-4	IGBT 维护时期（50%）
CPyE	写入错误	ndAT	机型、电源规格、容量、控制模式不一致
CrST	运行指令输入中复位		
CSEr	使用复制功能时的硬件故障	oC	过电流故障
dFPS	机型不一致	oFA00	选购卡连接故障（CN5-A）
dnE	驱动器禁用中	oFA01	选购卡故障（CN5-A）
dv7	极性辨别超时	oFA03 ~ oFA06	选购卡故障（CN5-A）
dWAL	编程工具警报	oFA10、oFA11	选购卡故障（CN5-A）
dWFL	编程工具故障	oFA12 ~ oFA17	选购卡连接故障（CN5-A）
E5	SI-T3 看门狗故障	oFA30 ~ oFA43	通信选购卡连接故障（CN5-A）
EF	正反转指令同时输入故障	oFb00	选购卡故障（CN5-B）
EF0	通信选购卡的外部故障输入	oFC00	选购卡连接故障（CN5-C）
EF0	通信卡外部故障	oH	散热片过热
EF1 ~ EF8	外部故障（输入端子 S1 ~ S8）	oH1	散热片过热
End	读/复制/核准动作结束	oH2	变频器过热预警
End1	V/f 设定过大故障	oH3	电机过热警告 1（PTC 输入）
End3	额定电流设定故障	oH4	电机过热警告 2（PTC 输入）
End4	额定转差故障	oL1	电机过载
End5	线间电阻故障	oL2	变频器过载
End7	空载电流故障	oL3	过转矩检出 1
Er-01	电机数据故障	oL7	高转差制动过载
Er-02	发生轻故障	oPE01	变频器容量的设定故障
Er-03	STOP 键输入	oPE02	参数设定范围不当
Er-04	线间电阻故障	oPE03	多功能输入选择不当
Er-05	空载电流故障	oPE04	端子电路板故障
Er-08	额定转差故障	oPE05	指令选择不当
Er-09	加速故障	oPE07	多功能模拟量输入选择不当
Er-11	电机速度故障	oPE08	参数选择不当
Er-12	电流检出故障	oPE09	PI 控制选择不当
Err	EEPROM 写入故障	oPE10	V/f 数据设定不当

（续）

故障信息、代码	故障现象、类型	故障信息、代码	故障现象、类型
oPE11	载波频率设定不当	TrPC	IGBT 维护时期（90%）
oPE13	脉冲序列监视选择不当	UL3	转矩不足检出 1
oPE16	节能控制参数设定不当	UL6	电机负载不足
oPr	操作器连接故障	UnbC	电流失衡
ov	主回路过电压	Uv	主回路欠电压
PASS	MEMOBUS/Modbus 通信测试模式正常结束	Uv1	主回路欠电压
		Uv2	控制电源故障
PF	主回路电压故障	Uv3	冲击防止回路故障
rdEr	读取故障	vAEr	电源规格或容量不一致
rEAd	参数读取中	vFyE	参数不一致
SC	IGBT 上下臂短路	voF	输出电压检出故障
SE	MEMOBUS/Modbus 通信测试模式故障	vrFy	参数比较中
SEr	速度搜索重试故障	WrUn	等待运行
STo	失调检出		

★3.8.4 安川 GA500 系列变频器故障信息与代码（见表 3-38）

表 3-38 安川 GA500 系列变频器故障信息与代码

故障信息、代码	故障现象、类型	ALM 指示灯显示情况	故障分类
AEr（0032）	站号设定故障	闪烁	轻故障
bAT（0085）	操作器电池低电量	闪烁	轻故障
bAT（0402）	操作器电池低电量	点亮	故障
bb（0008）	变频器基极封锁	闪烁	警告
bCE（008A）	蓝牙通信故障	闪烁	轻故障
bCE（0416）	蓝牙通信故障	点亮	故障
boL（0045）	制动晶体管过载	闪烁	轻故障
boL（004F）	制动晶体管过载	点亮	故障
bUS（0015）	选购卡通信故障	闪烁	轻故障
bUS（0022）	选购卡通信故障	点亮	故障
CALL（001D）	SI-B 通信错误	闪烁	轻故障
CE（0014）	MEMOBUS 通信故障	闪烁	轻故障
CE（0021）	MEMOBUS 通信故障	点亮	故障
CF（0025）	控制故障	点亮	故障
CoF（0046）	电流观测器故障	点亮	故障
CP1（0087）	比较器 1 超范围	闪烁	轻故障
CP1（0414）	比较器 1 超范围	点亮	故障
CP2（0088）	比较器 2 超范围	闪烁	轻故障
CP2（0415）	比较器 2 超范围	点亮	故障
CPEr	控制模式不一致	—	备份时出错

121

（续）

故障信息、代码	故障现象、类型	ALM 指示灯显示情况	故障分类
CPF00、CPF01、CPF02、CPF03（0083、0084）、CPF08（0089）、CPF11~CPF14（008C~008F）、CPF16~CPF24（0091~0099）、CPF38（00A7）	控制回路故障	点亮	故障
CPF06（0087）	控制回路故障（EEPROM 数据）	点亮	故障
CPyE	写入错误	—	备份时出错
CrST	外部运行输入	闪烁	并非故障
CSEr	存储器读写故障	—	备份时出错
CyC（0033）	SI-T 周期故障	闪烁	轻故障
CyPo（0029）	重启电源后更新	闪烁	轻故障
dCE1（041A）	通信故障 1	点亮	故障
dCE2（041B）	通信故障 2	点亮	故障
dEv（0011）	电机速度偏差过大	闪烁	轻故障
dEv（0019）	电机速度偏差过大	点亮	故障
dFPS	ID 不匹配	—	备份时出错
dnE（002A）	驱动器禁用中	闪烁	轻故障
dv7（005B）	磁极判别超时	点亮	故障
dWA2（004A）	DriveWorksEZ 警报 2	闪烁	轻故障
dWA3（004B）	DriveWorksEZ 警报 3	闪烁	轻故障
dWAL（0049）	DriveWorksEZ 警报 1	闪烁	轻故障
dWF1（004A）	DWEZ EEPROM 故障	点亮	故障
dWF2（004B）	DriveWorksEZ 故障 2	点亮	故障
dWF3（004C）	DriveWorksEZ 故障 3	点亮	故障
dWFL（0049）	DriveWorksEZ 故障 1	点亮	故障
E5（0031）	SI-T WDT 故障	闪烁	轻故障
E5（0039）	SI-T WDT 故障	点亮	故障
EF（0007）	正反转指令同时输入故障	闪烁	轻故障
EF0（001A）	通信选购卡的外部故障输入	闪烁	轻故障
EF0（0027）	通信选购卡的外部故障输入	点亮	故障
EF1（0039）	外部故障（输入端子 S1）	闪烁	轻故障
EF1（0042）	外部故障（输入端子 S1）	点亮	故障
EF2（003A）	外部故障（输入端子 S2）	闪烁	轻故障
EF2（0043）	外部故障（输入端子 S2）	点亮	故障
EF3（0009）	外部故障（输入端子 S3）	闪烁	轻故障
EF3（0011）	外部故障（输入端子 S3）	点亮	故障
EF4（000A）	外部故障（输入端子 S4）	闪烁	轻故障
EF4（0012）	外部故障（输入端子 S4）	点亮	故障
EF5（000B）	外部故障（输入端子 S5）	闪烁	轻故障
EF5（0013）	外部故障（输入端子 S5）	点亮	故障
EF6（000C）	外部故障（输入端子 S6）	闪烁	轻故障

（续）

故障信息、代码	故障现象、类型	ALM 指示灯显示情况	故障分类
EF6（0014）	外部故障（输入端子 S6）	点亮	故障
EF7（000D）	外部故障（输入端子 S7）	闪烁	轻故障
EF7（0015）	外部故障（输入端子 S7）	点亮	故障
End1	V/f 设定过大	闪烁	自学习出错
End2	电机铁心饱和系数故障	闪烁	自学习出错
End3	额定电流设定故障	闪烁	自学习出错
End4	额定转差故障	闪烁	自学习出错
End5	线间电阻故障	闪烁	自学习出错
End6	漏电感故障	闪烁	自学习出错
End7	空载电流故障	闪烁	自学习出错
End8	高频重叠故障	闪烁	自学习出错
End9	初始磁极推定故障	闪烁	自学习出错
EP24v（0081）	外部 24V 电源正常	闪烁	警告
Er-01	电机数据故障	闪烁	自学习出错
Er-02	发生轻故障	闪烁	自学习出错
Er-03	按 STOP 键	闪烁	自学习出错
Er-04	线间电阻故障	闪烁	自学习出错
Er-05	空载电流故障	闪烁	自学习出错
Er-08	额定转差故障	闪烁	自学习出错
Er-09	加速故障	闪烁	自学习出错
Er-10	电机旋转方向故障	闪烁	自学习出错
Er-11	电机速度故障 1	闪烁	自学习出错
Er-12	电流故障	闪烁	自学习出错
Er-13	漏电感故障	闪烁	自学习出错
Er-14	电机速度故障 2	闪烁	自学习出错
Er-15	转矩饱和故障	闪烁	自学习出错
Er-16	惯量同定值故障	闪烁	自学习出错
Er-17	禁止反转故障	闪烁	自学习出错
Er-18	感应电压故障	闪烁	自学习出错
Er-19	PM 电感故障	闪烁	自学习出错
Er-20	电枢电阻故障	闪烁	自学习出错
Er-25	高频重叠参数调谐故障	闪烁	自学习出错
Err（001F）	EEPROM 存储故障	点亮	故障
FAn（000F）	搅动风扇故障	闪烁	轻故障
FbH（0028）	PID 反馈超值	闪烁	轻故障
FbH（0041）	PID 反馈超值	点亮	故障
FbL（0027）	PID 反馈丧失	闪烁	轻故障
FbL（0028）	PID 反馈丧失	点亮	故障
GF（0006）	接地短路	点亮	故障

（续）

故障信息、代码	故障现象、类型	ALM指示灯显示情况	故障分类
HCA（0034）	电流故障	闪烁	轻故障
iFEr	通信故障	—	备份时出错
L24v（0021）	外部24V电源缺失	闪烁	警告
LF（001C）	输出断相	点亮	故障
LF2（0036）	输出电流失衡	点亮	故障
LoG	日志通信故障	闪烁	警告
LSo（0051）	低速失步	点亮	故障
LT-1（0035）	冷却风扇维护时期	闪烁	警告
LT-2（0036）	电容维护时期	闪烁	警告
LT-3（0043）	接触器维护时期	闪烁	警告
LT-4（0044）	晶体管维护50%	闪烁	警告
ndAT	机型、电源规格、容量、控制模式不一致	—	备份时出错
nSE（0052）	节点设定故障	点亮	故障
oC（0007）	过电流	点亮	故障
oFA00（0101）	选购卡不支持/选购卡接触不良	点亮	故障
oFA03（0104）～oFA06（0107）	选购卡故障（CN5-A）	点亮	故障
oFA10（0111） oFA11（0112）	选购卡故障（CN5-A）	点亮	故障
oFA12（0113）～oFA17（0118）	选购卡插接故障（CN5-A）	点亮	故障
oFA30（0131）～oFA43（013E）	通信选购卡插接故障（CN5-A）	点亮	故障
oH（0003）	散热片过热	闪烁	轻故障
oH（0009）	散热片过热	点亮	故障
oH1（000A）	散热片过热	点亮	故障
oH2（0004）	变频器过热预警	闪烁	轻故障
oH3（001D）	电机过热1（PTC输入）	点亮	故障
oH3（0022）	电机过热1	闪烁	轻故障
oH4（0020）	电机过热2（PTC输入）	点亮	故障
oL1（000B）	电机过载	点亮	故障
oL2（000C）	变频器过载	点亮	故障
oL3（0005）	过转矩1	闪烁	轻故障
oL3（000D）	过转矩1	点亮	故障
oL4（0006）	过转矩2	闪烁	轻故障
oL4（000E）	过转矩2	点亮	故障
oL5（003D）	机械老化检出1	闪烁	轻故障
oL5（0044）	机械老化检出1	点亮	故障
oL7（002B）	高转差制动过载	点亮	故障
oPE01	容量设定异常	闪烁	参数设定出错

（续）

故障信息、代码	故障现象、类型	ALM 指示灯显示情况	故障分类
oPE02	参数设定范围不良	闪烁	参数设定出错
oPE03	端子功能选择不良	闪烁	参数设定出错
oPE05	指令选择故障	闪烁	参数设定出错
oPE07	模拟量功能故障	闪烁	参数设定出错
oPE08	参数选择故障	闪烁	参数设定出错
oPE09	PID 选择故障	闪烁	参数设定出错
oPE10	V/f 设定故障	闪烁	参数设定出错
oPE11	载波频率设定故障	闪烁	参数设定出错
oPE13	脉冲监视选择故障	闪烁	参数设定出错
oPE16	节能控制参数设定故障	闪烁	参数设定出错
oPE33	多功能 Do 选择故障	闪烁	参数设定出错
oPr（001E）	操作器连接故障	点亮	故障
oS（0010）	过速	闪烁	轻故障
oS（0018）	过速	点亮	故障
ov（0002）	主回路过电压	闪烁	轻故障
ov（0008）	主回路过电压	点亮	故障
PASS	MEMOBUS 通信测试模式正常结束	闪烁	并非故障
PE1（0047）	PLC 检出故障1	点亮	故障
PE2（0048）	PLC 检出故障2	点亮	故障
PF（001B）	主回路电压故障	点亮	故障
PF（0047）	主回路电压故障	闪烁	轻故障
PWEr	DWEZ 密码不对	—	备份时出错
rdEr	读取数据故障	—	备份时出错
rF（004E）	制动电阻故障	点亮	故障
rH（0010）	安装型制动电阻器过热	点亮	故障
rr（000F）	内置制动晶体管故障	点亮	故障
rUn（001B）	运行中输入电机切换指令	闪烁	轻故障
SC（0005）	输出短路或 IGBT 故障	点亮	故障
SCF（040F）	输出短路	点亮	故障
SE（0020）	顺控故障	闪烁	轻故障
SEr（003B）	速度搜索重试故障	点亮	故障
SToF（003B）	安全回路指令输入故障	闪烁	轻故障
STPo（0037）	失步	点亮	故障
TiM（0089）	未设置操作器时钟	闪烁	轻故障
TiM（0401）	未设置操作器时钟	点亮	故障
TrPC（0042）	晶体管维护90%	闪烁	轻故障
UL3（001E）	转矩不足检出1	闪烁	轻故障
UL3（0029）	转矩不足检出1	点亮	故障

125

（续）

故障信息、代码	故障现象、类型	ALM 指示灯显示情况	故障分类
UL4 (001F)	转矩不足检出 2	闪烁	轻故障
UL4 (002A)	转矩不足检出 2	点亮	故障
UL5 (003E)	机械老化检出 2	闪烁	轻故障
UL5 (0045)	机械老化检出 2	点亮	故障
Uv (0001)	主回路欠电压	闪烁	轻故障
Uv1 (0002)	主回路欠电压	点亮	故障
Uv2 (0003)	控制电源故障	点亮	故障
Uv3 (0004)	冲击防止回路故障	点亮	故障
vAEr	容量不匹配	—	备份时出错
vFyE	校验故障	—	备份时出错

注：代码栏括号里的数字为 MEMOBUS 通信时读取的故障代码或轻故障代码（十六进制）。变频器检出故障分类中的故障、轻故障/警告、出错时，其出现的状况有一定的差异。后同。

★3.8.5　安川 GA700 系列变频器故障信息与代码（见表 3-39）

表 3-39　安川 GA700 系列变频器故障信息与代码

故障信息、代码	故障现象、类型	ALM 指示灯显示	故障分类
AEr (0032)	站号设定故障	闪烁	轻故障
bAT (0085)	操作器电池低电量	闪烁	轻故障
bAT (0402)	操作器电池低电量	点亮	故障
bb (0008)	变频器基极封锁	闪烁	警告
bCE (008A)	蓝牙通信故障	闪烁	轻故障
bCE (0416)	蓝牙通信故障	点亮	故障
boL (0045)	制动晶体管过载	闪烁	轻故障
boL (004F)	制动晶体管过载	点亮	故障
bUS (0015)	选购卡通信故障	闪烁	轻故障
bUS (0022)	选购卡通信故障	点亮	故障
bUSy	参数变更中	—	并非故障
CALL (001D)	SI-B 通信错误	闪烁	轻故障
CE (0014)	MEMOBUS 通信故障	闪烁	轻故障
CE (0021)	MEMOBUS 通信故障	点亮	故障
CF (0025)	控制故障	点亮	故障
CoF (0046)	电流观测器故障	点亮	故障
CP1 (0087)	比较器 1 超范围	闪烁	轻故障
CP1 (0414)	比较器 1 超范围	点亮	故障
CP2 (0088)	比较器 2 超范围	闪烁	轻故障
CP2 (0415)	比较器 2 超范围	点亮	故障
CPEr	控制模式不一致	—	备份时出错

（续）

故障信息、代码	故障现象、类型	ALM 指示灯显示	故障分类
CPF00	操作器传送故障 1	点亮	故障
CPF01	操作器传送故障 2	点亮	故障
CPF02（0083）、CPF03（0084）	控制回路故障	点亮	故障
CPF06（0087）	控制回路故障（EEPROM 数据）	点亮	故障
CPF07（0088）、CPF08（0089）	控制回路故障	点亮	故障
CPF10（008B）~ CPF14（008F）	控制回路故障	点亮	故障
CPF16（0091）~CPF23（0098）	控制回路故障	点亮	故障
CPF24（0099）	控制回路故障	点亮	故障
CPF26（009B）~CPF39（00A8）	控制回路故障	点亮	故障
CPyE	写入错误	—	备份时出错
CrST	外部运行输入	闪烁	并非故障
CSEr	存储器读写不良	—	备份时出错
CyC（0033）	SI-T 周期故障	闪烁	轻故障
CyPo（0029）	重启电源后更新	闪烁	轻故障
dEv（0011）	电机速度偏差过大	闪烁	轻故障
dEv（0019）	电机速度偏差过大	点亮	故障
dFPS	ID 不匹配	—	备份时出错
dnE（002A）	驱动器禁用中	闪烁	轻故障
dv1（0032）	Z 相脉冲丢失	点亮	故障
dv2（0033）	Z 相噪声故障检出	点亮	故障
dv3（0034）	反转检出	点亮	故障
dv4（0035）	防止反转检出	点亮	故障
dv7（005B）	磁极判别超时	点亮	故障
dWA2（004A）	DriveWorksEZ 故障 2	闪烁	轻故障
dWA3（004B）	DriveWorksEZ 故障 3	闪烁	轻故障
dWAL（0049）	DriveWorksEZ 故障 1	闪烁	轻故障
dWF1（004A）	DWEZ EEPROM 故障	点亮	故障
dWF2（004B）	DriveWorksEZ 故障 2	点亮	故障
dWF3（004C）	DriveWorksEZ 故障 3	点亮	故障
dWFL（0049）	DriveWorksEZ 故障 1	点亮	故障
E5（0031）	SI-T WDT 故障	闪烁	轻故障
E5（0039）	SI-T WDT 故障	点亮	故障
EF（0007）	正反转指令同时输入	闪烁	轻故障
EF0（001A）	通信选购卡的外部故障输入	闪烁	轻故障
EF0（0027）	通信选购卡的外部故障输入	点亮	故障
EF1（0039）	外部故障（输入端子 S1）	闪烁	轻故障
EF1（0042）	外部故障（输入端子 S1）	点亮	故障

127

（续）

故障信息、代码	故障现象、类型	ALM 指示灯显示	故障分类
EF2（003A）	外部故障（输入端子 S2）	闪烁	轻故障
EF2（0043）	外部故障（输入端子 S2）	点亮	故障
EF3（0009）	外部故障（输入端子 S3）	闪烁	轻故障
EF3（0011）	外部故障（输入端子 S3）	点亮	故障
EF4（000A）	外部故障（输入端子 S4）	闪烁	轻故障
EF4（0012）	外部故障（输入端子 S4）	点亮	故障
EF5（000B）	外部故障（输入端子 S5）	闪烁	轻故障
EF5（0013）	外部故障（输入端子 S5）	点亮	故障
EF6（000C）	外部故障（输入端子 S6）	闪烁	轻故障
EF6（0014）	外部故障（输入端子 S6）	点亮	故障
EF7（000D）	外部故障（输入端子 S7）	闪烁	轻故障
EF7（0015）	外部故障（输入端子 S7）	点亮	故障
EF8（000E）	外部故障（输入端子 S8）	闪烁	轻故障
EF8（0016）	外部故障（输入端子 S8）	点亮	故障
End1	V/f 设定过大	闪烁	自学习出错
End2	电机铁心饱和系数故障	闪烁	自学习出错
End3	额定电流设定故障	闪烁	自学习出错
End4	额定转差故障	闪烁	自学习出错
End5	线间电阻故障	闪烁	自学习出错
End6	漏电感故障	闪烁	自学习出错
End7	空载电流故障	闪烁	自学习出错
End8	高频重叠故障	闪烁	自学习出错
End9	初始磁极推定警告	闪烁	自学习出错
EP24v（0081）	外部 24V 电源正常	闪烁	警告
Er-01	电机数据异常警告	闪烁	自学习出错
Er-02	发生轻故障	闪烁	自学习出错
Er-03	按 STOP 键	闪烁	自学习出错
Er-04	线间电阻故障	闪烁	自学习出错
Er-05	空载电流故障	闪烁	自学习出错
Er-08	额定转差故障	闪烁	自学习出错
Er-09	加速故障	闪烁	自学习出错
Er-10	电机旋转方向故障	闪烁	自学习出错
Er-11	电机速度故障1	闪烁	自学习出错
Er-12	电流检出故障	闪烁	自学习出错
Er-13	漏电感故障	闪烁	自学习出错
Er-14	电机速度故障2	闪烁	自学习出错
Er-15	转矩饱和故障	闪烁	自学习出错
Er-16	惯量同定值故障	闪烁	自学习出错
Er-17	禁止反转故障	闪烁	自学习出错

（续）

故障信息、代码	故障现象、类型	ALM 指示灯显示	故障分类
Er-18	感应电压故障	闪烁	自学习出错
Er-19	PM 电感故障	闪烁	自学习出错
Er-20	电枢电阻故障	闪烁	自学习出错
Er-21	Z 相脉冲补偿量故障	闪烁	自学习出错
Er-25	高频重叠参数调谐故障	闪烁	自学习出错
Err（001F）	EEPROM 存储故障	点亮	故障
FAn（000F）	搅动风扇故障	闪烁	轻故障
FAn（0017）	搅动风扇故障	点亮	故障
FAn1（0413）	变频器冷却风扇故障	点亮	故障
FbH（0028）	PID 反馈超值	闪烁	轻故障
FbH（0041）	PID 反馈超值	点亮	故障
FbL（0027）	PID 反馈丧失	闪烁	轻故障
FbL（0028）	PID 反馈丧失	点亮	故障
GF（0006）	接地短路	点亮	故障
HCA（0034）	电流故障	闪烁	轻故障
HLCE（0411）	上位传送故障	点亮	故障
iFEr	通信故障	—	备份时出错
L24v（0021）	外部 24V 电源缺失	闪烁	警告
LF（001C）	输出断相	点亮	故障
LF2（0036）	输出电流失衡	点亮	故障
LoG	日志通信故障	闪烁	警告
LSo（0051）	低速失步	点亮	故障
LT-1（0035）	冷却风扇维护时期	闪烁	警告
LT-2（0036）	电容维护时期	闪烁	警告
LT-3（0043）	接触器维护时期	闪烁	警告
LT-4（0044）	晶体管维护50%	闪烁	警告
ndAT	机型、电源规格、容量、控制模式不一致	—	备份时出错
nSE（0052）	节点设定故障	点亮	故障
oC（0007）	过电流	点亮	故障
oFA00（0101）	选购卡不支持/选购卡接触不良	点亮	故障
oFA01（0102）	选购卡不支持	点亮	故障
oFA02（0103）	同类选购卡重复连接	点亮	故障
oFA03（0104）～oFA06（0107）	选购卡故障（CN5-A）	点亮	故障
oFA10（0111）、oFA11（0112）	选购卡故障（CN5-A）	点亮	故障
oFA12（0113）～oFA17（0118）	选购卡插接故障（CN5-A）	点亮	故障
oFA30（0131）～oFA43（013E）	通信选购卡插接故障（CN5-A）	点亮	故障
oFb00（0201）	选购卡不支持/选购卡接触不良	点亮	故障
oFb01（0202）	选购卡不支持	点亮	故障
oFb02（0203）	同类选购卡重复连接	点亮	故障

（续）

故障信息、代码	故障现象、类型	ALM 指示灯显示	故障分类
oFb03（0204）～oFb11（0212）	选购卡故障（CN5-B）	点亮	故障
oFb12（0213）～oFb17（0218）	选购卡插接故障（CN5-B）	点亮	故障
oFC00（0301）	选购卡不支持/选购卡接触不良	点亮	故障
oFC01（0302）	选购卡不支持	点亮	故障
oFC02（0303）	同类选购卡重复连接	点亮	故障
oFC03（0304）～oFC11（0312）	选购卡故障（CN5-C）	点亮	故障
oFC12（0313）～oFC17（0318）	选购卡插接故障（CN5）	点亮	故障
oFC50（0351）～oFC55（0356）	选购卡故障（CN5-C）	点亮	故障
oH（0003）	散热片过热	闪烁	轻故障
oH（0009）	散热片过热	点亮	故障
oH1（000A）	散热片过热	点亮	故障
oH2（0004）	变频器过热预警	闪烁	轻故障
oH3（001D）	电机过热1（PTC输入）	点亮	故障
oH3（0022）	电机过热1	闪烁	轻故障
oH4（0020）	电机过热2（PTC输入）	点亮	故障
oL1（000B）	电机过载	点亮	故障
oL2（000C）	变频器过载	点亮	故障
oL3（0005）	过转矩检出1	闪烁	轻故障
oL3（000D）	过转矩检出1	点亮	故障
oL4（0006）	过转矩检出2	闪烁	轻故障
oL4（000E）	过转矩检出2	点亮	故障
oL5（003D）	机械老化检出1	闪烁	轻故障
oL5（0044）	机械老化检出1	点亮	故障
oL7（002B）	高转差制动过载	点亮	故障
oPE01	容量设定故障	闪烁	参数设定出错
oPE02	参数设定范围故障	闪烁	参数设定出错
oPE03	端子功能选择故障	闪烁	参数设定出错
oPE05	指令选择故障	闪烁	参数设定出错
oPE06	控制模式选择不当	闪烁	参数设定出错
oPE07	模拟量功能故障	闪烁	参数设定出错
oPE08	参数选择不当	闪烁	参数设定出错
oPE09	PID选择故障	闪烁	参数设定出错
oPE10	V/f设定故障	闪烁	参数设定出错
oPE11	载波频率设定故障	闪烁	参数设定出错
oPE13	脉冲监视选择故障	闪烁	参数设定出错
oPE15	转矩控制设定故障	闪烁	参数设定出错
oPE16	节能控制参数设定故障	闪烁	参数设定出错
oPE18	SFO设定故障	闪烁	参数设定出错
oPE20	PG-F3设定故障	闪烁	参数设定出错
oPE33	多功能Do选择故障	闪烁	参数设定出错

（续）

故障信息、代码	故障现象、类型	ALM 指示灯显示	故障分类
oPr（001E）	操作器连接故障	点亮	故障
oS（0010）	过速	闪烁	轻故障
oS（0018）	过速	点亮	故障
ov（0002）	主回路过电压	闪烁	轻故障
ov（0008）	主回路过电压	点亮	故障
ovEr	参数设定超过数量限制	—	并非故障
PASS	MEMOBUS 通信测试模式正常结束	闪烁	并非故障
PE1（0047）	PLC 检出故障 1	点亮	故障
PE2（0048）	PLC 检出故障 2	点亮	故障
PF（001B）	主回路电压故障	点亮	故障
PF（0047）	主回路电压故障	闪烁	轻故障
PGo（0012）	PG 断线	闪烁	轻故障
PGo（001A）	PG 断线	点亮	故障
PGoH（002B）	PG 断线硬件故障	闪烁	轻故障
PGoH（0038）	PG 断线硬件故障	点亮	故障
PWEr	DWEZ 密码不对	—	备份时出错
rdEr	读取数据故障	—	备份时出错
rF（004E）	制动电阻故障	点亮	故障
rH（0010）	安装型制动电阻器过热	点亮	故障
rr（000F）	内置制动晶体管故障	点亮	故障
rUn（001B）	运行中输入电机切换指令	闪烁	轻故障
SC（0005）	输出短路、IGBT 故障	点亮	故障
SCF（040F）	输出短路	点亮	故障
SE（0020）	顺控故障	闪烁	轻故障
SEr（003B）	速度搜索重试故障	点亮	故障
STo（003C）	安全回路指令输入	—	警告
SToF（003B）	安全回路指令输入	闪烁	轻故障
STPo（0037）	失步	点亮	故障
SvE（0026）	零伺服故障	点亮	故障
TiM（0089）	未设置操作器的时钟	闪烁	轻故障
TiM（0401）	未设置操作器的时钟	点亮	故障
TrPC（0042）	晶体管维护 90%	闪烁	轻故障
UL3（001E）	转矩不足检出 1	闪烁	轻故障
UL3（0029）	转矩不足检出 1	点亮	故障
UL4（001F）	转矩不足检出 2	闪烁	轻故障
UL4（002A）	转矩不足检出 2	点亮	故障
UL5（003E）	机械老化检出 2	闪烁	轻故障
UL5（0045）	机械老化检出 2	点亮	故障
Uv（0001）	主回路欠电压	闪烁	轻故障
Uv1（0002）	主回路欠电压	点亮	故障
Uv2（0003）	控制电源故障	点亮	故障
Uv3（0004）	冲击防止回路故障	点亮	故障
vAEr	容量不匹配	—	备份时出错
vFyE	校验故障	—	备份时出错

131

★3.8.6 安川 H1000 系列变频器故障信息与代码（见表 3-40）

表 3-40 安川 H1000 系列变频器故障信息与代码

故障信息、代码	故障现象、类型	故障信息、代码	故障现象、类型
AEr	站号设定故障	dv4	防止反转检出
bb	变频器基极封锁	dv7	极性辨别超时
boL	制动晶体管过载	dWAL	DriveWorksEZ 警报
bUS	选购卡通信故障	dWF1	EEPROM 存储的 DriveWorksEZ 故障
CALL	通信等待中	dWFL	DriveWorksEZ 故障
CE	MEMOBUS 串行通信故障	E5	MECHATROLINK – II 监视装置故障
CF	控制故障	EF	正反转指令同时输入
CoF	电流复位	EF0	通信选购卡的外部故障输入
CoPy	参数写入中（闪烁）	EF0	通信卡外部故障
CPEr	控制模式不一致	EF1 ~ EF8	外部故障（输入端子 S1 ~ S8）
CPF00、CPF01	控制回路故障	End	读/复制/核准动作结束
CPF02	A/D 转换器故障	End1	*V/f* 设定过大
CPF03	控制电路板连接故障	End2	电机铁心饱和系数故障
CPF06	EEPROM 存储数据故障	End3	额定电流设定故障
CPF07、CPF08	端子电路板连接故障	End4	额定转差故障
CPF11	RAM 故障	End5	线间电阻故障
CPF12	闪存故障	End6	漏电感故障
CPF13	监视装置故障	End7	空载电流故障
CPF14	控制回路故障	Er-01	电机数据故障
CPF16	时钟故障	Er-02	发生轻故障
CPF17	中断故障	Er-03	STOP 键输入
CPF18	控制回路故障	Er-04	线间电阻故障
CPF19	控制回路故障	Er-05	空载电流故障
CPF20、CPF21	控制回路故障	Er-08	额定转差故障
CPF22	混合 IC 故障	Er-09	加速故障
CPF23	控制电路板连接故障	Er-10	电机旋转方向故障
CPF24	变频器信号故障	Er-11	电机速度故障1
CPF26 ~ CPF34	控制回路故障	Er-12	电流检出故障
CPF40 ~ CPF45	控制回路故障	Er-13	漏电感故障
CPyE	写入错误	Er-14	电机速度故障2
CrST	运行指令输入中复位	Er-15	转矩饱和故障
CSEr	使用复制功能时的硬件不良	Er-16	惯性识别值故障
dEv	速度偏差过大（带 PG 控制模式）	Er-17	禁止反转故障
dFPS	机型不一致	Er-18	感应电压故障
dnE	驱动器禁用中	Er-19	PM 电感故障
dv1	Z 相脉冲丢失	Er-20	电枢电阻故障
dv2	Z 相噪声故障检出	Er-21	Z 相脉冲补偿量故障
dv3	反转检出	Er-25	高频重叠参数自学习故障

（续）

故障信息、代码	故障现象、类型	故障信息、代码	故障现象、类型
Err	EEPROM 写入故障	oH2	变频器过热预警
FAn	内气搅动风扇故障	oH3	电机过热 1（PTC 输入）
FbH	PID 反馈超值	oH4	电机过热 2（PTC 输入）
FbL	PID 反馈丧失	oH5	电机过热（NTC 输入）
FWdL	正转侧行程限位故障	oL1	电机过载
GF	接地短路	oL2	变频器过载
Hbb	安全信号输入中	oL3	过转矩 1
HbbF	安全信号输入中	oL4	过转矩 2
HCA	电流故障	oL5	机械老化 1
iFEr	通信故障	oL6	轻载增速 2 故障
LF	输出断相	oL7	高转差制动过载
LF2	输出电流失衡	oPE01	变频器容量的设定故障
LF3	输出断相 3	oPE02	参数设定范围不当
LSo	低速失调	oPE03	多功能输入选择不当
LT-1	冷却风扇维护时期	oPE04	端子电路板故障
LT-2	电容器维护时期	oPE05	指令选择故障
LT-3	冲击电流防止继电器维护时期	oPE06	控制模式选择故障
LT-4	IGBT 维护时期（50%）	oPE07	多功能模拟量输入选择故障
ndAT	机型、电源规格、容量、控制模式不一致	oPE08	参数选择故障
		oPE09	PID 控制选择故障
nSE	节点设定故障	oPE10	V/f 数据设定故障
oC	过电流	oPE11	载波频率设定故障
oFA00	连接了不匹配的选购件或选购卡连接不当	oPE13	脉冲序列监视选择故障
		oPE15	转矩控制设定故障
oFA01、oFA02	选购卡故障（CN5-A）	oPE16	节能控制参数的设定故障
oFA03 ~ oFA06	选购卡故障（CN5-A）	oPE18	在线调整参数的设定故障
oFA10、oFA11	选购卡故障（CN5-A）	oPE22	参数的设定故障
oFA12 ~ oFA17	选购卡连接故障（CN5-A）	oPE23	参数的设定故障
oFA30 ~ oFA43	通信选购卡连接故障（CN5-A）	oPE24	参数的设定故障
oFb00	选购卡故障（CN5-B）	oPE25	参数的设定故障
oFb01	选购卡故障（CN5-B）	oPr	操作器连接故障
oFb02	选购卡故障（CN5-B）	oS	过速（带 PG 控制模式）
oFb03 ~ oFb11	选购卡故障（CN5-B）	ov	主回路过电压
oFb12 ~ oFb17	通信选购卡连接故障（CN5-B）	PASS	MEMOBUS 通信测试模式正常结束
oFC00	选购卡连接故障（CN5-C）	PF	主回路电压故障
oFC01	选购卡故障（CN5-C）	PGo	PG 断线（带 PG 控制模式）
oFC02	选购卡故障（CN5-C）	PGoH	PG 断线
oFC03 ~ oFC11	选购卡故障（CN5-C）	rdEr	读取故障
oFC12 ~ oFC17	选购卡连接故障（CN5-C）	rEAd	参数读取中
oH	散热片过热	rEvL	反转侧行程限位
oH1	散热片过热	rF	制动电阻器电阻值故障

133

（续）

故障信息、代码	故障现象、类型	故障信息、代码	故障现象、类型
rH	安装型制动电阻器过热	UL4	转矩不足2
rr	内置制动晶体管故障	UL5	机械老化2
rUn	运行中输入电机切换指令	UnbC	电流失衡
SC	IGBT上下臂短路	Uv	主回路欠电压
SE	MEMOBUS通信测试模式故障	Uv1	主回路欠电压
SE1~SE4	抱闸顺控故障	Uv2	控制电源故障
SEr	速度搜索重试故障	Uv3	冲击防止回路故障
STo	失调检出	Uv4	栅极驱动电路板欠电压
SvE	零伺服故障	vAEr	电源规格或容量不一致
THo	热继电器断线	vFyE	参数不一致
TrPC	IGBT维护时期（90%）	voF	输出电压故障
UL3	转矩不足1	vrFy	参数比较中

安川 H1000 系列变频器 LCD 操作器显示与 LED 操作器显示对应见表 3-41。其他安川系列变频器的情况也可以参考。

表 3-41 安川 H1000 系列变频器 LCD 操作器显示与 LED 操作器显示对应

LCD 操作器显示	LED 操作器显示	LCD 操作器显示	LED 操作器显示	LCD 操作器显示	LED 操作器显示	LCD 操作器显示	LED 操作器显示
boL	boL	CPF20, CPF21	CPF20, CPF21	EF1~EF8	EF1~EF8	oFA12~oFA17	oFA12~oFA17
bUS	bUS	CPF22	CPF22	Err	Err	oFA30~oFA43	oFA30~oFA43
CE	CE	CPF23	CPF23	FAn	FAn		
CF	CF	CPF24	CPF24	FbH	FbH	oFb00	oFb00
CoF	CoF	CPF26~CPF34	CPF26~CPF34	FbL	FbL	oFb01	oFb01
CPF00, CPF01	CPF00, CPF01			GF	GF	oFb02	oFb02
CPF02	CPF02	CPF40~CPF45	CPF40~CPF45	LF	LF	oFb03~oFb11	oFb03~oFb11
CPF03	CPF03			LF2	LF2		
CPF06	CPF06	dEv	dEv	LF3	LF3		
CPF07, CPF08	CPF07, CPF08	dv1	dv1	LSo	LSo	oFb12~oFb17	oFb12~oFb17
CPF11	CPF11	dv2	dv2	nSE	nSE		
CPF12	CPF12	dv3	dv3	oC	oC	oFC00	oFC00
CPF13	CPF13	dv4	dv4	oFA00	oFA00	oFC01	oFC01
CPF14	CPF14	dv7	dv7	oFA01, oFA02	oFA01, oFA02	oFC02	oFC02
CPF16	CPF16	dWFL	dWFL			oFC03~oFC11	oFC03~oFC11
CPF17	CPF17	dWF1	dWF1	oFA03~oFA06	oFA03~oFA06		
CPF18	CPF18	E5	E5			oFC12~oFC17	oFC12~oFC17
CPF19	CPF19	EF0	EF0	oFA10, oFA11	oFA10, oFA11		

（续）

LCD 操作器显示	LED 操作器显示	LCD 操作器显示	LED 操作器显示	LCD 操作器显示	LED 操作器显示	LCD 操作器显示	LED 操作器显示
oH	oH	voF	voF	boL	boL	E5	E5
oH1	oH1	oPE01	oPE01	bUS	bUS	EF	EF
oH3	oH3	oPE02	oPE02	CALL	CALL	EF0	EF0
oH4	oH4	oPE03	oPE03	CE	CE	EF1 ~ EF8	EF1 ~ EF8
oH5	oH5	oPE04	oPE04	CrST	CrST		
oL1	oL1	oPE05	oPE05	dEv	dEv	FbH	FbH
oL2	oL2	oPE06	oPE06	dnE	dnE	FbL	FbL
oL3	oL3	oPE07	oPE07	dWAL	dWAL	FWdL	FWdL
oL4	oL4	oPE08	oPE08	End1	End1	Hbb	Hbb
oL5	oL5	oPE09	oPE09	End2	End2	HbbF	HbbF
oL6	oL6	oPE10	oPE10	End3	End3	HCA	HCA
oL7	oL7	oPE11	oPE11	End4	End4	LT-1	LT-1
oPr	oPr	oPE13	oPE13	End5	End5	LT-2	LT-2
oS	oS	oPE15	oPE15	End6	End6	LT-3	LT-3
ov	ov	oPE16	oPE16	End7	End7	LT-4	LT-4
PF	PF	oPE18	oPE18	Er-01	Er-01	oH	oH
PGo	PGo	oPE22	oPE22	Er-02	Er-02	oH2	oH2
PGoH	PGoH	oPE23	oPE23	Er-03	Er-03	oH3	oH3
rF	rF	oPE24	oPE24	Er-04	Er-04	oH5	oH5
rH	rH	oPE25	oPE25	Er-05	Er-05	oL3	oL3
rr	rr	CoPy	CoPy	Er-08	Er-08	oL4	oL4
SC	SC	CPEr	CPEr	Er-09	Er-09	oL5	oL5
SE1 ~ SE4	SE1 ~ SE4	CPyE	CPyE	Er-10	Er-10	oL6	oL6
		CSEr	CSEr	Er-11	Er-11	oS	oS
SEr	SEr	dFPS	dFPS	Er-12	Er-12	ov	ov
STo	STo	End	End	Er-13	Er-13	PASS	PASS
SvE	SvE	iFEr	iFEr	Er-14	Er-14	PGo	PGo
THo	THo	ndAT	ndAT	Er-15	Er-15	PGoH	PGoH
UL3	UL3	rdEr	rdEr	Er-16	Er-16	rEvL	rEvL
UL4	UL4	rEAd	rEAd	Er-17	Er-17	rUn	rUn
UL5	UL5	vAEr	vAEr	Er-18	Er-18	SE	SE
UnbC	UnbC	vFyE	vFyE	Er-19	Er-19	THo	THo
Uv1	Uv1	vrFy	vrFy	Er-20	Er-20	TrPC	TrPC
Uv2	Uv2	AEr	AEr	Er-21	Er-21	UL3	UL3
Uv3	Uv3					UL4	UL4
Uv4	Uv4	bb	bb	Er-25	Er-25	UL5	UL5
						Uv	Uv

★3.8.7 安川 L1000A 系列变频器故障信息与代码（见表3-42）

表3-42 安川 L1000A 系列变频器故障信息与代码

故障信息、代码	故障现象、类型	故障信息、代码	故障现象、类型
AEr	站号设定故障	End	Read/Copy/Verify 动作结束
bb	变频器基极封锁	End1	V/f 设定过大
boL	制动晶体管过载	End10	蓄电池运行时的磁极识别警告
bUS	选购卡通信故障	End2	电机铁心饱和系数故障
CALL	通信等待中	End3	额定电流设定故障
CE	MEMOBUS 串行通信故障	End4	额定转差故障
CF	控制故障	End5	线间电阻故障
CoF	电流偏置故障	End6	漏电感故障
CoPy	参数写入中（闪烁）	End7	空载电流故障
CPEr	控制模式不一致	End8	蓄电池计算时的频率计算故障
CPF00、CPF01	控制回路故障	End9	蓄电池运行时的磁极故障
CPF02	A/D 转换器故障	Er-01	电机数据故障
CPF03	控制电路板连接故障	Er-02	发生轻故障
CPF06	EEPROM 存储数据故障	Er-03	STOP 键输入
CPF07、CPF08	端子电路板通信故障	Er-04	线间电阻故障
CPF11～CPF14、CPF16～CPF21	控制回路故障	Er-05	空载电流故障
		Er-08	额定转差故障
CPF22	混合 IC 故障	Er-09	加速故障
CPF23	控制电路板连接故障	Er-10	电机旋转方向故障
CPF24	变频器信号故障	Er-11	电机速度故障
CPF25	端子电路板未连接	Er-12	电流检出故障
CPF26～CPF34	控制回路故障	Er-13	漏电感故障
CPF35	A/D 转换器故障	Er-18	感应电压故障
CPyE	写入错误	Er-19	PM 电感故障
CrST	运行指令输入中复位	Er-20	电枢电阻故障
CSEr	使用复制功能时的硬件故障	Er-21	Z 相脉冲补偿量故障
dEv	速度偏差过大（带 PG 控制模式）	Er-22	初次磁极检测故障
dFPS	机型不一致	Er-23	停止形原点故障
dv1	Z 相脉冲丢失	Err	EEPROM 写入不当
dv2	Z 相噪声故障检出	FrL	起动时频率指令故障
dv3	反转检出	GF	短路故障
dv4	防止反转检出	Hbb	安全信号解除中
dv6	过加速度检出	HbbF	安全信号解除中
dv7	初次磁极检测超时	HCA	电流故障
dv8	初次磁极检测故障	iFEr	通信故障
EF	正反转指令同时输入	LF	输出断相
EF0	通信卡外部故障	LF2	输出电流失衡
EF3～EF8	外部故障（输入端子 S3～S8）	LT-1	冷却风扇维护时期

（续）

故障信息、代码	故障现象、类型	故障信息、代码	故障现象、类型
LT-2	电容器维护时期	oPE06	控制模式选择故障
LT-3	冲击电流防止继电器维护时期	oPE07	多功能模拟量输入的选择故障
LT-4	IGBT 维护时期（90%）	oPE08	参数选择故障
oC	过电流	oPE10	V/f 数据的设定不当
oFA00	选购卡不匹配或连接故障	oPE16	节能控制参数的设定故障
oFA01、oFA02	选购卡故障（CN5-A）	oPE18	参数设定故障
oFA05、oFA06	选购卡故障（CN5-A）	oPE20	PG-F3 设定故障
oFA10、oFA11	选购卡故障（CN5-A）	oPE21	电梯用参数设定故障
oFA12 ~ oFA17	选购卡连接故障（CN5-A）	oPr	操作器连接故障
oFA30 ~ oFA43	通信选购卡连接故障（CN5-A）	oS	过速（带 PG 控制模式）
oFb00	选购卡故障（CN5-B）	ov	主回路过电压
oFb01	选购卡故障（CN5-B）	PASS	MEMOBUS 通信测试模式正常结束
ndAT	机型、电源规格、容量、控制模式不一致	PF	主回路电压故障
oFb02	选购卡故障（CN5-B）	PGo	PG 断线检出（带 PG 控制模式）
oFb03 ~ oFb11	选购卡故障（CN5-B）	PGoH	PG 断线硬件检出
oFb12 ~ oFb17	通信选购卡连接故障（CN5-B）	rdEr	读取故障
oFC00	选购卡连接故障（CN5-C）	rEAd	参数读取中（闪烁）
oFC01	选购卡故障（CN5-C）	rF	制动电阻器电阻值故障
oFC02	选购卡故障（CN5-C）	rr	内置制动晶体管故障
oFC03 ~ oFC11	选购卡故障（CN5-C）	rUn	运行中输入电机切换指令
oFC12 ~ oFC17	选购卡连接故障（CN5-C）	SC	输出短路
oFC50	PG 选购卡 A/D 转换故障	SE	MEMOBUS 通信测试模式故障
oFC51	PG 选购卡模拟量回路故障	SE1	顺控故障1
oFC52	编码器通信超时	SE2	顺控故障2
oFC53	编码器通信数据故障	SE3	顺控故障3
oFC54	编码器故障	SE4	顺控故障4
oH	散热片过热	STo	失调检出
oH1	散热片过热	SvE	零伺服故障
oH3	电机过热（PTC 输入）	TrPC	IGBT 维护时期（90%）
oH4	电机过热	UL3	转矩不足检出1
oL1	电机过载	UL4	转矩不足检出2
oL2	变频器过载	Uv	主回路欠电压
oL3	过转矩1	Uv1	主回路欠电压
oL4	过转矩2	Uv2	控制电源故障
oPE01	变频器容量的设定故障	Uv3	冲击防止回路故障
oPE02	参数设定范围不当	vAEr	电源规格或容量不一致
oPE03	多功能输入的选择故障	vFyE	参数不一致
oPE04	端子电路板故障	voF	输出电压检出故障
oPE05	指令的选择故障	vrFy	参数比较中（闪烁）

★3.8.8 安川 J1000 系列变频器故障信息与代码（见表3-43）

表3-43 安川 J1000 系列变频器故障信息与代码

故障信息、代码	故障现象、类型	故障信息、代码	故障现象、类型
bb	变频器基极封锁	oC	过电流
CALL	通信等待中	oFA01	通信选购件连接故障
CE	MEMOBUS 串行通信故障	oH	散热片过热
CoF	电流偏置故障	oH1	散热片过热
CPF02	A/D 转换器故障	oL1	电机过载
CPF06	EEPROM 数据故障	oL2	变频器过载
CPF08	EEPROM 串行通信故障	oL3	过转矩
CPF11	RAM 故障	oPE01	变频器容量的设定故障
CPF12	闪存故障	oPE02	参数设定范围故障
CPF14	控制回路故障	oPE03	多功能输入选择故障
CPF17	中断故障	oPE05	指令选择故障
CPF18	控制回路故障	oPE10	V/f 数据设定不当
CPF20 或 CPF21	RAM 故障、闪存故障、监视装置故障、时钟故障	oPE11	载波频率设定故障
		oPr	操作器连接故障
CPF22	A/D 转换器故障	ov	主回路过电压
CPF23	PWM 反馈数据故障	PASS	MEMOBUS 通信测试模式正常
CPF24	变频器容量信号故障	PF	主回路电压故障
CrST	运行指令输入中复位	rH	安装型制动电阻器过热
EF	正反转指令同时输入	SE	MEMOBUS 通信测试模式故障
EF0	通信选购件的外部故障	Uv	主回路欠电压
EF1~EF5	外部故障（输入端子 S1~S5）	Uv1	主回路欠电压
Err	EEPROM 写入故障	Uv3	冲击防止回路故障

★3.8.9 安川 T1000V 系列变频器故障信息与代码（见表3-44）

表3-44 安川 T1000V 系列变频器故障信息与代码

故障信息、代码	故障现象、类型	故障信息、代码	故障现象、类型
bb	变频器基极封锁	CPF12	闪存故障
bUS	选购卡通信故障	CPF13	监视装置故障
CALL	通信等待中	CPF14	控制回路故障
CE	MEMOBUS 串行通信故障	CPF16	时钟故障
CF	控制故障	CPF17	中断故障
CoF	电流偏置故障	CPF18	控制回路故障
CPF02	A/D 转换器故障	CPF19	控制回路故障
CPF03	PWM 数据故障	CPF20、CPF21	RAM 故障、闪存故障、监视装置故障、时钟故障
CPF06	EEPROM 数据故障		
CPF07	端子电路板通信故障	CPF22	A/D 转换器故障
CPF08	EEPROM 串行通信故障	CPF23	PWM 反馈数据故障
CPF11	RAM 故障	CPF24	变频器容量信号故障

（续）

故障信息、代码	故障现象、类型	故障信息、代码	故障现象、类型
CPF25	端子电路板未连接	oH2	散热片过热
CrST	运行指令输入中复位	oH3	电机过热 1（PTC 输入）
dEv	速度偏差过大	oH4	电机过热 2（PTC 输入）
EF	正反转指令同时输入	oL1	电机过载
EF0	通信卡外部故障	oL2	变频器过载
EF1 ~ EF7	外部故障（输入端子 S1 ~ S7）	oL3	过转矩 1
End1	V/f 设定过大	oL4	过转矩 2
End2	电机铁心饱和系数故障	oPE01	变频器容量的设定故障
End3	额定电流设定故障	oPE02	参数设定范围故障
Er-01	电机数据故障	oPE03	多功能输入的选择故障
Er-02	发生轻故障	oPE04	端子电路板故障
Er-03	STOP 键输入	oPE05	指令的选择故障
Er-04	线间电阻故障	oPE07	多功能模拟量输入的选择故障
Er-05	空载电流故障	oPE08	参数选择故障
Er-08	额定转差故障	oPE09	PID 控制的选择故障
Er-09	加速故障	oPE10	V/f 数据的设定不当
Er-11	电机速度故障	oPE11	载波频率的设定不当
Er-12	电流检出故障	oPE13	脉冲序列监视选择故障
Err	EEPROM 写入故障	oPr	操作器连接故障
FbH	PID 反馈超值	oS	过速（简易带 PG V/f 模式）
FbL	PID 反馈丧失	ov	主回路过电压
GF	接地短路	PASS	MEMOBUS 通信测试模式正常
Hbb	安全信号输入中	PF	主回路电压故障
HbbF	安全信号输入中	PGo	PG 断线检出（简易带 PG V/f 模式）
HCA	电流故障	rH	安装型制动电阻器过热
LF	输出断相	rr	内置制动晶体管故障
LF2	输出电流失衡	rUn	运行中输入电机切换指令
nSE	节点设置故障	SE	MEMOBUS 通信测试模式故障
oC	过电流	SEr	速度搜索重试故障
oFA00	选购卡故障（端口 A）	STo	失调检出 2
oFA01	选购卡故障（端口 A）	UL3	转矩不足检出 1
oFA03	选购卡故障（端口 A）	UL4	转矩不足检出 2
oFA04	选购卡故障（端口 A）	Uv	主回路欠电压
oFA30 ~ oFA43	通信选购卡故障（端口 A）	Uv1	主回路欠电压
oH	散热片过热	Uv2	控制电源故障
oH1	散热片过热	Uv3	冲击防止回路故障

★3.8.10 安川 W1000 系列变频器故障信息与代码（见表3-45）

表3-45 安川 W1000 系列变频器故障信息与代码

故障信息、代码	故障现象、类型	故障信息、代码	故障现象、类型
AEr	站号设定故障	Er-04	线间电阻故障
bb	变频器基极封锁	Er-05	空载电流故障
bUS	选购卡通信故障	Er-08	额定转差故障
CALL	通信等待中	Er-09	加速故障
CE	MEMOBUS/Modbus 通信故障	Er-11	电机速度故障
CoPy	参数写入中（闪烁）	Er-12	电流检出故障
CPEr	控制模式不一致	Err	EEPROM 写入故障
CPF00、CPF01	控制回路故障	FAn	内气搅动风扇故障
CPF02	A/D 转换器故障	FbH	PI 反馈超值
CPF03	控制电路板连接故障	FbL	PI 反馈丧失
CPF06	EEPROM 存储数据故障	GF	短路故障
CPF07、CPF08	端子电路板通信故障	HCA	电流故障
CPF20、CPF21	控制回路故障	iFEr	通信故障
CPF22	混合 IC 故障	LF	输出断相
CPF23	控制电路板连接故障	LF2	输出电流失衡
CPF24	变频器信号故障	LT-1	冷却风扇维护时期
CPF26 ~ CPF34	控制回路故障	LT-2	电容器维护时期
CPF40 ~ CPF45	控制回路故障	LT-3	冲击电流防止继电器维护时期
CPyE	写入错误	LT-4	IGBT 维护时期（50%）
CrST	运行指令输入中复位	ndAT	机型、电源规格、容量、控制模式不一致
CSEr	使用复制功能时的硬件故障		
dFPS	机型不一致	nSE	节点设置故障
dnE	驱动器禁用中	oC	过电流
dv7	极性辨别超时故障	oFA00	选购卡连接故障（CN5- A）
E5	SI- T3 看门狗错误	oFA01	选购卡故障（CN5- A）
EF	正反转指令同时输入	oFA03 ~ oFA06	选购卡故障（CN5- A）
EF0	通信选购卡的外部故障	oFA10、oFA11	选购卡故障（CN5- A）
EF0	通信卡外部故障	oFA12 ~ oFA17	选购卡连接故障（CN5- A）
EF1 ~ EF8	外部故障（输入端子 S1 ~ S8）	oFA30 ~ oFA43	通信选购卡连接故障（CN5- A）
End	Read/Copy/Verify 动作结束	oFb00	选购卡故障（CN5- B）
End1	V/f 设定过大	oFC00	选购卡连接故障（CN5- C）
End3	额定电流设定故障	oH	散热片过热
End4	额定转差故障	oH1	散热片过热
End5	线间电阻故障	oH2	变频器过热
End7	空载电流故障	oH3	电机过热警告 1（PTC 输入）
Er-01	电机数据故障	oH4	电机过热警告 2（PTC 输入）
Er-02	发生轻故障	oL1	电机过载
Er-03	STOP 键输入	oL2	变频器过载

（续）

故障信息、代码	故障现象、类型	故障信息、代码	故障现象、类型
oL3	过转矩检出 1	rdEr	读取故障
oL7	高转差制动过载	rEAd	参数读取中（闪烁）
oPE01	变频器容量的设定故障	SC	IGBT 上下臂短路
oPE02	参数设定范围不当	SE	MEMOBUS/Modbus 通信测试模式故障
oPE03	多功能输入的选择故障	SEr	速度搜索重试故障
oPE04	端子电路板故障	STo	失调检出
oPE05	指令的选择故障	TrPC	IGBT 维护时期（90%）
oPE07	多功能模拟量输入的选择故障	UL3	转矩不足检出 1
oPE08	参数选择故障	UL6	电机负载不足
oPE09	PI 控制的选择故障	Uv	主回路欠电压
oPE10	V/f 数据的设定不当	Uv1	主回路欠电压
oPE11	载波频率的设定不当	Uv2	控制电源故障
oPE13	脉冲序列监视选择不当	Uv3	冲击防止回路故障
oPE16	节能控制参数的设定不当	vAEr	电源规格或容量不一致
oPr	操作器连接故障	vFyE	参数不一致
ov	主回路过电压	voF	输出电压检出故障
PASS	MEMOBUS/Modbus 通信测试模式正常结束	vrFy	参数比较中（闪烁）
		WrUn	等待运行
PF	主回路电压故障		

141

☆☆☆ 3.9 澳地特系列变频器 ☆☆☆

★3.9.1 澳地特 AD300 系列变频器故障信息与代码（见表3-46）

表 3-46 澳地特 AD300 系列变频器故障信息与代码

故障信息、代码	故障现象、类型	故障原因	故障检查
bCE	bCE 制动单元故障	1）外接制动电阻偏小；2）制动线路异常或制动管损坏	1）选择合适的制动电阻；2）检查制动单元、更换制动管
CCF	键盘与控制板通信中断	键盘与控制板连接线异常	更换键盘与控制板的连接线
ECE	编码器故障	1）编码器损坏；2）双向编码器测得电机方向与变频器运转方向；3）编码器信号线接反；4）编码器信号线断	1）更换编码器；2）更改编码器方向参数或者更改电机侧进线相序；3）正确连接编码器信号；4）检查编码器的接线
EEP	EEPROM 故障	1）EEPROM 损坏；2）功能码参数写错误	1）更换 EEPROM；2）恢复出厂值
EF0	串行通信故障	1）波特率、奇偶校验方式设置错误；2）通信长时间中断	1）正确设置通信参数；2）检查通信接口配线

（续）

故障信息、代码	故障现象、类型	故障原因	故障检查
EF1	端子上的外部故障	外部故障输入端子动作	检查外部设备输入情况
EF2	端子闭合故障	正转或反转端子闭合时变频器上电，并且变频器不允许停电再启动	正转或反转端子先断开再给变频器上电
GF	接地故障	输出侧有一相对地短路	检查电机绝缘、变频器与电机的接线情况
IDE	霍尔电流检测故障	电流或霍尔元件损坏	更换电流或霍尔元件
LC	快速限流故障	1）负载过大、电机堵转；2）变频器选型过小；3）变频器输出回路存在接地或短路	1）减少负载，检查电机与机械情况；2）选择更大功率等级变频器；3）排除外部故障
OC1	加速过电流	1）变频器功率偏小；2）加速时间过短；3）电网电压偏低	1）选择功率大的变频器；2）增加加速时间；3）检查输入电源
OC2	减速过电流	1）负载惯性大；2）变频器功率偏小；3）减速时间过短	1）外加适合的制动组件；2）选择功率大的变频器；3）增加减速时间
OC3	恒速过电流	1）负载突变异常；2）电网电压偏低；3）变频器功率偏小；4）闭环矢量控制时编码器突然断线	1）检查负载情况；2）检查输入电源；3）选择功率大的变频器；4）检查编码器、接线
OH1	散热器过热	1）风道堵塞；2）环境温度过高；3）风扇损坏	1）清理风道；2）降低环境温度；3）更换风扇
OH2	散热器温度偏高	散热器温度大于 OH2 检测基准	检查参数设置、热传感元件
OL1	电机过载	1）V/f 曲线错误；2）普通电机长期低速大负载运行；3）电机堵转或负载突变过大；4）电机功率偏小；5）电网电压偏低；6）电机额定电流设置错误	1）调整 V/f 曲线、提升转矩；2）选用专用电机；3）检查负载、消除电机堵转；4）选择功率合适的电机与变频器；5）检查输入电源；6）正确设置电机额定电流
OL2	变频器过载	1）负载过大；2）加速过快；3）对旋转中的电机实施再起动；4）电网电压偏低	1）选择功率更大的变频器；2）增加加速时间；3）避免电机旋转中起动；4）检查输入电源
OLP2	过载预报警	变频器输出电流大于过载预报警阈值	正确设置参数
Ou1	加速过电压	1）电网电压异常；2）加速时间过短	1）检查输入电源；2）增加加速时间
Ou2	减速过电压	1）减速时间过短；2）负载惯性大	1）增加减速时间；2）外加适合的制动组件
Ou3	恒速过电压	1）负载惯性大；2）电网电压异常	1）外加适合的制动组件；2）检查输入电源
PCE	PCE 参数复制故障	1）键盘与控制板连接线过长，存在干扰；2）参数下载时键盘保存的参数与变频器的参数不匹配	1）缩短键盘与控制板的连接线的长度，消除或者降低干扰；2）下载时确认键盘保存的参数与变频器类型相匹配
PIDE	PID 反馈断开	PID 反馈线断线	检查 PID 反馈线，正确设置参数
SC	负载短路	1）逆变模块损坏；2）变频器与电机接线相间短路	1）检修变频器；2）检查电机线圈

（续）

故障信息、代码	故障现象、类型	故障原因	故障检查
SF3	功能码设置不合理	相关输出端子没有同时选择相关功能	正确设置
SP1	输入断相	输入 R、S、T 断相	检查 R、S、T 输入线
SPO	输出断相或不平衡	1）负载三相严重不平衡；2）输出 U、V、W 断相	1）检查负载情况；2）检查 U、V、W 电机接线
Uu	欠电压	母线电压低于欠电压点	检查母线
Uu1	母线欠电压	电网电压偏低	检查输入电源

★3.9.2 澳地特 AD340 系列变频器故障信息与代码（见表3-47）

表 3-47 澳地特 AD340 系列变频器故障信息与代码

故障信息、代码	故障现象、类型	故障原因	故障检查
bCE	制动单元故障	1）制动线路或制动管损坏；2）外接制动电阻偏小	1）检查制动单元，更换制动管；2）选择合适的制动电阻
CCF	键盘与控制板通信中断	键盘与控制板连线损坏	更换键盘与控制板的连线
ECE	编码器故障	1）编码器损坏；2）电机方向与变频器运转方向不一致；3）编码器信号线接反；4）编码器信号线断	1）更换编码器；2）更改编码器方向参数或者更改电机侧进线相序；3）正确连接编码器信号；4）检查编码器的接线
EEP	EEPROM 故障	1）功能码参数写错误；2）EEPROM损坏	1）正确设置参数；2）更换 EEPROM
EF0	串行通信故障	1）波特率、奇偶校验方式设置错误；2）通信长时间中断	1）正确设置参数；2）检查通信接口配线
EF1	端子上的外部故障	外部故障输入端子动作	检查外部设备输入
EF2	端子闭合故障	正转或反转端子闭合时变频器上电，且变频器不允许停电再启动	正转或反转端子先断开再给变频器上电，正确设置参数
GF	接地故障	输出侧有一相对地短路	检查电机绝缘、变频器与电机的接线情况
IDE	霍尔电流检测故障	电流、霍尔元件损坏	检查、更换电流、霍尔元件
LC	快速限流	1）变频器选型过小；2）变频器输出回路存在接地或短路；3）负载过大、电机堵转	1）选择更大功率等级变频器；2）排除外部故障、短路故障；3）减少负载，检查电机与机械情况
OC1	加速过电流	1）电网电压偏低；2）变频器功率偏小；3）加速时间过短	1）检查输入电源；2）选择功率大的变频器；3）增加加速时间
OC2	减速过电流	1）负载惯性大；2）变频器功率偏小；3）减速时间过短	1）外加适合的制动组件；2）选择功率大的变频器；3）增加减速时间
OC3	恒速过电流	1）负载突变异常；2）电网电压偏低；3）变频器功率偏小；4）闭环矢量控制时编码器突然断线	1）检查负载；2）检查输入电源；3）选择功率大的变频器；4）检查编码器、接线

143

（续）

故障信息、代码	故障现象、类型	故障原因	故障检查
OH1	散热器过热	1）风扇损坏；2）风道堵塞；3）环境温度过高	1）更换风扇；2）清理风道，消除堵塞；3）降低环境温度
OH2	散热器温度偏高	散热器温度大于 OH2 检测基准	检查参数设置、热传感元件
OL1	电机过载	1）电网电压偏低；2）电机额定电流设置错误；3）V/f 曲线错误；4）普通电机长期低速大负载运行；5）电机堵转或负载突变过大；6）电机功率偏小	1）检查输入电源；2）正确设置电机额定电流；3）调整 V/f 曲线，提升转矩；4）选用专用电机；5）检查负载，消除电机堵转；6）选择功率合适的电机与变频器
OL2	变频器过载	1）加速过快；2）对旋转中的电机实施再起动；3）电网电压偏低；4）负载过大	1）增加加速时间；2）避免电机旋转中起动；3）检查输入电源；4）选择功率更大的变频器
OLP2	过载预报警	变频器输出电流大于过载预报警阈值	正确设置参数
Ou1	加速过电压	1）电网电压异常；2）加速时间过短	1）检查输入电源；2）增加加速时间
Ou2	减速过电压	1）减速时间过短；2）负载惯性大	1）增加减速时间；2）外加适合的制动组件
Ou3	恒速过电压	1）负载惯性大；2）电网电压异常	1）外加适合的制动组件；2）检查输入电源
PCE	PCE 参数复制错误	1）键盘与控制板连接线过长，存在干扰；2）参数下载时键盘保存的参数与变频器的参数不匹配	1）缩短键盘与控制板的连接线的长度，消除或者降低干扰；2）下载时确认键盘保存的参数与变频器类型相匹配
PIDE	PID 反馈断开	PID 反馈线断线	检查 PID 反馈线，正确设置参数
SC	负载短路	1）逆变模块损坏；2）变频器与电机接线相间短路	1）检修变频器；2）检查电机线圈
SF3	功能码设置故障	相关输出端子没有同时选择相关功能	正确设置
SP1	输入断相	输入 R、S、T 断相	检查 R、S、T 输入线
SPO	输出断相或不平衡	1）输出 U、V、W 断相；2）负载三相严重不平衡	1）检查 U、V、W 电机接线；2）检查负载情况
Uu	欠电压	母线电压低于欠电压点	检查母线
Uu1	母线欠电压	电网电压偏低	检查输入电源

☆☆☆ **3.10 宝米勒系列变频器** ☆☆☆

★**3.10.1 宝米勒 MC200G、MC200T 系列变频器故障信息与代码**（见表 3-48）

表 3-48 宝米勒 MC200G、MC200T 系列变频器故障信息与代码

故障信息、代码	故障现象、类型	故障原因	故障检查
dbH	制动电阻过热	提示制动电阻温度过高	检查、更换功率更大的制动电阻
dd	直流制动提示	变频器处于直流制动状态	无需采取措施，直流制动完成后即不再提示

（续）

故障信息、代码	故障现象、类型	故障原因	故障检查
Er0	存储器故障	存储器读写发生错误	按 STOP/RESET 键复位，检修变频器
Er1	外部故障	外部有报警信号输入	检修外部设备
Er10	X4 端子故障	1）X4 端子输入信号质量差；2）X4 端子损坏	1）检查输入信号、X4 端子；2）更换 X4 端子
Er11	X5 端子故障	1）X5 端子输入信号质量差；2）X5 端子损坏	1）检查输入信号、X5 端子；2）更换 X5 端子
Er12	RUN 端子故障	1）输入信号质量差；2）RUN 端子损坏	1）检查输入信号；2）检修 RUN 端子
Er13	F/R 端子故障	1）F/R 端子损坏；2）输入信号质量差	1）检修 F/R 端子；2）检查输入信号
Er14	通信故障	1）通信参数设置错误；2）通信电缆损坏	1）正确设置通信参数；2）检查、更换通信电缆
Er15	外部给定丢失	1）信号中断；2）掉线检测模拟量设置错误	1）检查模拟输入信号；2）重设掉线检测模拟量等参数
Er16	反馈超低	1）PID 参数设置错误；2）保护值设置错误	1）重设 PID 参数；2）重设反馈超低保护值
Er17	反馈超高	1）保护值设置错误；2）PID 参数设置错误	1）重设反馈超高保护值；2）重设 PID 参数
Er18	X6 端子故障	1）X6 端子损坏；2）X6 端子输入信号质量差	1）检查、更换 X6 端子；2）检查输入信号
Er19	X7 端子故障	1）X7 端子输入信号质量差；2）X7 端子损坏	1）检查输入信号；2）检查、更换 X7 端子
Er2	U 相传感器故障	U 相电流传感器损坏	检修
Er3	V 相传感器故障	V 相电流传感器损坏	检修
Er4	W 相传感器故障	W 相电流传感器损坏	检修
Er485	通信故障	RS485 通信超时	正确设置通信参数
Er5	温度传感器故障	温度传感器损坏	检修
Er6	输入断相	1）直流滤波电容老化；2）输入电缆断线；3）电网断相	1）更换电容；2）检查输入电缆；3）检查供电电网
Er7	X1 端子故障	1）X1 端子输入信号质量差；2）X1 端子损坏	1）检查输入信号；2）检查、更换 X1 端子
Er8	X2 端子故障	1）X2 端子输入信号质量差；2）X2 端子损坏	1）检查输入信号；2）检查、更换 X2 端子
Er9	X3 端子故障	1）X3 端子损坏；2）X3 端子输入信号质量差	1）检查、更换 X3 端子；2）检查输入信号
ErA	外部给定丢失	1）模拟输入端子的信号中断；2）掉线检测模拟量设置错误	1）检测模拟输入信号；2）重设掉线检测模拟量
LU	欠电压	1）输入电源断相、输入电压过低；2）变频器内部故障	1）检查输入电源；2）检修变频器

（续）

故障信息、代码	故障现象、类型	故障原因	故障检查
OC1	逆变模块故障	1）逆变模块损坏；2）电动机配线短路；3）电动机损坏	1）检修变频器；2）检查配线；3）检查电机
OC2	变频器过电流	1）变频器功率选型偏小；2）电动机电缆长度过长；3）电动机电缆、电动机内部存在短路或接地故障；4）电机参数组输入错误；5）驱动转矩设置过大；6）电网电压偏低；7）加速中过电流，加速时间设定值太小；8）恒速中过电流，负载突变、电动机短路、电缆有短路、接地故障	1）选择匹配的变频器；2）变频器输出端加装交流电抗器或选择更大功率的变频器；3）检修短路或接地故障；4）正确设置参数；5）适当降低驱动转矩；6）选择更大功率的变频器或改善电网电压；7）延长加速时间；8）处理负载，排查短路、接地故障
OC3	接地保护	1）变频器电流检测损坏；2）变频器输出端接地	1）检修电流检测电路；2）检查输出电缆、电机
OH	逆变模块过热	1）风扇损坏；2）环境温度过高；3）风道堵塞、风路不畅	1）更换风扇；2）降额使用变频器；3）清理风道
OL1	变频器过载	1）加速时间设定值太小；2）负载过大；3）直流制动量过大；4）对旋转中的电机再起动	1）延长加速时间；2）选择功率更大的变频器或减小负载；3）减小直流制动电压，延长直流制动时间；4）使用转速跟踪再起动
OL2	电机过载	1）电机堵转、负载过大；2）电子热保护值设置错误；3）电网电压过低	1）检查负载，适当增加起动；2）正确设置电子热保护值；3）检查电网电压
OLP1	变频器过载	提示变频器已经过载，且快要到达保护点	选择功率更大的变频器或减小负载
OLP2	电机过载	电机已经过载，且温升快要到保护点	正确设置电子热保护值
OU	过电压	1）电动机处于发电状态；2）变频器内部故障；3）输入电压过高；4）减速时间设定值太小	1）排查发电原因，加装能耗制动组件；2）检修变频器；3）检查输入电源；4）延长减速时间或加装能耗制动组件
PH	输出断相	1）U、V、W 输出断相；2）负载端三相严重不平衡	1）检查电缆；2）检查电机

146

★3.10.2 宝米勒 MC200Y、MC200M 系列变频器故障信息与代码（见表3-49）

表 3-49 宝米勒 MC200Y、MC200M 系列变频器故障信息与代码

故障信息、代码	故障现象、类型	故障信息、代码	故障现象、类型
dbH	制动电阻过热	Er11	X5 端子故障
dd	直流制动提示	Er12	RUN 端子故障
Er0	存储器故障	Er13	F/R 端子故障
Er1	外部故障	Er14	通信故障
Er10	X4 端子故障	Er15	外部给定丢失

(续)

故障信息、代码	故障现象、类型	故障信息、代码	故障现象、类型
Er16	反馈超低	ErA	外部给定丢失
Er17	反馈超高	LU	欠电压
Er18	X6 端子故障	OC1	逆变模块故障
Er19	X7 端子故障	OC2	变频器过电流
Er2	U 相传感器故障	OC3	接地故障
Er3	V 相传感器故障	OH	逆变模块过热
Er4	W 相传感器故障	OL1	变频器过载
Er485	通信故障	OL2	电机过载
Er5	温度传感器故障	OLP1	变频器过载预报
Er6	输入断相	OLP2	电机过载预报
Er7	X1 端子故障	OU	过电压
Er8	X2 端子故障	PH	输出断相
Er9	X3 端子故障		

★3.10.3 宝米勒 MC200P、MC200S 系列变频器故障信息与代码（见表3-50）

表 3-50 宝米勒 MC200P、MC200S 系列变频器故障信息与代码

故障信息、代码	故障现象、类型	故障原因	故障检查
dbH	制动电阻过热	提示制动电阻温度过高	更换功率更大的制动电阻
dd	直流制动提示	变频器现在处于直流制动状态	不需采取任何措施，直流制动完成后不再提示
Er0	存储器故障	存储器读写发生错误	按 STOP/RESET 键复位、检修
Er1	外部故障	外部有报警信号输入	检修外部设备
Er10	X4 端子故障	1）X4 端子输入信号质量差；2）X4 端子损坏	1）检查输入信号；2）检修 X4 端子
Er11	X5 端子故障	1）X5 端子损坏；2）X5 端子输入信号质量差	1）检修 X5 端子；2）检查输入信号
Er12	RUN 端子故障	1）输入信号质量差；2）RUN 端子损坏	1）检查输入信号；2）检修 RUN 端子
Er13	F/R 端子故障	1）输入信号质量差；2）F/R 端子损坏	1）检查输入信号；2）检修 F/R 端子
Er14	通信故障	1）通信电缆损坏；2）通信参数设置错误	1）检查、更换通信电缆；2）正确设置通信参数
Er15	外部给定丢失	1）信号中断；2）掉线检测模拟量设置错误	1）检查模拟输入信号；2）重设掉线检测模拟量
Er16	反馈超低	1）PID 参数设置错误；2）保护值设置错误	1）重设 PID 参数；2）重设反馈超低保护值
Er17	反馈超高	1）PID 参数设置错误；2）保护值设置错误	1）重设 PID 参数；2）重设反馈超高保护值
Er18	X6 端子故障	1）X6 端子损坏；2）X6 端子输入信号质量差	1）检查、更换 X6 端子；2）检查输入信号

（续）

故障信息、代码	故障现象、类型	故障原因	故障检查
Er19	X7 端子故障	1）X7 端子输入信号质量差；2）X7 端子损坏	1）检查输入信号；2）检查、更换 X7 端子
Er2	U 相传感器故障	U 相电流传感器损坏	检修
Er3	V 相传感器故障	V 相电流传感器损坏	检修
Er4	W 相传感器故障	W 相电流传感器损坏	检修
Er485	通信故障	RS485 通信超时	正确设置通信参数
Er5	温度传感器故障	温度传感器损坏	检修
Er6	输入断相	1）直流滤波电容老化；2）输入电缆断线；3）电网断相	1）更换电容；2）检查输入电缆；3）检查供电电网
Er7	X1 端子故障	1）X1 端子输入信号质量差；2）X1 端子损坏	1）检查输入信号；2）检查、更换 X1 端子
Er8	X2 端子故障	1）X2 端子损坏；2）X2 端子输入信号质量差	1）检查、更换 X2 端子；2）检查输入信号
Er9	X3 端子故障	1）X3 端子损坏；2）X3 端子输入信号质量差	1）检查、更换 X3 端子；2）检查输入信号
ErA	外部给定丢失提示	1）模拟输入端子的信号中断；2）掉线检测模拟量设置错误	1）检测模拟输入信号；2）重设掉线检测模拟量
LU	欠电压	1）输入电源断相、输入电压过低；2）变频器内部故障	1）检查输入电源；2）检修变频器
OC1	逆变模块故障	1）逆变模块损坏；2）电动机配线短路；3）电动机损坏	1）检修变频器；2）检查配线；3）检查电机
OC2	变频器过电流	1）变频器功率选型偏小；2）电动机电缆长度过长；3）电动机电缆、电动机内部存在短路或接地故障；4）电机参数组输入错误；5）驱动转矩设置过大；6）电网电压偏低；7）加速中过电流，加速时间设定值太小；8）恒速中过电流，负载突变、电动机短路、电缆有短路、接地故障	1）选择匹配的变频器；2）变频器输出端加装交流电抗器或选择更大功率的变频器；3）检修短路或接地故障；4）正确设置参数；5）适当降低驱动转矩；6）选择更大功率的变频器或改善电网电压；7）延长加速时间；8）处理负载，排查短路、接地故障
OC3	接地故障	1）变频器电流检测损坏；2）变频器输出端接地	1）检修电流检测电路；2）检查输出电缆、电机
OH	逆变模块过热	1）风扇损坏；2）环境温度过高；3）风道堵塞、风路不畅	1）更换风扇；2）降额使用变频器；3）清理风道
OL1	变频器过载	1）加速时间设定值太小；2）负载过大；3）直流制动量过大；4）对旋转中的电机再起动	1）延长加速时间；2）选择功率更大的变频器或减小负载；3）减小直流制动电压，延长直流制动时间；4）使用转速跟踪再起动
OL2	电机过载	1）电机堵转、负载过大；2）电子热保护值设置错误；3）电网电压过低	1）检查负载，适当增加起动；2）正确设置电子热保护值；3）检查电网电压

（续）

故障信息、代码	故障现象、类型	故障原因	故障检查
OLP1	变频器过载预报	提示变频器已经过载，且快要到达保护点	选择功率更大的变频器或减小负载
OLP2	电机过载预报	电机已经过载，且温升快要达到保护点	正确设置电子热保护值
OU	过电压	1）电动机处于发电状态；2）变频器内部故障；3）输入电压过高；4）减速时间设定值太小	1）排查发电原因，加装能耗制动组件；2）检修变频器；3）检查输入电源；4）延长减速时间或加装能耗制动组件
PH	输出断相	1）负载端三相严重不平衡；2）U、V、W 输出断相	1）检查电机；2）检查电缆

☆☆☆ 3.11 贝士德系列变频器 ☆☆☆

★3.11.1 贝士德 E5 系列变频器故障信息与代码（见表 3-51）

表 3-51 贝士德 E5 系列变频器故障信息与代码

故障信息、代码	故障现象、类型	故障原因	故障检查
oC1（1）	加速过电流	1）V/f 控制时转矩提升值太大；2）输出短路；3）负载过重；4）V/f 控制时 V/f 曲线不合适；5）对旋转中电机实施再起动；6）起动频率太大；7）加速时间太短；8）电机参数设置不当	1）减小转矩提升值；2）检查电机接线和输出对地阻抗；3）减轻负载；4）正确设置 V/f 曲线；5）减小电流限定值；6）降低起动频率值；7）延长加速时间；8）根据电机铭牌正确设置
oC2（2）	恒速过电流	1）变频器功率等级太小；2）电网输入电压偏低；3）输出短路；4）负载过重	1）选择合适的变频器功率；2）检查电网电压；3）检查电机接线和输出对地阻抗；4）减轻负载
oC3（3）	减速过电流	1）减速时间太短；2）电网输入电压偏低；3）输出短路；4）负载的惯性太大	1）延长减速时间；2）检查电网电压；3）检查电机接线和输出对地阻抗；4）使用能耗制动
Ov1（4）	加速过电压	1）输入电压异常；2）输出短路；3）负载的惯性太大	1）检查电网电压；2）检查电机接线和输出对地阻抗；3）使用能耗制动
Ov2（5）	恒速过电压	1）负载波动太大；2）输入电压异常；3）输出短路；4）矢量控制运行时，调节器参数设置不当	1）检查负载；2）检查电网电压；3）检查电机接线和输出对地阻抗；4）正确设置调节器参数

149

（续）

故障信息、代码	故障现象、类型	故障原因	故障检查
Ov3（6）	减速过电压	1）负载的惯性太大；2）输入电压异常；3）输出短路；4）矢量控制运行时，调节器参数设置不当	1）使用能耗制动；2）检查电网电压；3）检查电机接线和输出对地阻抗；4）正确设置调节器参数
Ov2（5）	恒速过电压	减速时间太短	延长减速时间
FAL（7）	模块保护	1）输出短路；2）风扇损坏、风道堵塞；3）环境温度过高；4）控制板连线松动；5）过电压、过电流的因素；6）逆变模块直通；7）开关电源损坏；8）控制板故障	1）检查电机接线和输出对地阻抗；2）疏通风道，更换风扇；3）降低环境温度；4）重新拔插控制板连接线；5）根据过电压、过电流的方式处理；6）更换逆变模块；7）检修开关电源；8）检修控制板
tUN（8）	参数辨识失败	1）电机旋转时辨识；2）电机参数设置偏差太大；3）电机接线不良	1）电机处于静止状态时辨识；2）根据电机铭牌正确设置参数；3）检查电机接线
oL1（9）	变频器过载	1）加/减速时间太短；2）电机参数设置不当；3）输出短路；4）负载过重；5）V/f控制时V/f曲线不合适；6）对旋转中电机实施再起动；7）V/f控制时转矩提升太大；8）起动频率太大	1）延长加/减速时间；2）正确设置电机参数；3）检查电机接线和输出对地阻抗，减轻负载；4）正确设置V/f曲线；5）减小电流限定值；6）减小转矩提升值；7）降低起动频率值
oL2（10）	变频器过载	1）电机堵转或负载突变过大；2）电机参数设置不当；3）普通电机长期低速重负载运行；4）V/f控制时V/f曲线不合适；5）V/f控制时转矩提升值太大；6）电机过载保护时间设置不当	1）消除电机堵转，检查负载情况；2）正确设置电机参数；3）选择变频电机；4）正确设置V/f曲线；5）减小转矩提升值；6）合理设置电机过载保护时间
CTC（11）	电流检测故障	1）控制板连接异常；2）开关电源损坏；3）霍尔器件损坏；4）输出对地漏电流太大	检修
GdP（12）	输出侧对地短路保护	1）输出接线对地短路；2）电机绝缘故障；3）逆变模块故障；4）输出对地漏电流太大	1）检查电机接线和输出对地阻抗；2）检查电机绝缘；3）更换逆变模块；4）检查输出对地漏电流情况
ISF（13）	输入电源故障	1）母线电容故障；2）电源输入接线异常；3）输入电源电压严重三相不平衡	1）更换电容；2）检查电源输入接线情况；3）检查输入电网电压
oPL（14）	输出侧断相	1）电机三相不平衡；2）矢量控制参数设置不对；3）电机线连接异常	1）检查、更换电机；2）正确设置矢量控制参数；3）检查电机连线
oL3（15）	逆变模块过载保护	1）电机输出异常；2）逆变模块异常；3）过电流；4）输入电源异常	1）检查电机和电机接线；2）更换逆变模块；3）根据过电流处理方式进行解决；4）检查输入电网电压
OH1（16）	散热器过热保护	1）风道堵塞；2）温度传感器异常；3）逆变模块异常；4）环境温度太高；5）风扇损坏	1）疏通风道；2）更换温度传感器；3）更换逆变模块；4）降低环境温度；5）更换风扇

（续）

故障信息、代码	故障现象、类型	故障原因	故障检查
OH2 (17)	电机（PTC）过热保护	1）电机过热保护点设置不当；2）检测电路损坏；3）环境温度太高	1）正确设置电机过热保护点；2）检修检测电路；3）降低环境温度
OH3 (18)	模块温度检测断线	1）热敏电阻损坏；2）环境温度太低；3）模块检测电路损坏	1）更换热敏电阻；2）升高环境温度；3）检修模块检测电路
EC1 (20)	扩展卡1连接故障	1）扩展卡1连接松动、不良；2）控制板本身异常；3）扩展卡1本身异常	1）检修扩展卡1；2）检修控制板；3）更换扩展卡1
dLC (22)	驱动线连接故障	1）驱动线连接松动、不良；2）控制板异常；3）驱动板异常	1）检修驱动线；2）检修控制板；3）检修驱动板
TEr (23)	模拟端子功能互斥	模拟输入端子的功能设为一致	不要把模拟输入功能设为一致，即更改设置
PEr (24)	外部设备故障	1）失速状态持续太长；2）外部故障端子有效	1）检查负载；2）检查外部故障端子情况
to2 (26)	连续运行时间到	设置了连续运行时间到达功能	正确设置
To3 (27)	累计运行时间到	设置了连续运行时间到达功能	正确设置
SUE (28)	运行时电源故障	运行中电网电压输入波动太大、掉电	检查输入电网电压
EPr (29)	EEPROM读写故障	控制板上参数读写发生了异常	检修控制板
CCL (30)	接触器吸合故障	1）缓冲电阻损坏；2）电网输入电压异常；3）开关电源异常；4）接触器本身损坏；5）控制板上接触器反馈电路异常	1）更换缓冲电阻；2）检查输入电网电压；3）检修开关电源；4）更换接触器；5）检修控制板
TrC (31)	端口通信异常故障	1）变频器通信参数错误；2）通信波特率设置错误；3）通信端口连接线断开；4）上位机没有工作	1）正确设置通信参数；2）正确设置通信波特率；3）重新连接通信端口连接线；4）使上位机工作
PdC (32)	操作面板通信故障	1）操作面板连接线断开；2）存在干扰	1）重新连接操作面板连接线；2）检查周边设备，消除干扰
CPy (33)	参数复制故障	1）参数上传或下载异常；2）操作面板上无参数直接进行下载	1）正确上传或下载，参数设置正确；2）正确设置参数
SFt (35)	软件版本兼容故障	操作面板与控制板版本不一致	更换操作面板或者正确设置参数
CPU (36)	CPU干扰故障	1）存在干扰；2）控制板异常	1）检查现场周边设备，消除干扰；2）检修控制板
oCr (37)	基准保护	1）控制板损坏；2）开关电源损坏	1）检查控制板；2）检查开关电源
SP1 (38)	5V电源超限	1）控制板损坏；2）开关电源损坏	1）检查控制板；2）检查开关电源
SP2 (39)	10V电源超限	1）开关电源损坏；2）控制板损坏	1）检查开关电源；2）检查控制板
AIP (40)	AI输入超限	1）AI输入太高或太低；2）控制板损坏	1）AI的输入范围设置应在正确范围；2）检查控制板
LoU (41)	欠电压保护	1）开关电源异常；2）输入电压异常	1）检查开关电源；2）检查输入电网电压
PIL (45)	PID检测超限	1）PID参数设置不合理；2）PID反馈通道异常	1）正确设置参数；2）检查反馈通道

★3.11.2 贝士德 E9 系列变频器故障信息与代码（见表 3-52）

表 3-52 贝士德 E9 系列变频器故障信息与代码

故障信息、代码	故障现象、类型	故障信息、代码	故障现象、类型	故障信息、代码	故障现象、类型
01.00	加速过电流	13.00	输入断相	23.00	电机过温
01.01		14.00	输出断相	24.00	电流检测故障
02.00	减速过电流	15.00	电机过载	24.01	
02.01		15.01		24.02	
03.00	恒速过电流	15.02		24.03	
03.01		16.00	变频器过载	25.00	制动单元故障
07.00	加速过电压	16.01		26.00	EEPROM 操作故障
08.00	减速过电压	17.00	欠载	26.01	
09.00	恒速过电压	18.00	速度偏差过大	26.02	
10.00	母线欠电压	18.01		27.00	电机自学习故障
11.00	对地短路	19.00	PID 反馈断线	27.01	
11.01		20.00	外部故障	28.00	运行时间到达
12.00	失调	21.00	散热器过热	35.00	MODBUS 通信故障
12.01		21.00	IGBT 过热		

★3.11.3 贝士德 FC100 系列变频器故障信息与代码（见表 3-53）

表 3-53 贝士德 FC100 系列变频器故障信息与代码

故障信息、代码	故障现象、类型	故障原因或者故障检修
CodE	代码出错	检修变频器
CPU	CPU 故障	更换 CPU，检修变频器
dEr	参数设置故障	正确设置参数
EEP	存储器故障	更换存储器，检修变频器
EF	外部故障	检修外部设备
HoC	变频器严重过电流	检查电机、机械负载；检查电网电压；如果直流制动量太大，则应减少直流制动量；检修机器；检查马达、输出线绝缘情况；延长加/减速时间；合理配置变频器；降低转矩提升设定值
LP	输入断相	检查输入端是否存在的断相、断线
LU	欠电压	检查是否存在断相；检查输入电压；检查负载是否存在突变情况；检查线路是否过远、过细等情况
oC	过电流	检修控制板；如果是加速时间过快，则应适当增加加速时间；电机负载过重
OH	变频器过热	通风空间不足，空气不对流；温度传感器损坏、变频器故障，检查风扇、散热片；环境温度不正常
OL	过载	机械负载存在卡死现象；V/f 曲线设定不良，需要重新设定；起动或停车时直流制动时间过长，需要降低制动时间；变频器容量配小
oP	输出断相	检修变频器
OU	过电压	减速时间过短；电网电压过高，存在突变电压；输入电压有误；负载惯性过大

152

☆☆☆ 3.12 丹佛斯系列变频器 ☆☆☆

★3.12.1 丹佛斯 FCD302 系列变频器故障信息与代码（见表3-54）

表3-54 丹佛斯 FCD302 系列变频器故障信息与代码

故障编号、报警信息	故障原因
0	存在严重的硬件故障；串行端口无法初始化
256	功率卡的 EEPROM 数据过旧；功率卡的 EEPROM 数据存在问题
512	控制板的 EEPROM 数据存在问题；控制板的 EEPROM 数据过旧
513	读取 EEPROM 数据时发生通信超时
514	读取 EEPROM 数据时发生通信超时
515	面向应用控制无法识别 EEPROM 数据
516	无法写入 EEPROM
517	写入命令处于超时状态
518	EEPROM 发生故障
519	EEPROM 中的条形码数据丢失或无效
1281	数字信号处理器的闪存超时
1282	功率卡的微处理器的软件版本不匹配
1283	功率卡的 EEPROM 数据版本不匹配
1284	无法读取数字信号处理器的软件版本
1299	插槽 A 中的选件软件版本过旧
1300	插槽 B 中的选件软件版本过旧
1315	插槽 A 中的选件软件版本不受支持（不允许）
1316	插槽 B 中的选件软件版本不受支持（不允许）
1536	面向应用的控制中出现异常并被记录下来
1792	DSP 守护功能处于激活状态
2049	功率卡数据已重新启动
2315	功率卡单元缺少软件版本
2816	控制板模块的堆栈溢出
2817	调度程序的慢速任务
2818	快速任务
2819	参数线程
2820	LCP 堆栈溢出
2821	串行端口溢出
2822	USB 端口溢出
3072～5122	参数值超出了其极限
5123	插槽 A 中的选件：硬件与控制板硬件不兼容
5124	插槽 B 中的选件：硬件与控制板硬件不兼容
5376～6231	内存不足

153

★3.12.2 丹佛斯 FC111 系列变频器故障信息与代码（见表 3-55）

表 3-55 丹佛斯 FC111 系列变频器故障信息与代码

故障编号	报警/警告位编号	故障现象、类型	故障原因
2	16	断线故障	端子 53、54 上的信号低于相关参数所设置值
4	14	主电源断相	供电侧断相、电压严重失衡
7	11	直流过电压	直流回路电压超过极限
8	10	直流欠电压	直流回路电压低于电压警告下限
9	9	逆变器过载	长时间超过 100% 负载
10	8	ETR 温度高	超过 100% 的负载持续太长的时间，使得电机变得过热
11	7	电机温度高	热敏电阻异常，热敏电阻连接断开
13	5	过电流	超过逆变器峰值电流极限
14	2	接地故障1	输出相向大地放电
16	12	短路	电机或电机端子发生短路
17	4	控制字超时	没有信息传送到变频器
24	50	风扇故障	散热片冷却风扇异常
30	19	U 相断相	电机 U 相缺失
31	20	V 相断相	电机 V 相缺失
32	21	W 相断相	电机 W 相缺失
38	17	内部故障	检修电路
44	28	接地故障2	正确设置参数
46	33	控制电压故障	控制电压低
47	23	24V 电源故障	可能是 24V 直流电源过载
60	44	外部互锁	外部互锁已激活，可以通过设置参数改变
66	26	散热片温度低	需要检查 IGBT 模块中的温度传感器
69	1	功率卡温度	功率卡上的温度传感器超出上限或下限
70	36	FC 配置不合规	控制卡和功率卡不匹配
79	—	功率部分的配置不合规	内部故障
80	29	变频器初始化故障	所有参数的设置被初始化为默认设置
87	47	自动直流制动	变频器处于自动直流制动状态
95	40	断裂皮带	转矩低于无负载设置的转矩水平
126	—	电机在旋转	反电动势电压过高
200	—	火灾模式	火灾模式已激活
202	—	超过了火灾模式极限	火灾模式抑制了一个或多个质保失效报警
250	—	新备件	已调换了电源或开关模式电源
251	—	新类型代码	变频器获得一个新的类型代码

★3.12.3 丹佛斯 FC360 系列变频器故障信息与代码（见表 3-56）

表 3-56 丹佛斯 FC360 系列变频器故障信息与代码

故障编号	故障现象、类型	故障编号	故障现象、类型
2	断线故障	8	直流回路欠电压
3	无电机	9	逆变器过载
4	主电源断相	10	电机 ETR 温度高
7	直流过电压	11	电机热敏温度过高

154

（续）

故障编号	故障现象、类型	故障编号	故障现象、类型
12	转矩极限	59	电流极限
13	过电流	60	外部互锁
14	接地故障	61	编码器丢失
16	短路	63	机械制动低
17	控制字超时	65	控制卡温度故障
18	启动失败	69	功率卡温度故障
25	制动电阻器短路	70	FC 配置故障
26	制动器过载	80	变频器初始化为默认值
27	制动 IGBT/制动斩波器已短路	87	自动直流制动
28	制动检查	90	反馈监视故障
30	U 相断相	95	断裂皮带
31	V 相断相	99	堵转
32	W 相断相	101	缺少流量/压力信息
34	总线故障	120	位置控制故障
35	选件故障	124	张力极限
36	主电源故障	126	电机在旋转
38	内部故障	127	反电动势过高
46	门驱动电压故障	250	新备件
47	24V 电源故障	251	新类型代码

☆☆☆ 3.13 德弗系列变频器 ☆☆☆

★3.13.1 德弗 DV610、DV600 系列变频器故障信息与代码（见表3-57）

表3-57 德弗 DV610、DV600 系列变频器故障信息与代码

故障信息、代码	故障现象、类型	故障原因	故障检查
OC1	加速时过电流	1）变频器功率偏小；2）加速太快；3）电网电压偏低	1）选择功率大一档的变频器；2）增大加速时间；3）检查输入电源
OC2	减速时过电流	1）负载惯性转矩大；2）变频器功率偏小；3）减速太快	1）外加合适的能耗制动组件；2）选择功率大一档的变频器；3）增大减速时间
OC3	恒速时过电流	1）负载发生突变、异常；2）输出短路；3）电网电压偏低；4）变频器功率偏小	1）检查负载，减小负载突变情况；2）检查电机和连线绝缘情况；3）检查输入电源；4）选择功率大一档的变频器
OU1	加速时过电压	1）输入电压异常；2）瞬间停电后，对旋转中电机实施再起动	1）检查输入电源；2）等停机后再起动
OU2	减速时过电压	1）负载惯量大；2）输入电压异常；3）减速太快	1）增大能耗制动组件；2）检查输入电源；3）减小减速时间

（续）

故障信息、代码	故障现象、类型	故障原因	故障检查
OU3	恒速时过电压	1）负载惯量大；2）输入电压发生异常变动	1）外加合适的能耗制动组件；2）安装输入电抗器
Uu、UV	母线欠电压	1）电网电压偏低；2）变频器内部故障	1）检查电网输入电源；2）检修变频器电路
OL1	电机过载	1）电机堵转或负载突变过大；2）电机功率不匹配；3）电网电压过低；4）电机额定电流设置不正确	1）检查负载，调节转矩提升量；2）选择合适的电机；3）检查电网电压；4）正确设置电机额定电流
OL2	变频器过载	1）负载过大；2）加速太快；3）对旋转中的电机实施再起动；4）电网电压过低	1）选择功率更大的变频器；2）增大加速时间；3）等停机后再起动；4）检查电网电压
SPO	输出侧断相	U、V、W 断相输出，负载三相严重不对称	检查输出配线、电机及电缆
OH	过热	1）控制板异常；2）变频器瞬间过电流；3）风道堵塞、风扇损坏；4）环境温度过高	1）检修控制板；2）参考过电流对策；3）疏通风道，更换风扇；4）降低环境温度
EF	外部故障	外部故障输入端子动作	检查外部设备输入
CE	通信故障	1）波特率设置不当；2）采用串行通信的通信错误；3）通信长时间中断	1）设置合适的波特率；2）检查串行通信的通信情况；3）检查通信接口配线
ITE	电流检测电路故障	1）控制板连接器接触不良；2）放大电路异常；3）辅助电源损坏；4）电流传感器损坏	1）检查连接器，重新插线；2）检修放大电路；3）检查辅助电源；4）更换电流传感器
TE	电机自学习故障	1）电机容量与变频器容量不匹配；2）电机额定参数设置不当；3）自学习出的参数与标准参数偏差过大；4）自学习超时	1）更换变频器型号；2）按电机铭牌设置额定参数；3）使电机空载，重新辨识；4）检查电机接线，参数设置
EEP	存储器读写故障	1）控制参数的读写发生错误；2）EEPROM 损坏	1）按 STOP 键复位，正确设置参数；2）更换 EEPROM
PIDE	PID 反馈断开	1）PID 反馈源消失；2）PID 反馈断线	1）检查 PID 反馈源；2）检查 PID 反馈信号线

★3.13.2 德弗 DV300 系列变频器故障信息与代码（见表3-58）

表3-58 德弗 DV300 系列变频器故障信息与代码

故障编号	故障代码	故障名称	故障原因	故障检修
0	OC-1	加速时过电流	1）输出侧短路；2）电机负载突变；3）转矩提升过高；4）加速时间太短；5）变频器容量太小	1）检查输出连线和连线绝缘情况；2）消除电机堵转现象；3）减小转矩提升值；4）重新设置加速时间；5）更换大一级容量的变频器

（续）

故障编号	故障代码	故障名称	故障原因	故障检修
1	OC-2	减速时过电流	1）转矩提升过高；2）输出侧短路；3）电机负载突变；4）加速时间太短；5）变频器容量太小	1）减小转矩提升值；2）检查输出连线和连线绝缘情况；3）消除电机堵转现象；4）重新设置加速时间；5）更换大一级容量的变频器
2	OC-3	定速时过电流	1）变频器容量太小；2）输出侧短路；3）电机负载突变；4）转矩提升过高；5）加速时间太短	1）更换大一级容量的变频器；2）检查输出连线和连线绝缘情况；3）消除电机堵转现象；4）减小转矩提升值；5）重新设置加速时间
3	OU-1	加速时过电压	1）输入电源电压异常；2）负载惯性力矩太大；3）减速时间太短；4）制动组件选择不合适	1）检查输入电源；2）减小负载惯性；3）重设减速时间；4）重选制动组件
4	OU-2	减速时过电压	1）制动组件选择不合适；2）负载惯性力矩太大；3）输入电源电压异常；4）减速时间太短	1）重选制动组件；2）减小负载惯性；3）检查输入电源；4）重设减速时间
5	OU-3	定速时过电压	1）输入电源电压异常；2）减速时间太短；3）负载惯性力矩太大；4）制动组件选择不合适	1）检查输入电源；2）重设减速时间；3）减小负载惯性；4）重选制动组件
6	LU	欠电压	1）输入电源电压异常；2）变频器内部故障	1）检查输入电源；2）检修变频器
7	OL	过负荷	1）过电流保护参数设置不当；2）负载太大；3）电机堵转	1）重设过电流保护参数；2）减少负载；3）排除堵转现象
8	OH	过热	1）冷却风扇损坏；2）环境温度过高	1）更换风扇；2）降低环境温度
9	DL	输出短路	1）对地短路；2）变频器内部故障	1）排除短路现象；2）检修变频器
10	CPU（CPU1、CPU2、CPU3、CPU4）	系统故障	1）受到外部干扰；2）变频器内部故障	1）排除干扰现象；2）检修变频器
11	CODE	程序代码校验出错	变频器内部故障	检修变频器
12	EF	外部故障	1）外部故障端子与COM间短路；2）变频器内部故障	1）排除短路现象；2）检修变频器
13	EEP	存储器故障	变频器内部故障	检修变频器
14	DER	参数出错	变频器内部故障	检修变频器
15	E17	输入断相	1）变频器内部故障；2）输入电源断相	1）检修变频器；2）检查输入电源
	0000	无故障		

★3.13.3 德弗 DV610 系列变频器指示灯与数码管显示内容（见表 3-59 和 表 3-60）

表 3-59 德弗 DV610 系列变频器指示灯

指示灯名称	指示灯说明
FWD	正转指示灯。灯亮表示处于正转状态
JOG	点动指示灯。灯亮表示处于点动状态
REV	反转指示灯。灯亮表示处于反转状态
RUN	运行指示灯。灯亮表示处于运行状态
STOP	停止指示灯。灯亮表示处于停止状态

表 3-60 德弗 DV610 系列变频器数码管显示内容

代号	物理量	代号	物理量
A	输出电流	r	运行转速
b	输入端子状态	o	输出端子状态
e	模拟量 FV 值	E	模拟量 FI 值
G	输出功率	d	输出转矩
H	设定频率	F	运行频率
h	多段速当前段数	J	计数值
U	母线电压	u	输出电压
y	PID 给定值	L	PID 反馈值

★3.13.4 德弗 DV700 系列变频器故障信息与代码（见表 3-61）

表 3-61 德弗 DV700 系列变频器故障信息与代码

故障信息、代码	故障现象、类型	故障信息、代码	故障现象、类型
END	用户试用期已到	LU	欠电压
Er01	EEPROM 读写故障	OC1～3、OCC1～3、OCS1～3	加速时过电流、减速时过电流、运行中过电流、干扰过电流
Er03	面板通信故障		
Er04	参数设定故障		
Er05	RS485 通信故障	OH	过热
Er06	模拟闭环反馈故障	OL	过载预报警
Er07	参数辨识故障	OL1	变频器过载
Er08	编码器故障	OL2	电机过载
Er09	电流检测故障	OU1～3、OUU1～3	过电压
Er10	面板 EEPROM 读写故障		
Er11	外部故障	SP	输出侧断相

★3.13.5 德弗 DV900 系列变频器故障信息与代码（见表3-62）

表3-62 德弗 DV900 系列变频器故障信息与代码

故障信息、代码	故障现象、类型	故障信息、代码	故障现象、类型
E. AIF	模拟输入故障	E. oL1	变频器过载保护
E. AUt	自整定故障	E. oL2	电机过载保护
E. CUr	电流检测故障	E. oLF	输出断相故障
E. dL1	编码器断线	E. OU1	加速运行中过电压保护
E. dL2	温度采样断线	E. OU2	减速运行中过电压保护
E. EEP	EEPROM 故障	E. OU3	恒速运行中过电压保护
E. FAL	模块保护	E. oUt	外设保护
E. GdF	输出对地短路故障	E. PCU	干扰保护
E. ILF	输入电源故障	E. Ptc	电机过热（PTC）
E. IoF	端子互斥性检查未通过	E. SE1	通信故障1（操作面板 RS485）
E. LOAD	参数下载故障	E. SE2	通信故障2（端子 RS485）
E. LU1	运行中异常掉电	E. VEr	版本兼容故障
E. OC1	加速运行中过电流保护	E. OC2	减速运行中过电流保护
E. OC3	恒速运行中过电流保护	LU	电源欠电压
E. oH1	散热器1过热保护		

★3.13.6 德弗 DV950 系列变频器故障信息与代码（见表3-63）

表3-63 德弗 DV950 系列变频器故障信息与代码

故障代码	故障现象、类型	故障代码	故障现象、类型
Err01	逆变短路保护	Err16	通信故障
Err02	加速过电流	Err18	电流检测故障
Err03	减速过电流	Err19	电机自学习故障
Err04	恒速过电流	Err20	编码器/PG 卡异常
Err05	加速过电压	Err21	E^2PROM 读写故障
Err06	减速过电压	Err22	硬件故障
Err07	恒速过电压	Err23	对地短路故障
Err08	控制电源故障	Err26	累计运行时间到达故障
Err09	欠电压故障	Err27	用户自定义故障1
Err10	变频器过载	Err28	用户自定义故障2
Err11	电机过载	Err29	累计上电时间到达故障
Err13	输出断相	Err30	掉载故障
Err14	模块过热	Err31	运行时 PID 反馈丢失故障
Err15	外部设备故障	Err40	变速限流故障

★3.13.7 德弗 HL3000 系列变频器故障信息与代码（见表3-64）

表3-64 德弗 HL3000 系列变频器故障信息与代码

故障编号	故障代码	故障名称	故障原因	故障检修
0	OC-1	加速时过电流	1）转矩提升过高；2）电机负载突变；3）加速时间太短；4）变频器容量太小；5）输出侧短路	1）减小转矩提升值；2）消除电机堵转现象；3）重新设置加速时间；4）更换大一级容量的变频器；5）检查输出连线和连线绝缘情况

（续）

故障编号	故障代码	故障名称	故障原因	故障检修
1	OC-2	减速时过电流	1）变频器容量太小；2）输出侧短路；3）电机负载突变；4）转矩提升过高；5）加速时间太短	1）更换大一级容量的变频器；2）检查输出连线和连线绝缘情况；3）消除电机堵转现象；4）减小转矩提升值；5）重新设置加速时间
2	OC-3	定速时过电流	1）输出侧短路；2）电机负载突变；3）转矩提升过高；4）加速时间太短；5）变频器容量太小	1）检查输出连线和连线绝缘情况；2）消除电机堵转现象；3）减小转矩提升值；4）重新设置加速时间；5）更换大一级容量的变频器
3	OU-1	加速时过电压	1）输入电源电压异常；2）减速时间太短；3）制动组件选择不合适；4）负载惯性力矩太大	1）检查输入电源；2）重设减速时间；3）重选制动组件；4）减小负载惯性
4	OU-2	减速时过电压	1）制动组件选择不合适；2）负载惯性力矩太大；3）输入电源电压异常；4）减速时间太短	1）重选制动组件；2）减小负载惯性；3）检查输入电源；4）重设减速时间
5	OU-3	定速时过电压	1）输入电源电压异常；2）减速时间太短；3）制动组件选择不合适；4）负载惯性力矩太大	1）检查输入电源；2）重设减速时间；3）重选制动组件；4）减小负载惯性
6	LU	欠电压	1）输入电源电压异常；2）变频器内部故障	1）检查输入电源；2）检修变频器
7	OL	过负荷	1）电机堵转；2）过电流保护参数设置不当；3）负载太大	1）排除堵转现象；2）重设过电流保护参数；3）减少负载
8	OH	过热	1）环境温度过高；2）冷却风扇损坏	1）降低环境温度；2）更换风扇
9	DL	输出短路	1）变频器内部故障；2）对地短路	1）检修变频器；2）排除短路现象
10	CPU	系统故障	1）受到外部干扰；2）变频器内部故障	1）排除干扰现象；2）检修变频器
11	CODE	程序代码校验出错	变频器内部故障	检修变频器
12	EF	外部故障	1）变频器内部故障；2）外部故障端子与COM间短路	1）检修变频器；2）排除短路现象
13	EEP	存储器出错	变频器内部故障	检修变频器
14	DER	参数出错	变频器内部故障	检修变频器
15	E17	输入断相	1）变频器内部故障；2）输入电源断相	1）检修变频器；2）检查输入电源

☆☆☆ 3.14 德瑞斯系列变频器 ☆☆☆

3.14.1 德瑞斯 ES10A、ES11、ES100K 系列变频器故障信息与代码（见表3-65）

表3-65 瑞斯 ES10A、ES11、ES100K 系列变频器故障信息与代码

故障信息、代码	故障现象、类型	故障信息、代码	故障现象、类型
ERR00	无故障	ERR10	PTC 断线
ERR01	逆变单元故障	ERR11	软启动故障
ERR02	过电流	ERR12	外部故障
ERR03	过电压	ERR13	通信超时
ERR04	欠电压	ERR14	PID 反馈断线
ERR05	输入断相	ERR15	存储器故障
ERR06	输出断相	ERR16	电机调谐取消
ERR07	变频器过载	ERR17	定子电阻异常
ERR08	电动机过载	ERR18	空载电流故障
ERR09	过热	ERR19	定时锁机

★3.14.2 德瑞斯 ES100 系列变频器故障信息与代码（见表3-66）

表3-66 德瑞斯 ES100 系列变频器故障信息与代码

故障信息、代码	故障现象、类型	故障原因	故障检查
ERR00	无故障		
ERR01	逆变单元故障	1）电机、变频器连线过长；2）逆变模块损坏；3）变频器输出侧相间或对地短路	1）缩短连线，加装电抗器或输出滤波器；2）更换模块；3）排除外围短路故障
ERR02	过电流	1）变频器输出侧相间或对地短路；2）运行中负载突然加重、加/减速时间太短；3）V/f 转矩提升设置过大；4）启动时电机处于旋转状态；5）使用超过变频器容量的电机	1）排除外围短路故障；2）取消突加负载，或者重设加/减速时间；3）重设 V/f 转矩提升值；4）启动转速追踪功能；5）选择合适的电机或变频器
ERR03	过电压	1）减速时间太短；2）输入电压过高；3）有外力拖动电机运行	1）重设减速时间；2）输入电压调到正常范围；3）取消外力拖动，或者加装制动单元
ERR04	欠电压	1）输入电源断相；2）输入端子松动、接触不良；3）输入电压存在瞬时掉电	1）检查输入电源；2）重新连接输入线，接触良好；3）复位
ERR05	输入断相	1）整流桥损坏、充电电阻损坏；2）输入电源断相	1）更换整流桥、充电电阻；2）检查输入电源和接线情况
ERR06	输出断相	1）变频器与电机间连接线松脱；2）电机损坏	1）检查变频器与电机接线情况；2）更换电机

（续）

故障信息、代码	故障现象、类型	故障原因	故障检查
ERR07	变频器过载	1）加/减速时间太短；2）V/f转矩提升设置过大；3）负载太重	1）重新设置加/减速时间；2）重新设定转矩提升值；3）减小负载，或者更换匹配的变频器
ERR08	电机过载	1）负载突然增大、电机堵转；2）变频器容量偏小；3）电机保护参数设置不合理	1）减小负载，疏通堵转现象；2）选择更大功率的变频器；3）重设电机保护参数
ERR09	过热	1）风扇损坏；2）温度传感器损坏；3）环境温度过高；4）变频器通风不良	1）更换风扇；2）更换温度传感器；3）检查环境温度；4）改善变频器通风环境
ERR10	PTC断线	1）温度传感器损坏；2）端子接触不良	1）更换温度传感器；2）重新拔插端子或更换端子
ERR11	软启动故障	1）变频器整流回路故障；2）输入电压过低	1）检修变频器整流回路；2）检查输入电压
ERR12	外部故障	外部故障端子动作	检查外部设备
ERR13	通信超时	1）通信线路故障；2）通信参数设置错误	1）排查通信线路；2）重设通信参数
ERR14	PID反馈断线	1）PID参数设置不当；2）PID反馈线路故障	1）重设PID参数；2）检查PID反馈回路
ERR15	存储器故障	1）存储器芯片损坏；2）存在干扰	1）更换存储器芯片；2）排除干扰
ERR16	电机调谐取消	电机参数自辨识过程中按下STOP键	复位后重试
ERR17	定子电阻异常	1）电机损坏；2）电机与变频器输出端子未连接；3）电机不是空载	1）检查电机；2）检查变频器与电机连线情况；3）断开电机负载
ERR18	空载电流故障	1）电机不是空载；2）电机损坏；3）电机与变频器输出端子未连接	1）断开电机负载；2）检查电机；3）检查变频器与电机连线情况
ERR19	定时锁机	变频器运行时间到达	检修、正确设置参数

★3.14.3 德瑞斯 ES300 系列变频器故障信息与代码（见表3-67）

表3-67 德瑞斯 ES300 系列变频器故障信息与代码

故障信息、代码	故障现象、类型	故障原因	故障检查
ERR00	无故障		
ERR01	逆变单元故障	1）电机、变频器连线过长；2）逆变模块损坏；3）变频器输出侧相间或对地短路	1）缩短连线，加装电抗器或输出滤波器；2）更换模块；3）排除外围短路故障
ERR02/ERR04	硬件过电流/软件过电流	1）变频器输出侧相间或对地短路；2）运行中负载突然加重、加/减速时间太短；3）V/f转矩提升设置过大；4）启动时电机处于旋转状态；5）使用超过变频器容量的电机	1）排除外围短路故障；2）取消突加负载，或者重设加/减速时间；3）重设V/f转矩提升值；4）启动转速追踪功能；5）选择合适的电机或变频器

（续）

故障信息、代码	故障现象、类型	故障原因	故障检查
ERR03	硬件过电压	输入电压过高	输入电压调到正常范围
ERR05	软件过电压	1）有外力拖动电机运行；2）减速时间太短；3）输入电压过高	1）取消外力拖动或加装制动单元；2）重设减速时间；3）输入电压调到正常范围
ERR06	欠电压	1）输入端子松动、接触不良；2）输入电压存在瞬时掉电；3）输入电源断相	1）重新连接输入线，接触良好；2）复位；3）检查输入电源
ERR07	输入断相	1）输入电源断相；2）整流桥、充电电阻损坏	1）检查输入电源和接线情况；2）更换整流桥、充电电阻
ERR08	输出断相	1）变频器与电机间连接线松脱；2）电机损坏	1）检查变频器与电机接线情况；2）更换电机
ERR09	过载	1）加/减速时间太短；2）V/f 转矩提升设置过大；3）负载太重	1）重新设置加/减速时间；2）重新设定转矩提升值；3）减小负载，或者更换匹配的变频器
ERR10	掉载	变频器运行电流小于设置的掉载检测水平对应的电流，且持续时间超过掉载检测时间	确认负载情况，正确设置参数
ERR11	变频器过热	1）风扇损坏；2）温度传感器损坏；3）环境温度过高；4）变频器通风不良	1）更换风扇；2）更换温度传感器；3）检查环境温度；4）改善变频器通风环境
ERR12	电机过热	1）温度传感器损坏；2）端子接触不良	1）更换温度传感器；2）重新拔插端子或更换端子
ERR13	外部故障	外部故障端子动作	检查外部设备
ERR14	通信故障	1）通信线路故障；2）通信参数设置错误	1）排查通信线路；2）重设通信参数
ERR15	I^2C 故障	EEPROM 芯片损坏	更换主控板或者 EEPROM 芯片
ERR16	电机调谐取消	电机参数自辨识过程中按下 STOP 键	复位后重试
ERR17	定时停机		
ERR18	PID 反馈断线	1）PID 反馈线路故障；2）PID 参数设置不当	1）检查 PID 反馈回路；2）重设 PID 参数

★**3.14.4 德瑞斯 ES500 系列变频器故障信息与代码**（见表 3-68）

表 3-68　德瑞斯 ES500 系列变频器故障信息与代码

故障信息、代码	故障现象、类型	故障原因	故障检查
ERR00	无故障		
ERR01	输出短路保护	1）变频器输出侧相间或对地短路；2）电机和变频器连线过长；3）逆变模块损坏；4）加/减速时间太短；5）外接制动电阻短路；6）现场干扰	1）排除外围短路故障；2）缩短连线，加装电抗器或输出滤波器；3）更换逆变模块；4）适当延长加/减速时间；5）检查外接制动电阻；6）消除干扰

（续）

故障信息、代码	故障现象、类型	故障原因	故障检查
ERR02/ERR04	瞬时过电流/稳态过电流	1）变频器输出侧相间短路；2）加/减速时间太短；3）V/f 驱动方式时，V/f 曲线设置错误；4）启动时电机处于旋转状态；5）使用超过变频器容量的电机或负载太重；6）逆变模块损坏	1）排除外围短路故障；2）取消突加负载，或重设加/减速时间；3）重设 V/f 转矩提升值；4）启动转速追踪功能；5）选择合适的电机或变频器
ERR03/ERR05	瞬时过电压/稳态过电压	1）电源电压太高；2）减速时间太短，电机再生能量太大	1）电源电压降到规定范围内；2）延长减速时间，选择合适的制动单元/制动电阻
ERR06	稳态欠电压	1）输入电源电压降低太多；2）输入电源上的开关触点老化；3）输入电源断相；4）输入电源接线端子松动	1）检查输入电源电压情况；2）检查断路器、接触器等器件；3）检查输入电源和接线情况；4）旋紧输入接线端子螺钉
ERR07	输入断相	1）整流桥、充电电阻损坏；2）输入电源断相	1）更换整流桥、充电电阻；2）检查输入电源和接线情况
ERR08	输出断相	1）电机损坏；2）模块损坏；3）变频器与电机间连接线松脱	1）更换电机；2）更换模块；3）检查变频器与电机接线情况
ERR09	变频器过载	1）V/f 转矩提升设置过大；2）负载太重；3）加/减速时间太短	1）重新设定转矩提升值；2）减小负载，或者更换匹配的变频器；3）重新设置加/减速时间
ERR10	掉载	变频器运行电流小于设置的掉载检测水平对应的电流，且持续时间超过掉载检测时间	确认负载情况，正确设置参数
ERR11	变频器过热	1）风扇损坏；2）温度传感器损坏；3）环境温度过高；4）变频器通风不良	1）更换风扇；2）更换温度传感器；3）检查环境温度；4）改善变频器通风环境
ERR12	电机过热	1）电机温度传感器检测温度大于设定阈值；2）电机温度传感器断线；3）环境温度过高；4）负载过重	1）电机热保护阈值要合适；2）检查传感器接线情况；3）加强电机散热；4）选择合适的电机
ERR13	电机过载	1）加/减速时间太短；2）V/f 驱动方式时 V/f 曲线设置不合适；3）负载太重	1）延长加/减速时间；2）合理设置 V/f 曲线；3）更换与负载匹配的电机
ERR14	外部故障	外部故障端子动作	检查外部设备
ERR15	通信故障	1）通信线路故障；2）通信参数设置错误	1）排查通信线路；2）重设通信参数
ERR16	变频器存储器故障	1）干扰使存储器读写错误；2）存储器损坏	1）按 STOP/RESET 键复位，重试。消除干扰；2）更换存储器
ERR17	键盘存储器故障	1）干扰使存储器读写错误；2）存储器损坏	1）按 STOP/RESET 键复位，重试。消除干扰；2）更换存储器
ERR18	参数辨识故障	1）旋转自学习电机未脱开负载；2）电机故障；3）参数辨识过程中按下 STOP/RESET 键；4）未接电机	1）旋转自学习电机脱开负载；2）检查电机；3）按 STOP/RESET 键复位；4）检查变频器与电机间连线情况

（续）

故障信息、代码	故障现象、类型	故障原因	故障检查
ERR19	编码器故障	1）编码器与 PG 卡间的线没有接好；2）PG 卡没有装好；3）PG 卡选型不对或编码器类型选择错误；4）编码器损坏；5）现场干扰	1）检查接线情况；2）检查 PG 卡插接情况；3）正确选型 PG 卡，正确设置参数；4）更换编码器；5）在变频器输出电缆上加磁环等电磁兼容措施，消除干扰
ERR20	累计上电时间到达	设定的上电时间到	正确设置参数
ERR21	累计运行时间到达	设定运行时间到	正确设置参数
ERR22	PID 反馈断线	1）PID 参数设置不当；2）PID 反馈线路故障	1）重设 PID 参数；2）检查 PID 反馈回路
ERR23	失速	1）减速停车能耗制动异常；2）减速时间设置过短	1）检查能耗制动情况；2）延长减速时间
ERR24	电机超速	1）没有接 PG 卡；2）编码器线数设置错误；3）AB 相序错误；4）负载过大	1）接好 PG 卡或者换为 V/f 控制；2）设置好编码器线数；3）交换编码器 AB 相序的接线；4）减小负载或者选择大一档的变频器和电机
ERR25	温度传感器故障	变频器温度传感器断开或者短路	检查变频器温度传感器接线，更换温度传感器
ERR26	软启动继电器未吸合	1）输入电源接线端子松动；2）输入电源电压降低太多；3）输入电源上的开关触点老化；4）运行中断电；5）输入电源断相	1）旋紧输入接线端子螺钉；2）检查断路器、接触器等电器；3）变频器停机后再断电，或者直接复位；4）检查输入电源和接线情况
ERR27	电流检测电路故障	驱动板或控制板检测电路损坏	检修驱动板或控制板检测电路
ERR28	参数设置冲突	参数设置逻辑冲突	检查设置参数
ERR29	内部通信故障	内部 SPI 通信异常	掉电再上电、检修
ERR30 ～ ERR32	保留		
ERR33	CANopen 通信超时	数据通信超时	确保线路通畅后重新上电
ERR34	DeviceNET 无网络电源	未检测到 DeviceNET 总线上 DC 24V 电源	电源恢复正常，检修 DC 24V 电源
ERR35	DeviceNET BUS-OFF 故障	DeviceNET 总线 CAN_ H 与 CAN_ L 短路	确保接线正常
ERR36	DeviceNET MACID 检测失败	总线上已有相同站地址存在	修改地址后重新上电
ERR37	DeviceNET IO 通信超时	在线状态下规定时间内没有收到 IO 报文	确保线路通畅后重新上电
ERR38	DeviceNET IO 映射错误	IO 轮询数据地址不存在	确保输入正确的参数地址

（续）

故障信息、代码	故障现象、类型	故障原因	故障检查
ERR39	Profibus-DP 参数化数据错误	主站发过来的参数化数据不符合规格	接收到正确的参数化数据
ERR40	Profibus-DP 配置数据错误	主站发过来的配置数据从站卡不支持	接收到正确的配置数据
ERR41	Profibus-DP IO 连接断线	DP 卡在正常的数据交换状态时，长时间没接收到数据，退出数据交换	重新进入数据交换状态

☆☆☆ 3.15 鼎申、东元系列变频器 ☆☆☆

★3.15.1 鼎申 ST310 系列变频器故障信息与代码（见表 3-69）

表 3-69 鼎申 ST310 系列变频器故障信息与代码

故障信息、代码	故障现象、类型	故障信息、代码	故障现象、类型
Err. 01	模块保护	Err. 14	变频器输出掉载
Err. 02	电流检测故障	Err. 15	变频器对地短路
Err. 03	加速中过电压	Err. 16	接触器吸合故障
Err. 04	恒速中过电压	Err. 17	上电时间到达
Err. 05	减速中过电压	Err. 18	运行时间到达
Err. 06	变频器过热	Err. 19	PID 给定丢失
Err. 07	电动机过热	Err. 20	PID 反馈丢失
Err. 08	变频器过载	Err. 21	通信超时
Err. 09	电动机过载	Err. 22	EEPROM 读写故障
Err. 10	外部触发故障	Err. 23	参数复制故障
Err. 11	变频器欠电压	Err. 24	转速追踪故障
Err. 12	变频器输入断相	Err. 25	参数辨识失败
Err. 13	变频器输出断相	P. OFF	直流母线欠电压

★3.15.2 东元 7200GS 系列变频器故障信息与代码（见表 3-70）

表 3-70 东元 7200GS 系列变频器故障信息与代码

故障信息、代码	故障现象、类型	故障信息、代码	故障现象、类型
OS	过速度	CPF21	通信故障 1
buS	通信故障 3	CPF23	通信故障 2
CPF02	控制回路故障	CPF30	EPROM 定址故障
CPF03	EEPROM 故障	dEu	速度偏差过大
CPF04	EEPROM 编码故障	EF3	外部故障 3
CPF05	A/D 故障	EF5	外部故障 5
CPF06	接口卡故障	EF6	外部故障 6
CPF20	AI-14B 卡 A/D 故障	EF7	外部故障 7

（续）

故障信息、代码	故障现象、类型	故障信息、代码	故障现象、类型
EF8	外部故障 8	OL3	过转矩
Err	参数故障	OV	过电压
GF	接地短路	PG0	PG 断线
OC	过电流	UV1	直流电压过低
OH	过热	UV2	控制回路电压过低
OL1	电机过负荷	UV3	MC 故障
OL2	变频器过负荷		

★3.15.3 东元 A510 系列变频器故障信息与代码（见表 3-71）

表 3-71　东元 A510 系列变频器故障信息与代码

故障信息、代码	故障现象、类型	故障信息、代码	故障现象、类型
CE	通信故障	OL1	电机过载
CF07	电机控制故障	OL2	变频器过载
CLB	电流保护准位 B	OPL	输出断相
DEV	速度偏差	OS	过速度
EF1 ~ EF8	外部故障（S1 ~ S8）	OT	过转矩
FB	PID 反馈断线	OV	过电压
FU	熔丝开路	PGO	PG 开路
GF	接地故障	SC	短路
IPL	输入断相	STO	安全开关故障
OC	过电流	UT	欠转矩
OH1	散热座过热	UV	电压过低

★3.15.4 东元 A510S 系列变频器故障信息与代码（见表 3-72）

表 3-72　东元 A510S 系列变频器故障信息与代码

故障信息、代码	故障现象、类型	故障信息、代码	故障现象、类型
CE	通信故障	OH1	散热座过热
CF00	操作器通信故障 1	OL1	电机过载
CF01	操作器通信故障 2	OL2	变频器过载
CF07	电机控制故障	OPL	输出断相
CF08	电机控制故障	OS	过速度
DEV	速度偏差	OT	过转矩
EF0 ~ EF8	外部故障（S0 ~ S8）	OV	过电压
FB	PID 反馈断线	PGO	PG 开路
FU	熔丝开路	run	电机 1/电机 2 切换故障
GF	接地故障	SC	短路
IPL	输入断相	SS1	安全开关 1 故障
OC	过电流	STO	安全开关 0 故障
OCA	过电流	UT	低转矩
OCC	过电流	UV	电压过低
OCD	过电流		

★3.15.5 东元 C310 系列变频器故障信息与代码（见表3-73）

表 3-73 东元 C310 系列变频器故障信息与代码

故障信息、代码	故障现象、类型	故障原因	故障检查
Err02	加速过电流故障	1）变频器输出回路存在接地或短路；2）控制方式为矢量且没有进行参数辨识；3）加速时间太短；4）手动转矩提升或 V/f 曲线不合适；5）电压偏低6）对正在旋转的电机进行起动；7）加速过程中突加负载；8）变频器选型偏小	1）排除外围故障；2）进行电机参数辨识；3）增大加速时间；4）调整手动提升转矩，或调整 V/f 曲线；5）电压调到正常范围；6）选择转速追踪起动或等电机停止后再起动；7）取消突加负载；8）选择功率等级更大的变频器
Err03	减速过电流	1）电压偏低；2）减速过程中突加负载；3）没有加装制动单元、制动电阻；4）变频器输出回路存在接地或短路；5）控制方式为矢量，并且没有进行参数辨识；6）减速时间太短	1）电压调到正常范围；2）取消突加负载；3）加装制动单元、制动电阻；4）排除外围故障；5）进行电机参数辨识；6）增大减速时间
Err04	恒速过电流	1）变频器选型偏小；2）变频器输出回路存在接地或短路；3）控制方式为矢量且没有进行参数辨识；4）电压偏低；5）运行中存在突加负载	1）选择功率等级更大的变频器；2）排除外围故障；3）进行电机参数辨识；4）电压调到正常范围；5）取消突加负载
Err05	加速过电压	1）没有加装制动单元和制动电阻；2）输入电压偏高；3）加速过程中存在外力拖动电机运行；4）加速时间过短	1）加装制动单元及制动电阻；2）电压调到正常范围；3）取消此外力，或者加装制动电阻；4）增大加速时间
Err06	减速过电压	1）减速过程中存在外力拖动电机运行；2）减速时间过短；3）没有加装制动单元、制动电阻；4）输入电压偏高	1）取消此外力，或者加装制动电阻；2）增大加速时间；3）加装制动单元及制动电阻；4）电压调到正常范围
Err07	恒速过电压	1）运行过程中存在外力拖动电机运行；2）输入电压偏高	1）取消此外力，或者加装制动电阻；2）电压调到正常范围
Err08	控制电源故障	输入电压不在规定的范围内	电压调到要求的范围内
Err09	欠电压	1）驱动板异常；2）控制板异常；3）瞬时停电；4）变频器输入端电压不在要求的范围；5）母线电压异常；6）整流桥、缓冲电阻异常	1）检查驱动板；2）检查控制板；3）复位；4）调整电压；5）检查母线电压；6）更换整流桥、缓冲电阻
Err10	变频器过载	1）发生电机堵转；2）变频器选型偏小；3）负载过大	1）检查电机、机械情况；2）选择功率等级更大的变频器；3）减小负载
Err11	电机过载	1）负载过大，发生电机堵转；2）变频器选型偏小；3）电机保护参数设定不合适	1）减小负载，检查电机与机械情况；2）选择功率等级更大的变频器；3）正确设定参数
Err12	输入断相	1）三相输入电源异常；2）驱动板异常；3）防雷板异常；4）主控板异常	1）检查外围线路；2）检查驱动板；3）检查防雷板；4）检查主控板
Err13	输出断相	1）驱动板异常；2）模块异常；3）变频器到电机引线异常；4）电机运行时变频器三相输出不平衡	1）检查驱动板；2）更换模块；3）检查外围；4）检查电机三相绕组情况

（续）

故障信息、代码	故障现象、类型	故障原因	故障检查
Err14	模块过热	1）模块热敏电阻异常；2）逆变模块异常；3）环境温度过高；4）风道堵塞；5）风扇异常	1）更换热敏电阻；2）更换逆变模块；3）降低环境温度；4）清理风道；5）更换风扇
Err15	外部设备故障	通过多功能端子输入外部故障的信号	复位运行
Err16	通信故障	1）通信参数 FD 组设置错误；2）上位机工作异常；3）通信线异常	1）正确设置通信参数；2）检查上位机接线；3）检查通信连接线
Err17	接触器故障	1）驱动板、电源异常；2）接触器异常	1）检查驱动板、电源板；2）更换接触器
Err18	电流检测故障	1）驱动板异常；2）霍尔器件异常	1）检查驱动板；2）更换霍尔器件
Err19	电机调谐故障	1）电机参数没有根据铭牌设置；2）参数辨识过程超时	1）需要根据铭牌正确设定电机参数；2）检查变频器到电机引线情况
Err20	编码器故障	1）PG 卡异常；2）编码器型号不匹配；3）编码器连线错误；4）编码器异常	1）更换 PG 卡；2）正确设定编码器类型；3）排除线路问题；4）更换编码器
Err21	EEPROM 读写故障	EEPROM 芯片损坏	更换 EEPROM 芯片
Err22	变频器硬件故障	1）过电压；2）过电流	1）检查电压；2）检查负载
Err23	对地短路	电机对地短路	更换电缆或电机
Err27	用户自定义故障 1	通过多功能端子输入用户自定义故障 1 的信号	复位运行
Err28	用户自定义故障 2	通过多功能端子 X 输入用户自定义故障 2 的信号	复位运行
Err29	累计上电时间到达	累计上电时间达到设定值	使用参数初始化功能清除记录信息
Err30	掉载	变频器运行电流小于设定值	检查负载，正确设置参数
Err31	运行时 PID 反馈丢失	PID 反馈小于设定值	检查 PID 反馈信号，正确设置参数
Err40	逐波限流	1）负载过大、发生电机堵转；2）变频器选型偏小	1）减小负载，检查电机与机械情况；2）选择功率等级更大的变频器
Err42	速度偏差过大	1）编码器参数设定错误；2）速度偏差过大检测参数设置错误；3）没有进行参数辨识	1）正确设置编码器参数；2）合理设置检测参数；3）进行电机参数辨识
Err43	电机过速度	1）编码器参数设定错误；2）电机过速度检测参数设置错误；3）没有进行参数辨识	1）正确设置编码器参数；2）合理设置检测参数；3）进行电机参数辨识

★3.15.6 东元 L510 系列变频器故障信息与代码（见表 3-74）

表 3-74 东元 L510 系列变频器故障信息与代码

故障信息、代码	故障现象、类型	故障信息、代码	故障现象、类型
b. b.	外部遮断	OC-A	加速时过电流
COt	通信故障	OC-C	定速中过电流
E. S.	外部紧急停止	OC-D	减速时过电流
EPr	EEPROM 故障	OC-S	启动瞬间过电流
Err1	操作方式故障	-OH-	停机中变频器过热
Err2	参数设定故障	OL1	电机过载
Err5	通信中修改参数无效	OL2	变频器过载
Err6	通信故障	-OV-	停机中电压过高
Err7	参数设定故障	OV-C	运转中/减速中电压过高
LOC	参数已锁定、频率转向已锁定、参数密码已设定	PDER	PID 回馈断线
		STP0	零速停止中
-LV-	停机中电压过低	STP1	直接启动失效
LV-C	运转中电压过低	STP2	键盘紧急停止
OC	停机中过电流		

★3.15.7 东元 N310 系列变频器故障信息与代码（见表 3-75）

表 3-75 东元 N310 系列变频器故障信息与代码

故障信息、代码	故障现象、类型	故障信息、代码	故障现象、类型
ATER	参数自学习出错	OC	停机中过电流
b. b.	外部遮断	OC-A	加速时过电流
COt	通信故障	OC-C	定速中过电流
CTER	电流传感器故障	OC-D	减速时过电流
E. S.	外部紧急停止	OC-S	启动瞬间过电流
EPR	EEPROM 故障	-OH-	停机中变频器过热
Err1	操作方式故障	OL1	电机过载
Err2	参数设定故障	OL2	变频器过载
Err4	CPU 非法中断	OL3	过转矩
Err5	通信中修改参数无效	-OV-	停机中电压过高
Err6	通信故障	OV-C	运转中/减速中电压过高
Err7	参数设定故障	PDER	PID 反馈断线
LOC	参数、频率转向已锁定	STP0	零速停止中
-LV-	停机中电压过低	STP1	直接启动失效
LV-C	运转中电压过低	STP2	键盘紧急停止

★3.15.8 东元 S310 系列变频器故障信息与代码（见表 3-76）

表 3-76 东元 S310 系列变频器故障信息与代码

故障信息、代码	故障现象、类型	故障原因	故障检查
COT	通信故障	通信中断	检查通信线路
CTER	电流传感器故障	电流感测组件或线路异常	检修变频器

(续)

故障信息、代码	故障现象、类型	故障原因	故障检查
EPR	EEPROM 故障	EEPROM 故障	更换 EEPROM
-LV-	停机中电压过低	1）侦测线路异常；2）电源电压过低；3）限流电阻、熔丝烧断	1）检修变频器、侦测线路；2）检查电源电压；3）更换限流电阻、熔丝
LV-C	运转中电压过低	1）电源电压过低；2）电源电压变化过大	1）改善电源品质；2）电源输入侧加装电抗器，加大变频器容量
OC	停机中过电流	1）CT 讯号线连接异常引起的；2）侦测线路异常引起的	1）检修变频器、CT 讯号线；2）检查接线、消除干扰
OC-A	加速时过电流	1）电机接线与大地短路；2）IGBT 模块异常；3）加速时间设定太短；4）电机容量大于变频器容量；5）电机绕组与外壳短路	1）检查配线；2）更换 IGBT 模块；3）设定较长的加速时间；4）更换容量相当的变频器；5）检修电机
OC-C	定速中过电流	1）负载瞬间变化；2）电源瞬间变化	1）加大变频器容量；2）检查电源
OC-D	减速时过电流	减速时间设定太短	设定较长的减速时间
OC-S	启动瞬间过电流	1）电机接线与大地短路；2）IGBT 模块异常；3）电机绕组与外壳短路	1）检查配线情况；2）更换 IGBT 模块；3）检修电机情况
-OH-	停机中变频器过热	1）侦测线路异常；2）过热、通风不良	1）检修变频器；2）改善通风条件
OH-C	运转中散热片过热	1）过热、通风不良；2）负载太大	1）改善通风条件；2）检查负载，加大变频器容量
OL1	电机过载	负载太大、设定错误	加大电机容量，正确设定参数
OL2	变频器过载	负载太大	加大变频器容量
-OV-	停机中电压过高	侦测线路故障	检修变频器
OV-C	运转中/减速中电压过高	1）减速时间设定太短，负载惯性较大；2）电源电压变化过大	1）设定较长的减速时间，外加制动电阻或制动模块；2）电源输入侧加装电抗器，检查电源电压，加大变频器容量

☆☆☆　3.16　港迪系列变频器　☆☆☆

★3.16.1　港迪 HF200、HF300、HF300-L 系列变频器故障信息与代码（见表3-77）

表 3-77　港迪 HF200、HF300、HF300-L 系列变频器故障信息与代码

故障信息、代码	故障现象、类型	故障信息、代码	故障现象、类型
E050	U 相上桥臂故障	E055	W 相下桥臂故障
E051	U 相下桥臂故障	E056	从机故障
E052	V 相上桥臂故障	E057	内置制动单元故障
E053	V 相下桥臂故障	E100	过电压
E054	W 相上桥臂故障	E105	欠电压

（续）

故障信息、代码	故障现象、类型	故障信息、代码	故障现象、类型
E110	过电流	E157	内置制动单元故障
E111	过载	E160	从机故障
E112	对地短路	E161	从机没准备好
E113	输入断相	E162	从机1 CAN 故障
E114	输出断相	E167	CAN 通信故障
E115	过速	E170	自学习失败
E116	开环矢量控制故障	E180	DP 通信故障
E117	电机堵转	E181	DP 通信故障
E118	编码器故障	E200	端子本地故障
E119	速度故障	E201	端子远程故障
E121	变频器 IGBT1 过热	E202	Modbus 通信故障
E122	变频器 IGBT2 过热	E203	没有驱动控制信号
E123	变频器 IGBT3 过热	E210	键盘操作器故障
E124	变频器 IGBT4 过热	E220	存储器 CRC 校验故障
E125	变频器 IGBT5 过热	E221	参数故障
E126	变频器 IGBT6 过热	W01	系统没有准备好
E127	变频器 IGBT7 过热	W02	没有驱动使能信号
E128	变频器 IGBT8 过热	W03	端子本地故障
E137	风扇堵转	W04	端子远程故障
E138	温度采样故障	W06	过温
E151	U 相上桥 IGBT 故障	W09	DP 通信故障
E152	U 相下桥 IGBT 故障	W10	Modbus 通信故障
E153	V 相上桥 IGBT 故障	W15	参数设置故障
E154	V 相下桥 IGBT 故障	W18	温度检测故障
E155	W 相上桥 IGBT 故障	W20	从机没准备好
E156	W 相下桥 IGBT 故障	W21	从机1 通信故障

★3.16.2　港迪 HF500 系列变频器故障信息与代码（见表 3-78）

表 3-78　港迪 HF500 系列变频器故障信息与代码

故障信息、代码	故障现象、类型	故障信息、代码	故障现象、类型
E050	U 相上桥臂故障	E105	欠电压
E051	U 相下桥臂故障	E110	过电流
E052	V 相上桥臂故障	E111	过载
E053	V 相下桥臂故障	E112	对地短路
E054	W 相上桥臂故障	E113	输入断相
E055	W 相下桥臂故障	E114	输出断相
E056	从机故障	E115	过速
E057	内置制动单元	E116	开环矢量控制故障
E100	过电压	E117	电机堵转

（续）

故障信息、代码	故障现象、类型	故障信息、代码	故障现象、类型
E118	编码器故障	E157	内置制动单元故障
E119	速度故障	E160	从机故障
E121	变频器 IGBT1 过热	E161	从机没准备好
E122	变频器 IGBT2 过热	E162	从机 1 CAN 故障
E123	变频器 IGBT3 过热	E167	CAN 通信错误
E124	变频器 IGBT4 过热	E170	自学习失败
E125	变频器 IGBT5 过热	E180	DP 通信故障
E126	变频器 IGBT6 过热	E181	DP 通信故障
E127	变频器 IGBT7 过热	E200	端子本地故障
E128	变频器 IGBT8 过热	E201	端子远程故障
E137	风扇堵转	E202	Modbus 通信故障
E138	温度采样故障	E203	没有驱动控制信号
E139	预充电失败	E210	键盘操作器故障
E140	输入电压过低	E220	存储器 CRC 校验故障
E141	输入电源断相	E221	参数错误
E142	进线电源检测故障	W01	系统没有准备好
E143	主接触器反馈点故障	W02	没有驱动使能信号
E144	主接触器短路	W03	端子本地故障
E145	电网电压过高	W04	端子远程故障
E146	电网频率故障	W06	过温
E151	U 相上桥 IGBT 故障	W09	DP 通信故障
E152	U 相下桥 IGBT 故障	W10	Modbus 通信故障
E153	V 相上桥 IGBT 故障	W15	参数设置故障
E154	V 相下桥 IGBT 故障	W18	温度检测故障
E155	W 相上桥 IGBT 故障	W20	从机没准备好
E156	W 相下桥 IGBT 故障	W21	从机 1 通信错误

★3. 16. 3　港迪 HF610 系列变频器故障信息与代码（见表 3-79）

表 3-79　港迪 HF610 系列变频器故障信息与代码

故障信息、代码	故障现象、类型	故障信息、代码	故障现象、类型
E050	U 相上桥臂故障	E106	抱闸反馈故障 1
E051	U 相下桥臂故障	E107	抱闸反馈故障 2
E052	V 相上桥臂故障	E108	直流接触器故障
E053	V 相下桥臂故障	E109	15V 电源故障
E054	W 相上桥臂故障	E110	过电流
E056	从机故障	E111	过载
E057	内置制动单元	E112	对地短路
E100	过电压	E113	输入断相
E105	欠电压	E114	输出断相

173

（续）

故障信息、代码	故障现象、类型	故障信息、代码	故障现象、类型
E115	过速	E167	CAN 通信故障
E116	开环矢量控制故障	E170	自学习失败
E117	电机堵转	E180	DP 通信故障
E118	编码器故障	E181	DP 通信故障
E119	速度故障	E200	端子本地故障
E120	变频器 IGBT 过热	E201	端子远程故障
E138	温度采样故障	E202	Modbus 通信故障
E139	预充电失败	E203	没有驱动控制信号
E140	输入电压过低	E204	DI 功能设置重复
E141	输入电源断相	E210	键盘操作器故障
E142	进线电源检测故障	E220	存储器 CRC 校验错误
E143	主接触器反馈点故障	E221	参数故障
E144	主接触器短路	W01	系统没有准备好
E145	电网电压过高	W02	没有驱动使能信号
E146	电网频率故障	W03	端子本地故障
E152	U 相下桥 IGBT 故障	W04	端子远程故障
E154	V 相下桥 IGBT 故障	W06	过温
E155	W 相上桥 IGBT 故障	W09	DP 通信故障
E156	W 相下桥 IGBT 故障	W10	Modbus 通信故障
E157	内置制动单元故障	W15	参数设置故障
E160	从机故障	W18	温度检测故障
E161	从机没准备好	W20	从机没准备好
E162	从机 1 CAN 故障	W21	从机 1 通信错误

★3.16.4 港迪 HF620、HF659 系列变频器故障信息与代码（见表 3-80）

表 3-80 港迪 HF620、HF659 系列变频器故障信息与代码

故障信息、代码	故障现象、类型	故障信息、代码	故障现象、类型
W01	系统没有准备好	E053	V 相 IGBT 故障
W02	没有驱动使能信号	E054	W 相 IGBT 故障
W03	端子本地故障	E056	从机故障
W04	端子远程故障	E057	内置制动单元
W06	过温	E100	过电压
W09	DP 通信故障	E105	欠电压
W10	Modbus 通信故障	E106	抱闸反馈故障 1
W15	参数设置故障	E107	抱闸反馈故障 2
W18	温度检测故障	E108	直流接触器故障
W20	从机没准备好	E109	15V 电源故障
W21	从机 1 通信故障	E110	过电流
E051	U 相 IGBT 故障	E111	过载

（续）

故障信息、代码	故障现象、类型	故障信息、代码	故障现象、类型
E112	对地短路	E154	V 相 IGBT 故障
E113	输入断相	E155	W 相 IGBT 故障
E114	输出断相	E156	硬件过电流
E115	过速	E157	内置制动单元故障
E116	开环矢量控制故障	E160	从机故障
E117	电机堵转	E161	从机没准备好
E118	编码器故障	E162	从机 1 CAN 故障
E119	速度故障	E167	CAN 通信故障
E120	变频器 IGBT 过热	E170	自学习失败
E138	温度采样故障	E180	DP 通信故障
E139	预充电失败	E181	DP 通信故障
E140	输入电压过低	E200	端子本地故障
E141	输入电源断相	E201	端子远程故障
E142	进线电源检测故障	E202	Modbus 通信故障
E143	主接触器反馈点故障	E203	没有驱动控制信号
E144	主接触器短路	E204	DI 功能设置重复
E145	电网电压过高	E210	键盘操作器故障
E146	电网频率故障	E220	存储器 CRC 校验故障
E152	U 相 IGBT 故障	E221	参数故障

175

★3.16.5 港迪 HF630-L（MT）、HF650 系列变频器故障信息与代码（见表 3-81）

表 3-81 港迪 HF630-L（MT）、HF650 系列变频器故障信息与代码

故障信息、代码	故障现象、类型	故障信息、代码	故障现象、类型
E051	U 相 IGBT 故障	E115	过速
E053	V 相 IGBT 故障	E116	开环矢量控制故障
E054	W 相 IGBT 故障	E117	电机堵转
E056	从机故障	E118	编码器故障
E057	内置制动单元	E119	速度故障
E100	过电压	E120	变频器 IGBT 过热
E105	欠电压	E138	温度采样故障
E106	抱闸反馈故障 1	E139	预充电失败
E107	抱闸反馈故障 2	E140	输入电压过低
E108	直流接触器故障	E141	输入电源断相
E109	15V 电源故障	E142	进线电源检测故障
E110	过电流	E143	主接触器反馈点故障
E111	过载故障	E144	主接触器短路
E112	对地短路	E145	电网电压过高
E113	输入断相	E146	电网频率故障
E114	输出断相	E152	U 相 IGBT 故障

（续）

故障信息、代码	故障现象、类型	故障信息、代码	故障现象、类型
E154	V 相 IGBT 故障	E210	键盘操作器故障
E155	W 相 IGBT 故障	E220	存储器 CRC 校验错误
E156	硬件过电流	E221	参数错误
E157	内置制动单元故障	W01	系统没有准备好
E160	从机故障	W02	没有驱动使能信号
E161	从机没准备好	W03	端子本地故障
E162	从机 1 CAN 故障	W04	端子远程故障
E167	CAN 通信故障	W06	过温
E170	自学习失败	W09	DP 通信警告
E180	DP 通信故障	W10	Modbus 通信故障
E181	DP 通信故障	W15	参数设置故障
E200	端子本地故障	W18	温度检测故障
E201	端子远程故障	W20	从机没准备好
E202	Modbus 通信故障	W21	从机 1 通信故障
E203	没有驱动控制信号		

☆☆☆ 3.17 格立特系列变频器 ☆☆☆

176

★3.17.1 格立特 VC300A 系列变频器故障信息与代码（见表 3-82）

表 3-82 格立特 VC300A 系列变频器故障信息与代码

故障信息、代码	故障现象、类型	故障原因	故障检查
E-bCE	制动单元故障	1）外接制动电阻阻值偏小；2）制动线路故障、制动管损坏	1）增大制动电阻；2）检查制动单元，更换新制动管
E-CE	通信故障	1）通信长时间中断；2）串行通信的通信错误；3）波特率设置错误	1）检查通信接口配线情况；2）按停止/复位键复位，检查通信情况；3）设置合适的波特率
E-EEP	EEPROM 读写故障	1）控制参数的读写发生错误；2）EEPROM 损坏	1）按停止/复位键复位，检查控制参数；2）更换 EEPROM
E-EF	外部故障	外部故障输入端子动作	检查外部设备输入
E-END	厂家设定时间到达	用户试用时间到达	检查参数的设定
E-ItE	电流检测电路故障	1）放大电路异常；2）控制板连接器接触不良；3）辅助电源异常；4）霍尔器件异常	1）检查放大电路；2）检查连接器，重新插线；3）检查辅助电源；4）检查、更换霍尔器件
E-OC1	加速运行过电流	1）电网电压偏低；2）变频器功率偏小；3）加速太快	1）检查输入电源；2）选择功率大一档的变频器；3）增大加速时间
E-OC2	减速运行过电流	1）变频器功率偏小；2）减速太快；3）负载惯性转矩大	1）选择功率大一档的变频器；2）增大减速时间；3）外加合适的能耗制动组件

（续）

故障信息、代码	故障现象、类型	故障原因	故障检查
E-OC3	恒速运行过电流	1）变频器功率偏小；2）负载发生突变、异常；3）电网电压偏低	1）选择功率大一档的变频器；2）检查负载，减小负载突变情况；3）检查输入电源
E-OH1	整流模块过热	1）控制板连线、插件松动；2）辅助电源损坏，驱动电压欠电压；3）变频器瞬间过电流；4）输出三相相间短路、接地短路；5）风道堵塞、风扇损坏；6）环境温度过高；7）功率模块桥臂直通；8）控制板异常	1）检查连线情况；2）检查辅助电源、驱动电压；3）检查电压、负载、参数设定；4）检查配线；5）疏通风道、更换风扇；6）降低环境温度；7）更换功率模块；8）检修控制板
E-OH2	逆变模块过热	1）环境温度过高；2）控制板连线、插件松动；3）辅助电源损坏，驱动电压欠电压；4）功率模块桥臂直通；5）控制板异常；6）变频器瞬间过电流；7）输出三相有相间短路、接地短路；8）风道堵塞、风扇损坏引起的	1）降低环境温度；2）检查连线情况；3）检查辅助电源、驱动电压；4）更换功率模块；5）检修控制板；6）检查电压、负载、参数设定；7）检查配线；8）疏通风道、更换风扇
E-OL1	电机过载	1）电网电压过低；2）电机功率不足；3）电机额定电流设置错误；4）电机堵转或负载突变过大	1）检查电网电压；2）选择合适电机；3）重设电机额定电流；4）检查负载，调节转矩提升量
E-OL2	变频器过载	1）电网电压过低；2）负载过大；3）加速太快；4）对旋转中的电机再起动	1）检查电网电压；2）选择功率更大的变频器；3）增大加速时间；4）等停机后再起动
E-OL3	过转矩	1）对旋转中的电机再起动；2）电网电压过低；3）负载过大；4）加速太快	1）等停机后再起动；2）检查电网电压；3）选择功率更大的变频器，调整合适值；4）增大加速时间
EOUt1	逆变单元 U 相故障	1）加速太快；2）接地不良；3）U相 IGBT 内部损坏；4）干扰	1）增大加速时间；2）接地要良好；3）更换 IGBT；4）检查设备，消除干扰源
EOUt2	逆变单元 V 相故障	1）加速太快；2）V 相 IGBT 内部损坏；3）干扰；4）接地不良	1）增大加速时间；2）更换 IGBT；3）检查设备，消除干扰源；4）接地要良好
EOUt3	逆变单元 W 相故障	1）W 相 IGBT 内部损坏；2）干扰；3）接地不良；4）加速太快	1）更换 IGBT；2）检查设备，消除干扰源；3）接地要良好；4）增大加速时间
E-OV1	加速运行过电压	1）输入电压异常；2）瞬间停电后，对旋转中的电机实施再起动	1）检查输入电源；2）等停机后再起动
E-OV2	减速运行过电压	1）减速太快；2）负载惯量大；3）输入电压异常	1）增大减速时间；2）增大能耗制动组件；3）检查输入电源
E-OV3	恒速运行过电压	1）输入电压发生异常变动；2）负载惯量大	1）安装输入电抗器；2）外加合适的能耗制动组件
EPIDE	PID 反馈断开	1）PID 反馈断线；2）PID 反馈源消失	1）检查 PID 反馈信号线；2）检查 PID 反馈源

（续）

故障信息、代码	故障现象、类型	故障原因	故障检查
E-SPI	输入侧断相	输入 R、S、T 有断相	检查输入电源，检查安装配线情况
E-SPO	输出侧断相	1）输出 U、V、W 有断相；2）负载三相严重不对称	1）检查输出配线；2）检查电机、电缆、负载
E-tE	电机自学习故障	1）电机额定参数设置错误；2）自学习出的参数与标准参数偏差过大；3）自学习超时；4）电机容量与变频器容量不匹配	1）根据电机铭牌设置额定参数；2）使电机空载，重新辨识；3）检查电机接线，正确设置参数；4）更换变频器型号
E-UV	母线欠电压	电网电压偏低	检查电网输入电源的情况

★3.17.2　格立特 VC1500 系列变频器故障信息与代码（见表 3-83）

表 3-83　格立特 VC1500 系列变频器故障信息与代码

故障信息、代码	故障现象、类型	故障信息、代码	故障现象、类型
oc1	加速运行中过电流保护	ER05	通信异常 2（端子 485）
oc2	减速运行中过电流保护	ER06	模拟闭环反馈故障
oc3	恒速运行中过电流保护	ER07	参数辨识故障
ou1	加速运行中过电压保护	ER09	电流检测故障
oL2	电机过载保护	END	用户试用期已到
ER01	EEPROM 异常	ER12	外部故障
ER02	CPU 异常	OL	过载预报警
ER04	参数设定故障		

★3.17.3　格立特 VC1600 系列变频器故障信息与代码（见表 3-84）

表 3-84　格立特 VC1600 系列变频器故障信息与代码

故障信息、代码	故障现象、类型	故障原因	故障检查
Err01	逆变单元保护	1）变频器输出回路短路；2）主控板异常；3）电机与变频器接线过长；4）模块过热；5）变频器内部接线松动；6）驱动板异常；7）逆变模块异常	1）检查外围情况；2）检查逆变模块；3）加装电抗器、输出滤波器；4）消除风道堵塞，检查风扇；5）插好所有接线；6）检查主控板；7）检查驱动板
Err02	加速过电流	1）变频器输出回路存在接地、短路；2）控制方式为矢量并且没有进行参数辨识；3）加速时间太短；4）手动转矩提升、V/f 曲线不合适；5）电压偏低；6）对正在旋转的电机进行起动；7）加速过程中突加负载；8）变频器选型偏小	1）检查外围情况；2）进行电机参数辨识；3）增大加速时间；4）调整手动提升转矩或 V/f 曲线；5）将电压调到正常范围；6）选择转速追踪起动或等电机停止后再起动；7）取消突加负载；8）选用功率等级更大的变频器

（续）

故障信息、代码	故障现象、类型	故障原因	故障检查
Err03	减速过电流	1）变频器输出回路存在接地或短路；2）控制方式为矢量并且没有进行参数辨识；3）减速时间太短；4）没有加装制动单元、制动电阻；5）电压偏低；6）减速过程中突加负载	1）检查外围情况；2）进行电机参数辨识；3）增大减速时间；4）加装制动单元、制动电阻；5）电压调到正常范围；6）取消突加负载
Err04	恒速过电流	1）变频器输出回路存在接地或短路；2）控制方式为矢量且没有进行参数辨识；3）电压偏低；4）运行中存在突加负载；5）变频器选型偏小	1）检查外围情况；2）进行电机参数辨识；3）电压调到正常范围；4）取消突加负载；5）选择功率等级更大的变频器
Err05	加速过电压	1）加速时间过短；2）没有加装制动单元、制动电阻；3）输入电压偏高；4）加速过程中存在外力拖动电机运行	1）增大加速时间；2）加装制动单元、制动电阻；3）电压调到正常范围；4）取消该外力或加装制动电阻
Err06	减速过电压	1）输入电压偏高；2）减速过程中存在外力拖动电机运行；3）减速时间过短；4）没有加装制动单元、制动电阻	1）电压调到正常范围；2）取消该外力或加装制动电阻；3）增大减速时间；4）加装制动单元、制动电阻
Err07	恒速过电压	1）输入电压偏高；2）运行过程中存在外力拖动电机运行	1）电压调到正常范围；2）取消该外力或加装制动电阻
Err08	控制电源故障	输入电压不在规定的范围内	电压调到正常范围
Err09	欠电压	1）瞬时停电；2）变频器输入端电压不在要求的范围；3）驱动板异常；4）控制板异常；5）母线电压异常；6）整流桥及缓冲电阻异常	1）复位；2）电压调到正常范围；3）检修驱动板；4）检修控制板；5）检查母线电压；6）检修整流桥、缓冲电阻
Err10	变频器过载	1）负载过大、发生电机堵转；2）变频器选型偏小	1）减小负载，检查电机与机械情况；2）选择功率等级更大的变频器
Err11	电机过载	1）负载过大、发生电机堵转；2）变频器选型偏小；3）电机保护参数设定错误	1）减小负载，检查电机与机械情况；2）选择功率等级更大的变频器；3）正确设定参数
Err12	输入断相	1）防雷板异常；2）三相输入电源错误；3）驱动板异常；4）主控板异常	1）检修防雷板；2）检查外围线路；3）检修驱动板；4）检修主控板
Err13	输出断相	1）驱动板异常；2）模块异常；3）变频器到电机的引线错误；4）电机运行时变频器三相输出不平衡	1）检修驱动板；2）检修模块；3）检查外围线路；4）检查电机三相绕组的情况
Err14	模块过热	1）环境温度过高；2）风道堵塞；3）风扇异常；4）逆变模块异常；5）模块热敏电阻异常	1）降低环境温度；2）清理风道；3）更换风扇；4）更换逆变模块；5）更换热敏电阻
Err15	外部设备故障	1）通过多功能端子DI输入外部故障的信号；2）通过虚拟IO功能输入外部故障信号	复位运行
Err16	通信故障	1）通信参数组设置异常；2）上位机工作异常；3）通信线异常；4）通信扩展卡设置异常	1）正确设置通信参数；2）检查上位机接线情况；3）检查通信连接线情况；4）正确设置通信扩展卡类型

（续）

故障信息、代码	故障现象、类型	故障原因	故障检查
Err17	接触器故障	1）驱动板、电源异常；2）接触器异常	1）检修驱动板、电源板；2）更换接触器
Err18	电流检测故障	1）霍尔器件异常；2）驱动板异常	1）更换霍尔器件；2）检修驱动板
Err19	电机调谐故障	1）电机参数没有根据铭牌设置；2）参数辨识过程超时	1）需要根据铭牌正确设定电机参数；2）检查变频器到电机的引线情况
Err20	码盘故障	1）编码器型号不匹配；2）编码器连线错误；3）编码器错误；4）PG卡错误	1）正确设定编码器类型；2）检查线路；3）检查编码器；4）更换PG卡
Err21	EEPROM读写故障	EEPROM芯片异常	更换EEPROM芯片
Err22	变频器硬件故障	1）存在过电压；2）存在过电流	1）根据过电压故障处理；2）根据过电流故障处理
Err23	对地短路	电机对地短路	更换电缆，检修电机
Err26	累计运行时间到达	累计运行时间达到设定值	检查参数
Err27	用户自定义故障1	1）通过多功能端子DI输入用户自定义故障1的信号；2）通过虚拟IO功能输入用户自定义故障1的信号	复位运行
Err28	用户自定义故障2	1）通过多功能端子DI输入用户自定义故障2的信号；2）通过虚拟IO功能输入用户自定义故障2的信号	复位运行
Err29	累计上电时间到达	累计上电时间达到设定值	检查参数
Err30	掉载	变频器运行电流小于设定值	检查参数
Err31	运行时PID反馈丢失	PID反馈小于设定值	检查PID反馈信号，正确设置合适值
Err40	逐波限流	1）负载过大、发生电机堵转；2）变频器选型偏小	1）减小负载，检查电机与机械情况；2）选择功率等级更大的变频器
Err41	运行时切换电机	变频器运行过程中通过端子更改当前电机选择	变频器停机后再进行电机切换操作
Err42	速度偏差过大	1）没有进行参数辨识；2）速度偏差过大检测参数设置异常；3）编码器参数设定错误	1）进行电机参数辨识；2）合理设置检测参数；3）正确设置编码器参数
Err43	电机过速度	1）电机过速度检测参数设置异常；2）编码器参数设定错误；3）没有进行参数辨识	1）合理设置检测参数；2）正确设置编码器参数；3）进行电机参数辨识
Err45	电机过温	1）电机温度过高；2）温度传感器接线松动	1）降低载频，采取散热措施；2）检测温度传感器接线情况
Err51	初始位置错误	电机参数与实际偏差太大	重新确认电机参数

★3.17.4 格立特 VC8000 系列变频器故障信息与代码（见表3-85）

表3-85 格立特 VC8000 系列变频器故障信息与代码

故障信息、代码	故障现象、类型	故障原因	故障检查
Err01	逆变单元保护	1）主控板异常；2）电机与变频器接线过长；3）模块过热；4）变频器内部接线松动；5）驱动板异常；6）逆变模块异常；7）变频器输出回路短路	1）检查主控板；2）加装电抗器、输出滤波器；3）消除风道堵塞，检查风扇；4）插好所有接线；5）检查驱动板；6）检查逆变模块；7）检查外围情况
Err02	加速过电流	1）手动转矩提升、V/f 曲线不合适；2）电压偏低；3）对正在旋转的电机进行起动；4）加速过程中突加负载；5）变频器选型偏小；6）变频器输出回路存在接地、短路；7）控制方式为矢量并且没有进行参数辨识；8）加速时间太短	1）调整手动提升转矩或 V/f 曲线；2）将电压调到正常范围；3）选择转速追踪起动或等电机停止后再起动；4）取消突加负载；5）选用功率等级更大的变频器；6）检查外围情况；7）进行电机参数辨识；8）增大加速时间
Err03	减速过电流	1）减速时间太短；2）电压偏低；3）减速过程中突加负载；4）没有加装制动单元、制动电阻；5）变频器输出回路存在接地或短路；6）控制方式为矢量并且没有进行参数辨识	1）增大减速时间；2）电压调到正常范围；3）取消突加负载；4）加装制动单元、制动电阻；5）检查外围情况；6）进行电机参数辨识
Err04	恒速过电流	1）控制方式为矢量且没有进行参数辨识；2）电压偏低；3）运行中存在突加负载；4）变频器选型偏小；5）变频器输出回路存在接地或短路	1）进行电机参数辨识；2）电压调到正常范围；3）取消突加负载；4）选择功率等级更大的变频器；5）检查外围情况
Err05	加速过电压	1）输入电压偏高；2）加速过程中存在外力拖动电机运行；3）加速时间过短；4）没有加装制动单元、制动电阻	1）电压调到正常范围；2）取消该外力或加装制动电阻；3）增大加速时间；4）加装制动单元、制动电阻
Err06	减速过电压	1）减速时间过短；2）没有加装制动单元、制动电阻；3）输入电压偏高；4）减速过程中存在外力拖动电机运行	1）增大减速时间；2）加装制动单元、制动电阻；3）电压调到正常范围；4）取消该外力或加装制动电阻
Err07	恒速过电压	1）输入电压偏高；2）运行过程中存在外力拖动电机运行	1）电压调到正常范围；2）取消该外力或加装制动电阻
Err08	控制电源故障	输入电压不在规定的范围内	电压调到正常范围
Err09	欠电压	1）驱动板异常；2）控制板异常；3）瞬时停电；4）变频器输入端电压不在要求的范围；5）母线电压异常；6）整流桥及缓冲电阻异常	1）检修驱动板；2）检修控制板；3）复位；4）电压调到正常范围；5）检查母线电压；6）检修整流桥、缓冲电阻
Err10	变频器过载	1）负载过大、发生电机堵转；2）变频器选型偏小	1）减小负载，检查电机与机械情况；2）选择功率等级更大的变频器
Err11	电机过载	1）负载过大、发生电机堵转；2）变频器选型偏小；3）电机保护参数设定错误	1）减小负载，检查电机与机械情况；2）选择功率等级更大的变频器；3）正确设定参数

181

（续）

故障信息、代码	故障现象、类型	故障原因	故障检查
Err12	输入断相	1）三相输入电源错误；2）主控板异常；3）驱动板异常；4）防雷板异常	1）检查外围线路；2）检修主控板；3）检修驱动板；4）检修防雷板
Err13	输出断相	1）变频器到电机的引线错误；2）电机运行时变频器三相输出不平衡；3）驱动板异常；4）模块异常	1）检查外围线路；2）检查电机三相绕组的情况；3）检修驱动板；4）检修模块
Err14	模块过热	1）环境温度过高；2）逆变模块异常；3）风道堵塞；4）风扇异常；5）模块热敏电阻异常	1）降低环境温度；2）更换逆变模块；3）清理风道；4）更换风扇；5）更换热敏电阻
Err15	外部设备故障	1）通过多功能端子 DI 输入外部故障的信号；2）通过虚拟 IO 功能输入外部故障信号	复位运行
Err16	通信故障	1）上位机工作异常；2）通信线异常；3）通信扩展卡设置异常；4）通信参数组设置异常	1）检查上位机接线情况；2）检查通信连接线情况；3）正确设置通信扩展卡类型；4）正确设置通信参数
Err17	接触器故障	1）驱动板、电源异常；2）接触器异常	1）检修驱动板、电源板；2）更换接触器
Err18	电流检测故障	1）驱动板异常；2）霍尔器件异常	1）检修驱动板；2）更换霍尔器件
Err19	电机调谐故障	1）参数辨识过程超时；2）电机参数没有根据铭牌设置	1）检查变频器到电机的引线情况；2）需要根据铭牌正确设定电机参数
Err21	EEPROM 读写	EEPROM 芯片异常	更换 EEPROM 芯片
Err23	对地短路	电机对地短路	更换电缆，检修电机
Err26	累计运行时间到达	累计运行时间达到设定值	检查参数
Err29	累计上电时间到达	累计上电时间达到设定值	检查参数
Err30	掉载	变频器运行电流小于设定值	检查参数
Err31	运行时 PID 反馈丢失	PID 反馈小于设定值	检查 PID 反馈信号，正确设置合适值
Err40	逐波限流	1）变频器选型偏小；2）负载过大、发生电机堵转	1）选择功率等级更大的变频器；2）减小负载，检查电机与机械情况
Err41	运行时切换电机	变频器运行过程中通过端子更改当前电机选择	变频器停机后再进行电机切换操作
Err42	速度偏差过大	1）速度偏差过大检测参数设置不合理；2）没有进行参数自学习	1）正确设置参数；2）进行参数自学习

☆☆☆ 3.18 海利普系列变频器 ☆☆☆

★3.18.1 海利普 A150 系列变频器故障信息与代码（见表3-86）

表3-86 海利普 A150 系列变频器故障信息与代码

警告代码	故障、错误代码	故障现象、类型	警告代码	故障、错误代码	故障现象、类型
	E.11	电机温度过高		Er.85	按钮禁用
	E.16	输出短路		Er.89	参数只读
	E.21	欠电压、过电流		Er.91	参数在当前模式下不可修改
	E.25	制动电阻短路		Err	参数不可更改
	E.27	制动单元短路	A.02	E.02	断线
	E.28	制动电阻开路	A.03	E.03	电机丢失
	E.30		A.04	E.04	输入断相
	E.31	电机断相	A.07	E.07	过电压
	E.32		A.08	E.08	欠电压
	E.38	变频器内部故障	A.09	E.09	变频器过载
	E.44	接地故障（30kW）	A.10	E.10	电机过载
	E.47	功率卡 24V 故障	A.102		外部故障
	E.51	AMA 检查电机电压、电机电流错误	A.103		偏心
	E.52	AMA 检查电机电流错误	A.12	E.12	过转矩
	E.53	AMA 电机过大	A.13	E.13	过电流
	E.54	AMA 电机过小	A.14	E.14	接地故障
	E.55	AMA 参数故障	A.17	E.17	通信控制字超时
	E.56	AMA 中断	A.20	E.20	电源电压过低
	E.57	AMA 超时	A.24	E.24	风机故障
	E.58	AMA 内部故障	A.36	E.36	主电源故障
	E.63	机械制动电流过低	A.59		电流极限
	E.80	参数恢复出厂值	A.69	E.69	IGBT 温度过高
	Er.84	面板与变频器连接故障	A.96		变频器定时停止时间到达

★3.18.2 海利普 G150 系列变频器故障信息与代码（见表3-87）

表3-87 海利普 G150 系列变频器故障信息与代码

警告代码	故障、错误代码	故障现象、类型	警告代码	故障、错误代码	故障现象、类型
	E.11	电机温度过高		E.28	制动电阻开路
	E.16	输出短路		E.30	电机断相
	E.21	欠电压、过电流		E.31	电机断相
	E.25	制动电阻短路		E.32	电机断相
	E.27	制动单元短路		E.38	变频器内部故障

183

（续）

警告代码	故障、错误代码	故障现象、类型	警告代码	故障、错误代码	故障现象、类型
	E.44	接地故障	A.04	E.04	电源断相
	E.47	功率卡24V故障	A.07	E.07	过电压
	E.48	VDD端子电压低	A.08	E.08	欠电压
	E.51	AMA检查电机电压、电机电流错误	A.09	E.09	变频器过载
			A.10	E.10	电机过载
	E.52	AMA检查电机电流错误	A.102	E.102	外部故障
	E.53	AMA电机过大	A.103		偏心
	E.54	AMA电机过小	A.12	E.12	过转矩
	E.55	AMA参数故障	A.13	E.13	过电流
	E.56	AMA中断	A.14	E.14	接地故障
	E.57	AMA超时	A.17	E.17	通信控制字超时
	E.58	AMA内部故障	A.20	E.20	电源电压过低
	E.63	机械制动电流过低	A.24	E.24	风机故障
	E.80	参数恢复出厂值	A.36	E.36	主电源故障
	Er.84	面板与变频器连接故障	A.59	E.59	电流极限
	Er.85	按钮已禁用	A.69	E.69	IGBT温度过高
	Er.89	参数只读	A.74	E.74	整流桥温度传感器故障
	Er.91	参数在当前模式下不可修改	A.75	E.75	整流桥温度高
			A.76	E.76	模块温度传感器故障
	Err	参数不可更改	A.77	E.77	
A.02	E.02	断线	A.78	E.78	
A.03	E.03	电机丢失	A.96		变频器定时停止时间到达

★3.18.3 海利普HLP-A100系列变频器故障信息与代码（见表3-88）

表3-88 海利普HLP-A100系列变频器故障信息与代码

警告代码	故障、错误代码	故障现象、类型	警告代码	故障、错误代码	故障现象、类型
	E.11	电机温度过高		E.52	AMA检查电机电流错误
	E.16	输出短路		E.53	AMA电机过大
	E.21	欠电压、过电流		E.54	AMA电机过小
	E.25	制动电阻短路		E.55	AMA参数错误
	E.27	制动单元短路		E.56	AMA中断
	E.28	制动电阻开路		E.57	AMA超时
	E.30	电机断相		E.58	AMA内部故障
	E.31	电机断相		E.63	机械制动电流过低
	E.32	电机断相		E.80	参数恢复出厂值
	E.38	变频器内部故障		E.88	功率板24V故障
	E.44	接地故障		Er.84	面板与变频器连接故障
	E.47	功率卡24V故障		Er.85	按钮已禁用
	E.48	VDD端子电压低		Er.89	参数只读
	E.51	AMA检查电机电压、电机电流错误		Er.91	参数在当前模式下不可修改

（续）

警告代码	故障、错误代码	故障现象、类型	警告代码	故障、错误代码	故障现象、类型
	Err	参数不可更改	A. 17	E. 17	通信控制字超时
A. 02	E. 02	断线	A. 20	E. 20	电源电压过低
A. 03	E. 03	电机丢失	A. 24	E. 24	风机故障
A. 04	E. 04	输入断相	A. 36	E. 36	主电源故障
A. 07	E. 07	过电压	A. 59	E. 59	电流极限
A. 08	E. 08	欠电压	A. 69	E. 69	功率卡温度过高
A. 09	E. 09	变频器过载	A. 74	E. 74	整流桥温度传感器故障
A. 10	E. 10	电机过载	A. 75	E. 75	整流桥温度高故障
A. 102	E. 102	外部故障	A. 76	E. 76	
A. 103		偏心	A. 77	E. 77	模块温度传感器故障
A. 12	E. 12	变频器过转矩	A. 78	E. 78	
A. 13	E. 13	变频器过电流	A. 83	E. 83	功率板温度高
A. 14	E. 14	接地故障	A. 96		变频器定时停止时间到达

★3.18.4　海利普 HLP-C + /CP 系列变频器故障信息与代码（见表3-89）

表3-89　海利普 HLP-C + /CP 系列变频器故障信息与代码

故障信息、代码	故障现象、类型	故障信息、代码	故障现象、类型
E.DC.A	加速中过电流	E.Lu.S E.Lu.A E.Lu.n E.Lu.d	低电压
E.DC.n	恒速中过电流		
E.DC.d E.DC.S	减速中过电流 停车中过电流	E.OH.S E.OH.A E.OH.n E.OH.d	变频器过热
E.GF.S E.GF.A E.GF.n E.GF.d	对地短路	E.OL.A E.OL.n E.OL.d	变频器过负载150% 1min
E.ou.S E.ou.A E.ou.n E.ou.d	停车中过电压 加速中过电压 恒速中过电压 减速中过电压	E.OA.A E.OA.n E.OA.d	电机过负载150% 1min
E.br.A E.br.d	制动晶体管损坏	E.OT.A E.OT.n E.OT.d	电机过转矩
E.EC.S E.EC.A E.EC.n E.EC.d	CPU 故障	E.bS.A E.bS.n E.bS.d E.bS.S	电磁接触器 辅助线圈 无反馈
E.EE.S E.EE.n E.EE.d E.EE.A	EEPROM 故障		

185

★3.18.5 海利普 HLP-C100 系列变频器故障信息与代码（见表3-90）

表3-90 海利普 HLP-C100 系列变频器故障信息与代码

警告代码	故障、错误代码	故障现象、类型	警告代码	故障、错误代码	故障现象、类型
	E.16	输出短路		Err	参数不可更改
	E.25	制动电阻短路	A.03	E.03	电机丢失
	E.27	制动单元短路	A.04	E.04	输入断相
	E.28	制动电阻开路	A.07	E.07	过电压
	E.30		A.08	E.08	欠电压
	E.31	电机断相	A.09	E.09	变频器过载
	E.32		A.10	E.10	电机过载
	E.38	变频器内部故障	A.13	E.13	变频器过电流
	E.80	参数恢复出厂值	A.14	E.14	接地故障
	Er.84	面板与变频器连接失败	A.17	E.17	通信控制字超时
	Er.85	按钮禁用	A.24	E.24	风机故障
	Er.89	参数只读	A.59		电流极限
	Er.91	参数在当前模式下不可修改	A.69	E.69	功率卡温度过高

★3.18.6 海利普 HLP-G100 系列变频器故障信息与代码（见表3-91）

表3-91 海利普 HLP-G100 系列变频器故障信息与代码

警告代码	故障、错误代码	故障现象、类型	警告代码	故障、错误代码	故障现象、类型
	E.11	电机温度过高		E.63	机械制动电流过低
	E.16	输出短路		E.75	整流桥温度高
	E.25	制动电阻短路		E.80	参数恢复出厂值
	E.27	制动单元短路		E.88	功率板24V故障
	E.28	制动电阻开路		Er.84	面板与变频器连接失败
	E.30	电机断相		Er.85	按钮已禁用
	E.31	电机断相		Er.89	参数只读
	E.32	电机断相		Er.91	参数在当前模式下不可修改
	E.38	变频器内部故障		Err	参数不可更改
	E.44	接地故障	A.02	E.02	断线
	E.47	功率卡24V故障	A.03	E.03	电机丢失
	E.51	AMA检查电机电压、电机电流错误	A.04	E.04	电源断相
	E.52	AMA检查电机电流错误	A.07	E.07	过电压
	E.53	AMA电机过大	A.08	E.08	欠电压
	E.54	AMA电机过小	A.09	E.09	变频器过载
	E.55	AMA参数故障	A.10	E.10	电机过载
	E.56	AMA中断	A.12	E.12	变频器过转矩
	E.57	AMA超时	A.13	E.13	变频器过电流
			A.14	E.14	接地故障

（续）

警告代码	故障、错误代码	故障现象、类型	警告代码	故障、错误代码	故障现象、类型
A.17	E.17	通信控制字超时	A.76	E.76	模块温度传感器故障
A.24	E.24	风机故障	A.77	E.77	
A.58	E.58	AMA内部错误	A.78	E.78	
A.59		电流极限			
A.69	E.69	IGBT温度过高	A.83	E.83	功率板温度高
A.74	E.74	整流桥温度传感器故障	A.96		变频器定时停止时间到达

★3.18.7 海利普 HLP-G110 系列变频器故障信息与代码（见表3-92）

表3-92 海利普 HLP-G110 系列变频器故障信息与代码

警告代码	故障、错误代码	故障现象、类型	警告代码	故障、错误代码	故障现象、类型
	E.11	电机温度过高		Err	参数不可更改
	E.16	输出短路	A.02	E.02	断线
	E.25	制动电阻短路	A.03	E.03	电机丢失
	E.27	制动单元短路	A.04	E.04	输入断相
	E.28	制动电阻开路	A.07	E.07	过电压
	E.30	电机断相	A.08	E.08	欠电压
	E.31		A.09	E.09	变频器过载
	E.32		A.10	E.10	电机过载
	E.38	变频器内部故障	A.12	E.12	变频器过转矩
	E.44	接地故障（30kW及以上）	A.13	E.13	变频器过电流
	E.47	功率卡24V故障	A.14	E.14	接地故障
	E.48	VDD端子电压低	A.17	E.17	通信控制字超时
	E.51	AMA检查电机电压、电机电流错误	A.24	E.24	风机故障
	E.52	AMA检查电机电流错误	A.58	E.58	AMA内部故障
	E.53	AMA电机过大	A.59		电流极限
	E.54	AMA电机过小	A.69	E.69	功率卡温度过高
	E.55	AMA参数故障	A.74	E.74	整流桥温度传感器故障
	E.56	AMA中断	A.75	E.75	整流桥温度高
	E.57	AMA超时	A.76	E.76	模块温度传感器故障
	E.63	机械制动电流过低	A.77	E.77	
	E.80	参数恢复出厂值	A.78	E.78	
	E.88	功率板24V故障	A.83	E.83	功率板温度高
	Er.84	面板与变频器连接失败	A.96		变频器定时停止时间到达
	Er.85	按钮禁用	A160		低压力报警
	Er.89	参数只读	A161		过压力报警
	Er.91	参数在当前模式下不可修改	A163		皮带断裂检测报警
			A164		变频器无泵可以控制

187

★3.18.8 海利普 HLP-GA 系列变频器故障信息与代码（见表3-93）

表 3-93 海利普 HLP-GA 系列变频器故障信息与代码

故障信息、代码	故障现象、类型	故障信息、代码	故障现象、类型
A. OA	变频器过载	E. Lu. s、 E. Lu. A、 E. Lu. n、 E. Lu. d	低电压
A. OL	电机过载		
A. OT	过转矩		
Apr	参数设定故障		
E. bS. A、 E. bS. n、 E. bS. d、 E. bS. S	电磁接触器辅助线圈无反馈	E. OA. A、 E. OA. n、 E. OA. d	电机过负载150% 1min
		E. OC. A	加速中过电流
E. bT. A、 E. bT. n、 E. bT. d	制动晶体管故障	E. OC. d	减速中过电流
		E. OC. n	恒速中过电流
		E. OC. S	停车中过电流
E. EC. S、 E. EC. n、 E. EC. d、 E. EC. A	CPU 故障	E. OH. S、 E. OH. A、 E. OH. n、 E. OH. d	变频器过热
E. EE. S、 E. EE. n、 E. EE. d、 E. EE. A	EEPROM 故障	E. OL. A、 E. OL. n、 E. OL. d	变频器过负载150% 1min
		E. OT. A、 E. OT. n、 E. OT. d	电机过转矩
E. GF. S、 E. GF. a、 E. GF. n、 E. GF. d	对地短路	E. ou. a	加速中过电压
		E. ou. d	减速中过电压
		E. ou. n	恒速中过电压
		E. ou. S	停车中过电压

★3.18.9 海利普 HLP-NV 系列变频器故障信息与代码（见表3-94）

表 3-94 海利普 HLP-NV 系列变频器故障信息与代码

数字代码	故障信息		故障现象、类型	数字代码	故障信息		故障现象、类型
2	E.51G	A.51G	断线	10	E.0L2	A.0L2	电机热保护
4	E.PF	A.PF	电源断相	11	E.0H2	A.0H2	电机温度过高
7	E.0U	A.0U	过电压	12		A.0T	过转矩极限
8	E.LU	A.LU	欠电压	13	E.0C1	A.0C1	过电流
9	E.0L1	A.0L1	变频器过载	14	E.GF	A.GF	接地故障

（续）

数字代码	故障信息		故障现象、类型	数字代码	故障信息		故障现象、类型
16	E.OCS		输出短路	47	E.P24		24V电源故障
17	E.EC	A.EC	通信超时	51	E.51		AMT检查电机电压、电机电流错误
25	E.bb3		制动电阻短路	52	E.52		AMT检查电机电流过低
27	E.bb1		制动晶体管短路	59		A.OC2	电流极限
28	E.bb2		制动异常	63	E.63		机械制动电流过低
29	E.OH	A.OH	变频器温度过高	80	E.80		恢复出厂值
30	E.PH1		电机U相断相	84	Er.84		变频器与LCP失去连接
31	E.PH2		电机V相断相	90	Er.90		参数数据库繁忙
32	E.PH3		电机W相断相	91	Er.91		参数值无效
38	E.Err		变频器故障	92	Er.92		参数值超出范围

189

★3.18.10　海利普HLP-SD100系列变频器故障信息与代码（见表3-95）

表3-95　海利普HLP-SD100系列变频器故障信息与代码

警告代码	故障、错误代码	故障现象、类型	警告代码	故障、错误代码	故障现象、类型
	E.11	电机温度过高		E.53	AMA电机过大
	E.16	输出短路		E.54	AMA电机过小
	E.25	制动电阻短路		E.55	AMA参数故障
	E.27	制动单元短路		E.56	AMA中断
	E.28	制动电阻开路		E.57	AMA超时
	E.30			E.58	AMA内部故障
	E.31	电机断相		E.61	编码器故障
	E.32			E.63	机械制动电流过低
	E.38	变频器内部故障		E.80	参数恢复出厂值
	E.44	接地故障		E.88	功率板24V故障
	E.47	功率卡24V故障		Er.84	面板与变频器连接失败
	E.48	VDD端子电压低		Er.85	按钮禁用
	E.51	AMA检查电机电压、电机电流错误		Er.89	参数只读
				Er.91	参数在当前模式下不可修改
	E.52	AMA检查电机电流错误		Err	参数不可更改

（续）

警告代码	故障、错误代码	故障现象、类型	警告代码	故障、错误代码	故障现象、类型
A. 02	E. 02	断线	A. 20	E. 20	电源电压过低
A. 03	E. 03	电机丢失	A. 24	E. 24	风机故障
A. 04	E. 04	电源断相	A. 36	E. 36	主电源故障
A. 07	E. 07	过电压	A. 59		电流极限
A. 08	E. 08	欠电压	A. 69	E. 69	功率卡温度过高
A. 09	E. 09	变频器过载	A. 74	E. 74	整流桥温度传感器故障
A. 10	E. 10	电机过载	A. 75	E. 75	整流桥温度高
A. 12	E. 12	过转矩	A. 76	E. 76	
A. 13	E. 13	过电流	A. 77	E. 77	模块温度传感器故障
A. 14	E. 14	接地故障	A. 78	E. 78	
A. 17	E. 17	通信控制字超时	A. 83	E. 83	功率板温度高

★3.18.11　海利普 HLP-SJ110 系列变频器故障信息与代码（见表3-96）

表 3-96　海利普 HLP-SJ110 系列变频器故障信息与代码

警告代码	故障、错误代码	故障现象、类型	警告代码	故障、错误代码	故障现象、类型
	E. 11	电机温度过高		Er. 85	按钮已禁用
	E. 16	输出短路		Er. 89	参数只读
	E. 25	制动电阻短路		Er. 91	参数在当前模式下不可修改
	E. 27	制动单元短路		Err	参数不可更改
	E. 28	制动电阻开路	A. 02	E. 02	断线
	E. 30		A. 03	E. 03	电机丢失
	E. 31	电机断相	A. 04	E. 04	输入断相
	E. 32		A. 07	E. 07	过电压
	E. 38	变频器内部故障	A. 08	E. 08	欠电压
	E. 44	接地故障	A. 09	E. 09	变频器过载
	E. 47	功率卡 24V 故障	A. 10	E. 10	电机过载
	E. 48	VDD 端子电压低	A. 12	E. 12	变频器过转矩
	E. 51	AMA 检查电机电压、电机电流错误	A. 13	E. 13	变频器过电流
			A. 14	E. 14	接地故障
	E. 52	AMA 检查电机电流错误	A. 17	E. 17	通信控制字超时
	E. 53	AMA 电机过大	A. 24	E. 24	风机故障
	E. 54	AMA 电机过小	A. 58	E. 58	AMA 内部故障
	E. 55	AMA 参数错误	A. 59		电流极限
	E. 56	AMA 中断	A. 69	E. 69	功率卡温度过高
	E. 57	AMA 超时	A. 74	E. 74	整流桥温度传感器故障
	E. 63	机械制动电流过低	A. 75	E. 75	整流桥温度高
	E. 80	参数恢复出厂值	A. 76	E. 76	
	E. 88	功率板 24V 故障	A. 77	E. 77	模块温度传感器故障
	Er. 84	面板与变频器连接失败	A. 78	E. 78	
			A. 83	E. 83	功率板温度高

★3.18.12 海利普 HLP-SK110 系列变频器故障信息与代码（见表3-97）

表3-97 海利普 HLP-SK110 系列变频器故障信息与代码

警告代码	故障、错误代码	故障现象、类型	警告代码	故障、错误代码	故障现象、类型
A.19		油滤超时		E.88	功率板24V故障
A.20		油分超时		Er.84	面板与变频器连接失败
A.21		空滤超时		Er.85	按钮禁用
	E.05	客户自定义报警故障1		Er.89	参数只读
	E.11	电机温度过高		Er.91	参数在当前模式下不可修改
	E.16	输出短路		Err	参数不可更改
	E.25	制动电阻短路	A.01		油分堵塞
	E.27	制动单元短路	A.02	E.02	断线
	E.28	制动电阻开路	A.03	E.03	电机丢失
	E.30		A.04	E.04	输入断相
	E.31	电机断相	A.05		油滤堵塞
	E.32		A.06		空滤堵塞
	E.37	排气压力超限	A.07	E.07	过电压
	E.38	变频器内部故障	A.08	E.08	欠电压
	E.39	排气温度超限	A.09	E.09	变频器过载
	E.42	温度变送器故障	A.10	E.10	电机过载
	E.43	压力变送器故障	A.12	E.12	变频器过转矩
	E.44	接地故障（30kW及以上）	A.13	E.13	变频器过电流
	E.47	功率卡24V故障	A.14	E.14	接地故障
	E.48	VDD端子电压低	A.17	E.17	通信控制字超时
	E.49	PTC故障	A.24	E.24	风机故障
	E.50	风机过载	A.37		排气压力偏高
	E.51	AMA检查电机电压、电机电流错误	A.39		排气温度偏高
			A.49		PTC故障
	E.52	AMA检查电机电流错误	A.58	E.58	AMA内部故障
	E.53	AMA电机过大	A.59		电流极限
	E.54	AMA电机过小	A.69	E.69	功率卡温度过高
	E.55	AMA参数故障	A.71		润滑脂超时
	E.56	AMA中断	A.72		润滑油超时
	E.57	AMA超时	A.74	E.74	整流桥温度传感器故障
	E.63	机械制动电流过低	A.76	E.76	
	E.75	整流桥温度高	A.77	E.77	模块温度传感器故障
	E.80	参数恢复出厂值	A.78	E.78	
	E.82	客户自定义报警故障2	A.83	E.83	功率板温度高

★3.18.13 海利普 HLP-SK190 系列变频器故障信息与代码（见表 3-98）

表 3-98 海利普 HLP-SK190 系列变频器故障信息与代码

警告代码	故障、错误代码	故障现象、类型	故障原因	故障检查
	E.05	客户自定义报警故障 1		根据自定义的故障点来排查
	E.11	电机温度过高	1）温度传感器线松动；2）普通电机长期低速重负载运行；3）电机过载；4）温度传感器型号不对	1）检测温度传感器接线情况；2）选择变频电机；3）检查负载，正确设定参数；4）正确选择相应型号的温度传感器
	E.16	输出短路	电机、输出接线端子发生短路	检查电机接线，检查电机线及电机的绝缘情况
	E.25	制动电阻短路	制动电阻短路导致制动功能无效	更换制动电阻（仅存在于 22kW 及以下机型）
	E.27	制动单元短路	制动晶体管短路导致制动功能无效	更换制动晶体管（仅存在于 22kW 及以下机型）
	E.28	制动电阻开路	制动电阻没有连接、未工作	检查制动电阻（仅存在于 22kW 及以下机型）
	E.30 E.31 E.32	电机断相	1）加/减速时间很短、负载较重；2）电机功率远小于变频器功率；3）电机三相不平衡；4）电机接线松动	1）关闭电机断相保护；2）正确设置电机电流参数；3）更换电机情况；4）检查电机接线情况
	E.37	排气压力超限	系统排气压力超过极限值	检测外围电路，正确设置参数
	E.38	变频器内部故障	1）硬件异常；2）变频器被干扰	1）检修硬件；2）正确接线
	E.39	排气温度超限	系统内排气温度超过极限值	检测外围电路，正确设置参数
	E.42	温度变送器故障	温度变送器异常或其他问题	检测外围电路，正确设置参数
	E.43	压力变送器故障	压力变送器异常或其他问题	检测外围电路，正确设置参数
	E.44	接地故障（30kW 及以上）	1）电机线对地漏电；2）电机对地短路	1）减小载波频率，更换电缆，减小电缆长度；2）更换电缆、电机
	E.47	功率卡 24V 故障	功率卡异常	检修功率卡
	E.48	VDD 端子电压低	开关电源异常	检修开关电源
	E.49	PTC 故障	电机温度超过极限值	检修电机，检查外围电流
	E.50	风机过载	风机外围问题或参数设置不合理	检查风机
	E.51	AMA 检查电机电压、电机电流故障	AMA 检测到电机电压、电机电流设置错误	正确设置电机参数
	E.52	AMA 检查电机电流故障	AMA 检测到电机电流设置过低	正确设置电机参数
	E.53	AMA 电机过大	电机配置过大，无法执行 AMA	正确设置电机参数，选择更小功率电机
	E.54	AMA 电机过小	电机配置过小，无法执行 AMA	正确设置电机参数，选择更大功率电机

（续）

警告代码	故障、错误代码	故障现象、类型	故障原因	故障检查
	E.55	AMA 参数故障	电机参数超出范围	正确设置电机参数
	E.56	AMA 中断	运行 AMA 时被用户中断	重新执行 AMA
	E.57	AMA 超时	运行 AMA 时间过长	检查电机参数，重新执行 AMA
	E.63	机械制动电流过低	参数设置错误	正确设置参数
	E.75	整流桥温度高	整流桥温度高	检查整流桥
	E.80	参数恢复出厂值	用户执行参数恢复出厂值操作	进行复位
	E.82	客户自定义报警故障2	参数设置错误	正确设置参数
	E.88	功率板24V故障	变频器硬件异常	检修硬件
	Er.84	面板与变频器连接故障	1）面板与变频器接线松动；2）面板与变频器通信被干扰	1）检修接线；2）排除干扰
	Er.85	按钮禁用	该按钮禁用	检查参数设置
	Er.89	参数只读	尝试修改只读参数	检查参数设置
	Er.91	参数在当前模式下不可修改	参数在某些应用功能运行时不可更改	确认变频器处在应用功能运行状态
	Err	参数不可更改	参数被锁定或参数在运行中不可更改	检查参数设置
A.01		油分堵塞	油分部件堵塞	检查外部油分信号和相关器件
A.02	E.02	断线	模拟量输入端子 VI 或 AI 上的信号中断	检查端子 VI 或 AI 接线
A.03	E.03	电机丢失	1）变频器功率远大于电机功率；2）电机线没有接好	1）变频器功率需要与电机功率匹配；2）检查电机接线
A.04	E.04	输入断相	1）三相输入电源异常；2）变频器硬件异常	1）检查外围线路；2）检修硬件
A.05		油滤堵塞	油滤部件堵塞	检查外部油分信号和相关器件
A.06		空滤堵塞	空滤部件堵塞	检查外部油分信号和相关器件
A.07	E.07	过电压	1）设备在运行过程中存在外力拖动电机运行；2）输入电压过高；3）参数设置错误；4）减速时间过短；5）负载惯性太大；6）负载波动太大	1）取消该外力或加装制动电阻；2）检测输入电压；3）调整负载，正确设置电机相关参数；4）延长减速时间；5）加装制动电阻；6）检查负载
A.08	E.08	欠电压	1）瞬时停电；2）输入电压低并且负载重；3）变频器硬件异常	1）复位；2）调整电压到正常范围，开启低压模式；3）检修硬件
A.09	E.09	变频器过载	1）矢量控制时负载补偿、滑差补偿设置过大；2）负载过重；3）电机参数设置错误；4）V/f 控制时 V/f 曲线设置过高	1）减小负载补偿和滑差补偿；2）降低负载或使用更大功率变频器；3）正确设置电机参数；4）减小 V/f 曲线设置

193

（续）

警告代码	故障、错误代码	故障现象、类型	故障原因	故障检查
A. 10	E. 10	电机过载	1）矢量控制时负载补偿、滑差补偿设置过大；2）电机参数设置错误；3）电机堵转或负载突变过大；4）负载过重；5）V/f 控制时 V/f 曲线设置过高	1）减小负载补偿和滑差补偿；2）正确设置电机参数；3）消除电机堵转，检查负载情况；4）降低负载或使用更大功率电机；5）减小 V/f 曲线设置
A. 13	E. 13	变频器过电流	1）输入电压低；2）设备运行中负载突变过大；3）对正在旋转的电机进行起动；4）变频器输出回路存在接地或短路；5）变频器选型偏小；6）加/减速时间太短；7）V/f 控制时 V/f 曲线设置过高；8）矢量控制时负载补偿、滑差补偿设置过大	1）调整电压到正常范围；2）减小负载突变；3）选择转速追踪起动或等电机停止后再起动；4）检查电机接线和电机线的绝缘情况；5）选择更大功率变频器；6）延长加/减速时间；7）减小 V/f 曲线设置；8）减小负载补偿和滑差补偿
A. 14	E. 14	接地故障	1）电机线对地漏电；2）电机对地短路	1）减小载波频率、更换电缆或减小电缆长度；2）更换电缆、电机
A. 17	E. 17	通信控制字超时	1）通信参数设置错误；2）通信干扰；3）上位机工作不正常；4）通信接线异常	1）正确设置通信参数；2）使用屏蔽线，消除干扰；3）检查上位机程序；4）检查通信连接线的情况
A. 19		油滤超时	油滤部件运行时间超时	更换油滤
A. 20		油分超时	油分部件运行时间超时	更换油分
A. 21		空滤超时	空滤部件运行时间超时	更换空滤
A. 24	E. 24	风机故障	1）风机灰尘太多；2）风机老化	1）清理风机；2）更换风机
A. 37		排气压力偏高	系统排气压力偏高	检测外围电路，检查参数设置情况
A. 39		排气温度偏高	系统内排气温度偏高	检测外围电路，检查参数设置情况
A. 49		PTC 故障	电机温度过高	检测电机和外围电流
A. 58	E. 58	AMA 内部故障	执行 AMA 时，发生内部错误	检查内部情况
A. 59		电流极限	输出电流超过参数设定值	正确设置电机参数
A. 69	E. 69	功率卡温度过高	变频器内部温度过高	清理风道，检查器件
A. 71		润滑脂超时	润滑脂部件运行超过时间	更换润滑脂
A. 72		润滑油超时	润滑油部件运行超过时间	更换润滑油
A. 74	E. 74	整流桥温度传感器故障	整流桥温度传感器异常	更换整流桥温度传感器
A. 76 A. 77 A. 78	E. 76 E. 77 E. 78	模块温度传感器故障	IGBT 模块温度传感器故障引起的	更换 IGBT 模块温度传感器
A. 83	E. 83	功率板温度高	功率板温度高	检查功率板

★3.18.14 海利普 HLP-SK200 系列变频器故障信息与代码（见表3-99）

表3-99 海利普 HLP-SK200 系列变频器故障信息与代码

警告代码	故障、错误代码	故障现象、类型	警告代码	故障、错误代码	故障现象、类型
	E.11	电机温度过高	A.02	E.02	断线
	E.16	输出短路	A.03	E.03	电机丢失
	E.25	制动电阻短路	A.04	E.04	输入断相
	E.27	制动单元短路	A.07	E.07	过电压
	E.28	制动电阻开路	A.08	E.08	欠电压
	E.30		A.09	E.09	变频器过载
	E.31	电机断相	A.10	E.10	电机过载
	E.32		A.13	E.13	变频器过电流
	E.33	主变频与风机变频器通信超时	A.14	E.14	接地故障
			A.17	E.17	通信控制字超时
	E.38	变频器内部故障	A.24	E.24	变频器风机故障
	E.44	接地故障（30kW 及以上）	A.58	E.58	AMA 内部故障
	E.47	功率卡 24V 故障	A.59		电流极限
	E.48	VDD 端子电压低	A.69	E.69	功率卡温度过高
	E.50	风机过载	A.74	E.74	整流桥温度传感器故障
	E.51	AMA 检查电机电压、电机电流错误	A.75	E.75	整流桥温度高
	E.52	AMA 检查电机电流错误	A.76	E.76	
	E.53	AMA 电机过大	A.77	E.77	IGBT 模块温度传感器故障
	E.54	AMA 电机过小	A.78	E.78	
	E.55	AMA 参数故障	A.83	E.83	功率板温度高
	E.56	AMA 中断	A160		排气压力偏高
	E.57	AMA 超时	A161		排气温度偏高
	E.63	机械制动电流过低	A162		PTC 故障
	E.80	参数恢复出厂值	A163		油滤超时
	E.82	客户自定义报警故障2	A164		油分超时
	E.88	功率板 24V 故障	A165		空滤超时
E160		排气压力超限	A166		油滤堵塞
E161		排气温度超限	A167		油分堵塞
E162		PTC 故障	A168		空滤堵塞
E171		温度变送器故障	A169		润滑脂超时
E172		压力变送器故障	A170		润滑油超时
E173		风机过载	AF01	E38	风机变频器被干扰、硬件故障
E174		客户自定义故障1	AF02	E13	风机变频器过电流
E175		客户自定义故障2	AF03	E14	风机变频器接地故障
	Er.84	面板与变频器连接故障	AF04	E16	风机变频器输出短路
	Er.85	按钮禁用	AF05	E69	风机变频器温度过高
	Er.89	参数只读	AF06	E09	风机变频器过载
	Er.91	参数在当前模式下不可修改	AF07	E10	风机变频器电机过载
	Err	参数不可更改	AF08		风机变频器其他故障

★3.18.15　海利普 HLP-SK 系列变频器故障信息与代码（见表 3-100）

表 3-100　海利普 HLP-SK 系列变频器故障信息与代码

警告代码	故障、错误代码	故障现象、类型	警告代码	故障、错误代码	故障现象、类型
	A. F01	冷却风机变频器内部故障		E. 48	VDD 端子电压低
	A. F02	冷却风机变频器输出过电流		E. 50	AMA 错误
	A. F03	冷却风机变频器接地故障		E. 51	AMA 检查电机电压、电机电流错误
	A. F04	冷却风机变频器输出短路			
	A. F05	冷却风机变频器过热		E. 52	AMA 检查电机电流错误
	A. F06	冷却风机变频器过载		E. 53	AMA 电机过大
	A. F07	冷却风机变频器电机过载		E. 54	AMA 电机过小
	A. F08	冷却风机变频器其他故障		E. 55	AMA 参数故障
	E. 11	电机温度过高		E. 56	AMA 中断
	E. 126	自学习错误		E. 57	AMA 超时
	E. 148	IO 板 24V 电压低		E. 58	AMA 内部故障
	E. 16	输出短路		E. 63	机械制动电流过低
	E. 168	相序检测超时		E. 80	参数恢复出厂值
	E. 169	变压器短路		E. 88	功率板 24V 故障
	E. 170	风机起动故障		Er. 84	面板与变频器连接故障
	E. 171	温度变送器故障		Er. 85	按钮禁用
	E. 172	压力变送器故障		Er. 89	参数只读
	E. 174	外部故障 1		Er. 91	参数在当前模式下不可修改
	E. 175	相序故障		Err	参数不可更改
	E. 179	机头温度过低	A. 02	E. 02	断线
	E. 181	电机尾部风机无法起动	A. 03	E. 03	电机丢失
	E. 184	RI1 传感器故障	A. 04	E. 04	电源断相
	E. 185	RI3 传感器故障	A. 07	E. 07	过电压
	E. 186	VI 传感器故障	A. 08	E. 08	欠电压
	E. 189	油泵油压低于最低油压	A. 09	E. 09	变频器过载
	E. 190	油泵起动故障	A. 10	E. 10	电机过载
	E. 195	水位过高	A. 101		低压限频开启
	E. 21	欠电压、过电流	A. 102	E. 102	外部故障
	E. 25	制动电阻短路	A. 104		限功率功能开启
	E. 27	制动单元短路	A. 106		压力限频功能开启
	E. 28	制动电阻开路	A. 116		用户 1 锁定中
	E. 30		A. 117		用户 2 锁定中
	E. 31	电机断相故障	A. 12	E. 12	过转矩
	E. 32		A. 124		内部风扇故障
	E. 38	变频器内部故障	A. 13	E. 13	过电流
	E. 44	接地故障	A. 14	E. 14	接地故障
	E. 46	IGBT 驱动电压故障	A. 160	E. 160	排气压力过高
	E. 47	功率卡 24V 故障	A. 161	E. 161	排气温度过高

（续）

警告代码	故障、错误代码	故障现象、类型	警告代码	故障、错误代码	故障现象、类型
A. 162	E. 162	电机过热	A. 183	E. 183	VI 压力过高
A. 163	E. 163	油滤保养超时	A. 20	E. 20	电源电压过低
A. 164	E. 164	油分保养超时	A. 24	E. 24	风机故障
A. 165	E. 165	空滤保养超时	A. 33	E. 33	主变频与风机变频器通信超时
A. 166		油滤堵塞	A. 36	E. 36	主电源故障
A. 167	E. 167	油分堵塞	A. 59	E. 59	电流极限
A. 168		空滤堵塞	A. 69	E. 69	功率卡温度过高
A. 169	E. 177	润滑脂更换超时	A. 74	E. 74	整流桥温度传感器故障
A. 17	E. 17	通信控制字超时	A. 75	E. 75	整流桥温度高
A. 170	E. 178	润滑油更换超时	A. 76	E. 76	模块温度传感器故障
A. 173	E. 173	风机过载	A. 77	E. 77	
A. 176	E. 176	最大运行时间预警/停机	A. 78	E. 78	
A. 180	E. 180	电机尾部风机过载	A. 83	E. 83	功率板温度高
A. 182	E. 182	RI1 温度过高	A. 96		变频器定时停止时间到达

★3. 18. 16 海利普 HLP-SP100 系列变频器故障信息与代码（见表 3-101）

表 3-101 海利普 HLP-SP100 系列变频器故障信息与代码

警告代码	故障、错误代码	故障现象、类型	故障原因
	E. 11	电机温度过高	热敏电阻损坏、安装不当、电机冷却设备故障
	E. 16	输出短路	电机或输出接线端子发生短路
	E. 25	制动电阻短路	制动电阻短路导致制动功能无效
	E. 27	制动单元短路	制动晶体管短路导致制动功能无效
	E. 28	制动电阻开路	制动电阻未连接或未工作
	E. 30	电机 U 相断相	电机 U 相断相
	E. 31	电机 V 相断相	电机 V 相断相
	E. 32	电机 W 相断相	电机 W 相断相
	E. 38	变频器内部故障	变频器异常
	E. 44	接地故障	输出部分对地漏电（22kW 以上）
	E. 47	功率卡 24V 故障	功率卡 24V 电压故障引起的
	E. 48	VDD 端子电压低	VDD 端子电压过低
	E. 51	AMA 检查电机电压、电机电流错误	电机电压、电机电流设置错误
	E. 52	AMA 检查电机电流错误	电机电流过低
	E. 53	AMA 电机过大	电机配置过大
	E. 54	AMA 电机过小	电机配置过小
	E. 55	AMA 参数故障	电机参数超出范围
	E. 56	AMA 中断	运行 AMA 时被用户中断
	E. 57	AMA 超时	运行 AMA 时间过长
	E. 63	机械制动电流过低	起动延迟时间后，电机实际电流低于设定值

（续）

警告代码	故障、错误代码	故障现象、类型	故障原因
	E. 80	参数恢复出厂值	用户执行参数恢复出厂值操作
	Er. 84	面板与变频器连接故障	面板与变频器间无通信
	Er. 85	按钮已禁用	
	Er. 89	参数只读	尝试写入只读参数
	Er. 90	参数数据库繁忙	面板与 RS485 连接尝试同时更新参数
	Er. 91	参数值在该模式下无效	参数写入无效值
	Er. 92	参数值超出最小/最大限制	尝试设定的值超出了所允许的范围
	Err	参数不可更改	参数被锁定或该参数在变频器运行中不可更改
A. 02	E. 02	断线	模拟量输入端子 VI 或 AI 上的信号低于参数设定值的 50%
A. 03	E. 03	电机丢失	电机线没有接好
A. 04	E. 04	电源断相	输入电源断相或电压严重不平衡
A. 07	E. 07	过电压	直流回路电压超过极限
A. 08	E. 08	欠电压	直流回路电压低于参数设定
A. 09	E. 09	变频器过载	变频器超 100% 负载的持续时间过长
A. 10	E. 10	电机过载	变频器电机温度超过电机温度上限
A. 12	E. 12	转矩极限	转矩超过最大的转矩限制
A. 13	E. 13	过电流	超过变频器的峰值电流极限
A. 14	E. 14	接地故障	输出部分对地漏电（22kW 及 22kW 以下）
A. 15		没有可用泵	供水控制模式运行后，变频器无可控制的相对应的水泵电机
A. 17	E. 17	通信控制字超时	变频器通信超时
A. 19		低压力报警	系统反馈压力持续低于欠压压力值
A. 20		过压力报警	系统反馈压力持续超出超压压力值
A. 21		皮带断裂检测报警	连接水泵或风机的皮带已经断裂
A. 22		消防模式开启	消防模式已开启
A. 24	E. 24	风机故障	风机灰尘太多、已经老化
A. 40		DO1 端子过载	DO1 端子过载
A. 41		DO2 端子过载	DO2 端子过载
A. 58	E. 58	AMA 内部故障	执行 AMA 时发生内部错误
A. 59		电流极限	电流超过参数设定值
A. 61	E. 61	反馈故障	反馈信号不在范围内
A. 66		散热器温度低	温度传感器异常
A. 69	E. 69	功率卡温度过高	风道堵塞，风扇工作异常
A. 79	E. 79	无定义故障	

☆☆☆ 3.19 合康、汇川系列变频器 ☆☆☆

★3.19.1 合康 HID500 系列变频器故障信息与代码（见表 3-102）

表 3-102 合康 HID500 系列变频器故障信息与代码

故障信息、代码	故障现象、类型	故障原因	故障检查
ERR01	逆变单元保护	1）功率模块异常；2）变频器输出侧短路；3）外部干扰；4）加/减速时间过短	1）更换功率模块；2）检查电机绝缘；3）检查外围设备，消除强干扰源；4）延长加/减速时间
ERR02	加速过电流	1）加速时间过短；2）电网电压过低	1）延长加速时间；2）检查输入电压
ERR03	减速过电流	1）减速时间过短；2）电网电压过低	1）延长减速时间；2）检查输入电压
ERR04	恒速过电流	1）变频器功率偏小；2）电网电压过低	1）选择大一档的变频器；2）检查输入电压
ERR05	加速过电压	电网电压过高	检查输入电压
ERR06	减速过电压	减速时间过短，再生能量过大	延长减速时间，选配制动单元
ERR07	恒速过电压	负载惯性过大，再生能量过大	选择大一档的变频器，选配制动单元
ERR08	缓冲电阻过载	1）板件损坏；2）外部干扰；3）输入电源异常	1）检修板件；2）检查外围设备，消除干扰源；3）检查输入电压
ERR09	欠电压	电网电压过低	检查输入电压
ERR10	变频器过载	1）负载惯性过大；2）电机额定电流设置错误；3）变频器功率偏小	1）检查负载，调整转矩提升量；2）正确设置电机额定电流；3）选择大一档的变频器
ERR11	电机过载	1）电机额定电流设置错误；2）负载惯性过大	1）正确设置电机额定电流；2）检查负载，调整转矩提升量
ERR12	输入断相	三相交流输入断相	检查输入电源和连接线
ERR13	输出断相	三相输出侧电流不对称	检查输出连接线和电机绝缘
ERR14	散热器过热	1）周围环境温度过高；2）冷却风扇异常；3）温度检测电路异常；4）变频器通风不良	1）检查周围环境温度；2）检查冷却风扇；3）检修温度检测电路；4）改善通风
ERR15	外部设备故障	外部故障信号输入端子动作	检查外部情况
ERR16	通信故障	通信超时	检查通信连接线
ERR17	接触器故障	软启动电路、接触器异常	检查软启动电路、接触器
ERR18	电流检测故障	1）电流检测器件异常；2）外部干扰	1）检查电流检测器件；2）重新上电
ERR19	电机调谐故障	1）检测结果与理论值偏差过大；2）电机参数设置错误	1）确认电机为空载状态；2）正确设置电机参数
ERR20	码盘故障	1）码盘异常；2）码盘断线	1）更换码盘；2）检测配线
ERR21	EEPROM 操作超时	EEPROM 操作异常	重新上电，检查 EEPROM
ERR23	电机对地短路	电机配线异常	检测电机配线
ERR26	累计运行时间到达	累计运行时间达到设定值	使用参数初始化功能清除记录信息
ERR30	掉载	异步电机时变频器运行电流小于电机电流 10%	确认负载情况
ERR40	逐波限流	1）变频器选型偏小；2）负载过大、发生电机堵转	1）选择功率等级更大的变频器；2）减小负载，检查电机和机械情况

（续）

故障信息、代码	故障现象、类型	故障原因	故障检查
ERR42	速度偏差过大	1）编码器参数设定错误；2）没有进行参数辨识	1）正确设置编码器参数；2）进行电机参数辨识
ERR43	电机过速度	1）没有进行参数辨识；2）编码器参数设定错误	1）进行电机参数辨识；2）正确设置编码器参数

★3.19.2 汇川 CA300 系列变频器故障信息与代码（见表 3-103）

表 3-103 汇川 CA300 系列变频器故障信息与代码

故障信息、代码	故障现象、类型	故障信息、代码	故障现象、类型
E01.01	变频器电流采样故障	E19.12	
E01.02	接触器故障	E19.13	
E01.03	制动电阻短路	E19.14	
E02.00	加速过电流	E19.15	调谐过程超时
E03.00	减速过电流	E19.16	
E04.00	恒速过电流	E19.17	
E05.00	加速过电压	E19.19	
E06.00	减速过电压	E19.20	同步机空载零点位置角调谐过程超时
E07.00	恒速过电压	E19.22	
E08.00	缓冲电阻过载	E19.23	同步机磁极位置调谐故障
E09.00	欠电压	E19.24	电机调谐故障
E10.00	变频器过载	E21.01	
E10.01	逐波限流	E21.02	EEPROM 读写故障
E11.00	电机过载	E21.03	
E12.01	输入电压 R 相断相	E21.04	
E12.02	输入电压 S 相断相	E22.00	调谐出的定子电阻超出合理范围
E12.03	输入电压 T 相断相	E22.01	调谐出的异步机转子电阻超出合理范围
E12.04	输入三相电压过高	E22.02	调谐出的异步机空载电流、互感超出合理范围
E12.05	输入电压三相不平衡		
E13.00	输出断相	E22.03	调谐出的同步机反电动势超出合理范围
E14.00	模块过热	E22.04	惯量调谐故障
E15.01	通过多功能 DI 常开输入外部故障	E23.00	对地短路
E15.02	通过多功能 DI 常闭输入外部故障	E24.00	电机相间短路
E16.01	通信故障	E26.00	累计运行时间到达
E19.02	同步机磁极位置角调谐故障	E29.00	累计上电时间到达
E19.04	同步机磁极位置角调谐故障	E30.00	掉载
E19.05	同步机磁极初始位置角调谐故障	E31.00	运行时 PID 反馈丢失
E19.06		E42.00	速度偏差过大
E19.07	定子电阻调谐故障	E43.00	电机过速度
E19.08		E45.00	电机过温
E19.09	异步机瞬态漏感调谐故障	E46.01	同步控制参数设置错误
E19.10		E47.00	STO 故障
E19.11	惯量调谐故障		

★3.19.3 汇川 CA500 系列变频器故障信息与代码（见表3-104）

表3-104 汇川 CA500 系列变频器故障信息与代码

故障信息、代码	故障现象、类型	故障信息、代码	故障现象、类型
E01.01	变频器电流采样故障	E16.01	通信故障
E01.02	接触器故障	E19.02	同步机磁极位置角调谐故障
E01.03	制动电阻短路	E19.04	
E02.00	加速过电流	E19.05	同步机磁极初始位置角调谐故障
E03.00	减速过电流	E19.06	定子电阻调谐故障
E04.00	恒速过电流	E19.07	
E05.00	加速过电压	E19.08	
E06.00	减速过电压	E19.09	异步机瞬态漏感调谐故障
E07.00	恒速过电压	E19.10	
E08.00	缓冲电阻过载	E19.11	惯量调谐故障
E09.00	欠电压	E19.12	
E10.00	变频器过载	E19.13	
E10.01	逐波限流	E19.14	
E11.00	电机过载	E19.15	调谐过程超时
E12.01	输入电压 R 相断相	E19.16	
E12.02	输入电压 S 相断相	E19.17	
E12.03	输入电压 T 相断相	E19.19	
E12.04	输入三相电压过高	E19.20	同步机空载零点位置角调谐过程超时
E12.05	输入电压三相不平衡	E19.22	
E13.00	输出断相	E19.23	同步机磁极位置调谐故障
E14.00	模块过热	E19.24	异步机瞬态漏感调谐故障
E15.01	通过多功能 DI 常开输入外部故障	E21.01	EEPROM 读写故障
E15.02	通过多功能 DI 常闭输入外部故障	E21.02	

★3.19.4 汇川 CS280 系列变频器故障信息与代码（见表3-105）

表3-105 汇川 CS280 系列变频器故障信息与代码

操作面板显示	数码管显示	故障现象、类型	操作面板显示	数码管显示	故障现象、类型
Err10	E10	变频器过载	Err19	E19	电机调谐故障
Err11	E11	电机过载	Err23	E23	对地短路
Err12	E12	输入侧断相	Err32	E32	抱闸反馈故障
Err13	E13	输出侧断相	Err33	E33	运行指令故障
Err14	E14	模块过热	Err37	E37	速度方向故障
Err15	E15	外部设备故障	Err38	E38	速度反馈故障
Err16	E16	通信故障	Err02	E02	加速过电流
Err17	E17	接触器故障	Err03	E03	减速过电流
Err18	E18	电流检测故障	Err04	E04	恒速过电流

(续)

操作面板显示	数码管显示	故障现象、类型	操作面板显示	数码管显示	故障现象、类型
Err05	E05	加速过电压	Err09	E09	欠电压
Err06	E06	减速过电压	Err35	E35	操纵杆未归零
Err07	E07	恒速过电压			

★3.19.5 汇川 CS290 系列变频器故障信息与代码（见表 3-106）

表 3-106 汇川 CS290 系列变频器故障信息与代码

故障信息、代码	故障现象、类型	故障信息、代码	故障现象、类型	故障信息、代码	故障现象、类型
Er102	加速过电流	Er116	内置制动单元直通	Er143	轴冷电机低速运行超时
Er103	减速过电流	Er117	接触器故障		
Er104	恒速过电流	Er118	电流检测故障	Er144	正、反向运行指令同时有效
Er105	加速过电压	Er119	电机调谐故障		
Er106	减速过电压	Er120	编码器故障	Er145	操纵杆未归零
Er107	恒速过电压	Er123	对地短路	Er146	工艺卡通信故障
Er108	控制电源故障	Er125	输出断相	Er147	CANlink 通信故障
Er109	欠电压	Er137	频率方向故障	Er148	485 通信故障
Er110	变频器过载	Er138	频率跟随故障	Er149	参数读写故障
Er111	电机过载	Er140	逐波限流	Er150	外部输入故障
Er114	模块过热	Er141	松闸故障	Er151	功能码故障
Er115	内置制动单元过载	Er142	抱闸故障		

★3.19.6 汇川 MD100 系列变频器故障信息与代码（见表 3-107）

表 3-107 汇川 MD100 系列变频器故障信息与代码

故障信息、代码	故障现象、类型	故障信息、代码	故障现象、类型
A65	AI 断线	Err12	输入断相
Err02	加速过电流	Err13	输出断相
Err03	减速过电流	Err14	IGBT 过热
Err04	恒速过电流	Err16	通信故障
Err05	加速过电压	Err18	电流检测故障
Err06	减速过电压	Err19	电机调谐故障
Err07	恒速过电压	Err21	EEPROM 读写故障
Err08	缓冲电阻故障	Err23	对地短路
Err09	欠电压	Err24	电机相间短路
Err10	变频器过载	Err42	速度偏差过大
Err11	电机过载	Err43	电机过速度

★3.19.7 汇川 MD200、MD200-MF 系列变频器故障信息与代码（见表 3-108）

表 3-108　汇川 MD200、MD200-MF 系列变频器故障信息与代码

故障信息、代码	故障现象、类型	故障信息、代码	故障现象、类型
Err02	加速过电流	Err16	通信故障
Err03	减速过电流	Err18	电流检测故障
Err04	恒速过电流	Err19	电机调谐故障
Err05	加速过电压	Err21	EEPROM 读写故障
Err06	减速过电压	Err23	对地短路
Err07	恒速过电压	Err26	累计运行时间到达
Err08	控制电源故障	Err27	用户自定义故障 1
Err09	欠电压	Err28	用户自定义故障 2
Err10	变频器过载	Err29	累计上电时间到达
Err11	电机过载	Err30	掉载
Err12	输入断相	Err31	运行时 PID 反馈丢失
Err13	输出断相	Err40	逐波限流
Err14	模块过热	Err42	速度偏差过大
Err15	外部设备故障	Err55	速度同步从机故障

★3.19.8 汇川 MD210 系列变频器故障信息与代码（见表 3-109）

表 3-109　汇川 MD210 系列变频器故障信息与代码

故障信息、代码	故障现象、类型	故障信息、代码	故障现象、类型
Err02	加速过电流	Err15	外部设备故障
Err03	减速过电流	Err16	通信故障
Err04	恒速过电流	Err18	电流检测故障
Err05	加速过电压	Err19	电机调谐故障
Err06	减速过电压	Err21	EEPROM 读写故障
Err07	恒速过电压	Err23	对地短路
Err08	控制电源故障	Err26	累计运行时间到达
Err09	欠电压	Err27	用户自定义故障 1
Err10	变频器过载	Err28	用户自定义故障 2
Err11	电机过载	Err29	累计上电时间到达
Err12	输入断相	Err30	掉载
Err13	输出断相	Err31	运行时 PID 反馈丢失
Err14	模块过热	Err40	逐波限流

★3.19.9 汇川 MD280 系列变频器故障信息与代码（见表 3-110）

表 3-110　汇川 MD280 系列变频器故障信息与代码

故障信息、代码	故障现象、类型	故障信息、代码	故障现象、类型
Err02	加速过电流	Err04	恒速过电流
Err03	减速过电流	Err05	加速过电压

（续）

故障信息、代码	故障现象、类型	故障信息、代码	故障现象、类型
Err06	减速过电压	Err15	外部设备故障
Err07	恒速过电压	Err16	通信故障
Err08	缓冲电阻过载	Err17	接触器吸合故障
Err09	欠电压	Err18	电流检测故障
Err10	变频器过载	Err19	电机调谐故障
Err11	电机过载	Err21	EEPROM 读写故障
Err12	输入断相	Err23	对地短路
Err13	输出断相	Err40	快速限流超时
Err14	模块过热	Err41	电机切换故障

★3.19.10　汇川 MD310 系列变频器故障信息与代码（见表3-111）

表3-111　汇川 MD310 系列变频器故障信息与代码

故障信息、代码	故障现象、类型	故障信息、代码	故障现象、类型
Err02	加速过电流	Err19	电机调谐故障
Err03	减速过电流	Err21	EEPROM 读写故障
Err04	恒速过电流	Err22	变频器硬件故障
Err05	加速过电压	Err23	对地短路
Err06	减速过电压	Err26	累计运行时间到达
Err07	恒速过电压	Err27	用户自定义故障 1
Err08	控制电源故障	Err28	用户自定义故障 2
Err09	欠电压	Err29	累计上电时间到达
Err10	变频器过载	Err30	掉载
Err11	电机过载	Err31	运行时 PID 反馈丢失
Err12	输入断相	Err33	驱动板内部通信接收超时
Err13	输出断相	Err40	逐波限流
Err14	模块过热	Err41	运行时切换电机
Err15	外部设备故障	Err42	速度偏差过大
Err16	通信故障	Err96	控制板内部通信接收超时
Err18	电流检测故障		

★3.19.11　汇川 MD380 系列变频器故障信息与代码（见表3-112）

表3-112　汇川 MD380 系列变频器故障信息与代码

故障信息、代码	故障现象、类型	故障信息、代码	故障现象、类型
Err01	逆变单元保护	Err07	恒速过电压
Err02	加速过电流	Err08	控制电源故障
Err03	减速过电流	Err09	欠电压
Err04	恒速过电流	Err10	变频器过载
Err05	加速过电压	Err11	电机过载
Err06	减速过电压	Err12	输入断相

（续）

故障信息、代码	故障现象、类型	故障信息、代码	故障现象、类型
Err13	输出断相	Err28	用户自定义故障 2
Err14	模块过热	Err29	累计上电时间到达
Err15	外部设备故障	Err30	掉载
Err16	通信故障	Err31	运行时 PID 反馈丢失
Err17	接触器故障	Err40	逐波限流
Err18	电流检测故障	Err41	运行时切换电机
Err19	电机调谐故障	Err42	速度偏差过大
Err20	码盘故障	Err43	电机过速度
Err21	EEPROM 读写故障	Err45	电机过温
Err22	变频器硬件故障	Err51	初始位置角辨识故障
Err23	对地短路	Err55	主从控制从机故障
Err26	累计运行时间到达	Err60	制动管保护
Err27	用户自定义故障 1		

★3.19.12 汇川 MD380E 系列变频器故障信息与代码（见表 3-113）

表 3-113 汇川 MD380E 系列变频器故障信息与代码

故障信息、代码	故障现象、类型	故障信息、代码	故障现象、类型
A64	反电动势辨识异常警告	Err20	码盘故障
Err01	逆变单元保护	Err21	EEPROM 读写故障
Err02	加速过电流	Err22	变频器硬件故障
Err03	减速过电流	Err23	对地短路
Err04	恒速过电流	Err26	累计运行时间到达
Err05	加速过电压	Err27	用户自定义故障 1
Err06	减速过电压	Err28	用户自定义故障 2
Err07	恒速过电压	Err29	累计上电时间到达
Err08	控制电源故障	Err30	掉载
Err09	欠电压	Err31	运行时 PID 反馈丢失
Err10	变频器过载	Err40	逐波限流
Err11	电机过载	Err41	运行时切换电机
Err12	输入断相	Err42	速度偏差过大
Err13	输出断相	Err43	电机过速度
Err14	模块过热	Err45	电机过温
Err15	外部设备故障	Err51	初始位置角辨识故障
Err16	通信故障	Err60	制动电阻短路
Err17	接触器故障	Err61	制动管开通时间过长
Err18	电流检测故障	Err62	制动回路短路
Err19	电机调谐故障		

★3.19.13 汇川 MD400、MD400N 系列变频器故障信息与代码（见表3-114）

表3-114 汇川 MD400、MD400N 系列变频器故障信息与代码

故障信息、代码	故障现象、类型	故障信息、代码	故障现象、类型
Err01	逆变单元保护	Err13	输出断相
Err02	加速过电流	Err14	模块过热
Err03	减速过电流	Err15	外部设备故障
Err04	恒速过电流	Err16	通信故障
Err05	加速过电压	Err17	接触器故障
Err06	减速过电压	Err18	电流检测故障
Err07	恒速过电压	Err19	电机调谐故障
Err08	控制电源故障	Err20	码盘故障
Err09	欠电压	Err21	数据溢出
Err10	变频器过载	Err22	变频器硬件故障
Err11	电机过载	Err23	对地短路
Err12	输入断相		

★3.19.14 汇川 MD480 系列变频器故障信息与代码（见表3-115）

表3-115 汇川 MD480 系列变频器故障信息与代码

故障信息、代码	故障现象、类型	故障信息、代码	故障现象、类型
Err02	加速过电流	Err20	编码器故障
Err03	减速过电流	Err21	EEPROM 读写故障
Err04	恒速过电流	Err23	对地短路
Err05	加速过电压	Err26	累计运行时间到达
Err06	减速过电压	Err27	用户自定义故障1
Err07	恒速过电压	Err28	用户自定义故障2
Err08	控制电源故障	Err29	累计上电时间到达
Err09	欠电压	Err30	掉载
Err10	变频器过载	Err31	运行时 PID 反馈丢失
Err11	电机过载	Err40	逐波限流
Err12	输入断相	Err41	运行时切换电机
Err13	输出断相	Err42	速度偏差过大
Err14	模块过热	Err43	电机过速度
Err15	外部设备故障	Err45	电机过温
Err16	通信故障	Err61	制动单元过载
Err17	接触器故障	Err62	制动回路短路
Err18	电流检测故障	Err81	一键封锁提示
Err19	电机调谐故障	Err86	PTC 故障

206

★3.19.15 汇川 MD480P 系列变频器故障信息与代码（见表3-116）

表3-116 汇川 MD480P 系列变频器故障信息与代码

故障信息、代码	故障现象、类型	故障信息、代码	故障现象、类型
Err02	加速过电流	Err18	电流检测故障
Err03	减速过电流	Err19	电机调谐故障
Err04	恒速过电流	Err21	EEPROM 读写故障
Err05	加速过电压	Err23	对地短路
Err06	减速过电压	Err26	累计运行时间到达
Err07	恒速过电压	Err27	用户自定义故障 1
Err08	控制电源故障	Err28	用户自定义故障 2
Err09	欠电压	Err29	累计上电时间到达
Err10	变频器过载	Err30	掉载
Err11	电机过载	Err31	运行时 PID 反馈丢失
Err12	输入断相	Err40	逐波限流
Err13	输出断相	Err41	运行时切换电机
Err14	模块过热	Err45	电机过温
Err15	外部设备故障	Err55	主从控制从机故障
Err16	通信故障	Err61	制动单元过载
Err17	接触器故障	Err62	制动回路短路

★3.19.16 汇川 MD500 系列变频器故障信息与代码（见表3-117）

207

表3-117 汇川 MD500 系列变频器故障信息与代码

故障信息、代码	故障现象、类型	故障信息、代码	故障现象、类型
A66	低液位报警（T13 型号专用）	Err21	EEPROM 读写故障
Err02	加速过电流	Err23	对地短路
Err03	减速过电流	Err25	整流单元故障（T13 型号专用）
Err04	恒速过电流	Err26	累计运行时间到达
Err05	加速过电压	Err27	用户自定义故障 1
Err06	减速过电压	Err28	用户自定义故障 2
Err07	恒速过电压	Err29	累计上电时间到达
Err08	缓冲电源故障	Err30	掉载
Err09	欠电压	Err31	运行时 PID 反馈丢失
Err10	变频器过载	Err40	逐波限流
Err11	电机过载	Err41	运行时切换电机
Err12	输入断相	Err42	速度偏差过大
Err13	输出断相	Err43	电机过速度
Err14	模块过热	Err45	电机过温
Err15	外部设备故障	Err55	主从控制从机故障
Err16	通信故障	Err61	制动单元过载
Err17	接触器故障	Err62	制动回路短路
Err18	电流检测故障	Err64	水冷系统故障（T13 型号专用）
Err19	电机调谐故障	Err65	变频器过热（T13 型号专用）
Err20	编码器故障		

★3.19.17 汇川 MD601 系列变频器故障信息与代码（见表3-118）

表3-118 汇川 MD601 系列变频器故障信息与代码

故障信息、代码	故障现象、类型	故障信息、代码	故障现象、类型
Er002	加速过电流	Er106	并联多主机故障
Er003	减速过电流	Er107	并联主机 CAN 通信发送超时
Er004	恒速过电流	Er108	并联系统中从机个数不对
Er005	加速过电压	Er109	并联从机全部故障
Er006	减速过电压	Er110	并联从机 ID 冲突
Er007	恒速过电压	Er111	并联主/从机的工作模式冲突
Er008	缓冲电阻过载	Er115	并联系统的 CAN 通信初始化失败
Er009	欠电压	Er119	并联从机全部无法运行
Er010	变频器过载	Er121	模块风扇故障
Er011	电机过载	Er124	PFC 电感过温
Er012	输入断相	Er127	整流锁相故障
Er013	输出断相	Er130	主接触器状态冲突
Er014	模块过热	Er131	电阻接触器状态冲突
Er015	外部设备故障	Er132	电容接触器状态冲突
Er016	通信故障	Er133	母线电压建立超时
Er017	接触器故障	Er134	交流输入端故障
Er018	电流检测故障	Er136	缓冲断路器吸合故障
Er019	电机调谐故障	Er138	系统运行时序故障
Er021	EEPROM 读写故障	Er140	点对点通信系统模式与整流冲突
Er023	对地短路	Er145	点对点通信系统 CAN 通信初始化失败
Er026	累计运行时间到达	Er146	点对点通信从机接收故障
Er040	逐波限流	Er147	点对点通信数据模式冲突
Er041	运行时切换电机	Er148	CAN 总线断开
Er042	电机过速度	Er149	点对点通信系统多主机
Er043	速度偏差过大	Er150	以太网卡初始化失败
Er045	电机过温	Er153	以太网卡看门狗故障
Er048	V/f 预励磁故障	Er154	DP 卡初始化失败
Er049	未接编码器	Er163	DP 通信超时
Er050	编码器反馈速度故障	Er164	编码器断线
Er100	并联主从设置故障	Er165	编码器速度反馈故障
Er101	逆变/整流设置故障	Er181	并联从机有故障
Er102	并联主/从机 ID 设置故障	Er200	并联从机不均流
Er105	并联无主机		

★3.19.18 汇川 WISE310 系列变频器故障信息与代码（见表3-119）

表3-119 汇川 WISE310 系列变频器故障信息与代码

故障信息、代码	故障现象、类型	故障信息、代码	故障现象、类型
Err02	加速过电流	Err16	通信故障
Err03	减速过电流	Err17	接触器故障
Err04	恒速过电流	Err18	电流检测故障
Err05	加速过电压	Err19	电机调谐故障
Err06	减速过电压	Err21	EEPROM 读写故障
Err07	恒速过电压	Err23	短路
Err08	控制电源故障	Err26	累计运行时间到达
Err09	欠电压	Err29	累计上电时间到达
Err10	变频器过载	Err30	掉载
Err11	电机过载	Err40	逐波限流
Err12	输入断相	Err41	运行时切换电机
Err13	输出断相	Err45	电机过温
Err14	模块过热	Err61	制动单元过载
Err15	外部设备故障	Err62	制动回路短路

★3.19.19 汇川 WNDT 系列变频器故障信息与代码（见表3-120）

表3-120 汇川 WNDT 系列变频器故障信息与代码

故障信息、代码	故障现象、类型	故障原因	故障检查
Er102	加速过电流	1）手动转矩提升或 V/f 曲线不合适；2）加速过程中突加负载；3）变频器选型偏小；4）变频器输出回路存在接地或短路；5）控制方式为矢量且没有进行参数辨识；6）加速时间太短；7）电压偏低；8）对正在旋转的电机进行起动	1）选择转速追踪起动或等电机停止后再起动；2）取消突加负载；3）选择功率等级更大的变频器；4）检查外围；5）进行电机参数辨识；6）增大加速时间；7）调整手动提升转矩或 V/f 曲线；8）电压调到正常范围
Er103	减速过电流	1）电压偏低；2）变频器输出回路存在接地、短路；3）控制方式为矢量且没有进行参数辨识；4）减速时间太短；5）减速过程中突加负载；6）没有加装制动单元、制动电阻；7）制动电路短路	1）电压调到正常范围；2）检查外围；3）进行电机参数辨识；4）增大减速时间；5）取消突加负载；6）加装制动单元、电阻；7）检查制动电阻
Er104	恒速过电流	1）制动电路短路；2）控制方式为矢量且没有进行参数辨识；3）电压偏低；4）变频器输出回路存在接地、短路；5）运行中突加负载；6）变频器选型偏小	1）检查制动电阻；2）进行电机参数辨识；3）电压调到正常范围；4）检查外围；5）取消突加负载；6）选择功率等级更大的变频器
Er105	加速过电压	1）加速过程中存在外力拖动电机运行；2）加速时间过短；3）没有加装制动单元、制动电阻；4）输入电压偏高	1）取消该外力或加装制动电阻；2）增大加速时间；3）加装制动单元、制动电阻；4）电压调到正常范围

（续）

故障信息、代码	故障现象、类型	故障原因	故障检查
Er106	减速过电压	1）没有加装制动单元、制动电阻；2）输入电压偏高；3）减速过程中存在外力拖动电机运行；4）减速时间过短	1）加装制动单元及电阻；2）电压调到正常范围；3）取消此外力或加装制动电阻；4）增大减速时间
Er107	恒速过电压	1）输入电压偏高；2）运行过程中存在外力拖动电机运行	1）电压调到正常范围；2）取消此外力或加装制动电阻
Er108	控制电源故障	输入电压不在规范规定的范围内	电压调到正常范围
Er109	欠电压	1）瞬时停电；2）变频器输入端电压不在要求的范围；3）母线电压异常；4）整流桥及缓冲电阻异常；5）驱动板异常；6）控制板异常	1）复位；2）调整电压到正常范围；3）检查母线；4）检查整流桥、缓冲电阻；5）检查驱动板；6）检查控制板
Er110	变频器过载	1）负载过大、发生电机堵转；2）变频器选型偏小	1）减小负载，检查电机和机械情况；2）选择功率等级更大的变频器
Er111	电机过载	1）电机保护参数设定错误；2）负载过大、发生电机堵转；3）变频器选型偏小	1）正确设定参数；2）减小负载，检查电机和机械情况；3）选择功率等级更大的变频器
Er112	输入断相	1）驱动板、防雷板、主控板、整流桥异常；2）三相电源输入不正常	1）检修驱动板、防雷板、主控板、整流桥；2）检查外围接线情况
Er114	模块过热	1）环境温度过高；2）风道堵塞；3）模块热敏电阻异常；4）逆变模块异常；5）风扇异常	1）降低环境温度；2）清理风道；3）更换热敏电阻；4）更换逆变模块；5）更换风扇
Er115	内置制动单元过载	1）内置制动单元异常；2）外部负载发电量偏大；3）制动电阻选型偏小；4）制动电阻短路	1）检查内置制动单元；2）检查外部负载；3）选择更大阻值的制动电阻；4）检查变频器到制动电阻间的接线
Er116	内置制动单元直通	1）外部负载发电量偏大；2）制动电阻短路；3）内置制动单元异常；4）制动电阻选型偏小	1）检查外部负载；2）检查变频器到制动电阻间的接线；3）检查内置制动单元；4）选择更大阻值的制动电阻
Er117	接触器故障	1）驱动板和电源异常；2）接触器异常	1）检修驱动板、电源板；2）更换接触器
Er118	电流检测故障	1）驱动板异常；2）检查霍尔器件异常	1）检修驱动板；2）更换霍尔器件
Er119	电机调谐故障	1）电机参数没有根据铭牌设置；2）参数辨识过程超时	1）正确设定电机参数；2）检查变频器到电机间的连线
Er120	编码器故障	1）编码器型号不匹配；2）编码器连线错误；3）编码器异常；4）PG卡异常	1）正确设定编码器的类型；2）检查线路；3）更换编码器；4）更换PG卡
Er123	对地短路	电机对地短路	更换电缆或更换电机
Er125	输出断相	1）变频器到电机间的引线异常；2）模块异常；3）电机运行时变频器三相输出不平衡；4）驱动板异常	1）检查外围接线情况；2）检修模块；3）检查电机三相绕组；4）检修驱动板
Er137	频率方向故障	运行给定频率与电机反馈频率的方向相反	正确设置电机等参数，检查负载
Er138	频率跟随故障	给定频率与电机反馈频率跟随误差过大	正确设置电机等参数，检查负载

（续）

故障信息、代码	故障现象、类型	故障原因	故障检查
Er140	逐波限流	1）负载过大、发生电机堵转；2）变频器选型偏小	1）减小负载，检查电机和机械情况；2）选择功率等级更大的变频器
Er41	松闸故障	松闸反馈信号输入有误	检查制动器电路接线和控制板松闸反馈输入点的功能选择设定
Er42	抱闸故障	抱闸反馈信号输入有误	检查制动器电路接线和控制板抱闸反馈输入点的功能选择设定
Er43	轴冷电机低速运行超时	轴冷电机低速运行超时	适当调整有关参数的设置，注意防止电机的过热
Er44	正、反向运行指令同时有效	变频器同时检测到正、反向运行指令	检查正、反向运行命令输入点的外围电路，适当提高端子滤波时间
Er45	操纵杆未归零	变频器上电时检测到有运行命令或频率给定信号输入	上电过程中确保各常开输入点信号无效，等系统初始化结束后再开始输入运行指令
Er46	工艺卡通信故障	变频器与工艺卡间通信异常	正确设置
Er47	CANlink 通信故障	1）CANlink 扩展卡异常；2）通信线异常	1）检查各扩展卡间的通信接线情况、扩展卡接口情况；2）尽可能缩短各个通信节点间的距离
Er48	通信故障	1）上位机工作异常；2）通信参数组设置异常；3）通信线异常	1）检查上位机接线；2）正确设置通信扩展卡类型、正确设置通信参数；3）检查通信连接线
Er49	参数读写故障	EEPROM 异常	更换 EEPROM
Er50	外部输入故障	输入功能有效	复位运行
Er51	功能码故障	1）EEPROM 存储芯片异常；2）功能参数设置异常	1）更换 EEPROM；2）使用参数自检功能，检查出错功能后修改

表述符号与 LED 实际显示对应如下：

LED 实际显示	表述符号	LED 实际显示	表述符号	LED 实际显示	表述符号	LED 实际显示	表述符号
0	0	6	6	C	C	N	N
1	1	7	7	c	c	P	P
2	2	8	8	d	D	r	R
3	3	9	9	E	E	T	T
4	4	A	A	F	F	U	U
5	5、S	b	B	L	L	u	u

☆☆☆ **3.20　佳乐系列变频器** ☆☆☆

★3.20.1　佳乐 JAC580 系列变频器故障信息与代码（见表3-121）

表 3-121　佳乐 JAC580 系列变频器故障信息与代码

故障信息、代码	故障现象、类型	故障原因	故障检查
Err01	逆变单元保护	1）变频器内部接线松动；2）主控板异常；3）驱动板异常；4）逆变模块异常；5）变频器输出回路短路；6）电机、变频器接线过长；7）模块过热	1）检查连接线情况；2）检修主控板；3）检修驱动板；4）检修逆变模块；5）检查外围情况；6）加装电抗器、输出滤波器；7）检查风道、风扇
Err02	加速过电流	1）手动转矩提升、V/f 曲线不合适；2）电压偏低；3）对正在旋转的电机进行起动；4）加速过程中突加负载；5）变频器选型偏小；6）变频器输出回路存在接地或短路；7）控制方式为矢量且没有进行参数辨识；8）加速时间太短	1）调整手动提升转矩或 V/f 曲线；2）电压调到正常范围；3）选择转速追踪起动或等电机停止后再起动；4）取消突加负载；5）选择功率等级更大的变频器；6）检查外围情况；7）进行电机参数辨识；8）增大加速时间
Err03	减速过电流	1）减速时间太短；2）电压偏低；3）减速过程中突加负载；4）没有加装制动单元、制动电阻；5）变频器输出回路存在接地或短路；6）控制方式为矢量且没有进行参数辨识	1）增大减速时间；2）电压调到正常范围；3）取消突加负载；4）加装制动单元、制动电阻；5）检查外围情况；6）进行电机参数辨识
Err04	恒速过电流	1）变频器输出回路存在接地或短路；2）运行中突加负载；3）变频器选型偏小；4）控制方式为矢量且没有进行参数辨识；5）电压偏低	1）检查外围情况；2）取消突加负载；3）选择功率等级更大的变频器；4）进行电机参数辨识；5）电压调到正常范围
Err05	加速过电压	1）输入电压偏高；2）加速过程中存在外力拖动电机运行；3）加速时间过短；4）没有加装制动单元、制动电阻	1）电压调到正常范围；2）取消该外力或加装制动电阻；3）增大加速时间；4）加装制动单元、制动电阻
Err06	减速过电压	1）减速过程中存在外力拖动电机运行；2）减速时间过短；3）没有加装制动单元、制动电阻；4）输入电压偏高	1）取消该外力或加装制动电阻；2）增大减速时间；3）加装制动单元、制动电阻；4）电压调到正常范围
Err07	恒速过电压	1）输入电压偏高；2）运行过程中存在外力拖动电机运行	1）电压调到正常范围；2）取消该外力或加装制动电阻
Err08	控制电源故障	输入电压不在规定的范围内	电压调到正常范围
Err09	欠电压	1）瞬时停电；2）整流桥及缓冲电阻异常；3）驱动板异常；4）控制板异常；5）变频器输入端电压不在规范要求范围；6）母线电压异常	1）复位；2）检修整流桥、缓冲电阻；3）检修驱动板；4）检修控制板；5）电压调到正常范围；6）检查母线
Err10	变频器过载	1）负载过大、发生电机堵转；2）变频器选型偏小	1）减小负载，检查电机和机械情况；2）选择功率等级更大的变频器
Err11	电机过载	1）电机保护参数设定异常；2）负载过大、发生电机堵转；3）变频器选型偏小	1）正确设定参数；2）减小负载，检查电机和机械情况；3）选择功率等级更大的变频器

（续）

故障信息、代码	故障现象、类型	故障原因	故障检查
Err12	输入断相	1）驱动板异常；2）防雷板异常；3）主控板异常；4）三相输入电源异常	1）检修驱动板；2）检修防雷板；3）检修主控板；4）检查并排除外围线路中存在的问题
Err13	输出断相	1）变频器到电机的引线异常；2）模块异常；3）电机运行时变频器三相输出不平衡；4）驱动板异常	1）检查外围；2）更换模块；3）检查电机三相绕组情况；4）检修驱动板
Err14	模块过热	1）环境温度过高；2）模块热敏电阻异常；3）逆变模块异常；4）风道堵塞；5）风扇异常	1）降低环境温度；2）更换热敏电阻；3）更换逆变模块；4）清理风道；5）更换风扇
Err15	外部设备故障	1）通过多功能端子 DI 输入外部故障的信号；2）通过虚拟 IO 功能输入外部故障的信号	复位运行
Err16	通信故障	1）上位机工作异常；2）通信线异常；3）通信扩展卡设置错误；4）通信参数组设置错误	1）检查上位机接线；2）检查通信连接线情况；3）正确设置通信扩展卡类型；4）正确设置通信参数
Err17	接触器故障	1）驱动板和电源异常；2）接触器异常	1）检修驱动板、电源板；2）更换接触器
Err18	电流检测故障	1）驱动板异常；2）霍尔器件异常	1）检修驱动板；2）更换霍尔器件
Err19	电机调谐故障	1）电机参数没有根据铭牌设置；2）参数辨识过程超时	1）正确设定电机参数；2）检查变频器到电机的引线情况
Err20	码盘故障	1）编码器异常；2）PG 卡异常；3）编码器型号不匹配；4）编码器连线异常	1）更换编码器；2）更换 PG 卡；3）正确设定编码器类型；4）检查线路
Err21	EEPROM 读写故障	EEPROM 芯片异常	更换 EEPROM
Err22	变频器硬件故障	1）过电压；2）过电流	1）根据过电压故障来处理；2）根据过电流故障来处理
Err23	对地短路	电机对地短路	更换电缆或电机
Err26	累计运行时间到达	累计运行时间达到设定值	使用参数初始化功能清除记录信息，正确设定参数
Err27	用户自定义故障 1	1）通过多功能端子 DI 输入用户自定义故障 1 的信号；2）通过虚拟 IO 功能输入用户自定义故障 1 的信号	复位运行
Err28	用户自定义故障 2	1）通过多功能端子 DI 输入用户自定义故障 2 的信号；2）通过虚拟 IO 功能输入用户自定义故障 2 的信号	复位运行
Err29	累计上电时间到达	累计上电时间达到设定值	使用参数初始化功能清除记录信息
Err30	掉载	变频器运行电流小于设定值	确认负载，正确设置参数
Err31	运行时 PID 反馈丢失	PID 反馈小于设定值	检查 PID 反馈信号，正确设置参数

（续）

故障信息、代码	故障现象、类型	故障原因	故障检查
Err40	逐波限流	1）负载过大、发生电机堵转；2）变频器选型偏小	1）减小负载，检查电机和机械情况；2）选择功率等级更大的变频器
Err41	运行时切换电机	变频器运行过程中通过端子更改当前电机选择	变频器停机后再进行电机切换操作
Err42	速度偏差过大	1）没有进行参数辨识；2）速度偏差过大、参数设置错误；3）编码器参数设定错误	1）进行电机参数辨识；2）正确设置检测参数；3）正确设置编码器参数
Err43	电机过速度	1）编码器参数设定错误；2）没有进行参数辨识；3）电机过速度检测参数设置错误	1）正确设置编码器参数；2）进行电机参数辨识；3）正确设置检测参数
Err45	电机过温	1）电机温度过高；2）温度传感器接线松动	1）降低载频，采取散热措施；2）检测温度传感器接线情况
Err51	初始位置错误	电机参数与实际偏差太大	重新确认电机参数

★3.20.2 佳乐 JAC780 系列变频器故障信息与代码（见表 3-122）

表 3-122 佳乐 JAC780 系列变频器故障信息与代码

故障信息、代码	故障现象、类型	故障信息、代码	故障现象、类型
20	4~20mA 线断路	OH-1	
A.OA	变频器过载	OH-2	整流模块过热
A.OL	电机过载	OH-3	逆变模块过热
A.OT	过转矩	OH-4	
Apr	参数设定故障	OL-1	
BE	制动晶体管故障	OL-3	变频器过载
EC	CPU 故障	OL-4	
EEP	存储器读写故障	OT-1	
Er	外部干扰	OT-3	电机过转矩
ES	紧急停车	OT-4	
LU-1		OU-1	加速运行过电压
LU-2	母线欠电压	OU-2	停车中过电压
LU-3		OU-3	恒速运行过电压
LU-4		OU-4	减速运行过电压
OA-1		Pr	参数设置错误
OA-3	电机过载	SC-1	
OA-4		SC-2	逆变单元故障
OC-1	加速运行过电流	SC-3	
OC-2	停车中过电流	SC-4	
OC-3	恒速运行过电流	zd	直流制动状态
OC-4	减速运行过电流		

注：表中 1 代表加速，2 代表停车，3 代表恒速，4 代表减速。

★3.20.3 佳乐 JR6000 系列变频器故障信息与代码（见表3-123）

表3-123 佳乐 JR6000 系列变频器故障信息与代码

故障信息、代码	故障现象、类型	故障原因	故障检查
bE	制动单元故障	1）制动线路故障、制动管异常；2）外接制动电阻阻值偏小	1）检查制动单元，更换新制动管；2）增大制动电阻
CE	通信故障	1）波特率设置错误；2）通信长时间中断；3）采用串行通信的通信错误	1）正确设置波特率；2）检查通信接口配线情况；3）按 STOP/RST 键复位，检查串行通信
EEP	EEPROM 读写故障	1）控制参数的读写发生错误；2）EEPROM 异常	1）按 STOP/RST 键复位，检查控制参数；2）更换 EEPROM
EF	外部故障	SI 外部故障输入端子动作	检查外部设备输入情况
END	厂家设定时间到达	用户试用时间到达	检查服务条款
IPL	输入侧断相	输入 R、S、T 有断相	检查输入电源，检查安装配线
ItE	电流检测故障	1）控制板连接器接触不良；2）放大电路异常；3）辅助电源异常 4）霍尔器件异常	1）检查连接器，检查插线情况；2）检修放大电路；3）检修辅助电源；4）更换霍尔器件
OC1	加速运行过电流	1）加速太快；2）电网电压偏低；3）变频器功率偏小	1）增大加速时间；2）检查输入电源；3）选择功率大一档的变频器
OC2	减速运行过电流	1）减速太快；2）变频器功率偏小；3）负载惯性转矩大	1）增大减速时间；2）选择功率大一档的变频器；3）外加合适的能耗制动组件
OC3	恒速运行过电流	1）负载发生突变或异常；2）变频器功率偏小；3）电网电压偏低	1）检查负载，减小负载的突变；2）选择功率大一档的变频器；3）检查输入电源
OH1	整流模块过热	1）变频器瞬间过电流；2）控制板连线或插件松动；3）辅助电源异常、驱动电压欠电压；4）功率模块桥臂直通；5）控制板异常；6）输出三相有相间或接地短路；7）风道堵塞、风扇损坏；8）环境温度过高	1）根据检修过流方法来进行；2）检查连线、插件情况；3）检查辅助电源、驱动电压；4）检修功率模块桥臂；5）检修控制板；6）重新配线；7）疏通风道、更换风扇；8）降低环境温度
OH2	逆变模块过热	1）变频器瞬间过电流；2）辅助电源异常、驱动电压欠电压；3）功率模块桥臂直通；4）控制板异常；5）输出三相有相间或接地短路；6）风道堵塞、风扇异常；7）环境温度过高；8）控制板连线或插件松动	1）根据检修过流方法来进行；2）检查辅助电源、驱动电压；3）检修功率模块桥臂；4）检修控制板；5）重新配线；6）疏通风道、更换风扇；7）降低环境温度；8）检查连线、插件情况
OL1	电机过载	1）电网电压过低；2）电机功率不足；3）电机额定电流设置错误；4）电机堵转、负载突变过大	1）检查电网电压；2）选择合适的电机；3）重设电机额定电流；4）检查负载，调节转矩提升量
OL2	变频器过载	1）对旋转中的电机再起动；2）电网电压过低；3）负载过大；4）加速太快	1）等停机后再起动；2）检查电网电压；3）选择功率更大的变频器；4）增大加速时间

（续）

故障信息、代码	故障现象、类型	故障原因	故障检查
OL3	过转矩	1）加速太快；2）负载过大；3）对旋转中的电机再起动；4）电网电压过低	1）增大加速时间；2）选择功率更大的变频器；3）等停机后再起动；4）检查电网电压
OV1	加速运行过电压	1）输入电压异常；2）瞬间停电后，对旋转中电机实施再起动	1）检查输入电源；2）等停机后再起动
OV2	减速运行过电压	1）负载惯量大；2）输入电压异常；3）减速太快	1）增大能耗制动组件；2）检查输入电源；3）增大减速时间
OV3	恒速运行过电压	1）输入电压异常变动；2）负载惯量大	1）安装输入电抗器；2）外加合适的能耗制动组件
PIDE	PID 反馈断开	1）PID 反馈断线；2）PID 反馈源消失	1）检查 PID 反馈信号线；2）检查 PID 反馈源
SC1	逆变单元 U 相故障	1）加速太快；2）U 相 IGBT 内部损坏；3）干扰	1）增大加速时间；2）更换 IGBT；3）检查外围设备，消除干扰源
SC2	逆变单元 V 相故障	1）加速太快；2）V 相 IGBT 内部损坏；3）干扰	1）增大加速时间；2）更换 IGBT；3）检查外围设备，消除干扰源
SC3	逆变单元 W 相故障	1）加速太快；2）W 相 IGBT 内部损坏；3）干扰	1）增大加速时间；2）更换 IGBT；3）检查外围设备，消除干扰源
SPO	输出侧断相	U、V、W 断相输出，负载三相严重不对称	检查输出配线、电机和电缆
tE	电机自学习故障	1）电机容量与变频器容量不匹配；2）电机额定参数错误；3）自学习出的参数与标准参数偏差过大；4）自学习超时	1）更换变频器型号；2）正确设置额定参数；3）使电机空载，重新辨识；4）检查电机接线情况，正确设置参数
UV	母线欠电压	电网电压偏低	检查电网输入电源

216

☆☆☆ **3.21 开沃、康元系列变频器** ☆☆☆

★**3.21.1 开沃 K606 系列变频器故障信息与代码**（见表 3-124）

表 3-124 开沃 K606 系列变频器故障信息与代码

故障信息、代码	故障现象、类型	故障原因	故障检查
AL48	电机过电流失速中	指示电机处于过电流失速控制中	检查负载、过电流失速点
AL49	电机过电压失速中	指示电机处于过电压失速控制中	检查母线电压、过电压失速点
AL50	电机欠电压降频中	指示电机处于欠电压降频中	检查母线电压、欠电压降频点
AL54	休眠告警	变频器 PID 调节处于休眠中	检查 PID 调节参数

第3章 故障信息与代码

（续）

故障信息、代码	故障现象、类型	故障原因	故障检查
Er/AL19	输入断相	1）变频器内部硬件异常；2）变频器输入 R、S、T 接线松动	1）检修变频器；2）检查变频器输入配线
Er/AL20	输出断相	1）变频器 U、V、W 输出接线松动；2）变频器内部模块、驱动板异常	1）检查变频器输出配线；2）检修变频器
Er/AL24	变频器过载	1）长时间负载过重；2）变频器选型偏小；3）变频器过载保护增益不合适	1）缩短过载时间，降低负载；2）更换为合适功率的变频器；3）适当调整变频器过载保护增益
Er/AL25	电机过载	1）长时间负载过重；2）电机选型偏小；3）电机过载保护增益不合适	1）缩短过载时间，降低负载；2）更换为合适功率的变频器；3）适当调整电机过载保护增益
Er/AL26	电机掉载	变频器运行电流小于设定值	检查负载、参数设置情况
Er/AL27	电机过热	1）电机温度传感器接线松动；2）电机温度过高；3）电机温度传感器异常	1）检查配线情况；2）降低电机负载，加强电机散热情况；3）更换电机温度传感器
Er/AL29	外部故障	外部输入端子动作	检查外部设备输入
Er/AL31	RS485 通信故障	RS485 通信断线	检查设备通信连接情况
Er/AL32	扩展板卡通信故障	扩展板卡与外部设备通信异常	检查板卡匹配、接线情况
Er/AL35	PID 反馈超限	1）PID 通道反馈异常；2）PID 参数设置异常	1）检查反馈通道；2）正确设置 PID 参数
Er/AL38	累计上电时间到达	累计上电时间达到设定值	调整阈值
Er/AL39	累计运行时间到达	累计运行时间达到设定值	检查设定值
Er/AL41	速度偏差过大	1）编码器参数设定异常；2）电机参数异常；3）电机速度偏差过大，检测参数设置错误	1）正确设置编码器参数；2）进行电机参数自整定；3）正确设置参数
Er/AL42	电机超速度	1）编码器参数设定错误；2）电机参数异常；3）电机过速度检测参数设置异常	1）正确设置编码器参数；2）进行电机参数自整定；3）正确设置参数
Er/AL43	磁极位置检测失败	编码器信号错误	检查编码器状态
Er/AL44	UVW 信号反馈错误	编码器信号错误	检查编码器状态
Er/AL45	编码器故障	1）编码器型号不匹配；2）PG 卡异常；3）编码器接线错误；4）编码器异常	1）正确设定编码器型号；2）更换 PG 卡；3）检查编码器接线；4）更换编码器

217

（续）

故障信息、代码	故障现象、类型	故障原因	故障检查
Er/AL46	自定义故障1	通过X端子输入用户自定义故障1的信号	复位运行
Er/AL47	自定义故障2	通过X端子输入用户自定义故障2的信号	复位运行
Er/AL52	多泵控制互锁	多泵控制系统发生电机互锁	检查多泵逻辑
Er01 （~03）	硬件过电压	1）减速时间太短；2）没有装配制动单元与制动电阻；3）停机后再次起动间隔时间太短；4）输入电压偏高；5）电机存在外力拖动	1）延长减速时间，调节过电压失速；2）加装合适的制动单元、制动电阻；3）延长间隔时间；4）调整输入电压到正常范围；5）取消外力拖动，加装制动电阻
Er04 （~06）	软件过电压	1）电机存在外力拖动；2）没有装配制动单元与制动电阻；3）过电压点设置错误；4）减速时间太短；5）停机后再次起动间隔时间太短；6）输入电压偏高	1）取消外力拖动，加装制动电阻；2）加装合适的制动单元、制动电阻；3）调整过电压点参数设置值；4）延长减速时间，调节过电压失速；5）延长间隔时间；6）调整输入电压到正常范围
Er07	欠电压	1）输入电压偏低；2）瞬时停电；3）变频器内部硬件异常	1）调整输入电压到正常范围；2）故障复位，检查电源；3）检修变频器
Er08 （~10）	硬件过电流	1）输出对地、相间短路；2）变频器选型偏小；3）矢量控制下电机参数错误；4）加速时间太短；5）手动转矩提升或V/f曲线异常；6）对正在旋转的电机进行起动	1）检查设备配线和电机绝缘；2）选用功率等级更大的变频器；3）进行电机参数自整定；4）延长加速时间；5）调整手动提升转矩值或V/f曲线；6）选择转速追踪起动或等待电机停止后起动
Er11 （~13）	软件过电流	1）输出对地、相间短路；2）加速时间太短；3）手动转矩提升或V/f曲线异常；4）对正在旋转的电机进行起动；5）变频器选型偏小；6）矢量控制下电机参数异常；7）变频器机型参数配置错误	1）检查设备配线和电机绝缘；2）延长加速时间；3）调整手动提升转矩值或V/f曲线；4）选择转速追踪起动或等待电机停止后起动；5）选择功率等级更大的变频器；6）进行电机参数自整定；7）正确设定参数
Er14 （~16）	模块故障	1）输出对地、相间短路；2）输出到电机接线过长；3）逆变模块异常；4）开关电源异常；5）控制板连线松动；6）控制板异常；7）环境或逆变模块温度过高	1）检查设备配线和电机绝缘；2）加装电抗器或输出滤波器；3）更换逆变模块；4）检修开关电源；5）重新拔插连接线；6）检修控制板；7）加强通风，降低环境温度
Er17	整流桥过热	1）模块热敏电阻异常；2）整流模块异常；3）风道堵塞，风扇损坏；4）环境温度过高；5）控制板连接线、插件松动	1）更换模块热敏电阻；2）更换整流模块；3）疏通风道，更换风扇；4）降低环境温度；5）检查连接线、插件
Er18	逆变器过热	1）风道堵塞，风扇损坏；2）环境温度过高；3）控制板连接线、插件松动；4）模块热敏电阻异常；5）逆变模块异常	1）疏通风道，更换风扇；2）降低环境温度；3）检查连接线、插件；4）更换模块热敏电阻；5）更换逆变模块

（续）

故障信息、代码	故障现象、类型	故障原因	故障检查
Er21	接触器故障	1）接触器异常；2）缓冲电阻异常；3）控制板连接线、插件松动	1）更换接触器；2）更换缓冲电阻；3）检查连接线、插件
Er22	电流检测故障	1）控制板连接线、插件松动；2）开关电源异常；3）霍尔器件异常	1）检查连接线、插件；2）检修开关电源；3）更换霍尔器件
Er23	逐波限流	1）禁止了过电流失速功能；2）过电流失速点设置高于逐波限流点；3）变频器选型偏小；4）负载过大	1）使能过电流失速功能；2）调整过电流失速点位于逐波限流点之下；3）选择合适功率的变频器；4）减小负载
Er28	电机对地短路	电机接线脱落或绝缘失效	检查电机配线，更换电机
Er30	键盘通信故障	键盘通信线路中断	检查键盘连接线
Er33	扩展板卡连接故障	扩展板卡、主板连接异常	检查板卡匹配与连接情况
Er34	电机自整定故障	1）电机旋转时整定；2）电机参数设置错误；3）整定异常；4）电机接线接触不良	1）待电机处于静止状态时再整定；2）正确设置电机参数；3）掉电再上电后重试；4）检查电机接线
Er36	EEPROM 读写故障	EEPROM 损坏	更换 EEPROM
Er37	参数设定故障	参数读写发生故障	按 STOP/RST 键复位
Er40	运行时切换电机	变频器运行中通过端子更改当前电机选择	等变频器停机后再进行电机选择切换
Er51	系统故障	变频器系统故障	检查变频器系统
Er53	缓冲电阻过载	接触器没有吸合	更换接触器

219

★3. 21. 2 康元 2S0R7 系列变频器故障信息与代码（见表 3-125）

表 3-125 康元 2S0R7 系列变频器故障信息与代码

故障信息、代码	故障现象、类型	故障原因	故障检查
ERR02	加速过电流	1）对正在旋转的电机起动；2）加速过程中突加负载；3）变频器选型偏小；4）变频器输出回路接地、短路；5）控制方式为矢量且没有进行参数辨识；6）加速时间太短；7）手动转矩提升或 V/f 曲线异常；8）电压偏低	1）选择转速追踪起动或等电机停止后再起动；2）取消突加负载；3）选择功率等级更大的变频器；4）检查外围；5）进行电机参数辨识；6）增大加速时间；7）调整手动提升转矩或 V/f 曲线；8）电压调到正常范围
ERR03	减速过电流	1）减速时间太短；2）电压偏低；3）减速过程中突加负载；4）没有加装制动单元、制动电阻；5）变频器输出回路接地、短路；6）控制方式为矢量且没有进行参数辨识	1）增大减速时间；2）电压调到正常范围；3）取消突加负载；4）加装制动单元、制动电阻；5）检查外围；6）进行电机参数辨识
ERR04	恒速过电流	1）变频器输出回路接地、短路；2）变频器选型偏小；3）控制方式为矢量且没有进行参数辨识；4）电压偏低；5）运行中突加负载	1）检查外围；2）选择功率等级更大的变频器；3）进行电机参数辨识；4）电压调到正常范围；5）取消突加负载

（续）

故障信息、代码	故障现象、类型	故障原因	故障检查
ERR05	加速过电压	1）输入电压偏高；2）加速过程中外力拖动电机运行；3）加速时间过短；4）没有加装制动单元、制动电阻	1）电压调到正常范围；2）取消该外力或加装制动电阻；3）增大加速时间；4）加装制动单元、制动电阻
ERR06	减速过电压	1）输入电压偏高；2）减速过程中外力拖动电机运行；3）减速时间过短；4）没有加装制动单元、制动电阻	1）电压调到正常范围；2）取消该外力或加装制动电阻；3）增大减速时间；4）加装制动单元、制动电阻
ERR07	恒速过电压	1）输入电压偏高；2）运行过程中外力拖动电机运行	1）电压调到正常范围；2）加装制动单元、制动电阻
ERR09	欠电压	1）母线电压异常；2）整流桥、缓冲电阻异常；3）驱动板异常；4）控制板异常；5）瞬时停电；6）变频器输入端电压不在要求的范围	1）检查母线；2）更换整流桥、缓冲电阻；3）检修驱动板；4）检修控制板；5）复位；6）电压调到正常范围
ERR10	变频器过载	1）负载过大、电机堵转；2）变频器选型偏小	1）减小负载，检查电机和机械情况；2）选择功率等级更大的变频器
ERR11	电机过载	1）负载过大、发生电机堵转；2）变频器选型偏小；3）设定电机保护参数错误	1）减小负载，检查电机和机械情况；2）选择功率等级更大的变频器；3）正确设定电机保护参数
ERR13	输出断相	1）变频器到电机引线异常；2）模块异常；3）电机运行时变频器三相输出不平衡；4）驱动板异常	1）检查外围；2）更换模块；3）检查电机三相绕组；4）检修驱动板
ERR14	模块过热	1）风扇异常；2）模块热敏电阻异常；3）逆变模块异常；4）环境温度过高；5）风道堵塞	1）更换风扇；2）更换热敏电阻；3）更换逆变模块；4）降低环境温度；5）清理风道
ERR15	外部设备故障	1）通过多功能端子 X 输入外部故障的信号；2）通过虚拟 IO 功能输入外部故障的信号	复位运行
ERR16	通信故障	1）通信线异常；2）通信参数 PD 组设置错误；3）上位机工作异常	1）检查通信连接线；2）正确设置通信参数；3）检查上位机接线
ERR18	电流检测故障	1）检查霍尔器件异常；2）驱动板异常	1）更换霍尔器件；2）检修驱动板
ERR19	电机调谐故障	1）电机参数没有根据铭牌设置；2）参数辨识过程超时	1）正确设定电机参数；2）检查变频器到电机的引线情况
ERR21	EEPROM 读写故障	EEPROM 芯片损坏	更换 EEPROM
ERR23	对地短路	电机对地短路	更换电缆或电机
ERR40	逐波限流	1）负载过大、电机堵转；2）变频器选型偏小	1）减小负载，检查电机和机械情况；2）选择功率等级更大的变频器

★3.21.3 康元 CDE360、CDE500 系列变频器故障信息与代码（见表3-126）

表3-126　康元 CDE360、CDE500 系列变频器故障信息与代码

故障信息、代码	故障现象、类型	故障信息、代码	故障现象、类型
AL48	电机过电流失速中	Er/AL47	自定义故障2
AL49	电机过电压失速中	Er/AL52	多泵控制互锁故障
AL50	电机欠电压降频中	Er01（～03）	硬件过电压
AL54	休眠告警	Er04（～06）	软件过电压
Er/AL19	输入断相	Er07	欠电压
Er/AL20	输出断相	Er08（～10）	硬件过电流
Er/AL24	变频器过载	Er11（～13）	软件过电流
Er/AL25	电机过载	Er14（～16）	模块故障
Er/AL26	电机掉载	Er17	整流桥过热
Er/AL27	电机过热	Er18	逆变器过热
Er/AL29	外部故障	Er21	接触器故障
Er/AL31	RS485 通信故障	Er22	电流检测故障
Er/AL32	扩展卡通信故障	Er23	逐波限流
Er/AL35	PID 反馈超限	Er28	电机对地短路
Er/AL38	累计上电时间到达	Er30	键盘通信故障
Er/AL39	累计运行时间到达	Er33	扩展卡连接故障
Er/AL41	速度偏差过大	Er34	电机自整定故障
Er/AL42	电机超速度	Er36	EEPROM 读写故障
Er/AL43	磁极位置检测失败	Er37	参数设定故障
Er/AL44	UVW 信号反馈故障	Er40	运行时切换电机
Er/AL45	编码器故障	Er51	系统故障
Er/AL46	自定义故障1	Er53	缓冲电阻过载

★3.21.4 康元 CDE501 系列变频器故障信息与代码（见表3-127）

表3-127　康元 CDE501 系列变频器故障信息与代码

故障信息、代码	故障现象、类型	故障信息、代码	故障现象、类型
AL48	电机过电流失速中	Er01	硬件过电压
AL49	电机过电压失速中	Er04	软件过电压
AL50	电机欠电压降频中	Er07	欠电压
AL54	休眠告警	Er08	硬件过电流
Er/AL20	输出断相	Er11	软件过电流
Er/AL24	变频器过载	Er14	模块故障
Er/AL25	电机过载	Er17	整流桥过热
Er/AL26	电机掉载	Er18	逆变器过热
Er/AL29	外部故障	Er22	电流检测故障
Er/AL31	RS485 通信故障	Er23	逐波限流
Er/AL35	PID 反馈超限	Er30	键盘通信故障
Er/AL38	累计上电时间到达	Er36	EEPROM 读写故障
Er/AL39	累计运行时间到达	Er37	参数设定故障
Er/AL46	自定义故障1	Er51	系统故障
Er/AL47	自定义故障2		

☆☆☆ **3.22 科姆龙系列变频器** ☆☆☆

★**3.22.1 科姆龙 KV2000 系列变频器故障信息与代码**（见表 3-128）

表 3-128 科姆龙 KV2000 系列变频器故障信息与代码

故障信息	故障代码	故障现象、类型	故障检查
X. --	0	正常，无故障	
X. CA	1	加速中过电流	延长加速时间；减小负载惯性；降低转矩提升；检查输入电源；将起动方式选择为转速追踪起动
X. CD	2	减速中过电流	减速时间过短；负载惯性；系统功率偏小
X. OC	3	运行中过电流	检查输入电源；减小负载突变；更换功率等级大的系统
X. OH	4	系统过热	检查负载电流；降低载波
X. OP	5	电源电压过高	检查输入电源；检查输入交流电源电压的设定值；延长减速时间
X. UP	6	电源电压过低	检查输入电源；检查输入交流电源电压的设定值
X. OL	7	过负荷	检查负载电流
X. CB	8	直流制动中过电流	修改参数
X. CS	9	软件检测过电流	检查电流传感器
X. SE		存储器自我测试故障	更换主 CPU 板

注：表中"故障信息"栏的 X = 0、1、2、3，为 0 时显示为当前故障代码，为 1、2、3 时，则分别显示前 1、2、3 次的故障代码。

★**3.22.2 科姆龙 KV3000、KV4000 系列变频器故障信息与代码**（见表 3-129）

表 3-129 科姆龙 KV3000、KV4000 系列变频器故障信息与代码

故障信息、代码	故障现象、类型	故障原因	故障检查
Er. CBC	逐波限流	1）负载过大、发生电机堵转；2）变频器选型偏小	1）减小负载，检查电机和机械情况；2）选择功率等级更大的变频器
Er. CD	通信故障	1）通信扩展卡设置异常；2）通信参数组设置异常；3）上位机工作异常；4）通信线异常	1）正确设置通信扩展卡类型；2）正确设置通信参数；3）检查上位机接线；4）检查通信连接线
Er. CSP	电流检测故障	1）检查霍尔器件异常；2）驱动板异常	1）更换霍尔器件；2）检修驱动板
Er. EEP	EEPROM 读写故障	EEPROM 芯片异常	更换 EEPROM
Er. ENC	码盘故障	1）编码器型号不匹配；2）PG 卡异常；3）编码器连线错误；4）编码器异常	1）正确设定编码器类型；2）更换 PG 卡；3）检查线路；4）更换编码器
Er. HD	变频器硬件故障	1）过电压；2）过电流	1）根据过电压故障来处理；2）根据过电流故障来处理
Er. Ld	掉载	变频器运行电流小于设定参数	确认负载，正确设定参数
Er. LU	欠电压	1）瞬时停电；2）驱动板异常；3）控制板异常；4）变频器输入端电压不在要求的范围；5）母线电压异常；6）整流桥、缓冲电阻异常	1）复位；2）检修驱动板；3）检修控制板；4）调整电压到正常范围；5）检查母线电压；6）更换整流桥、缓冲电阻

（续）

故障信息、代码	故障现象、类型	故障原因	故障检查
Er. OC1	加速过电流	1）变频器输出回路存在接地或短路；2）对正在旋转的电机进行起动；3）加速过程中突加负载；4）变频器选型偏小；5）控制方式为矢量且没有进行参数辨识；6）加速时间太短；7）手动转矩提升或V/f曲线不合适；8）电压偏低	1）检查外围；2）选择转速追踪起动或等电机停止后再起动；3）取消突加负载；4）选择功率等级更大的变频器；5）进行电机参数辨识；6）增大加速时间；7）调整手动提升转矩或V/f曲线；8）调整电压到正常范围
Er. OC2	恒速过电流	1）变频器输出回路存在接地或短路；2）运行中存在突加负载；3）变频器选型偏小；4）控制方式为矢量且没有进行参数辨识；5）电压偏低	1）检查外围；2）取消突加负载；3）选择功率等级更大的变频器；4）进行电机参数辨识；5）调整电压到正常范围
Er. OC3	减速过电流	1）变频器输出回路存在接地或短路；2）减速过程中突加负载；3）没有加装制动单元和制动电阻；4）控制方式为矢量且没有进行参数辨识；5）减速时间太短；6）电压偏低	1）检查外围；2）取消突加负载；3）加装制动单元、制动电阻；4）进行电机参数辨识；5）增大减速时间；6）调整电压到正常范围
Er. oE	电机过速度	1）编码器参数设定错误；2）电机过速度检测参数设置错误；3）没有进行参数辨识	1）正确设置编码器参数；2）正确设置检测参数；3）进行电机参数辨识
Er. OL1	变频器过载	1）负载过大、发生电机堵转；2）变频器选型偏小	1）减小负载，检查电机和机械情况；2）选择功率等级更大的变频器
Er. OL2	电机过载	1）负载过大或发生电机堵转；2）变频器选型偏小；3）电机保护参数设定错误	1）减小负载，检查电机和机械情况；2）选择功率等级更大的变频器；3）正确设定参数
Er. osE	速度偏差过大	1）编码器参数设定错误；2）没有进行参数辨识；3）速度偏差过大检测参数设置不合理	1）正确设置编码器参数；2）进行电机参数辨识；3）合理设置检测参数
Er. OT	模块过热	1）风扇异常；2）模块热敏电阻异常；3）逆变模块异常；4）环境温度过高；5）风道堵塞	1）更换风扇；2）更换热敏电阻；3）更换逆变模块；4）降低环境温度；5）清理风道
Er. Ot2	电机过温	1）温度传感器接线松动；2）电机温度过高	1）检查温度传感器接线；2）降低载频，采取散热措施
Er. OU1	加速过电压	1）加速时间过短；2）没有加装制动单元和制动电阻；3）输入电压偏高；4）加速过程中存在外力拖动电机运行	1）增大加速时间；2）加装制动单元与制动电阻；3）调整电压到正常范围；4）取消该外力或加装制动电阻
Er. OU2	恒速过电压	1）输入电压偏高；2）运行过程中存在外力拖动电机运行	1）调整电压到正常范围；2）取消该外力或加装制动电阻
Er. OU3	减速过电压	1）输入电压偏高；2）没有加装制动单元和制动电阻；3）减速过程中存在外力拖动电机运行；4）减速时间过短	1）调整电压到正常范围；2）加装制动单元与制动电阻；3）取消该外力或加装制动电阻；4）增大减速时间
Er. OUT	外部设备故障	1）通过多功能端子DI输入外部故障的信号；2）通过虚拟IO功能输入外部故障的信号	复位运行
Er. PID	运行时PID反馈丢失	PID反馈小于设定值	检查PID反馈信号，设置合适值
Er. PL1	输入断相	1）三相输入电源异常；2）驱动板异常；3）防雷板异常；4）主控板异常	1）检查外围；2）检修驱动板；3）检修防雷板；4）检修主控板
Er. PL2	输出断相	1）变频器到电机的引线异常；2）模块异常；3）电机运行时变频器三相输出不平衡；4）驱动板异常	1）检查外围；2）更换模块；3）检查电机三相绕组的情况；4）检查驱动板

（续）

故障信息、代码	故障现象、类型	故障原因	故障检查
Er. POE	控制电源故障	输入电压不在规定的范围内	调整电压到正常范围
Er. PTD	累计上电时间到达	累计上电时间达到设定值	使用参数初始化功能清除记录信息
Er. rL1	接触器故障	1）驱动板、电源异常；2）接触器异常	1）检修驱动板或电源板；2）更换接触器
Er. rtd	累计运行时间到达	累计运行时间达到设定值	使用参数初始化功能清除记录信息
Er. SC1	逆变单元保护	1）主控板异常；2）驱动板异常；3）逆变模块异常；4）变频器输出回路短路；5）电机、变频器接线过长；6）模块过热；7）变频器内部接线松动	1）检修主控板；2）检修驱动板；3）更换逆变模块；4）检查外围；5）加装电抗器或输出滤波器；6）检查风道、风扇；7）检查连接线
Er. SGD	对地短路	电机对地短路	更换电缆、电机
Er. TUN	电机调谐故障	1）电机参数没有根据铭牌设置；2）参数辨识过程超时	正确设定电机参数
Er. US1	用户自定义故障1	1）通过多功能端子 DI 输入用户自定义故障1的信号；2）通过虚拟 IO 功能输入用户自定义故障1的信号	复位运行
Er. US2	用户自定义故障2	1）通过多功能端子 DI 输入用户自定义故障2的信号；2）通过虚拟 IO 功能输入用户自定义故障2的信号	复位运行

224

☆☆☆ 3.23 蓝海华腾系列变频器 ☆☆☆

★3.23.1 蓝海华腾 E5-A 系列变频器故障信息与代码（见表3-130）

表3-130 蓝海华腾 E5-A 系列变频器故障信息与代码

故障信息、代码	故障现象、类型	故障信息、代码	故障现象、类型
- LU -	电源欠电压	E. oL1	变频器过载
E. AIF	模拟输入故障	E. oL2	电机过载
E. CPy	复制故障	E. oL3	硬件过载
E. CUr	电流检测故障	E. oLF	输出断相
E. dL2	温度采样断线	E. ot1	用户设定的连续运行时间到
E. dL3	继电器吸合故障	E. ot2	用户设定的累计运行时间到
E. EEP	EEPROM 故障	E. oUt	外设故障
E. FAL	模块保护	E. oV1	加速运行中过电压
E. GdF	输出对地短路	E. oV2	减速运行中过电压
E. ILF	输入电源故障	E. oV3	恒速运行中过电压
E. IoF	端子互斥性检查未通过	E. P10	+10V 电源输出故障
E. LV1	运行中异常掉电	E. PCU	干扰保护
E. oc1	加速运行中过电流	E. Ptc	电机过热（PTC）
E. oc2	减速运行中过电流	E. rEF	比较基准故障
E. oc3	恒速运行中过电流	E. SE1	通信故障1（操作面板 RS485）
E. oH1	散热器1过热	E. SE2	通信故障2（端子 RS485）
E. oH2	散热器2过热	E. VEr	版本兼容异常

★3.23.2 蓝海华腾 E5-P 系列变频器故障信息与代码（见表3-131）

表3-131 蓝海华腾 E5-P 系列变频器故障信息与代码

故障信息、代码	故障现象、类型	故障信息、代码	故障现象、类型
-LU -	电源欠电压	E. oL1	变频器过载
E. AIF	模拟输入故障	E. oL2	电机过载
E. CPy	复制故障	E. oL3	硬件过载
E. CUr	电流检测故障	E. oLF	输出断相
E. dL2	温度采样断线	E. ot1	用户设定的连续运行时间到
E. dL3	继电器吸合故障	E. ot2	用户设定的累计运行时间到
E. EEP	EEPROM 故障	E. oUt	外设保护
E. FAL	模块保护	E. oV1	加速运行中过电压
E. GdF	输出对地短路	E. oV2	减速运行中过电压
E. ILF	输入电源故障	E. oV3	恒速运行中过电压
E. IoF	端子互斥性检查未通过	E. P10	+10V 电源输出故障
E. LV1	运行中异常掉电	E. PCU	干扰保护
E. oc1	加速运行中过电流	E. Ptc	电机过热（PTC）
E. oc2	减速运行中过电流	E. rEF	比较基准故障
E. oc3	恒速运行中过电流	E. SE1	通信故障 1（操作面板 RS485）
E. oH1	散热器 1 过热	E. VEr	版本兼容异常
E. oH2	散热器 2 过热		

★3.23.3 蓝海华腾 V5-BA、V5-H、V6-H、V6-H-M1 系列变频器故障信息与代码（见表3-132）

表3-132 蓝海华腾 V5-BA、V5-H、V6-H、V6-H-M1 系列变频器故障信息与代码

故障信息、代码	故障现象、类型	故障信息、代码	故障现象、类型
-LU-	电源欠电压	E. oc3	恒速运行中过电流
E. AIF	模拟输入故障	E. oH1	散热器 1 过热
E. AUt	自整定故障	E. oH2	散热器 2 过热
E. CPy	复制故障	E. oL1	变频器过载
E. CUr	电流检测故障	E. oL2	电机过载
E. dL1	编码器断线	E. oL3	硬件过载
E. dL2	温度采样断线	E. oLF	输出断相
E. dL3	继电器吸合故障	E. oUt	外设保护
E. dL4	扩展卡连接故障	E. oV1	加速运行中过电压
E. EEP	EEPROM 故障	E. oV2	减速运行中过电压
E. FAL	模块保护	E. oV3	恒速运行中过电压
E. GdF	输出对地短路	E. P10	+10V 电源输出故障
E. ILF	输入电源故障	E. PCU	干扰保护
E. IoF	端子互斥性检查未通过	E. Ptc	电机过热（PTC）
E. LV1	运行中异常掉电	E. rEF	比较基准故障
E. oc1	加速运行中过电流	E. SE1	通信故障 1（操作面板 RS485）
E. oc2	减速运行中过电流	E. SE2	通信故障 2（端子 RS485）
		E. VEr	版本兼容异常

★3.23.4 蓝海华腾 V9-H 系列变频器故障信息与代码（见表3-133）

表3-133 蓝海华腾 V9-H 系列变频器故障信息与代码

故障信息、代码	故障现象、类型	故障信息、代码	故障现象、类型
Err-01	外部故障	Err-17	ECT 通信故障
Err-02	驱动器过载	Err-18	CAN 通信故障
Err-03	电机过载	Err-19	ECT 模式不支持
Err-04	模块过热	Err-20	RS485 通信超时
Err-05	电机过热	Err-21	保留
Err-06	编码器故障	Err-22	保留
Err-07	过电流	Err-23	保留
Err-08	底座故障	Err-24	模拟量断线
Err-09	过电压	Err-25	模拟量超限
Err-10	欠电压	Err-26	电流检测故障
Err-11	编码器 CD 相断相	Err-27	编码器捕获失败
Err-12	输出断相	Err-28	保留
Err-13	存储故障	Err-29	保留
Err-14	未授权	Err-30	保留
Err-15	PID 反馈断线	Err-31	应用故障
Err-16	PID 反馈超限		

★3.23.5 蓝海华腾 VTS 系列变频器故障信息与代码（见表3-134）

表3-134 蓝海华腾 VTS 系列变频器故障信息与代码

故障信息、代码	故障现象、类型	故障信息、代码	故障现象、类型
Err-01	外部故障	Err-17	ECT 通信故障
Err-02	驱动器过载	Err-18	CAN 通信故障
Err-03	电机过载	Err-19	ECT 模式不支持
Err-04	模块过热	Err-20	RS485 通信超时
Err-05	电机过热	Err-21	保留
Err-06	编码器故障	Err-22	保留
Err-07	过电流	Err-23	两编码器反向
Err-08	底座故障	Err-24	模拟量断线
Err-09	过电压	Err-25	模拟量超限
Err-10	欠电压	Err-26	电流检测故障
Err-11	编码器 CD 相断相	Err-27	编码器1Z 捕获失败
Err-12	输出断相	Err-28	保留
Err-13	存储故障	Err-29	保留
Err-14	未授权	Err-30	保留
Err-15	PID 反馈断线	Err-31	应用故障
Err-16	PID 反馈超限		

☆☆☆　3.24　伦茨、罗宾康系列变频器　☆☆☆

★3.24.1　伦茨 LC600A 系列变频器故障信息与代码（见表3-135）

表3-135　伦茨 LC600A 系列变频器故障信息与代码

故障信息、代码	故障现象、类型	故障信息、代码	故障现象、类型
0	无故障	E-13	外部故障
E-01	加速过电流	E-14	电流检测故障
E-02	减速过电流	E-15	RS232/485 通信故障
E-03	恒速过电流	E-16	保留
E-04	加速过电压	E-17	EEFROM 操作故障
E-05	减速过电压	E-18	输出侧断相
E-06	恒速过电压	E-19	输入侧断相
E-07	整流模块过热	E-20	电机自学习故障
E-08	逆变模块过热	E-21	保留
E-09	变频器过载	E-22	PID 反馈断线
E-10	电机过载	E-23	制动单元故障
E-11	母线欠电压	E-24	保留
E-12	逆变短路保护	E-25	过转矩

★3.24.2　罗宾康 A600 系列变频器故障信息与代码（见表3-136）

表3-136　罗宾康 A600 系列变频器故障信息与代码

故障信息、代码	故障现象、类型	故障原因	故障检查
EC.01	加速运行中过电流	1）电机参数设置错误；2）没有设定检速再起动功能而对旋转中电机直接起动；3）转矩提升设置过大；4）电网电压过低；5）加速时间过短；6）V/f 曲线错误	1）重新输入电机参数并进行参数自测定；2）设定检速再起动功能；3）降低转矩提升电压；4）检查电网电压，降低功率使用；5）延长加速时间；6）调整 V/f 曲线
EC.02	减速运动中过电流	减速时间太短	增加减速时间
EC.03	运行或停机过电流	1）电网电压过低；2）负载发生突变	1）检查电源电压；2）减小负载波动
EC.04	加速运行中过电压	1）输入电压太高；2）电源频繁开关	1）检查电源电压；2）用变频器的控制端子控制变频器的起停
EC.05	减速运行中过电压	1）输入电压异常；2）减速时间太短	1）检查电源电压；2）延长减速时间
EC.06	运行中过电压	1）电源电压异常；2）有能量回馈性负载	1）检查电源电压；2）安装制动单元、制动电阻，或重新选择制动电阻
EC.07	停机时过电压	电源电压异常	检查电源电压
EC.08	运行中欠电压	1）电网中有大的负载起动；2）电源电压异常	1）分开供电；2）检查电源电压

（续）

故障信息、代码	故障现象、类型	故障原因	故障检查
EC.09	驱动保护动作	1）输出短路或接地；2）负载过重	1）检查接线；2）减轻负载，检查外接制动电阻情况
EC.10	输出接地（保留）	1）变频器的输出端接地；2）变频器与电机的连线过长，载波频率过高	1）检查连接线；2）缩短接线，降低载波频率
EC.11	干扰	周围电磁干扰引起的误动作	检查周围，干扰源加吸收电路
EC.12	变频器过载	1）转矩提升过高、V/f 曲线错误；2）电网电压过低；3）未设置起动转速跟踪再起动功能，对旋转中电机直接起动；4）负载过大；5）加速时间过短	1）降低转矩提升电压，调整 V/f 曲线；2）检查电网电压；3）启用转速跟踪再起动功能；4）减小负载，或者更换为较大容量的变频器；5）延长加速时间
EC.13	电机过载	1）保护系数设定过小；2）转矩提升过高或 V/f 曲线错误；3）负载过大；4）加速时间过短	1）加大电机过载保护系数；2）降低提升转矩电流，调整 V/f 曲线；3）减小负载；4）延长加速时间
EC.14	变频器过热	1）风道阻塞；2）风扇异常；3）环境温度过高	1）清理风道，改善通风条件；2）更换风扇；3）改善通风条件，降低载波频率
EC.15	保留		
EC.16	外部设备故障	变频器的外部设备故障输入端子有信号输入	检查信号源、相关设备
EC.17	电源故障	1）开关电源短路；2）开关电源严重过载	检查外部控制板电源接线的情况
EC.18	变频器输入断相	1）电网波动严重；2）输入接线不稳固	1）增加稳压装置；2）重新接线
EC.19	变频器主接触器吸合不良	1）上电起动电阻异常；2）电源控制回路异常；3）电网电压过低；4）接触器异常	1）更换起动电阻；2）检修电源控制回路；3）检查电网电压；4）更换接触器
EC.20	电流检测故障	1）电流检测器件、电路损坏；2）辅助电源故障	1）检修电流检测器件、电路；2）检修辅助电源
EC.21	温度传感器故障	1）温度传感器信号线接触异常；2）温度传感器异常	1）检查插座线路；2）更换温度传感器
EC.22	电磁干扰	运行环境受到严重的电磁干扰	对电磁兼容进行整改
EC.23	U 相输出断相	输出功率接线异常	检查接线情况
EC.24	V 相输出断相	输出功率接线异常	检查接线情况
EC.25	W 相输出断相	输出功率接线异常	检查接线情况
EC.30	变频器不能正常检测电机参数	1）没有正确输入电机铭牌参数；2）电机未停机进行自检测；3）电机与变频器连接异常	1）检查电机铭牌，正确输入参数；2）确定电机停机再进行检测；3）检查电机连接电缆的情况
EC.31	U 相电机参数故障	1）电机参数异常；2）电机参数自检测失败	1）检查电机线；2）重新进行电机参数自检测
EC.32	V 相电机参数故障	1）电机参数自检测失败；2）电机参数异常	1）重新进行电机参数自检测；2）检查电机线
EC.33	W 相电机参数故障	1）电机参数异常；2）电机参数自检测失败	1）检查电机线；2）重新进行电机参数自检测
EC.40	内部数据存储器故障	控制参数读写错误	正确设定参数

☆☆☆　3.25　迈信、麦科系列变频器　☆☆☆

★3.25.1　迈信 MR150 系列变频器故障信息与代码（见表3-137）

表3-137　迈信 MR150 系列变频器故障信息与代码

故障信息、代码	故障现象、类型	故障原因	故障检查
Err01	加速过电流	1）电压偏低；2）对正在旋转的电机进行起动；3）加速过程中突加负载；4）变频器选型偏小；5）变频器输出回路存在接地或短路；6）加速时间太短；7）手动转矩提升或 V/f 曲线异常	1）电压调到正常范围；2）选择转速追踪起动或等电机停止后再起动；3）取消突加负载；4）选择功率等级更大的变频器；5）检查外围；6）增大加速时间；7）调整手动提升转矩或 V/f 曲线
Err02	减速过电流	1）变频器输出回路存在接地或短路；2）减速过程中突加负载；3）没有加装制动电阻；4）减速时间太短；5）电压偏低	1）检查外围；2）取消突加负载；3）加装制动电阻；4）增大减速时间；5）电压调到正常范围
Err03	恒速过电流	1）变频器选型偏小；2）变频器输出回路存在接地或短路；3）电压偏低；4）运行中存在突加负载	1）选择功率等级更大的变频器；2）检查外围；3）电压调到正常范围；4）取消突加负载
Err04	加速过电压	1）输入电压偏高；2）没有加装制动电阻；3）加速过程中存在外力拖动电机运行；4）加速时间过短	1）电压调到正常范围；2）加装制动电阻；3）取消该外力或加装制动电阻；4）增大加速时间
Err05	减速过电压	1）输入电压偏高；2）没有加装制动电阻；3）减速过程中存在外力拖动电机运行；4）减速时间过短	1）电压调到正常范围；2）加装制动电阻；3）取消该外力或加装制动电阻；4）增大减速时间
Err06	恒速过电压	1）输入电压偏高；2）运行过程中存在外力拖动电机运行	1）电压调到正常范围；2）取消该外力或加装制动电阻
Err07	母线欠电压	1）瞬时停电；2）驱动板异常；3）控制板异常；4）变频器输入端电压不在要求的范围；5）母线电压异常；6）整流桥、缓冲电阻异常	1）复位；2）检修驱动板；3）检修控制板；4）电压调到正常范围；5）检查母线；6）更换整流桥、缓冲电阻
Err08	短路保护	1）变频器输出回路短路；2）加/减速时间过短；3）电机与变频器接线过长；4）模块过热；5）变频器内部接线松动；6）主控板异常；7）驱动板异常；8）逆变模块异常	1）检查外围；2）延长加/减速时间；3）加装电抗器或输出滤波器；4）检查风道、风扇；5）插好所有连接线；6）检修主控板；7）检修驱动板；8）更换逆变模块
Err09	输入侧断相	1）防雷板异常；2）主控板异常；3）三相输入电源异常；4）驱动板异常	1）检修防雷板；2）检修主控板；3）检查外围；4）检修驱动板
Err10	输出侧断相	1）变频器到电机的引线异常；2）模块异常；3）电机运行时变频器三相输出不平衡；4）驱动板异常	1）检查外围；2）更换模块；3）检查电机三相绕组的情况；4）检修驱动板

（续）

故障信息、代码	故障现象、类型	故障原因	故障检查
Err11	电动机过载	1）电机保护参数设定错误；2）负载过大、发生电机堵转；3）变频器选型偏小	1）正确设定参数；2）减小负载，检查电机和机械情况；3）选择功率等级更大的变频器
Err12	变频器过载	1）变频器选型偏小；2）负载过大、发生电机堵转	1）选择功率等级更大的变频器；2）减小负载，检查电机和机械情况
Err13	外部输入故障保护	通过多功能端子 DI 输入外部故障的信号	复位运行
Err14	过热	1）环境温度过高；2）逆变模块异常；3）风道堵塞；4）风扇异常；5）模块热敏电阻异常	1）降低环境温度；2）更换逆变模块；3）清理风道；4）更换风扇；5）更换热敏电阻
Err15	存储器故障	EEPROM 芯片损坏	更换 EEPROM
Err16	自辨识取消	自辨识过程中按下 STOP/RST 键	按 STOP/RST 键复位
Err17	自辨识故障	1）电机与变频器输出端子没有连接；2）电机故障；3）电机没有脱开负载	1）检查变频器与电机间的连线情况；2）检查电机；3）电机脱开负载
Err18	RS485 通信超时	1）通信线异常；2）通信参数设置错误；3）上位机工作异常	1）检查通信连接线的情况；2）正确设置通信参数；3）检查上位机接线的情况
Err19	运行时 PID 反馈断线	PID 反馈小于设定值	检查 PID 反馈信号或设置合适值
Err20	本次运行时间到达	设置了本次运行时间到达功能	检查设置
Err21	参数上传错误	1）参数复制卡异常；2）未装或者没有插好参数复制卡；3）主控板异常	1）检查复制情况；2）正确安装参数复制卡；3）检修主控板
Err22	参数下载错误	1）参数复制卡异常；2）未装或者没有插好参数复制卡；3）主控板异常	1）检查复制情况；2）正确安装参数复制卡；3）检修主控板
Err23	制动单元故障	1）制动线路故障或制动管异常；2）外接制动电阻阻值偏小	1）检查制动单元，更换新制动管；2）增大制动电阻
Err24	温度传感器断线	温度传感器故障或连接线断	检查接线情况，更换温度传感器
Err25	变频器掉载	变频器运行电流小于设定	确认负载，正确设置参数
Err26	逐波限流	1）变频器选型偏小；2）负载过大、发生电机堵转	1）选择功率等级更大的变频器；2）减小负载，检查电机和机械情况
Err27	软启动继电器未闭合	1）电网电压过低；2）整流模块故障	1）检查电网电压；2）更换整流模块
Err28	EEPROM 版本不兼容	上下传模块中参数版本与控制板参数版本不符	重新上传参数到上下传模块中
Err40	设定运行时间结束	累计运行时间大于等于使用时间的设定	检查设定情况

★3.25.2 麦科 MF 系列 V/F 型变频器故障信息与代码（见表3-138）

表3-138 麦科 MF 系列 V/F 型变频器故障信息与代码

故障序号	代码	告警序号	代码	故障类型	故障序号	代码	告警序号	代码	故障类型
01	oC1			加速过电流	27	Adr			ADC 参考给定故障
02	oC2			减速过电流	28	AdF			电流采样电路故障
03	oC3			恒速过电流	29	CPu			CPU 干扰故障
04	ou1			加速过电压	30	CnF	04	ALnF	RS485 通信故障
05	ou2			减速过电压	32	EEr	03	AEEr	EEPROM 故障
06	ou3			恒速过电压	33	CPY			参数复制故障
07	oL1	09	AoL	变频器过载	36	Pdc			键盘通信故障
08	oL2	09	AoL	电机过载	37	S0c			软件过电流
09	oH1			逆变器过热	38	FOU			模块故障
10	oH2			整流器过热	40	CLE	10	ACLE	持续限流
11	FoU			模块故障	41	Lu			欠电压
12	PL1	01	APL1	输入断相	42	UCF1			U 相模块保护
13	PL2	02	APL2	输出断相	43	UCF2			V 相模块保护
14	EFo			外部故障	44	UCF3			W 相模块保护
15	LFb	06	ALFb	过程闭环反馈过低	45	nt1			逆变模块温度检测异常
16	HFb	07	AHFb	过程闭环给定反馈过高	46	nt2			整流模块温度检测异常
20	LLF	08	ALL	欠载					

★3.25.3 麦科 MV 系列变频器故障信息与代码（见表3-139）

表3-139 麦科 MV 系列变频器故障信息与代码

故障序号	代码	告警序号	代码	故障类型	故障序号	代码	告警序号	代码	故障类型
01	oC1 / Er.01			加速过电流	08	oL2 / Er.08		AoL / AL.09	电机过载
02	oC2 / Er.02			减速过电流	09	oH1 / Er.09			逆变器过热
03	oC3 / Er.03			恒速过电流	10	oH2 / Er.10			整流器过热
04	ou1 / Er.04			加速过电压	11	FoU / Er.11			模块故障
05	ou2 / Er.05			减速过电压	12	PL1 / Er.12	01	APL1 / AL.01	输入断相
06	ou3 / Er.06			恒速过电压	13	PL2 / Er.13	02	APL2 / AL.02	输出断相
07	oL1 / Er.07		AoL / AL.09	变频器过载	14	EFU / Er.14			外部故障

231

（续）

故障		告警		故障类型	故障		告警		故障类型
序号	代码	序号	代码		序号	代码	序号	代码	
15	Er.15	06	AL.06	过程闭环反馈过低	33	Er.33			参数复制故障
16	Er.16	07	AL.07	过程闭环反馈过高	36	Er.36			键盘通信故障
17	Er.17	11	AL.11	DEV 速度偏差过大	37	Er.37			软件过电流
18	Er.18	12	AL.12	OS 过速度	38	Er.38			模块故障
19	Er.19			调速故障	39	Er.39			编程错误
20	Er.20	08	AL.08	欠载	40	Er.40	10	AL.10	持续限流
22	Er.22			接触器吸合故障	41	Er.41			矢电压
23	Er.23	13	AL.13	过欠转矩 1	42	Er.42			U 相模块保护
24	Er.24	14	AL.14	过欠转矩 2	43	Er.43			V 相模块保护
25	Er.25			对地短路	44	Er.44			W 相模块保护
26	Er.26	05	AL.05	制动管故障	45	Er.45			逆变模块温度检测异常
27	Er.27			ADC 参考给定故障	46	Er.46			整流模块温度检测异常
28	Er.28			电流采样电路故障	47	Er.47			电机编码器断线故障
29	Er.29			CPU 干扰故障	48	Er.48			编码器传动比超限
30	Er.30	04	AL.04	RS485 通信故障	49	Er.49			给定编码器断线
32	Er.32	03	AL.03	EEPROM 故障	58	Er.58	20	AL.20	电机堵转

☆☆☆ 3.26 默贝克系列变频器 ☆☆☆

★3.26.1 默贝克 MBK300 系列变频器故障信息与代码（见表3-140）

表3-140 默贝克 MBK300 系列变频器故障信息与代码

故障信息、代码	故障现象、类型	故障原因	故障检查
Err01	逆变单元保护	1）变频器内部接线松动；2）主控板异常；3）驱动板异常；4）逆变模块异常；5）变频器输出回路短路；6）电机与变频器接线过长；7）模块过热	1）插好所有连接线；2）检修主控板；3）检修驱动板；4）更换逆变模块；5）检查外围；6）加装电抗器或输出滤波器；7）检查风道、风扇
Err02	加速过电流	1）手动转矩提升或 V/f 曲线不合适；2）电压偏低；3）对正在旋转的电机进行起动；4）加速过程中突加负载；5）变频器选型偏小；6）变频器输出回路存在接地或短路；7）控制方式为矢量且没有进行参数辨识；8）加速时间太短	1）调整手动提升转矩或 V/f 曲线；2）电压调到正常范围；3）选择转速追踪起动或等电机停止后再起动；4）取消突加负载；5）选择功率等级更大的变频器；6）检查外围；7）进行电机参数辨识；8）增大加速时间
Err03	减速过电流	1）电压偏低；2）减速过程中突加负载；3）没有加装制动单元和制动电阻；4）变频器输出回路存在接地或短路；5）控制方式为矢量且没有进行参数辨识；6）减速时间太短	1）电压调到正常范围；2）取消突加负载；3）加装制动单元、制动电阻；4）检查外围；5）进行电机参数辨识；6）增大减速时间
Err04	恒速过电流	1）运行中存在突加负载；2）变频器选型偏小；3）变频器输出回路存在接地或短路；4）控制方式为矢量且没有进行参数辨识；5）电压偏低	1）取消突加负载；2）选择功率等级更大的变频器；3）检查外围；4）进行电机参数辨识；5）电压调到正常范围
Err05	加速过电压	1）输入电压偏高；2）加速过程中存在外力拖动电机运行；3）加速时间过短；4）没有加装制动单元和制动电阻	1）电压调到正常范围；2）取消该外力或加装制动电阻；3）增大加速时间；4）加装制动单元及制动电阻
Err06	减速过电压	1）输入电压偏高；2）没有加装制动单元和制动电阻；3）减速过程中存在外力拖动电机运行；4）减速时间过短	1）电压调到正常范围；2）加装制动单元及制动电阻；3）取消该外力或加装制动电阻；4）增大减速时间
Err07	恒速过电压	1）输入电压偏高；2）运行过程中存在外力拖动电机运行	1）电压调到正常范围；2）取消该外动力或加装制动电阻
Err08	控制电源故障	输入电压不在规定的范围内	电压调到正常范围
Err09	欠电压	1）瞬时停电；2）驱动板异常；3）控制板异常；4）变频器输入端电压不在要求的范围；5）母线电压异常；6）整流桥及缓冲电阻异常	1）复位；2）检修驱动板；3）检修控制板；4）电压调到正常范围；5）检查母线电压；6）更换整流桥及缓冲电阻

233

（续）

故障信息、代码	故障现象、类型	故障原因	故障检查
Err10	变频器过载	1）负载过大或发生电机堵转；2）变频器选型偏小	1）减小负载，检查电机和机械情况；2）选择功率等级更大的变频器
Err11	电机过载	1）电机保护参数设定错误；2）负载过大，发生电机堵转；3）变频器选型偏小	1）正确设定参数；2）减小负载，检查电机和机械情况；3）选择功率等级更大的变频器
Err12	输入断相	1）防雷板异常；2）主控板异常；3）三相输入电源异常；4）驱动板异常	1）检修防雷板；2）检修主控板；3）检查外围；4）检修驱动板
Err13	输出断相	1）变频器到电机的引线异常；2）模块异常；3）电机运行时变频器三相输出不平衡；4）驱动板异常	1）检查外围；2）更换模块；3）检查电机三相绕组的情况；4）检修驱动板
Err14	模块过热	1）环境温度过高；2）模块热敏电阻异常；3）逆变模块异常；4）风道堵塞；5）风扇异常	1）降低环境温度；2）更换热敏电阻；3）更换逆变模块；4）清理风道；5）更换风扇
Err15	外部设备故障	1）通过多功能端子 DI 输入外部故障的信号；2）通过虚拟 IO 功能输入外部故障的信号	复位运行
Err16	通信故障	1）上位机工作异常；2）通信线异常；3）通信扩展卡设置错误；4）通信参数组设置错误	1）检查上位机接线；2）检查通信连接线；3）正确设置通信扩展卡类型；4）正确设置通信参数
Err17	接触器故障	1）驱动板、电源异常；2）接触器异常	1）检修驱动板、电源板；2）更换接触器
Err18	电流检测故障	1）驱动板异常；2）检查霍尔器件异常	1）检修驱动板；2）更换霍尔器件
Err19	电机调谐故障	1）电机参数未按铭牌设置；2）参数辨识过程超时	1）根据铭牌正确设定电机参数；2）检查变频器到电机引线的情况
Err20	编码器/PG 卡故障	1）编码器异常；2）PG 卡异常；3）编码器型号不匹配；4）编码器连线错误	1）更换编码器；2）更换 PG 卡；3）正确设定编码器类型；4）检查线路
Err21	EEPROM 读写故障	EEPROM 芯片损坏	更换 EEPROM
Err22	变频器硬件故障	1）存在过电压；2）存在过电流	1）根据过电压故障来处理；2）根据过电流故障来处理
Err23	对地短路	电机对地短路	更换电缆、电机
Err26	累计运行时间到达	累计运行时间达到设定值	使用参数初始化功能清除记录信息
Err27	用户自定义故障1	1）通过多功能端子 DI 输入用户自定义故障1 的信号；2）通过虚拟 IO 功能输入用户自定义故障1 的信号	复位运行
Err28	用户自定义故障2	1）通过多功能端子 DI 输入用户自定义故障2 的信号；2）通过虚拟 IO 功能输入用户自定义故障2 的信号	复位运行

（续）

故障信息、代码	故障现象、类型	故障原因	故障检查
Err29	累计上电时间到达	累计上电时间达到设定值	使用参数初始化功能清除记录信息
Err30	掉载	变频器运行电流小于设定参数	检查负载，正确设置参数
Err31	运行时 PID 反馈丢失	PID 反馈小于设定值	检查 PID 反馈信号，正确设置参数
Err40	逐波限流	1）负载过大、电机堵转；2）变频器选型偏小	1）减小负载，检查电机和机械情况；2）选择功率等级更大的变频器
Err41	运行时切换电机故障	在变频器运行过程中通过端子更改当前电机选择	变频器停机后再进行电机切换操作
Err42	速度偏差过大	1）编码器参数设定错误；2）没有进行参数辨识；3）速度偏差过大检测参数设置错误	1）正确设置编码器参数；2）进行电机参数辨识；3）正确设置合理检测参数
Err43	电机过速度	1）没有进行参数辨识；2）电机过速度检测参数设置错误；3）编码器参数设定错误	1）进行电机参数辨识；2）正确设置合理检测参数；3）正确设置编码器参数
Err45	电机过温	1）温度传感器接线松动；2）电机温度过高	1）检测温度传感器接线的情况；2）降低载频，采取散热措施

★3.26.2 默贝克 MT110 系列变频器故障信息与代码（见表3-141）

表3-141 默贝克 MT110 系列变频器故障信息与代码

故障信息、代码	故障现象、类型	故障原因	故障检查
A. PARA	参数错误	参数设置错误	修改并检查参数的设置
Er. LL	掉载	1）电机负载丢失；2）掉载保护参数设置错误	1）检查负载；2）正确设置参数
Er. oH	模块过热	1）环境温度过高；2）硬件不良；3）风道堵塞；4）风扇异常	1）降低环境温度；2）检修硬件；3）清理风道；4）更换风扇
Er. oH3	电机过热	1）电机温度过高；2）电机温度传感器检测温度大于设定阈值；3）温度传感器接线松动	1）提高载频，加强电机散热，降低负载，选择更大功率的电机；2）检查设定的阈值；3）检查温度传感器接线情况
Er. oL	变频器过载	1）负载过大、电机堵转；2）大惯量负载加/减速时间太短；3）V/f控制时，转矩提升或V/f曲线错误；4）变频器选型偏小；5）低速运行时过载	1）减小负载，检查电机和机械情况；2）增大加/减速时间；3）调整转矩提升量或V/f曲线；4）选择功率等级更大的变频器；5）冷态时进行电机自学习，降低低速时的载波频率
Er. oS	电机超速	1）没有进行参数辨识；2）电机过速度检测参数设置错误	1）进行电机参数辨识；2）正确设置检测参数
Er. SC	输出短路	1）输出晶体管击穿；2）变频器内部接线松动、硬件不良；3）制动晶体管短路；4）电机绝缘老化；5）电缆破损发生接触、短路；6）电机和变频器接线过长	1）更换输出晶体管；2）检查接线、硬件；3）更换制动晶体管、制动电阻和接线；4）检查电机的绝缘电阻；5）检查电机的动力线缆情况；6）加装电抗器或输出滤波器
Er. 485	RS485 通信故障	1）上位机工作异常；2）通信电缆的接线异常、发生短路或断线；3）规定的时间内没有收到数据	1）检查上位机接线；2）检查通信连接线情况；3）正确设置参数

（续）

故障信息、代码	故障现象、类型	故障原因	故障检查
Er. CbC	逐波限流	参数设置错误	正确设置参数
Er. CUr	电流检测故障	1）驱动板异常；2）主控板异常；3）电流检测元件异常	1）检修驱动板；2）检修主控板；3）检查电流检测元件
Er. dEv	速度偏差过大	1）没有进行参数辨识；2）速度偏差过大检测参数设置错误；3）负载太重	1）进行电机参数辨识；2）合理设置检测参数；3）增大电流限幅或减小负载
Er. EEP	EEPROM 读写故障	1）EEPROM 操作太过频繁；2）EEPROM芯片异常	1）避免上位机频繁操作 EEPROM；2）更换 EEPROM
Er. FbL	运行时 PID 反馈丢失	PID 反馈小于或大于者设置	正确设置参数
Er. GF	对地短路	1）电机电缆与端子的分布电容较大；2）硬件不良；3）电机烧坏，发生绝缘老化；4）电缆破损发生接触、短路	1）降低载波频率，加装输出电抗器；2）检修变频器；3）检查电机的绝缘电阻；4）检查电机的动力电缆
Er. iLP	输入断相	1）三相输入电源异常；2）硬件异常	1）检查外围；2）检修变频器
Er. Lv1	欠电压	1）输入断相或瞬时停电；2）变频器内部接线松动、硬件不良；3）变频器输入端电压不在要求的范围；4）运行中切断电源	1）检查输入电源；2）检查电源；3）检查接线、硬件；4）调整电压到正常范围；5）变频器停机后再断电
Er. Lv2	软启动开关未吸合	1）瞬时停电；2）变频器内部接线松动、硬件不良；3）变频器输入端电压不在要求的范围；4）运行中切断电源	1）检查输入电源；2）检查电源；3）检查接线、硬件；4）调整电压到正常范围；5）变频器停机后再断电
Er. oC1	加速过电流	1）转矩提升或 V/f 曲线错误；2）控制方式为矢量且没有进行参数辨识；3）对正在旋转的电机进行起动；4）加速时间太短；5）电机绝缘老化、电缆破损、其他原因导致相间短路或对地短路；6）变频器输出侧有接触器正在打开或关闭	1）调整转矩提升量或 V/f 曲线；2）冷态下进行电机参数辨识；3）转速追踪起动或等电机停止后再起动；4）减小冲击性负载，增大变频器容量；5）增大加速时间；6）检查外围；7）检查接触器
Er. oC2	减速过电流	1）控制方式为矢量且没有进行参数辨识；2）负载过大或突加冲击性负载；3）没有加装制动单元；4）减速时间太短；5）电机绝缘老化、电缆破损、其他原因导致相间短路或对地短路；6）变频器输出侧有接触器正在打开或关闭	1）冷态下进行电机参数辨识；2）减小冲击性负载或增大变频器容量；3）加装制动单元、制动电阻；4）增大减速时间；5）检查外围；6）检查变频器输出侧接触器的情况
Er. oC3	恒速过电流	1）电机绝缘老化、电缆破损、其他原因导致相间短路或对地短路；2）变频器输出侧有接触器正在打开或关闭；3）转矩提升或 V/f 曲线错误；4）控制方式为矢量且没有进行参数辨识；5）负载过大或突加冲击性负载	1）检查外围；2）检查接触器；3）调整转矩提升量或 V/f 曲线；4）冷态下进行电机参数辨识；5）减小冲击性负载，增大变频器容量

（续）

故障信息、代码	故障现象、类型	故障原因	故障检查
Er. oL1	电机过载	1) V/f 控制时，转矩提升或 V/f 曲线不合适；2) 电机选型偏小；3) 低速运行时过载；4) 电机参数、电机保护参数设定错误；5) 负载过大或发生电机堵转；6) 大惯量负载加/减速时间太短	1) 调整转矩提升量或 V/f 曲线；2) 选择功率等级更大的电机；3) 冷态时进行电机自学习，降低低速时的载波频率；4) 正确设置检查相关参数；5) 减小负载，检查电机和机械情况；6) 增大加/减速时间
Er. oLP	输出断相	1) 变频器到电机接线有松动、电机烧坏；2) 电机运行时变频器三相输出不平衡；3) 硬件不良	1) 检查外围；2) 检查电机三相绕组、电机额定电流和变频器额定电流；3) 检修硬件
Er. oU1	加速过电压	1) 输入电压偏高；2) 输入电源中混有浪涌电压；3) 有外力拖动电机运行，制动型负载太重；4) 加速时间过短；5) 电机发生接地短路	1) 电源电压降到正常范围；2) 安装 DC 电抗器；3) 取消可拖动电机运行的外力，加装制动单元；4) 增大加速时间；5) 排除发生接地短路的部位
Er. oU2	减速过电压	1) 有外力拖动电机运行，制动型负载太重；2) 减速时间过短；3) 电机发生接地短路；4) 输入电压偏高；5) 输入电源中混有浪涌电压	1) 取消可拖动电机运行的外力，或加装制动单元；2) 增大减速时间；3) 排除接地短路的部位；4) 电源电压降到正常范围；5) 安装 DC 电抗器
Er. oU3	恒速过电压	1) 加速或减速时间过短；2) 电机发生接地短路；3) 输入电压偏高；4) 输入电源中混有浪涌电压；5) 有外力拖动电机运行，制动型负载太重	1) 增大加速时间或减速时间；2) 排除接地短路的部位；3) 电源电压降到正常范围；4) 安装 DC 电抗器；5) 取消可拖动电机运行的外力，或加装制动单元
Er. tCK	模块温度检测故障	1) 变频器硬件不良；2) 环境温度过低	1) 检修变频器硬件；2) 人工干预使驱动器温度升高
Er. TTA	运行时间到达	变频器试用时间到达	
Er. tU1	电机调谐故障1	1) 电机参数没有根据铭牌设置；2) 电机电阻辨识异常	1) 正确设定电机参数；2) 检查电机线连接，检查接触器
Er. tU2	电机调谐故障2	1) 变频器额定输出电流与电机额定电流相差太大；2) 电机在旋转自学习时带了较重的负载	1) 更换匹配的变频器或匹配的电机；2) 脱开负载执行旋转自学习，或者执行静态自学习
Er. Ud1	自定义故障1	DI/VDI 端子功能设定为"用户自定义故障1"，且端子有效	检查故障源，复位运行
Er. Ud2	自定义故障2	DI/VDI 端子功能设定为"用户自定义故障2"，且端子有效	检查故障源，复位运行
PoFF	供电不足	直流回路电压不足，无法正常启动	检查变频器的供电
SLEEP	休眠状态	系统处于休眠状态	

237

★3. 26. 3 默贝克 MT300 系列变频器故障信息与代码 （见表 3-142）

表 3-142 默贝克 MT300 系列变频器故障信息与代码

故障信息、代码	故障现象、类型	故障信息、代码	故障现象、类型
Er. LL	掉载	Er. oC1	加速过电流
Er. oH	模块过热	Er. oC2	减速过电流
Er. oH3	电机过温	Er. oC3	恒速过电流
Er. oL	变频器过载	Er. oL1	电机过载
Er. oS	电机超速	Er. oLP	输出断相
Er. SC	逆变单元保护	Er. oU1	加速过电压
Er. 485	RS485 通信故障	Er. oU2	减速过电压
Er. CbC	逐波限流	Er. oU3	恒速过电压
Er. CUr	电流检测故障	Er. PGL	编码器断线
Er. dEv	速度偏差过大	Er. SC1	对地短路
Er. EEP	EEPROM 读写故障	Er. tCK	模块温度检测故障
Er. FbL	运行时 PID 反馈丢失	Er. tU1	电机调谐故障1
Er. iLP	输入断相	Er. tU2	电机调谐故障2
Er. Lv1	欠电压	Er. Ud1	自定义故障1
Er. Lv2	接触器未吸合	Er. Ud2	自定义故障2

★3. 26. 4 默贝克 MT550 系列变频器故障信息与代码 （见表 3-143）

表 3-143 默贝克 MT550 系列变频器故障信息与代码

故障信息、代码	故障现象、类型	故障信息、代码	故障现象、类型
Er. GF	对地短路	Er. oC1	加速过电流
Er. LL	掉载	Er. oC2	减速过电流
Er. oH	模块过热	Er. oC3	恒速过电流
Er. oH3	电机过热	Er. oL1	电机过载
Er. oL	变频器过载	Er. oLP	输出断相
Er. oS	电机超速	Er. oU1	加速过电压
Er. SC	输出短路	Er. oU2	减速过电压
Er. 485	RS485 通信故障	Er. oU3	恒速过电压
Er. CbC	逐波限流	Er. PGL	编码器断线
Er. CUr	电流检测故障	Er. tCK	模块温度检测故障
Er. dEv	速度偏差过大	Er. TTA	运行时间到达
Er. EEP	EEPROM 读写故障	Er. tU1	电机调谐故障1
Er. FbL	运行时 PID 反馈丢失	Er. tU2	电机调谐故障2
Er. iLP	输入断相	Er. Ud1	自定义故障1
Er. Lv1	欠电压	Er. Ud2	自定义故障2
Er. Lv2	软启动开关未吸合		

★3.26.5 默贝克 MT550S 系列变频器故障信息与代码（见表3-144）

表3-144 默贝克 MT550S 系列变频器故障信息与代码

故障信息、代码	故障现象、类型	故障信息、代码	故障现象、类型
A. PARA	参数错误	Er. oC2	减速过电流
Er. GF	对地短路	Er. oC3	恒速过电流
Er. LL	掉载	Er. oL1	电机过载
Er. oH	模块过热	Er. oLP	输出断相
Er. oH3	电机过热	Er. OrG	原点回归超时
Er. oL	变频器过载	Er. oU1	加速过电压
Er. oS	电机超速	Er. oU2	减速过电压
Er. SC	输出短路	Er. oU3	恒速过电压
Er. 485	RS485 通信故障	Er. PEO	位置跟随偏差过大
Er. CbC	逐波限流	Er. PGL	编码器断线
Er. CUr	电流检测故障	Er. tCK	模块温度检测故障
Er. dEv	速度偏差过大	Er. TTA	运行时间到达
Er. EEP	EEPROM 读写故障	Er. tU1	电机调谐故障1
Er. FbL	运行时 PID 反馈丢失	Er. tU3	电机调谐故障3
Er. iLP	输入断相	Er. Ud1	自定义故障1
Er. Lv1	欠电压	Er. Ud2	自定义故障2
Er. Lv2	软启动开关未吸合	PoFF	供电不足
Er. oC1	加速过电流	SLEEP	休眠状态

☆☆☆ 3.27 南方利鑫系列变频器 ☆☆☆

★3.27.1 南方利鑫 9000 系列变频器故障信息与代码（见表3-145）

表3-145 南方利鑫 9000 系列变频器故障信息与代码

故障信息	故障代码	故障现象、类型	故障信息	故障代码	故障现象、类型
- -	0	正常，无故障	UP	6	电源电压过低
CA	1	加速中过电流	OL	7	过负荷
CD	2	减速中过电流	CB	8	直流制动中过电流
OC	3	恒速中过电流	CS	9	软件检测过电流
OH	4	变频器过热	SE		存储器自我测试
OP	5	电源电压过高			

★3.27.2 南方利鑫9100系列变频器故障信息与代码（见表3-146）

表3-146 南方利鑫9100系列变频器故障信息与代码

故障信息、代码	故障现象、类型	故障原因	故障检查
BCE	制动单元故障	1）外接制动电阻阻值偏小；2）制动线路故障或制动管损坏	1）增大制动电阻；2）检查制动单元，更换新制动管
CE	通信故障	1）波特率设置错误；2）采用串行通信的通信错误；3）通信长时间中断	1）设置合适的波特率；2）按停止键复位，检查串行通信；3）检查通信接口的配线
EEP	EEPROM读写故障	1）控制参数的读写发生错误；2）EEPROM损坏	1）检查控制参数；2）更换EEPROM
EF	外部故障	X1外部故障输入端子动作	检查外部设备输入情况
ITE	电流检测电路故障	1）霍尔器件异常；2）放大电路异常；3）控制板连接器接触不良；4）辅助电源异常	1）更换霍尔器件；2）检修放大电路；3）检查连接器，重新插好线；4）检修辅助电源
OC1	加速运行过电流	1）电网电压偏低；2）加速太快；3）变频器功率偏小	1）检查输入电源；2）增大加速时间；3）选择功率大一档的变频器
OC2	减速运行过电流	1）减速太快；2）负载惯性转矩大；3）变频器功率偏小	1）增大减速时间；2）外加合适的能耗制动组件；3）选择功率大一档的变频器
OC3	恒速运行过电流	1）负载发生突变或异常；2）电网电压偏低；3）变频器功率偏小	1）检查负载或减小负载的突变；2）检查输入电源；3）选择功率大一档的变频器
OH1	整流模块过热	1）控制板连线或插件松动；2）辅助电源损坏，驱动电压欠电压；3）功率模块桥直通；4）控制板异常；5）变频器瞬间过热；6）输出三相有相间或接地短路；7）风道堵塞或风扇异常；8）环境温度过高	1）检查连接情况；2）检修辅助电源和驱动电压；3）更换功率模块；4）检修控制板；5）根据检修过电流方法进行处理；6）重新配线；7）疏通风道、更换风扇；8）降低环境温度
OH2	逆变模块过热	1）环境温度过高；2）控制板连线或插件松动；3）辅助电源损坏，驱动电压欠电压；4）功率模块桥直通；5）控制板异常；6）变频器瞬间过热；7）输出三相有相间或接地短路；8）风道堵塞或风扇异常	1）降低环境温度；2）检查连接情况；3）检修辅助电源和驱动电压；4）更换功率模块；5）检修控制板；6）根据检修过电流方法进行处理；7）重新配线；8）疏通风道、更换风扇
Ol1	电机过载	1）电机堵转，负载突变过大；2）电机功率不足；3）电网电压过低；4）电机额定电流设置错误	1）检查负载，调节转矩提升量；2）选择合适的电机；3）检查电网电压；4）重新设置电机额定电流
OL2	变频器过载	1）加速太快；2）对旋转中的电机实施再起动；3）电网电压过低；4）负载过大	1）增大加速时间；2）等停机后再起动；3）检查电网电压；4）选择功率更大的变频器

240

（续）

故障信息、代码	故障现象、类型	故障原因	故障检查
OUT1	逆变单元 U 相故障、逆变单元 V 相故障、逆变单元 W 相故障	1）加速太快；2）接地不良；3）该相 IGBT 内部异常；4）干扰引起误动作	1）增大加速时间；2）检查接地情况；3）更换 IGBT；4）检查外围，消除干扰源
OV1	加速运行过电压	1）输入电压异常；2）瞬间停电后，对旋转中电机实施再起动	1）检查输入电源；2）等停机后再起动电机
OV2	减速运行过电压	1）减速太快；2）输入电压异常；3）负载惯性大	1）增大减速时间；2）检查输入电源；3）增大能耗制动组件
OV3	恒速运行过电压	1）输入电压发生异常变动；2）负载惯量大	1）安装输入电抗器；2）外加合适的能耗制动组件
PIDE	PID 反馈断开	1）PID 反馈断线；2）PID 反馈源消失	1）检查 PID 反馈信号线；2）检查 PID 反馈源
SP1	输入侧断相	输入 R、S、T 断相	检查输入电源和安装配线情况
SPO	输出侧断相	输出 U、V、W 断相，负载三相严重不对称	检查输出配线、电机及电缆情况
TE	电机自学习故障	1）电机容量与变频器容量不匹配；2）自学习超时；3）电机额定参数设置错误；4）自学习参数与标准参数偏差大	1）更换变频器；2）检查电机接线情况，正确设置参数；3）正确设置电机额定参数；4）使电机空载，重新辨识
UV	母线欠电压	电网电压偏低	检查电网输入电源情况

241

★3.27.3 南方利鑫 9600 系列变频器故障信息与代码（见表 3-147）

表 3-147 南方利鑫 9600 系列变频器故障信息与代码

故障信息、代码	故障现象、类型	故障信息、代码	故障现象、类型
Err01	逆变单元保护	Err13	输出断相
Err02	加速过电流	Err14	模块过热
Err03	减速过电流	Err15	外部设备故障
Err04	恒速过电流	Err16	通信故障
Err05	加速过电压	Err17	接触器故障
Err06	减速过电压	Err18	电流检测故障
Err07	恒速运行过电压	Err19	电机调谐故障
Err08	控制电源故障	Err20	码盘故障
Err09	欠电压	Err21	EEPROM 读写故障
Err10	变频器过载	Err22	变频器硬件故障
Err11	电机过载	Err23	对地短路
Err12	输入断相		

☆☆☆ **3.28　欧科系列变频器** ☆☆☆

★3.28.1　欧科 PT100、PT150 系列变频器故障信息与代码（见表3-148）

表 3-148　欧科 PT100、PT150 系列变频器故障信息与代码

故障信息、代码	故障现象、类型	故障原因	故障检查
E. bCE	制动单元故障	1）制动线路故障，制动管损坏；2）外界制动电阻阻值偏小	1）检查制动单元，更换新制动管；2）增大制动电阻
E. CE	通信故障	1）采用串行通信的通信错误；2）通信长时间中断；3）波特率设置错误	1）按键复位，检查串行通信；2）检查通信接口配线情况；3）正确设置适合的波特率
E. EEP	EEPROM 读写故障	1）控制参数的读写发生错误；2）EEPROM 异常	1）按键复位，检查控制参数；2）更换 EEPROM
E. ET	电机自学习故障	1）自学习出的参数与标准参数偏差过大；2）自学习超时；3）电机容量与变频器容量不匹配器；4）电机额定参数设置错误	1）电机空载，重新辨识；2）检查电机接线情况，正确设置参数；3）更换变频器；4）正确设置电机额定参数
E. LU	母线欠电压	电网电压偏低	检查电网输入电源
E. oC1	加速运行过电流、逆变单元加速故障	1）变频器功率偏小；2）加速太快；3）电网电压偏低	1）选择功率大一档的变频器；2）增大加速时间；3）检查输入电源
E. oC2	减速运行过电流、逆变单元减速故障	1）负载惯性转矩大；2）变频器功率偏小；3）减速太快	1）外加适合的能耗制动组件；2）选择功率大一档的变频器；3）增大减速时间
E. oC3	恒速运行过电流、逆变单元恒速故障	1）变频器功率偏小；2）负载发生突变、异常；3）电网电压偏低	1）选择功率大一档的变频器；2）检查负载，减小负载突变；3）检查输入电源
E. oCC	电流检测电路故障	1）霍尔器件异常；2）放大电路异常；3）控制板连接器接触异常；4）辅助电源异常	1）更换霍尔器件；2）检修放大电路；3）检查连接器、插线；4）检查辅助电源
E. oH1	逆变模块过热	逆变模块异常	检修逆变模块
E. oH2	整流模块过热	1）变频器瞬间过电流；2）输出三相有相间或接地短路；3）风道堵塞，风扇异常；4）环境温度过高；5）控制板连线或插件松动；6）辅助电源损坏，驱动电压欠电压；7）功率模块桥臂直通；8）控制板异常	1）根据检修过电流方法进行处理；2）重新配线；3）疏通风道，更换风扇；4）降低环境温度；5）检查连接情况；6）检查辅助电源、驱动电压；7）更换功率模块；8）检修控制板
E. oL1	机电过载	1）电机堵转或负载突变过大；2）电机功率不足；3）电网电压过低；4）电机额定电流设定错误	1）检查负载，调节转矩提升量；2）选择合适的电机；3）检查电网电压；4）正确设置电机额定电流
E. oL2	变频器过载	1）负载过大；2）加速太快；3）对旋转中的电机实施再起动；4）电网电压过低	1）选择功率更大的变频器；2）增大加速时间；3）等停机后再起动；4）检查电网电压
E. oU1	加速运行过电压	1）输入电压异常；2）瞬间停电后，对旋转中电机实施再起动	1）检查输入电源；2）等停机后再起动

（续）

故障信息、代码	故障现象、类型	故障原因	故障检查
E. oU2	减速运行过电压	1）负载惯量大；2）输入电压异常；3）减速太快	1）增大能耗制动组件；2）检查输入电源；3）增大减速时间
E. oU3	恒速运行过电压	1）输入电压发生异常变动；2）负载惯量大	1）安装输入电抗器；2）外加合适的能耗制动组件
E. oUP	保留		
E. PHI	输入侧断相	输入 R、S、T 有断相	检查输入电源，检查安装配线
E. PHo	输出侧断相	输出 U、V、W 有断相，或负载三相严重不对称	检查输出配线、机电和电缆
E. PId	PID 反馈断开	1）PID 反馈源消失；2）PID 反馈断线	1）检查 PID 反馈源；2）检查 PID 反馈信号线
E. SET	外部故障	SI 外部故障输入端子动作	检查外部设备输入
END	厂家保留		
P. oFF	关机显示	1）输入电压低；2）参数设置错误；3）关机提示	1）检查输入电压情况；2）检查参数设置情况；3）确认关机是否正常

★3.28.2 欧科 PT300 系列变频器故障信息与代码（见表3-149）

表3-149 欧科 PT300 系列变频器故障信息与代码

故障信息、代码	故障现象、类型	故障原因	故障检查
E. Br	缓冲电阻过载	输入电压不在规定的范围内	检查输入电压
E. CBC	逐波限流	1）变频器选型偏小；2）负载过大，电机堵转	1）选择功率等级更大的变频器；2）减小负载、电机和机械情况
E. CE	通信故障	1）上位机工作异常；2）通信线异常；3）通信扩展卡设置错误；4）通信参数设置错误	1）检查上位机接线情况；2）检查通信连接线情况；3）正确设置通信扩展卡的类型；4）正确设置通信参数
E. CoN	接触器故障	1）接触器异常；2）驱动板、电源异常	1）更换接触器；2）检查驱动板、电源
E. EEP	EEPROM 读写故障	EEPROM 异常	检修主控板，更换 EEPROM
E. Enco	编码器故障	1）编码器型号不匹配；2）PG 卡异常；3）编码器连线错误；4）编码器异常	1）正确设定编码器类型；2）更换 PG 卡；3）检查线路；4）更换编码器
E. INIT	初始位置错误	电机参数与实际偏差太大	正确设定电机参数
E. INv	变频器硬件故障	1）过电压；2）过电流	1）根据过电压处理方法进行；2）根据过电流处理方法进行
E. LOAD	掉载	变频器运行电流小于设定	确认负载，正确设定参数
E. LU	母线欠电压	1）瞬时停电；2）驱动板异常；3）控制板异常；4）变频器输入端电压不在要求的范围；5）母线电压异常；6）整流桥及缓冲电阻异常	1）复位；2）检修驱动板；3）检修控制板；4）调整电压到正常范围；5）检查母线电压；6）更换整流桥、缓冲电阻

（续）

故障信息、代码	故障现象、类型	故障原因	故障检查
E. oC1	加速运行过电流	1）变频器输出回路存在接地或短路；2）控制方式为矢量且没有进行参数辨识；3）加速时间太短；4）手动转矩提升或 V/f 曲线错误；5）电压偏低；6）对正在旋转的电机进行起动；7）加速过程中突加负载；8）变频器选型偏小	1）检查外围；2）进行电机参数辨识；3）增大加速时间；4）调整手动提升转矩或 V/f 曲线；5）电压调到正常范围；6）选择转速追踪起动或等电机停止后再起动；7）取消突加负载；8）选择功率等级更大的变频器
E. oC2	减速运行过电流	1）变频器输出回路存在接地或短路；2）没有加装制动单元、制动阻；3）控制方式为矢量且没有进行参数辨识；4）减速时间太短；5）电压偏低；6）减速过程中突加负载	1）检查外围；2）加装制动单元、制动电阻；3）进行电机参数辨识；4）增大减速时间；5）电压调到正常范围；6）取消突加负载
E. oC3	恒速运行过电流	1）变频器输出回路存在接地或短路；2）控制方式为矢量且没有进行参数辨识；3）电压偏低；4）运行中突加负载；5）变频器选型偏小	1）检查外围；2）进行电机参数辨识；3）电压调到正常范围；4）取消突加负载；5）选择功率等级更大的变频器
E. oCC	电流检测电路故障	1）控制板连接器接触不良；2）辅助电源异常；3）霍尔器件异常；4）放大电路异常	1）检查连接器，重新插线；2）检查辅助电源；3）更换霍尔器件；4）检修放大电路
E. oH1	模块过热	1）环境温度过高；2）模块热敏电阻异常；3）逆变模块异常；4）风道堵塞；5）风扇异常	1）降低环境温度；2）更换热敏电阻；3）更换逆变模块；4）清理风道；5）更换风扇
E. oH2	电机过温	1）温度传感器接线松动；2）电机温度过高	1）检查温度传感器接线情况；2）降低载频，采取散热措施
E. oL1	变频器过载	1）负载过大、发生电机堵转；2）变频器选型偏小	1）减小负载，检查电机和机械情况；2）选择功率等级更大的变频器
E. oL2	电机过载	1）电机保护参数设定错误；2）变频器选型偏小；3）负载过大、电机堵转	1）正确设定参数；2）选择功率等级更大的变频器；3）减小负载，检查电机和机械情况
E. oS	电机过速度	1）没有进行参数辨识；2）电机过速度检测参数设置错误；3）编码器参数设定错误	1）进行电机参数辨识；2）正确设置检测参数；3）正确设置编码器参数
E. oU1	加速运行过电压	1）输入电压偏高；2）加速过程中存在外力拖动电机运行；3）加速时间过短；4）没有加装制动单元和制动阻	1）电压调到正常范围；2）取消该外力或加装制动阻；3）增大加速时间；4）加装制动单元、制动阻
E. oU2	减速运行过电压	1）输入电压偏高；2）减速过程中存在外力拖动电机运行；3）减速时间过短；4）没有加装制动单元、制动阻	1）电压调到正常范围；2）取消该外力或加装制动阻；3）增大减速时间；4）加装制动单元、制动阻

244

（续）

故障信息、代码	故障现象、类型	故障原因	故障检查
E. oU3	恒速运行过电压	1）输入电压偏高；2）运行过程中存在外力拖动电机运行	1）电压调到正常范围；2）取消该外力或加装制动电阻
E. oUP	逆变单元 U 相故障、逆变单元 V 相故障、逆变单元 W 相故障	1）变频器内部接线松动；2）主控板异常；3）驱动板异常；4）逆变模块异常；5）变频器输出回路短路；6）电机与变频器接线过长；7）模块过热	1）检查连接线；2）检修主控板；3）检修驱动板；4）更换逆变模块；5）检查外围；6）加装电抗器或输出滤波器；7）检查风道、风扇
E. PHI	输入侧断相故障	1）防雷板异常；2）主控板异常；3）三相输入电源异常；4）驱动板异常	1）检修防雷板；2）检修主控板；3）检查外围；4）检修驱动板
E. PHo	输出侧断相故障	1）变频器到电机的引线异常；2）电机运行时变频器三相输出不平衡；3）驱动板异常；4）模块异常	1）检查外围；2）检查电机三相绕组的情况；3）检修驱动板；4）更换模块
E. PId	PID 反馈断线	PID 反馈小于设定值	检查 PID 反馈信号，正确设定参数
E. PUTO	累计上电时间到达	累计上电时间达到设定值	使用参数初始化功能清除记录信息
E. SET	外部故障	1）通过多功能端子 DI 输入外部故障的信号；2）通过虚拟 IO 功能输入外部故障的信号	复位运行
E. SrUN	运行时切换电机	变频器运行过程中通过端子更改当前电机选择	变频器停机后再进行电机切换操作
E. SSD	速度偏差过大	1）编码器参数设定异常；2）速度偏差过大，检测参数设置错误；3）没有进行参数辨识	1）正确设置编码器参数；2）正确设置检测参数；3）进行电机参数辨识
E. STG	对地短路	电机对地短路	更换电缆、电机
E. TE	电机自学习故障	1）自学习出的参数与标准参数偏差过大；2）自学习超时；3）电机容量与变频器容量不匹配；4）电机额定参数设置错误	1）重新辨识；2）检查电机接线，正确设置参数；3）更换变频器型号；4）正确设置电机额定参数
E. TIo	累计运行时间到达	累计运行时间达到设定值	使用参数初始化功能清除记录信息
E. USE1	用户自定义故障 1	1）通过虚拟 IO 功能输入用户自定义故障 1 的信号；2）通过多功能端子 DI 输入用户自定义故障 1 的信号	复位运行
E. USE2	用户自定义故障 2	1）通过多功能端子 DI 输入用户自定义故障 2 的信号；2）通过虚拟 IO 功能输入用户自定义故障 2 的信号	复位运行

欧科 PT300 系列变频器 LED 显示符号与字符/数字的对应关系如下：

显示字母	对应字母	显示字母	对应字母	显示字母	对应字母
0	0	1	1	2	2
3	3	4	4	5	5
6	6	7	7	8	8
9	9	A	A	b	B
C	C	d	d	E	E
F	F	H	H	I	I
L	L	N	N	n	n
o	o	P	P	r	r
S	S	t	t	U	U
v	v	T	T	-	–

☆☆☆ **3.29 欧陆系列变频器** ☆☆☆

★3.29.1 欧陆 EV100M 系列变频器故障信息与代码（见表3-150）

表3-150 欧陆 EV100M 系列变频器故障信息与代码

故障信息、代码	故障现象、类型	故障信息、代码	故障现象、类型
OUt1	逆变单元故障	OL3	过转矩
OUt2	接地或过电流	OL2	变频器过载
OC1	加速运行过电流	SPO	输出侧断相
OC2	减速运行过电流	OH2	逆变模块过热
OC3	恒速运行过电流	EF	外部故障
OV1	加速运行过电压	CE	通信故障
OV2	减速运行过电压	ItE	电流检测电路故障
OV3	恒速运行过电压	tE	电机自学习故障
UV	运行中欠电压	EEP	EEPROM 读写故障
POFF	母线欠电压	PIDE	PID 反馈断线
OL1	电机过载	END	厂家设定时间到达

★3.29.2 欧陆 EV200、EV510、EV510A、EV510H 系列变频器故障信息与代码（见表3-151）

表3-151 欧陆 EV200、EV510、EV510A、EV510H 系列变频器故障信息与代码

故障信息、代码	故障现象、类型	故障信息、代码	故障现象、类型
FU02	加速过电流	FU07	恒速过电压
FU03	减速过电流	FU08	控制电源故障
FU04	恒速过电流	FU09	欠电压
FU05	加速过电压	FU10	驱动器过载
FU06	减速过电压	FU11	电机过载

（续）

故障信息、代码	故障现象、类型	故障信息、代码	故障现象、类型
FU13	输出断相	FU26	累计运行时间到达
FU14	模块过热	FU27	用户自定义故障1
FU15	外部设备故障	FU28	用户自定义故障2
FU16	通信故障	FU29	累计上电时间到达
FU17	接触器故障	FU30	欠载
FU18	电流检测故障	FU31	运行时PID反馈丢失
FU19	电机自学习故障	FU40	逐波限流
FU20	编码器故障	FU41	运行时切换电机
FU21	EEPROM读写故障	FU42	速度偏差过大
FU23	对地短路	FU43	电机过速度

★3.29.3 欧陆 EV500 系列变频器故障信息与代码（见表3-152）

表3-152 欧陆 EV500 系列变频器故障信息与代码

故障信息、代码	编号	故障现象、类型	故障原因	故障检查
E.LP2	0EH	输出断相	变频器与电机间的接线不良或断开	检查接线
E.LU3	08H	运行中欠电压	1）电网中有大的负载起动；2）电源电压异常	1）采取分开供电；2）检查电源电压
E.OC1	01H	加速中过电流	1）加速时间过短；2）转矩提升过高或 V/f 曲线错误	1）延长加速时间；2）降低转矩提升电压，调整 V/f 曲线
E.OC2	02H	减速中过电流	减速时间太短	增加减速时间
E.OU2	05H	减速中过电压	1）减速时间太短；2）输入电压异常	1）延长减速时间；2）检查电源电压；3）安装或重新选择制动电阻
E.PID	14H	PID 反馈故障	1）PID 反馈信号线断开；2）检测反馈信号的传感器异常；3）反馈信号与设定不符	1）检查反馈通道；2）检查传感器；3）检查反馈信号与设定要求的情况
E.SC	10H	输出短路	1）负载过重；2）输出短路或接地	1）检查负载；2）检查接线
E.485	13H	RS485 通信故障	串行通信时数据的发送与接收发生错误	检查接线和通信
E.CSE	12H	电流检测错误	1）电流检测器件或电路损坏；2）辅助电源异常	1）更换电流检测器件，检修电路；2）检修辅助电源
E.LP1	0CH	输入断相	1）输入电压过低；2）输入电压断相	1）检查电网电压的情况；2）检查输入连接线
E.noS	0DH	干扰	周围电磁干扰引起误动作	检查周围情况，消除干扰源，加吸收电路
E.OC3	03H	运行中过电流	负载发生突变	减小负载波动
E.OH	0BH	变频器过热	1）风道阻塞；2）风扇异常；3）环境温度过高	1）清理风道，改善通风条件；2）更换风扇；3）改善通风条件，降低载波频率

(续)

故障信息、代码	编号	故障现象、类型	故障原因	故障检查
E. OH	0BH	变频器过热	1）风道阻塞；2）环境温度过高；3）风扇异常	1）清理风道，改善通风条件；2）改善通风条件，降低载波频率；3）更换风扇
E. OL1	09H	变频器过载	1）负载过大；2）加速时间过短；3）转矩提升过高或V/f曲线错误；4）电网电压过低	1）减小负载，更换较大容量变频器；2）延长加速时间；3）降低转矩提升电压，调整V/f曲线；4）检查电网电压
E. OL2	0AH	电机过载	1）负载过大；2）转矩提升过高、V/f曲线错误；3）加速时间过短；4）保护系数设定过小	1）减小负载；2）降低转矩提升电压，调整V/f曲线；3）延长加速时间；4）加大电机过载保护系数
E. OU T	11H	外部设备故障	变频器的外部设备故障输入端子有信号输入	检查信号源和相关设备
E. OU1	04H	加速中过电压	1）输入电压太高；2）电源频繁开关	检查电源电压
E. OU3	06H	运行中过电压	1）电源电压异常；2）有能量回馈性负载	1）检查电源；2）重新选择制动电阻
E. OU4	07H	停机时过电压	电源电压异常	检查电源

☆☆☆ 3.30 欧瑞传动系列变频器 ☆☆☆

248

★3.30.1 欧瑞传动 E600 系列变频器故障信息与代码（见表3-153）

表3-153 欧瑞传动 E600 系列变频器故障信息与代码

故障信息、代码	故障现象、类型	故障信息、代码	故障现象、类型
11：ESP	外部故障	47：EEEP	EEPROM 读写故障
12：Err3	运行前电流故障	49：Err6	看门狗故障
16：OC1	过电流	5：OL1	变频器过载
18：AErr	断线	53：CE1	面板断线
2：OC	过电流	55：Er55	掉载
22：nP	压力控制保护	6：LU	欠电压
24：SLP	休眠保护	7：OH	变频器过热
3：OE	直流过电压	8：OL2	电机过载
35：OH1	PTC 过热	Err0	禁止运行中修改功能码
4：PF1	输入断相	Err1	密码错误
45：CE	通信超时		

★3.30.2 欧瑞传动 E800 系列变频器故障信息与代码（见表3-154）

表3-154 欧瑞传动 E800 系列变频器故障信息与代码

故障信息、代码	故障现象、类型	故障信息、代码	故障现象、类型
11：ESP	外部故障	35：OH1	PTC 过热
12：Err3	运行前电流故障	4：PF1	输入断相
13：Err2	参数测量错误	44：Er44	从机掉站
15：Err4	电流零点偏移	45：CE	通信超时
16：OC1	过电流	47：EEEP	EEPROM 读写故障
17：PFO	输出断相	49：Err6	看门狗故障
18：AErr	断线	5：OL1	变频器过载
19：EP3	欠载保护	53：CE1	面板断线
20：EP/EP2		6：LU	欠电压
2：OC	过电流	67：OC2	过电流
22：nP	压力控制故障	7：OH	变频器过热
23：Err5	PID 参数设置故障	8：OL2	电机过载
24：SLP	休眠故障	Err0	禁止运行中修改功能码
3：OE	直流过电压	Err1	密码错误
32：PCE	PMSM 失调		

★3.30.3 欧瑞传动 E800-Z 系列变频器故障信息与代码（见表3-155）

表3-155 欧瑞传动 E800-Z 系列变频器故障信息与代码

故障信息、代码	故障现象、类型	故障信息、代码	故障现象、类型
Err0	禁止运行中修改功能码	17：PFO	输出断相
Err1	密码错误	18：AErr	断线
2：OC	过电流	22：nP	压力控制保护
3：OE	直流过电压	32：PCE	PMSM 失调
4：PF1	输入断相	35：OH1	PTC 过热
5：OL1	变频器过载	45：CE	通信超时
6：LU	欠电压	47：EEEP	EEPROM 读写故障
7：OH	变频器过热	49：Err6	看门狗故障
8：OL2	电机过载	50：oPEn	oPEn 保护故障
11：ESP	外部故障	53：CE1	面板断线
12：Err3	运行前电流故障	55：Er55	称重故障
13：Err2	参数测量错误	56：Er56	计米故障
15：Err4	电流零点偏移	67：OC2	过电流
16：OC1	过电流		

★3.30.4 欧瑞传动 E1000 系列变频器故障信息与代码（见表3-156）

表3-156 欧瑞传动 E1000 系列变频器故障信息与代码

故障信息、代码	故障现象、类型	故障信息、代码	故障现象、类型
AErr	断线	OC	硬件过电流
EP/EP2/EP3	欠载	OC1	软件过电流
ERR1	密码错误	OE	直流过电压
ERR2	参数测量错误	OH	变频器过热
ERR3	运行前电流故障	OL1	变频器过载
ERR4	电流零点偏移	OL2	电机过载
ERR5	PID 参数设置故障	PF0	输出断相
LU	欠电压	PF1	输入断相
nP	压力控制保护		

★3.30.5 欧瑞传动 E2000 系列变频器故障信息与代码（见表3-157）

表3-157 欧瑞传动 E2000 系列变频器故障信息与代码

故障信息、代码	故障现象、类型	故障信息、代码	故障现象、类型
Err0	禁止运行中修改功能码	19：EP3	欠载
Err1	密码错误	20：EP/EP2	
2：OC	过电流	22：nP	压力控制保护
3：OE	直流过电压	23：Err5	PID 参数设置故障
4：PF1	输入断相	26：GP	接地保护
5：OL1	变频器过载	27：PG	编码器故障
6：LU	欠电压	31：OH4	电机过热
7：OH	变频器过热	32：PCE	PMSM 失调
8：OL2	电机过载	35：OH1	PTC 过热
11：ESP	外部故障	45：CE	通信超时
12：Err3	运行前电流故障	47：EEEP	EEPROM 读写故障
13：Err2	参数测量错误	49：Err6	看门狗故障
15：Err4	电流零点偏移	50：oPEn	oPEn 保护故障
16：OC1	过电流	53：CE1	面板断线
17：PFO	输出断相	55：Er55	掉载
18：AErr	断线	67：OC2	过电流

★3.30.6 欧瑞传动 E2000-C 系列变频器故障信息与代码（见表3-158）

表3-158 欧瑞传动 E2000-C 系列变频器故障信息与代码

故障信息、代码	故障现象、类型	故障信息、代码	故障现象、类型
Err0	禁止运行中修改功能码	7：OH	变频器过热
Err1	密码错误	8：OL2	电机过载
2：OC	过电流	11：ESP	外部故障
3：OE	直流过电压	12：Err3	运行前电流故障
4：PF1	输入断相	13：Err2	参数测量错误
5：OL1	变频器过载	15：Err4	电流零点偏移
6：LU	欠电压	16：OC1	过电流

（续）

故障信息、代码	故障现象、类型	故障信息、代码	故障现象、类型
17：PFO	输出断相	35：OH1	PTC 过热
18：AErr	断线	44：Er44	从机掉站
19：EP3、	欠载	45：CE	通信超时
20：EP/EP2		47：EEEP	EEPROM 读写故障
22：nP	压力控制保护	49：Err6	看门狗故障
23：Err5	PID 参数设置故障	50：oPEn	oPEn 保护故障
26：GP	接地保护	53：CE1	面板断线
27：PG	编码器故障	67：OC2	过电流
32：PCE	PMSM 失调		

★3.30.7 欧瑞传动 E2000-M 系列变频器故障信息与代码（见表3-159）

表 3-159 欧瑞传动 E2000-M 系列变频器故障信息与代码

故障信息、代码	故障现象、类型	故障原因	故障检查
Err0	禁止运行中修改功能码	变频器运行中修改功能码	停机修改功能码
Err1	密码错误	1）密码有效时，密码设置错误；2）修改参数时，没有打开密码	正确输入用户密码
2：OC	过电流	1）电机负载过重；2）电机参数辨识不准确；3）加速时间太短；4）输出侧短路；5）电机堵转	1）降低 V/f 补偿值；2）正确设置辨识电机参数；3）延长加速时间；4）检查电机电缆的情况；5）检查电机负载
3：OE	直流过电压	1）能耗制动效果差；2）转速环 PI 参数设置错误；3）能耗制动效果差；4）电源电压过高；5）负载惯性过大；6）减速时间过短；7）电机惯量回升	1）合理设置转速环参数；2）离心风机负载改为 V/f 控制；3）检查输入额定电压；4）加装制动电阻；5）增加减速时间；6）提升能耗制动效果
4：PF1	输入断相	输入电源断相	检查电源输入情况，正确设置参数
5：OL1	变频器过载	负载过重	降低负载，检查机械设备装置，加大变频器容量
6：LU	欠电压	输入电压偏低	检查电源电压，正确设置参数
7：OH	变频器过热	1）安装位置不利通风；2）风扇异常；3）载波频率或者补偿曲线偏高；4）环境温度过高；5）散热片太脏	1）正确安装；2）更换风扇；3）降低载波频率或者补偿曲线；4）改善通风；5）清洁进出风口和散热片
8：OL2	电机过载	负载过重	降低负载，检查机械设备装置，加大变频器容量
11：ESP	外部故障	外部急停端子有效	排查外部故障信号
12：Err3	运行前电流故障	在运行前已经有电流报警信号	检查排线连接情况
15：Err4	电流零点偏移	1）排线松动；2）电流检测器件异常	1）检查并重新插接排线；2）检修电流检测器件
16：OC1	过电流	1）加速时间太短；2）电机参数辨识不准确；3）输出侧短路；4）电机堵转；5）电机负载过重	1）延长加速时间；2）正确辨识电机参数；3）检查电机电缆；4）检查电机的负载；5）降低 V/f 补偿值

251

（续）

故障信息、代码	故障现象、类型	故障原因	故障检查
17：PFO	输出断相	1）电机线掉线；2）变频器故障；3）电机损坏	1）检查电机线；2）检修变频器；3）更换电机
18：AErr	断线	1）模拟量信号线接触不良；2）模拟量信号线断；3）信号源异常	1）重新压接模拟量信号线；2）更换模拟量信号线；3）更换信号源
19：EP3 20：EP/EP2	欠载	1）皮带断裂；2）机械设备故障；3）水泵干涸	1）更换皮带；2）维修机械设备；3）给水源充水
22：nP	压力控制保护	1）负反馈时压力过大；2）正反馈时压力过小；3）变频器进入休眠状态	1）降低PID调节下限频率；2）正常状态；3）检查变频器的状态
23：Err5	PID参数设置故障	PID参数设置错误	正确设置PID参数
26：GP	接地保护 （单相无GP保护）	1）电机线缆损坏对地短接；2）电机绝缘损坏对地短接；3）变频器故障	1）更换电缆；2）检修电机；3）检修变频器
35：OH1	PTC过热	外部热继电器保护	检查外部热保护设备
45：CE	通信超时	通信异常	检查上位机的定时发送指令的情况和通信线连接情况
47：EEEP	EEPROM读写故障	1）周围干扰；2）EEPROM异常	1）消除干扰；2）更换EEPROM
49：Err6	看门狗故障	看门狗信号超时	检查看门狗信号
67：OC2	过电流	1）加速时间太短；2）电机负载过重；3）电机参数辨识不准确；4）输出侧短路；5）电机堵转	1）延长加速时间；2）降低 V/f 补偿值；3）正确设置辨识电机参数；4）检查电机电缆；5）检查电机的负载

★3.30.8 欧瑞传动 E2000-P 系列变频器故障信息与代码（见表3-160）

表3-160 欧瑞传动 E2000-P 系列变频器故障信息与代码

故障信息、代码	故障现象、类型	故障信息、代码	故障现象、类型
2：OC	硬件过电流	11：ESP	外部故障
3：OE	直流过电压	19：OC1	软件过电流
4：PF1	输入断相	20：PF0	输出断相
5：OL1	变频器过载	21：Err4	电流零点偏移
6：LU	欠电压	55：Er55	掉载
7：OH	变频器过热	67：OC2	过电流
8：OL2	电机过载		

★3. 30. 9　欧瑞传动 E2000-S 系列变频器故障信息与代码（见表3-161）

表 3-161　欧瑞传动 E2000-S 系列变频器故障信息与代码

故障信息、代码	故障现象、类型	故障信息、代码	故障现象、类型
Err0	禁止运行中修改功能码	18：AErr	断线
Err1	密码错误	19：EP3 20：EP/EP2	欠载保护信号
2：OC	过电流	22：nP	压力控制保护
3：OE	直流过电压	23：Err5	PID 参数设置故障
4：PF1	输入断相	26：GP	接地保护
5：OL1	变频器过载	27：PG	编码器故障
6：LU	欠电压	32：PCE	PMSM 失调
7：OH	变频器过热	35：OH1	PTC 过热
8：OL2	电机过载	44：Er44	从机掉站
11：ESP	外部故障	45：CE	通信超时
12：Err3	运行前电流故障	47：EEEP	EEPROM 读写故障
13：Err2	参数测量错误	49：Err6	看门狗故障
15：Err4	电流零点偏移	50：oPEn	oPEn 保护故障
16：OC1	过电流	53：CE1	面板断线
17：PFO	输出断相	67：OC2	过电流

★3. 30. 10　欧瑞传动 E2000-W 系列变频器故障信息与代码（见表3-162）

表 3-162　欧瑞传动 E2000-W 系列变频器故障信息与代码

故障信息、代码	故障现象、类型	故障信息、代码	故障现象、类型
Err0	禁止运行中修改功能码	19：EP3 20：EP/EP2	欠载保护信号
Err1	密码错误		
2：OC	过电流	22：nP	压力控制保护
3：OE	直流过电压	23：Err5	PID 参数设置故障
4：PF1	输入断相	26：GP	接地保护
5：OL1	变频器过载	27：PG	编码器故障
6：LU	欠电压	32：PCE	PMSM 失调
7：OH	变频器过热	35：OH1	PTC 过热
8：OL2	电机过载	44：Er44	从机掉站
11：ESP	外部故障	45：CE	通信超时
12：Err3	运行前电流故障	47：EEEP	EEPROM 读写故障
13：Err2	参数测量错误	49：Err6	看门狗故障
15：Err4	电流零点偏移	50：oPEn	oPEn 保护故障
16：OC1	过电流	53：CE1	面板断线
17：PFO	输出断相	55：ELS1	跳拉丝机断线保护
18：AErr	断线	67：OC2	过电流

★3.30.11 欧瑞传动 E2200 系列变频器故障信息与代码（见表3-163）

表 3-163 欧瑞传动 E2200 系列变频器故障信息与代码

故障信息、代码	故障现象、类型	故障信息、代码	故障现象、类型
Err0	禁止运行中修改功能码	19：EP3	欠载保护信号
Err1	密码错误	20：EP/EP2	
2：OC	过电流	22：nP	压力控制保护
3：OE	直流过电压	23：Err5	PID 参数设置故障
4：PF1	输入断相	27：PG	编码器故障
5：OL1	变频器过载	32：PCE	PMSM 失调
6：LU	欠电压	35：OH1	PTC 过热
7：OH	变频器过热	45：CE	通信超时
8：OL2	电机过载	47：EEEP	EEPROM 读写故障
11：ESP	外部故障	49：Err6	看门狗故障
12：Err3	运行前电流故障	50：oPEn	oPEn 保护故障
13：Err2	参数测量错误	53：CE1	面板断线
15：Err4	电流零点偏移	67：OC2	过电流
16：OC1	过电流	73：ECLG	CANopen 断线保护 1
17：PFO	输出断相	74：ECHb	CANopen 断线保护 2
18：Aerr	断线	76：Etnt	网络初始化失败
		77：EthC	EtherCAT 断线

★3.30.12 欧瑞传动 E2300 系列变频器故障信息与代码（见表3-164）

表 3-164 欧瑞传动 E2300 系列变频器故障信息与代码

故障信息、代码	故障现象、类型	故障信息、代码	故障现象、类型
2：OC	过电流	23：Err5	PID 参数设置故障
3：OE	直流过电压	24：SLP	休眠保护
4：PF1	输入断相	25：EP4	干转保护
5：OL1	变频器过载	26：GP	接地保护（S2 无 GP 保护）
6：LU	欠电压	32：PCE	PMSM 失调
7：OH	变频器过热	35：OH1	PTC 过热
8：OL2	电机过载	45：CE	通信超时
11：ESP	外部故障	47：EEEP	EEPROM 读写故障
12：Err3	运行前电流故障	49：Err6	看门狗故障
13：Err2	参数测量错误	55：SLP1	进水休眠
15：Err4	电流零点偏移	56：nP1	进水过压
16：OC1	过电流	57：EP5	进水缺水
17：PFO	输出断相	58：AEr0	出水断线
18：AErr	断线	67：OC2	过电流
19：EP3	欠载	69：EP6	漏水
20：EP/EP2		71：FILL	水管填充超时
22：nP	压力控制保护	72：ErAT	泵自学习故障

（续）

故障信息、代码	故障现象、类型	故障信息、代码	故障现象、类型
73：AEr1	进水断线保护	75：ErJA	泵堵转
74：ErT0	时段参数设置故障	76：SSLP	太阳能休眠

★3.30.13 欧瑞传动 E2400 系列变频器故障信息与代码（见表3-165）

表3-165 欧瑞传动 E2400 系列变频器故障信息与代码

故障信息、代码	故障现象、类型	故障信息、代码	故障现象、类型
Err0	禁止运行中修改功能码	22：nP	压力控制保护
Err1	密码错误	23：Err5	PID 参数设置故障
2：OC	过电流	24：SLP	休眠保护
3：OE	直流过电压	26：GP	接地保护（S2/T2 无 GP 保护）
4：PF1	输入断相	27：PG	编码器故障
5：OL1	变频器过载	32：PCE	PMSM 失调
6：LU	欠电压	34：OH5	腔体过热
7：OH	变频器过热	35：OH1	PTC 过热
8：OL2	电机过载	44：Er44	从机掉站
11：ESP	外部故障	45：CE	通信超时
12：Err3	运行前电流故障	47：EEEP	EEPROM 读写故障
13：Err2	参数测量错误	49：Err6	看门狗故障
15：Err4	电流零点偏移	50：oPEn	oPEn 保护故障
16：OC1	过电流	53：CE1	面板断线
17：PFO	输出断相	55：Er55	掉载
18：AErr	断线	67：OC2	过电流
19：EP3	欠载		
20：EP/EP2			

★3.30.14 欧瑞传动 EP66 系列变频器故障信息与代码（见表3-166）

表3-166 欧瑞传动 EP66 系列变频器故障信息与代码

故障信息、代码	故障现象、类型	故障信息、代码	故障现象、类型
Err0	禁止运行中修改功能码	13：Err2	参数测量错误
Err1	密码错误	15：Err4	电流零点偏移
2：OC	过电流	16：OC1	过电流
3：OE	直流过电压	17：PFO	输出断相
4：PF1	输入断相	18：AErr	断线
5：OL1	变频器过载	19：EP3	欠载
6：LU	欠电压	20：EP/EP2	
7：OH	变频器过热	22：nP	压力控制保护
8：OL2	电机过载	23：Err5	PID 参数设置故障
11：ESP	外部故障	26：GP	接地保护（T2 无 GP 保护）
12：Err3	运行前电流故障	27：PG	编码器故障

（续）

故障信息、代码	故障现象、类型	故障信息、代码	故障现象、类型
32：PCE	PMSM 失调	47：EEEP	EEPROM 读写故障
35：OH1	PTC 过热	49：Err6	看门狗故障
44：Er44	从机掉站	50：oPEn	oPEn 保护故障
45：CE	通信超时	53：CE1	面板断线

★3.30.15 欧瑞传动 EPS2000 系列变频器故障信息与代码（见表 3-167）

表 3-167 欧瑞传动 EPS2000 系列变频器故障信息与代码

故障信息、代码	故障现象、类型	故障信息、代码	故障现象、类型
OC/OC2	过电流	Err0	禁止运行中修改功能码
OC1	过电流	Err1	密码错误
OL1	变频器过载	Err2	参数测量错误
OL2	电机过载	Err3	运行前电流故障
OE	直流过电压	Err4	电流零点偏移
PF1	风机电源保护	Err5	PID 参数设置故障
PFO	输出断相	Err6	看门狗故障
SDOF	输入欠电压	CE	通信超时
OH	变频器过热	FL	转速追踪故障

★3.30.16 欧瑞传动 F1000-G 系列变频器故障信息与代码（见表 3-168）

表 3-168 欧瑞传动 F1000-G 系列变频器故障信息与代码

故障信息、代码	故障现象、类型	故障原因	故障检查
C. B.	接触器吸合故障	1）输入电源不足；2）交流接触器异常	1）检查输入电压值；2）检查、更换交流接触器
O. C.	过电流	1）加速时间太短；2）电机堵转；3）输出侧短路	1）延长加速时间；2）检查电机的负载，降低 V/f 补偿值；3）检查电机电缆
O. E.	直流过电压	1）电源电压过高；2）负载惯性过大；3）减速时间过短	1）检查输入额定电压；2）加装制动电阻；3）增加减速时间
O. H.	散热片过热	1）散热片太脏；2）环境温度过高；3）安装位置不利通风；4）风扇异常	1）清洁进出风口和散热片；2）改善通风；3）正确安装；4）更换风扇
O. L.	过载	负载太重	降低负载，检查机械设备传动比，加大变频器容量
P. F.	断相	输入电源断相	检查电源输入情况和参数设置情况
P. O.	欠电压	输入电压偏低	检查电源电压情况和参数设置情况

★3.30.17　欧瑞传动 F1500-G 系列变频器故障信息与代码（见表3-169）

表3-169　欧瑞传动 F1500-G 系列变频器故障信息与代码

故障信息、代码	故障现象、类型	故障信息、代码	故障现象、类型
- E. r -	通信故障	OC3	恒速过电流
AdEr	电流检测故障	OE1	加速过电压
Cb	接触器未吸合	OE2	减速过电压
ErP	外部设备故障	OE3	恒速过电压
Err	用户密码错误，外部干扰	OH	过温
ESP	外部急停	OL1	变频器过载
LU	欠电压	OL2	电机过载
OC1	加速过电流	PEr	断相
OC2	减速过电流		

★3.30.18　欧瑞传动 F2000-P 系列变频器故障信息与代码（见表3-170）

表3-170　欧瑞传动 F2000-P 系列变频器故障信息与代码

故障信息、代码	故障现象、类型	故障原因	故障检查
ERR4	电流零点偏移	1）排线松动；2）电流检测器件异常	1）检查接线情况；2）更换电流检测器件
LU	欠电压	输入电压偏低	检查电源电压
OC	硬件过电流	1）电机堵转；2）电机负载过重；3）加速时间太短；4）输出侧短路	1）检查电机的负载；2）降低 V/f 补偿值；3）延长加速时间；4）检查电机电缆
OC1	软件过电流	1）加速时间太短；2）输出侧短路；3）电机堵转	1）延长加速时间；2）检查电机电缆；3）检查电机的负载，降低 V/f 补偿值
OE	直流过电压	1）减速时间过短；2）能耗制动效果不理想；3）电源电压过高；4）负载惯性过大	1）增加减速时间；2）提升能耗制动效果；3）检查输入额定电压；4）加装制动电阻
OH	变频器过热	1）风扇异常；2）载波频率或者补偿曲线偏高；3）环境温度过高；4）散热片太脏；5）安装位置不利通风	1）更换风扇；2）降低载波频率或者补偿曲线；3）改善通风；4）清洁进出风口和散热片；5）正确安装
OL1	变频器过载	负载过重引	降低负载，检查机械设备传动装置，加大变频器容量
OL2	电机过载	负载过重	降低负载，检查机械设备传动装置，加大电机容量
PF0	输出断相	电机异常	检查电机线情况和电机情况
PF1	输入断相	输入电源断相	检查电源输入情况

★3.30.19 欧瑞传动 F2000-G 系列变频器故障信息与代码（见表3-171）

表 3-171 欧瑞传动 F2000-G 系列变频器故障信息与代码

故障信息、代码	故障现象、类型	故障信息、代码	故障现象、类型
ERR1	密码错误	OC1	软件过电流
ERR2	参数测量错误	OE	直流过电压
ERR3	运行前电流故障	OH	变频器过热
ERR4	电流零点偏移	OL1	变频器过载
ESP	外部急停	OL2	电机过载
LU	欠电压	PF1	输入断相
OC	硬件过电流		

☆☆☆ 3.31 普传系列变频器 ☆☆☆

★3.31.1 普传 PI130 系列变频器故障信息与代码（见表3-172）

表 3-172 普传 PI130 系列变频器故障信息与代码

故障信息、代码	故障现象、类型	故障信息、代码	故障现象、类型
E.CE	通信故障	E.oL2	变频器过载
E.EEP	EEPROM 读写故障	E.oU1	加速运行过电压
E.END	干扰导致误报	E.oU2	减速运行过电压
E.LU	母线欠电压	E.oU3	恒速运行过电压
E.oC1	加速运行过电流	E.oUt1	输出断相
E.oC2	减速运行过电流	E.oUt3	厂家设定时间到达
E.oC3	恒速运行过电流	E.PId	PID 反馈断线
E.oCC	电流检测电路故障	E.SET	外部故障
E.oH2	逆变模块过热	E.TE	电机参数自学习故障
E.oL1	电机过载		

★3.31.2 普传 PI150、PI150-S 系列变频器故障信息与代码（见表3-173）

表 3-173 普传 PI150、PI150-S 系列变频器故障信息与代码

故障信息、代码	故障现象、类型	故障信息、代码	故障现象、类型
COF	通信故障	Err.11	电机过载
Err.01	逆变单元保护	Err.13	输出断相
Err.02	加速过电流	Err.14	模块过热
Err.03	减速过电流	Err.15	外部设备故障
Err.04	恒速过电流	Err.16	通信故障
Err.05	加速过电压	Err.17	接触器故障
Err.06	减速过电压	Err.18	电流检测故障
Err.07	恒速过电压	Err.19	电机参数自学习故障
Err.08	控制电源故障	Err.21	EEPROM 读写故障
Err.09	欠电压	Err.22	变频器硬件故障
Err.10	变频器过载	Err.23	对地短路

（续）

故障信息、代码	故障现象、类型	故障信息、代码	故障现象、类型
Err. 26	累计运行时间到达	Err. 31	运行时 PID 反馈丢失
Err. 27	用户自定义故障1	Err. 40	快速限流
Err. 28	用户自定义故障2	Err. 42	速度偏差过大
Err. 29	累计上电时间到达	Err. 51	初始位置错误

★3.31.3 普传 PI160 系列变频器故障信息与代码（见表3-174）

表 3-174 普传 PI160 系列变频器故障信息与代码

故障信息、代码	故障现象、类型	故障原因	故障检查
COF	通信故障	1）控制板、键盘硬件异常；2）键盘线过长，存在干扰；3）键盘接口控制板接口不良；4）键盘线或水晶接头不良	1）检修控制板，更换键盘；2）检查键盘线；3）检查键盘接口和控制板接口；4）检查键盘线和水晶接头
Err. 01	逆变单元保护	1）变频器内部接线松动；2）主控板异常；3）驱动板异常；4）逆变模块异常；5）变频器输出回路短路；6）电机和变频器接线过长；7）模块过热	1）插好连接线；2）检修主控板；3）检修驱动板；4）更换逆变模块；5）检查外围；6）加装电抗器或输出滤波器；7）检查风道和风扇
Err. 02	加速过电流	1）加速时间太短；2）控制方式为矢量且没有进行参数辨识；3）对正在旋转的电机进行起动；4）加速过程中突加负载；5）变频器选型偏小；6）手动转矩提升或 V/f 曲线错误；7）电压偏低；8）变频器输出回路接地或短路	1）增大加速时间；2）进行电机参数辨识；3）选择转速跟踪起动或等电机停止后再起动；4）取消突加负载；5）选择功率等级更大的变频器；6）调整手动提升转矩或 V/f 曲线；7）电压调到正常范围；8）检查外围
Err. 03	减速过电流	1）变频器输出回路接地或短路；2）控制方式为矢量且没有进行参数辨识；3）没有加装制动单元和制动电阻；4）减速时间太短；5）电压偏低；6）减速过程中突加负载	1）检查外围；2）进行电机参数辨识；3）加装制动单元、制动电阻；4）增大减速时间；5）电压调到正常范围；6）取消突加负载
Err. 04	恒速过电流	1）变频器输出回路接地或短路；2）控制方式为矢量且没有进行参数辨识；3）电压偏低；4）运行中有突加负载；5）变频器选型偏小	1）检查外围；2）进行电机参数辨识；3）电压调到正常范围；4）取消突加负载；5）选择功率等级更大的变频器
Err. 05	加速过电压	1）没有加装制动单元、制动电阻；2）输入电压偏高；3）加速过程中存在外力拖动电机运行；4）加速时间过短	1）加装制动单元、制动电阻；2）电压调到正常范围；3）取消该外力或加装制动电阻；4）增大加速时间
Err. 06	减速过电压	1）输入电压偏高；2）没有加装制动单元、制动电阻；3）减速过程中存在外力拖动电机运行；4）减速时间过短	1）电压调到正常范围；2）加装制动单元、制动电阻；3）取消该外力或加装制动电阻；4）增大减速时间

259

（续）

故障信息、代码	故障现象、类型	故障原因	故障检查
Err. 07	恒速过电压	1）输入电压偏高；2）运行过程中存在外力拖动电机运行	1）电压调到正常范围；2）取消该外力或加装制动电阻
Err. 08	控制电源故障	1）输入电压不在规定的范围内；2）频繁报欠电压故障	电压调到规范要求的范围内
Err. 09	欠电压	1）整流桥及缓冲电阻异常；2）驱动板异常；3）控制板异常；4）瞬时停电；5）变频器输入端电压不在要求的范围；6）母线电压异常	1）更换整流桥、缓冲电阻；2）检修驱动板；3）检修控制板；4）复位；5）调整电压到正常范围；6）检查母线电压
Err. 10	变频器过载	1）变频器选型偏小；2）负载过大、发生电机堵转	1）选择功率等级更大的变频器；2）减小负载，检查电机和机械情况
Err. 11	电机过载	1）电机保护参数设定错误；2）负载过大、电机堵转；3）电网电压过低	1）正确设定参数；2）减小负载，检查电机和机械情况；3）检查电网电压
Err. 12	输入断相	1）主控板异常；2）三相输入电源异常；3）驱动板异常；4）防雷板异常	1）检修主控板；2）检查外围；3）检修驱动板；4）检修防雷板
Err. 13	输出断相	1）驱动板异常；2）模块异常；3）变频器到电机的引线异常；4）电机运行时变频器三相输出不平衡	1）检修驱动板；2）更换模块；3）检查外围；4）检查电机三相绕组情况
Err. 14	模块过热	1）环境温度过高；2）模块热敏电阻异常；3）逆变模块异常；4）风道堵塞；5）风扇异常	1）降低环境温度；2）更换热敏电阻；3）更换逆变模块；4）清理风道；5）更换风扇
Err. 15	外部设备故障	通过多功能端子 DI 输入外部故障的信号	复位运行
Err. 16	通信故障	1）通信参数设置异常；2）上位机工作异常；3）通信线异常；4）通信扩展卡设置异常	1）正确设置通信参数；2）检查上位机接线；3）检查通信连接线；4）正确设置通信扩展卡类型
Err. 17	接触器故障	1）输入断相；2）驱动板、接触器异常	1）检查外围；2）检修驱动、电源板，或更换接触器
Err. 18	电流检测故障	1）检查霍尔器件异常；2）驱动板异常	1）更换霍尔器件；2）检修驱动板
Err. 19	电机参数自学习故障	1）电机参数没有根据铭牌设置；2）参数辨识过程超时	1）正确设定电机参数；2）检查变频器到电机引线情况
Err. 20	码盘故障	1）编码器损坏；2）PG 卡异常；3）编码器型号不匹配；4）编码器连线错误	1）更换编码器；2）更换 PG 卡；3）正确设定编码器类型；4）检查连线情况
Err. 21	EEPROM 读写故障	EEPROM 芯片异常	更换 EEPROM
Err. 22	变频器硬件故障	1）过电流；2）过电压	1）根据过电流故障处理；2）根据过电压故障处理
Err. 26	累计运行时间到达	累计运行时间达到设定值	使用参数初始化功能清除记录信息

（续）

故障信息、代码	故障现象、类型	故障原因	故障检查
Err. 27	用户自定义故障1	通过多功能端子 DI 输入用户自定义故障1 的信号	复位运行
Err. 28	用户自定义故障2	通过多功能端子 DI 输入用户自定义故障2 的信号	复位运行
Err. 29	累计上电时间到达	累计上电时间达到设定值	使用参数初始化功能清除记录信息
Err. 30	掉载	变频器运行电流小于设定	检查负载，正确设置参数
Err. 31	运行时 PID 反馈丢失	PID 反馈小于设定值	检查 PID 反馈信号，正确设置参数
Err. 40	快速限流	1）负载过大、电机堵转；2）变频器选型偏小	1）减小负载，检查电机和机械情况；2）选择功率等级更大的变频器
Err. 41	运行时切换电机	变频器运行过程中通过端子更改当前电机选择	变频器停机后再进行电机切换操作
Err. 43	电机过速度	1）电机过速度检测参数设置错误；2）没有进行参数辨识；3）编码器参数设定错误	1）正确设置检测参数；2）进行电机参数辨识；3）正确设置编码器参数
Err. 45	电机过温	1）温度传感器接线松动；2）电机温度过高	1）检查温度传感器接线情况；2）降低载频，采取散热措施
Err. 51	初始位置错误	电机参数与实际偏差太大	重新确认电机参数

★3.31.4 普传 PI500、PI500-E、PI510、PI9000 系列变频器故障信息与代码（见表 3-175）

表 3-175 普传 PI500、PI500-E、PI510、PI9000 系列变频器故障信息与代码

故障信息、代码	故障现象、类型	故障信息、代码	故障现象、类型
COF	通信故障	Err. 18	电流检测故障
Err. 01	逆变单元保护	Err. 19	电机参数自学习故障
Err. 02	加速过电流	Err. 20	码盘故障
Err. 03	减速过电流	Err. 21	EEPROM 读写故障
Err. 04	恒速过电流	Err. 22	变频器硬件故障
Err. 05	加速过电压	Err. 23	对地短路
Err. 06	减速过电压	Err. 26	累计运行时间到达
Err. 07	恒速过电压	Err. 27	用户自定义故障1
Err. 08	控制电源故障	Err. 28	用户自定义故障2
Err. 09	欠电压	Err. 29	累计上电时间到达
Err. 10	变频器过载	Err. 30	掉载
Err. 11	电机过载	Err. 31	运行时 PID 反馈丢失
Err. 12	输入断相	Err. 40	快速限流
Err. 13	输出断相	Err. 41	运行时切换电机
Err. 14	模块过热	Err. 42	速度偏差过大
Err. 15	外部设备故障	Err. 43	电机过速度
Err. 16	通信故障	Err. 45	电机过温
Err. 17	接触器故障	Err. 51	初始位置错误

261

★3.31.5 普传 PI500A、PI500A-ES、PI500A-S 系列变频器故障信息与代码（见表3-176）

表3-176 普传 PI500A、PI500A-ES、PI500A-S 系列变频器故障信息与代码

故障信息、代码	故障现象、类型	故障信息、代码	故障现象、类型
COF	通信故障	Err. 17	接触器故障
Err. 01	逆变单元保护	Err. 18	电流检测故障
Err. 02	加速过电流	Err. 19	电机参数自学习故障
Err. 03	减速过电流	Err. 21	EEPROM 读写故障
Err. 04	恒速过电流	Err. 22	变频器硬件故障
Err. 05	加速过电压	Err. 23	对地短路
Err. 06	减速过电压	Err. 26	累计运行时间到达
Err. 07	恒速过电压	Err. 27	用户自定义故障1
Err. 08	控制电源故障	Err. 28	用户自定义故障2
Err. 09	欠电压	Err. 29	累计上电时间到达
Err. 10	变频器过载	Err. 31	运行时 PID 反馈丢失
Err. 11	电机过载	Err. 40	快速限流
Err. 13	输出断相	Err. 41	运行时切换电机
Err. 14	模块过热	Err. 42	速度偏差过大
Err. 15	外部设备故障	Err. 51	初始位置错误
Err. 16	通信故障		

★3.31.6 普传 PI500-C 系列变频器故障信息与代码（见表3-177）

表3-177 普传 PI500-C 系列变频器故障信息与代码

故障信息、代码	故障现象、类型	故障信息、代码	故障现象、类型
COF	通信故障	Err. 16	通信故障
Err. 01	逆变单元保护	Err. 17	接触器故障
Err. 02	加速过电流	Err. 18	电流检测故障
Err. 03	减速过电流	Err. 19	电机参数自学习故障
Err. 04	恒速过电流	Err. 20	码盘故障
Err. 05	加速过电压	Err. 21	EEPROM 读写故障
Err. 06	减速过电压	Err. 22	变频器硬件故障
Err. 07	恒速过电压	Err. 23	对地短路
Err. 08	控制电源故障	Err. 26	累计运行时间到达
Err. 09	欠电压	Err. 27	用户自定义故障1
Err. 10	变频器过载	Err. 28	用户自定义故障2
Err. 11	电机过载	Err. 29	累计上电时间到达
Err. 12	输入断相	Err. 30	掉载
Err. 13	输出断相	Err. 31	运行时 PID 反馈丢失
Err. 14	模块过热	Err. 40	快速限流
Err. 15	外部设备故障	Err. 41	运行时切换电机

（续）

故障信息、代码	故障现象、类型	故障信息、代码	故障现象、类型
Err. 42	速度偏差过大	Err. 49	油滤堵塞信号
Err. 43	电机过速度	Err. 50	油分堵塞信号
Err. 45	电机过温	Err. 51	初始位置错误
Err. 46	温度过低	Err. 54	缺水
Err. 47	空压机压力过大	Err. 55	外部故障
Err. 48	空滤堵塞信号		

★3.31.7 普传 PI7000、PI7100、PI7600、PI7800 系列变频器故障信息与代码（见表3-178）

表3-178 普传 PI7000、PI7100、PI7600、PI7800 系列变频器故障信息与代码

故障信息、代码	故障现象、类型	故障信息、代码	故障现象、类型
LU	欠电压	OC-FA	过电流信号来自驱动电路
OC-2	输出过电流。电流超过电机额定电流的 1.5 ~ 3（G/S：2；F：1.5；Z/M/T：2.5；H：3）倍时保护	OC-P	系统受到干扰或瞬间过电流冲击
		OH	过热
		OL	过载
OC-C	过电流信号来自电流检测电路	OU	过电压

★3.31.8 普传 PI8000、PI8100、PI8600 系列变频器故障信息与代码（见表3-179）

表3-179 普传 PI8000、PI8100、PI8600 系列变频器故障信息与代码

故障信息、代码	故障现象、类型	故障信息、代码	故障现象、类型
E. LU	欠电压	E. OHt	过热
E. OC3	电机过电流。电机实际电流超过电机额定电流的 3 倍时保护	E. OL	过载
		E. OU	过电压
E. OCP	系统受到干扰或瞬间过电流冲击		

☆☆☆ 3.32 奇电系列变频器 ☆☆☆

★3.32.1 奇电 HV21、QD200、QD6000、QD6600 系列变频器故障信息与代码（见表3-180）

表3-180 奇电 HV21、QD200、QD6000、QD6600 系列变频器故障信息与代码

故障信息、代码	故障现象、类型	故障信息、代码	故障现象、类型
0.0（闪烁）	运行许可无效（PWM 禁止）	E-35	网络错误
---C	过电流预报警	E-36	变频器类型错误
E-33	通信故障	E-38	AI1 信号丢失
E-34	电流传感器故障	E-39	变频器内部通信错误

263

（续）

故障信息、代码	故障现象、类型	故障信息、代码	故障现象、类型
E-01	过电流保护	E-43	紧急停止
E-02	相间短路	E-45	转矩提升过大
E-03	启动过电流	E-46	自学习错误
E-04	接地故障	E-98	外引面板通信故障
E-06	欠载	E-99	大功率显示板通信故障
E-07	过转矩	-H--	过热预报警
E1	超出可显示位数1位	L--	过载预报警
E-11	过电压	R-00	可以接受故障复位
E-12	直流母线欠电压	R-01	欠电压
E-21	变频器过载	R-05	频率点设置异常
E-22	电机过载	R-06	短暂停电时自由停机
E-23	制动电阻过载	R-07	直流制动中
E-24	变频器过热	R-08	运行重试中
E-25	电机 PTC 过热	R-10	低速休眠中
E-31	EEPROM 故障	R-11	键盘按键故障
E-32	控制板故障	R-12	参数初始化中
E-41	输入断相	R-13	模拟信号丢失
E-42	输出断相	--U-	过电压预报警

★3.32.2　奇电 QD220 系列变频器故障信息与代码（见表 3-181）

表 3-181　奇电 QD220 系列变频器故障信息与代码

故障信息、代码	故障现象、类型	故障原因	故障检查
A64	反电动势辨识异常警告（仅永磁系列）	1）动态辨识时反电动势辨识异常；2）电机出现退磁现象；3）电机反电动势偏大或者偏小；4）电机参数设置错误；5）静态辨识时反电动势设置错误	1）检查动态辨识时电机是否完全空载；2）检查电机是否退磁；3）检查电机的反电动势偏大或偏小；4）正确设置电机参数；5）检查参数设置的情况
E-01	逆变单元保护	1）变频器内部接线松动；2）主控板异常；3）驱动板异常；4）逆变模块异常；5）变频器输出回路短路；6）电机、变频器接线过长；7）模块过热	1）检查连接线；2）检修主控板；3）检修驱动板；4）更换逆变模块；5）检查外围；6）加装电抗器或输出滤波器；7）检查风道、风扇
E-02	加速过电流	1）手动转矩提升或 V/f 曲线错误；2）电压偏低；3）对正在旋转的电机进行起动；4）加速过程中突加负载；5）变频器选型偏小；6）变频器输出回路存在接地或短路；7）控制方式为矢量且没有进行参数辨识；8）加速时间太短	1）调整手动提升转矩或 V/f 曲线；2）电压调到正常范围；3）选择转速追踪起动或等电机停止后再起动；4）取消突加负载；5）选择功率等级更大的变频器；6）检查外围；7）进行电机参数辨识；8）增大加速时间

（续）

故障信息、代码	故障现象、类型	故障原因	故障检查
E-03	减速过电流	1）变频器输出回路存在接地或短路；2）减速过程中突加负载；3）没有加装制动单元、制动电阻；4）控制方式为矢量且没有进行参数辨识；5）减速时间太短；6）电压偏低	1）检查外围；2）取消突加负载；3）加装制动单元、制动电阻；4）进行电机参数辨识；5）增大减速时间；6）电压调到正常范围
E-04	恒速过电流	1）变频器输出回路存在接地或短路；2）控制方式为矢量且没有进行参数辨识；3）电压偏低；4）运行中突加负载；5）变频器选型偏小	1）检查外围；2）进行电机参数辨识；3）电压调到正常范围；4）取消突加负载；5）选择功率等级更大的变频器
E-05	加速过电压	1）输入电压偏高；2）加速时间过短；3）没有加装制动单元、制动电阻；4）加速过程中存在外力拖动电机运行	1）电压调到正常范围；2）增大加速时间；3）加装制动单元、制动电阻；4）取消该外力或加装制动电阻
E-06	减速过电压	1）输入电压偏高；2）减速过程中存在外力拖动电机运行；3）没有加装制动单元、制动电阻；4）减速时间过短	1）电压调到正常范围；2）取消该外力或加装制动电阻；3）加装制动单元、制动电阻；4）增大减速时间
E-07	恒速过电压	1）输入电压偏高；2）运行过程中存在外力拖动电机运行	1）电压调到正常范围；2）取消外力或加装制动电阻
E-08	控制电源故障	输入电压不在规定的范围内	电压调到要求的范围内
E-09	欠电压	1）瞬时停电；2）变频器输入端电压不在要求的范围；3）母线电压异常；4）整流桥、缓冲电阻异常；5）驱动板异常；6）控制板异常	1）复位；2）调整电压到正常范围；3）检查母线电压；4）更换整流桥、缓冲电阻；5）检修驱动板；6）检修控制板
E-10	变频器过载	1）变频器选型偏小；2）负载过大、电机堵转	1）选择功率等级更大的变频器；2）减小负载，检查电机和机械情况
E-11	电机过载	1）变频器选型偏小；2）电机保护参数设定是否合适；3）负载过大、电机堵转	1）选择功率等级更大的变频器；2）正确设定参数；3）减小负载，检查电机和机械情况
E-12	输入断相	1）防雷板异常；2）主控板异常；3）三相输入电源异常；4）驱动板异常	1）检修防雷板；2）检修主控板；3）检查外围；4）检修驱动板
E-13	输出断相	1）变频器到电机的引线异常；2）电机运行时变频器三相输出不平衡；3）驱动板异常；4）模块异常	1）检查外围；2）检查电机三相绕组的情况；3）检修驱动板；4）更换模块
E-14	模块过热	1）模块热敏电阻异常；2）逆变模块异常；3）环境温度过高；4）风道堵塞；5）风扇异常	1）更换热敏电阻；2）更换逆变模块；3）降低环境温度；4）清理风道；5）更换风扇
E-15	外部设备故障	1）通过多功能端子DI输入外部故障的信号；2）通过虚拟IO功能输入外部故障的信号	复位运行

（续）

故障信息、代码	故障现象、类型	故障原因	故障检查
E-16	通信故障	1）上位机工作异常；2）通信参数组设置异常；3）通信线异常；4）通信扩展卡设置异常	1）检查上位机接线；2）正确设置通信参数；3）检查通信连接线；4）正确设置通信扩展卡类型
E-17	接触器故障	1）驱动板与电源异常；2）接触器异常	1）检修驱动板或电源板；2）更换接触器
E-18	电流检测故障	1）驱动板异常；2）霍尔器件异常	1）检修驱动板；2）更换霍尔器件
E-19	电机调谐故障	1）电机参数没有根据铭牌设置；2）参数辨识过程超时	1）正确设定电机参数；2）检查变频器到电机引线情况
E-20	码盘故障	1）编码器异常；2）PG 卡异常；3）编码器型号不匹配；4）编码器连线错误	1）更换编码器；2）更换 PG 卡；3）正确设定编码器类型；4）检查线路
E-21	EEPROM 读写故障	EEPROM 芯片异常	更换 EEPROM
E-22	变频器硬件故障	1）存在过电压；2）存在过电流	1）根据过电压故障处理；2）根据过电流故障处理
E-23	对地短路	电机对地短路	更换电缆或电机
E-26	累计运行时间到达	累计运行时间达到设定值	使用参数初始化功能清除记录信息
E-27	用户自定义故障 1	1）通过虚拟 IO 功能输入用户自定义故障 1 的信号；2）通过多功能端子 DI 输入用户自定义故障 1 的信号	复位运行
E-28	用户自定义故障 2	1）通过虚拟 IO 功能输入用户自定义故障 2 的信号；2）通过多功能端子 DI 输入用户自定义故障 2 的信号	复位运行
E-29	累计上电时间到达	累计上电时间达到设定值	使用参数初始化功能清除记录信息
E-30	掉载	变频器运行电流小于设定值	检查负载，正确设置参数
E-31	运行时 PID 反馈丢失	PID 反馈小于设定值	检查 PID 反馈信号，正确设置参数
E-40	逐波限流	1）负载过大、电机堵转；2）变频器选型偏小	1）减小负载，检查电机和机械情况；2）选择功率等级更大的变频器
E-41	运行时切换电机	变频器运行过程中通过端子更改当前电机选择	变频器停机后再进行电机切换操作
E-42	速度偏差过大	1）速度偏差过大检测参数设置错误；2）变频器输出端到电机的接线异常；3）编码器参数设置错误；4）电机堵转	1）速度偏差过大检测参数设置要合理；2）检查变频器、电机间的接线情况；3）正确设置编码器参数；4）检查机械情况，正确设定转矩等参数
E-43	电机过速度	1）没有进行参数辨识；2）电机过速度检测参数设置错误；3）编码器参数设定错误	1）进行电机参数辨识；2）合理设置检测参数；3）正确设置编码器参数
E-45	电机过温	1）温度传感器接线松动；2）电机温度过高	1）检测温度传感器接线情况；2）降低载频，采取散热措施

（续）

故障信息、代码	故障现象、类型	故障原因	故障检查
E-51	初始位置错误	电机参数与实际偏差太大	正确设置电机参数
E-55	主从控制从机故障	从机发生故障，检查从机	根据从机故障码进行排查
E-60	制动管保护故障	制动电阻被短路或制动模块异常	检查制动电阻和制动管

☆☆☆ 3.33 群倍系列变频器 ☆☆☆

★3.33.1 群倍 QLP3G 系列变频器故障信息与代码（见表 3-182）

表 3-182　群倍 QLP3G 系列变频器故障信息与代码

故障信息、代码	故障现象、类型	故障信息、代码	故障现象、类型
E001	逆变单元 U 相故障	E013（LU）	输入侧断相
E002	逆变单元 V 相故障	E014	输出侧断相
E003	逆变单元 W 相故障	E015	整流模块过热
E004	加速运行过电流	E016	逆变模块过热
E005	减速运行过电流	E017	外部故障
E006	恒速运行过电流	E018	通信故障
E007	加速运行过电压	E019	电流检测电路故障
E008	减速运行过电压	E020	电机自学习故障
E009	恒速运行过电压	E021	EEPROM 读写故障
E010	母线欠电压	E022	PID 反馈断线
E011	电机过载	E023	制动单元故障
E012	变频器过载	E024	厂家保留

★3.33.2 群倍 QLP3G-A 系列变频器故障信息与代码（见表 3-183）

表 3-183　群倍 QLP3G-A 系列变频器故障信息与代码

故障信息、代码	故障现象、类型	故障信息、代码	故障现象、类型
Fu. 1	加速运行中过电流	Fu. 15	保留
Fu. 2	变频器减速运动中过电流	Fu. 16	外部设备故障
Fu. 3	变频器运行或停机过电流	Fu. 17	变频器输出断相
Fu. 4	变频器加速运行中过电压	Fu. 18	变频器输入断相（保留）
Fu. 5	变频器减速运行中过电压	Fu. 19	变频器主接触器吸合不良
Fu. 6	变频器运行中过电压	Fu. 20	电流检测错误
Fu. 7	变频器停机时过电压	Fu. 21	温度传感器故障
Fu. 8	变频器运行中欠电压	Fu. 22-Fu. 29	保留
Fu. 9	变频器驱动保护动作	Fu. 30	变频器不能正常检测电机参数
Fu. 10	变频器输出接地（保留）	Fu. 31	U 相电机参数不正常
Fu. 11	变频器干扰	Fu. 32	V 相电机参数不正常
Fu. 12	变频器过载	Fu. 33	W 相电机参数不正常
Fu. 13	电机过载	Fu. 34-Fu. 39	保留
Fu. 14	变频器过热	Fu. 40	内部数据存储器错误

★3.33.3 群倍 QLP3G-D 系列变频器故障信息与代码（见表 3-184）

表 3-184　群倍 QLP3G-D 系列变频器故障信息与代码

故障信息、代码	故障现象、类型	故障信息、代码	故障现象、类型
E-01	加速运行中过电流	E-13	外部设备故障
E-02	减速运行中过电流	E-14	协处理器通信故障
E-03	匀速运行中过电流	E-15	PID 反馈断线
E-04	加速运行中过电压	E-16	RS485 通信故障
E-05	减速运行中过电压	E-17	电机调谐失败
E-06	匀速运行中过电压	E-18	电流检测故障
E-07	停机时过电压	E-19	EEPROM 读写错误
E-08	运行中欠电压	E-20	输入断相
E-09	功率模块故障	E-21	运行限制动作
E-10	散热器过热	E-22	输出断相或电流不平衡
E-11	变频器过载	E-00	表示无故障代码
E-12	电机过载		

★3.33.4 群倍 QLP-G10 系列变频器故障信息与代码（见表 3-185）

表 3-185　群倍 QLP-G10 系列变频器故障信息与代码

故障代码	键盘显示内容	故障现象、类型	故障代码	键盘显示内容	故障现象、类型
0000H	—	无故障	0013H	E-19	外部设备故障
0001H	E-01	加速运行中过电流	0014H	E-20	电流检测错误
0002H	E-02	减速运行中过电流	0015H	E-21	电机调谐故障
0003H	E-03	恒速运行中过电流	0016H	E-22	EEPROM 读写故障
0004H	E-04	加速运行中过电压	0017H	E-23	参数复制出错
0005H	E-05	减速运行中过电压	0018H	E-24	PID 反馈断线
0006H	E-06	恒速运行中过电压	0019H	E-25	电压反馈断线
0007H	E-07	母线欠电压	001AH	E-26	运行限制时间到达
0008H	E-08	电机过载	001BH	E-27	协处理器通信故障
0009H	E-09	变频器过载	001CH	E-28	编码器断线
000AH	E-10	变频器掉载	001DH	E-29	速度偏差过大
000BH	E-11	功率模块故障	001EH	E-30	过速度
000CH	E-12	输入侧断相	0000H	—	无故障
000DH	E-13	输出侧断相或电流不平衡	0009H	A-09	受频器过载预告警
000EH	E-14	输出对地短路	0011H	A-17	RS485 通信故障告警
000FH	E-15	散热器过热 1	0012H	A-18	键盘通信故障告警
0010H	E-16	散热器过热 2	0015H	A-21	电机调谐告警
0011H	E-17	RS485 通信故障	0016H	A-22	EEPROM 读写故障告警
0012H	E-18	键盘通信故障	0018H	A-24	PID 反馈断线告警

★3.33.5 群倍 QLP-J 系列变频器故障信息与代码（见表3-186）

表3-186 群倍 QLP-J 系列变频器故障信息与代码

故障信息、代码	故障现象、类型	故障信息、代码	故障现象、类型
Err00	故障已解除	Err08	运行过载保护
Err01	外接瞬停端开路	Err09	电源电压过低
Err02	软起动器过热	Err10	电源电压过高
Err03	起动时间长于60s	Err11	设置参数出错
Err04	输入断相	Err12	负载短路
Err05	输出断相	Err13	自动起动接线错误
Err06	三相不平衡	Err14	自动停止端子接线错误
Err07	起动过电流	Err15	电机欠载

☆☆☆ 3.34 日鼎、日虹系列变频器 ☆☆☆

3.34.1 日鼎 VD100、VD130、VD200、VD300 系列变频器故障信息与代码（见表3-187）

表3-187 日鼎 VD100、VD130、VD200、VD300 系列变频器故障信息与代码

故障信息、代码	故障现象、类型	故障信息、代码	故障现象、类型
= OC	软件电流检测停机过电流	OL2	变频器过载
= OU	软件停机过电压	OU	硬件停机过电压
dn = OC	软件电流检测减速过电流	rn = OC	软件电流检测恒速过电流
dn = OU	减速过电压	rn = OU	恒速过电压
dn-LU	欠电压	rnLPh	运行输入断相
dn-OC	硬件电流检测减速过电流	rn- LU	欠电压
dnOC1	模块减速过电流	rn- OC	硬件电流检测恒速过电流
dn- OU	减速过电压	rnOC1	模块恒速过电流
EH	电流传感器故障	rn- OU	恒速过电压
- Eln	外部设备故障	UP = OC	软件电流检测加速过电流
- LPh	停机输入断相	UP = OU	加速过电压
LU	欠电压	UP-LU	欠电压
OC	硬件电流检测停机过电流	UP- OC	硬件电流检测加速过电流
OC1	模块停机过电流	UPOC1	模块加速过电流
OH	模块过热	UP- OU	加速过电压
OL1	电机过载		

★3.34.2　日虹 A 系列变频器故障信息与代码（见表3-188）

表3-188　日虹 A 系列变频器故障信息与代码

故障信息、代码	故障现象、类型	故障信息、代码	故障现象、类型
0	正常	E. O. L.	电机过载
P. OFF	主电路欠电压指示	E. O. H.	变频器过热
E. O. C. C.	恒速中过电流	E. S. C.	短路保护
E. O. C. A.	加速中过电流	E. CPU	电磁干扰
E. O. C. D.	减速中过电流	E. P. H.	断相保护
E. O. E. C.	恒速中过电压	E. L. U.	欠电压跳闸
E. O. E. A.	加速中过电压	EMS	异常停止
E. O. E. D.	减速中过电压		

★3.34.3　日虹 D 系列变频器故障信息与代码（见表3-189）

表3-189　日虹 D 系列变频器故障信息与代码

故障信息、代码	故障现象、类型	故障信息、代码	故障现象、类型
OUt1	逆变单元 U 相故障	SP1	输入侧断相
OUt2	逆变单元 V 相故障	CE	通信故障
OUt3	逆变单元 W 相故障	ITE	电流检测电路故障
OC1	加速运行过电流	TE	电机自学习故障
OC2	减速运行过电流	EEP	EEPROM 读写故障
OC3	恒速运行过电流	PIDE	PID 反馈断线
OV1	加速运行过电压	BCE	制动单元故障
OV2	减速运行过电压	SPO	输出侧断相
OV3	恒速运行过电压	OH1	整流模块过热
UV	母线欠电压	OH2	逆变模块过热
OL1	电机过载	EF	外部故障
OL2	变频器过载		

★3.34.4　日虹 F 系列变频器故障信息与代码（见表3-190）

表3-190　日虹 F 系列变频器故障信息与代码

故障信息、代码	故障现象、类型	故障信息、代码	故障现象、类型
E-01	加速运行中过电流	E-09	变频器过载
E-02	减速运行中过电流	E-10	变频器掉载
E-03	恒速运行中过电流	E-11	功率模块故障
E-04	加速运行中过电压	E-12	输入侧断相
E-05	减速运行中过电压	E-13	输出侧断相或电流不平衡
E-06	恒速运行中过电压	E-14	输出对地短路
E-07	母线欠电压	E-15	散热器过热1
E-08	电机过载	E-16	散热器过热2

（续）

故障信息、代码	故障现象、类型	故障信息、代码	故障现象、类型
E-17	RS485 通信故障	E-24	PID 反馈断线
E-18	键盘通信故障	E-25	电压反馈断线
E-19	外部设备故障	E-26	运行限制时间到达
E-20	电流检测错误	E-27	协处理器通信故障
E-21	电机调谐故障	E-28	编码器断线
E-22	EEPROM 读写故障	E-29	速度偏差过大
E-23	参数复制出错	E-30	过速度

★3.34.5 日虹 G 系列变频器故障信息与代码（见表3-191）

表3-191 日虹 G 系列变频器故障信息与代码

故障信息、代码	故障现象、类型	故障信息、代码	故障现象、类型
E000	表示无故障代码	E012	电机过载
E001	加速运行中过电流	E013	外部设备故障
E0010	散热器过热	E014	协处理器通信故障
E002	减速运行中过电流	E015	PID 反馈断线
E003	匀速运行中过电流	E016	RS485 通信故障
E004	加速运行中过电压	E017	电机调谐失败
E005	减速运行中过电压	E018	电流检测故障
E006	匀速运行中过电压	E019	EEPROM 读写错误
E007	停机时过电压	E020	输入断相
E008	运行中欠电压	E021	运行限制动作
E009	功率模块故障	E022	输出断相或电流不平衡
E011	变频器过载		

271

☆☆☆ 3.35 日业系列变频器 ☆☆☆

★3.35.1 日业 BM/CM56X 系列变频器故障信息与代码（见表3-192）

表3-192 日业 BM/CM56X 系列变频器故障信息与代码

故障信息、代码	故障现象、类型	故障信息、代码	故障现象、类型
Err01	逆变单元保护	Err09	减速过电压
Err02	硬件过电流	Err10	恒速过电压
Err03	硬件过电压	Err11	停机过电压
Err04	加速过电流	Err12	欠电压
Err05	减速过程过电流	Err13	驱动器过载
Err06	恒速过电流	Err14	电机过载
Err07	停机过程过电流	Err15	模块过热
Err08	加速过电压	Err16	AD 转换故障

（续）

故障信息、代码	故障现象、类型	故障信息、代码	故障现象、类型
Err17	IU 电流检测故障	Err23	输入侧断相
Err18	IV 电流检测故障	Err24	输出侧断相
Err19	IW 电流检测故障	Err25	参数存储故障
Err20	对地短路	Err27	通信故障
Err21	电机调谐故障	Err28	外部故障

★3.35.2 日业 CM300 系列变频器故障信息与代码（见表 3-193）

表 3-193 日业 CM300 系列变频器故障信息与代码

故障信息、代码	故障现象、类型	故障信息、代码	故障现象、类型
Err01	逆变模块保护	Err17	电流检测故障
Err04	加速过程中过电流	Err20	对地短路
Err05	减速过程中过电流	Err23	输入断相
Err06	恒速运行中过电流	Err24	输出断相
Err08	加速过程中过电压	Err25	参数读写故障
Err09	减速过程中过电压	Err28	外部故障
Err10	恒速运行中过电压	Err33	快速限流
Err12	欠电压	Err35	输入电源故障
Err13	驱动器过载	Err37	参数存储故障
Err14	电机过载故障	Err42	运行中切换电机
Err15	驱动器过热		

★3.35.3 日业 CM500、CM510 系列变频器故障信息与代码（见表 3-194）

表 3-194 日业 CM500、CM510 系列变频器故障信息与代码

故障信息、代码	故障现象、类型	故障原因	故障检查
Err01	逆变模块保护	1）变频器内部接线松动；2）主控板、驱动板、模块异常；3）电机连接端 U、V、W 有无相间或对地短路；4）模块过热	1）检查接线情况；2）检修主控板、驱动板，更换模块；3）检查电源；4）检查风扇、风道
Err04	加速过程中过电流	1）V/f 转矩提升或曲线错误；2）输入电压偏低；3）对正在旋转的电机进行起动；4）加速过程中突加负载；5）变频器选型偏小；6）变频器输出回路存在接地或短路；7）电机参数错误；8）加速时间太短	1）调整 V/f 提升转矩或曲线；2）电压调整到正常范围；3）选择转速跟踪起动或等电机停止后再起动；4）取消突加负载；5）选择功率等级更大的变频器；6）检查外围；7）检查参数并参数辨识；8）增大加速时间
Err05	减速过程中过电流	1）输入电压偏低；2）减速过程中突加负载；3）没有制动单元、制动电阻；4）磁通制动增益过大；5）变频器输出回路存在接地或短路；6）电机参数错误；7）减速时间太短	1）电压调整到正常范围；2）取消突加负载；3）加装制动单位、制动电阻；4）减小磁通制动增益；5）检查外围；6）进行电机参数辨识；7）增大减速时间

（续）

故障信息、代码	故障现象、类型	故障原因	故障检查
Err06	恒速运行中过电流	1）变频器输出回路存在接地或短路；2）电机参数错误；3）输入电压偏低；4）运行中有突加负载；5）变频器选型偏小	1）检查外围；2）检查参数并参数辨识；3）电压调整到正常范围；4）取消突加负载；5）选择功率等级更大的变频器
Err08	加速过程中过电压	1）输入电压过高；2）没有制动单元、制动电阻；3）电机参数错误；4）加速过程中存在外力拖动电机运行；5）加速时间过短	1）电压调到正常范围；2）加装制动单元、制动电阻；3）检查参数并参数辨识；4）取消该外力或加装制动电阻；5）增大加速时间
Err09	减速过程中过电压	1）输入电压过高；2）减速时间过短；3）没有制动单元和制动电阻；4）减速过程中存在外力拖动电机运行	1）电压调到正常范围；2）增大减速时间；3）加装制动单元、制动电阻；4）取消该外力或加装制动电阻
Err10	恒速运行中过电压	1）输入电压过高；2）加速过程中存在外力拖动电机运行	1）电压调到正常范围；2）取消该外力或加装制动电阻
Err12	欠电压	1）瞬时停电；2）变频器输入端电压不在要求的范围；3）母线电压异常；4）整流桥、缓冲电阻异常；5）驱动板异常；6）控制板异常	1）复位；2）电压调到正常范围；3）检查母线电压；4）更换整流桥、缓冲电阻；5）检修驱动板；6）检修控制板
Err13	驱动器过载	1）变频器选型偏小；2）负载过大、电机堵转	1）选择功率等级更大的变频器；2）减小负载，检查电机和机械情况
Err14	电机过载	1）电机保护参数设定错误；2）负载过大、电机堵转；3）变频器选型偏小	1）正确设定参数；2）减小负载，检查电机和机械情况；3）选择功率等级更大的变频器
Err15	驱动器过热	1）模块热敏电阻异常；2）逆变模块异常；3）环境温度过高；4）风道堵塞；5）风扇异常	1）更换热敏电阻；2）更换逆变模块；3）降低环境温度；4）清理风道；5）更换风扇
Err17	电流检测故障	1）电流检测器件异常；2）主控板或驱动板异常；3）变频内部接线松动	1）更换电流检测器件；2）检修主控板、驱动板；3）检查接线
Err20	对地短路	电机对地短路	更换电缆或电机
Err23	输入断相	1）防雷板异常；2）主控板异常；3）三相输入电源异常；4）驱动板异常	1）检修防雷板；2）检修主控板；3）检查外围；4）检修驱动板
Err24	输出断相	1）驱动板异常；2）模块异常；3）变频器到电机引线异常；4）电机运行时变频器三相输出不平衡	1）检修驱动板；2）更换模块；3）检查外围；4）检查电机三相绕组的情况
Err25	参数读写故障	EEPROM 芯片损坏	更换 EEPROM
Err27	通信故障	1）上位机异常；2）通信参数组异常；3）通信接线异常	1）检查上位机接线的情况；2）正确设置参数；3）检查通信接线的情况
Err28	外部故障	通过多功能 DI 端子输入外部常开或常闭故障信号	故障复位

（续）

故障信息、代码	故障现象、类型	故障原因	故障检查
Err29	速度偏差过大	1）负载太重且设置加/减速时间太短；2）故障检测参数设置不合理	1）延长设定加/减速时间；2）正确设置参数
Err30	用户自定义故障1	通过多功能端子 DI 输入的用户自定义故障1信号	复位
Err31	用户自定义故障2	通过多功能端子 DI 输入的用户自定义故障2信号	复位
Err32	运行时 PID 反馈丢失	PID 反馈值小于设定值	检查反馈信号，重新设置参数
Err33	快速限流	1）负载过大、发生堵转；2）设定加速时间太短	1）减小负载或者更换更大功率变频器；2）适当延长加速时间
Err34	掉载	掉载检测条件到达	复位或重新设置检测条件
Err35	输入电源故障	1）上下电过于频繁；2）输入电压不在规定范围内	1）延长上下电周期；2）调整输入电压
Err37	参数存储故障	DSP 与 EEPROM 芯片通信异常	检修主控板
Err39	本次运行时间到达	变频器本次运行时间大于设定值	复位
Err40	累计运行时间到达	累计运行时间到达设定值	使用参数初始化功能清除记录时间或重新设定累计运行时间
Err42	运行中切换电机	运行中通过端子切换电机	停机后再进行电机切换
Err46	主从控制通信掉线	1）通信线异常或通信参数错误；2）没有设定主机但设置了从机	1）检查通信线，正确设置通信参数；2）设置主机并复位

274

★3.35.4 日业 CM580、CM580S 系列变频器故障信息与代码（见表3-195）

表 3-195 日业 CM580、CM580S 系列变频器故障信息与代码

故障信息、代码	故障现象、类型	故障信息、代码	故障现象、类型
Err01	逆变模块保护	Err24	输出断相
Err04	加速过程中过电流	Err25	参数读写故障
Err05	减速过程中过电流	Err27	通信故障
Err06	恒速运行中过电流	Err28	外部故障
Err08	加速过程中过电压	Err29	速度偏差过大
Err09	减速过程中过电压	Err30	用户自定义故障1
Err10	恒速运行中过电压	Err31	用户自定义故障2
Err12	欠电压	Err32	运行时 PID 反馈丢失
Err13	驱动器过载	Err33	快速限流
Err14	电机过载	Err34	掉载
Err15	驱动器过热	Err35	输入电源故障
Err17	电流检测故障	Err37	参数存储故障
Err20	对地短路	Err39	本次运行时间到达
Err21	自学习故障	Err40	累计运行时间到达
Err22	编码器检测故障	Err42	运行中切换电机
Err23	输入断相	Err46	主从控制通信掉线

★3.35.5 日业 CM800 系列变频器故障信息与代码（见表3-196）

表3-196 日业 CM800 系列变频器故障信息与代码

故障信息、代码	故障现象、类型	故障信息、代码	故障现象、类型
Err01	逆变模块保护	Err25	参数读写故障
Err04	加速过程中过电流	Err27	通信故障
Err05	减速过程中过电流	Err28	外部故障
Err06	恒速运行中过电流	Err29	速度偏差过大
Err08	加速过程中过电压	Err30	用户自定义故障1
Err09	减速过程中过电压	Err31	用户自定义故障2
Err10	恒速运行中过电压	Err32	运行时 PID 反馈丢失
Err12	欠电压	Err33	快速限流
Err13	驱动器过载	Err35	输入电源故障
Err14	电机过载	Err36	功能板通信故障
Err15	驱动器过热	Err37	参数存储故障
Err17	电流检测故障	Err39	本次运行时间到达
Err20	对地短路	Err40	累计运行时间到达
Err23	输入断相	Err42	运行中切换电机
Err24	输出断相	Err46	主从控制通信掉线

☆☆☆ 3.36 三科系列变频器 ☆☆☆

★3.36.1 三科 SK600 系列变频器故障信息与代码（见表3-197）

表3-197 三科 SK600 系列变频器故障信息与代码

故障信息、代码	故障现象、类型	故障信息、代码	故障现象、类型
E-01	加速运行中过电流	E-17	RS485 通信故障
E-02	减速运行中过电流	E-18	键盘通信故障
E-03	恒速运行中过电流	E-19	外部设备故障
E-04	加速运行中过电压	E-20	电流检测错误
E-05	减速运行中过电压	E-21	电机调谐故障
E-06	恒速运行中过电压	E-22	EEPROM 读写故障
E-07	母线欠电压	E-23	参数复制出错
E-08	电机过载	E-24	PID 反馈断线
E-09	变频器过载	E-25	电压反馈断线
E-10	变频器掉载	E-26	运行限制时间到达
E-11	功率模块故障	E-27	协处理器通信故障
E-12	输入侧断相	E-28	编码器断线
E-13	输出侧断相或电流不平衡	E-29	速度偏差过大
E-14	输出对地短路	E-30	过速度
E-15	散热器过热故障1	E-31	保留
E-16	散热器过热故障2	E-32	缺水保护

★**3.36.2　三科 SKI780 系列变频器故障信息与代码**（见表 3-198）

表 3-198　三科 SKI780 系列变频器故障信息与代码

故障信息、代码	故障现象、类型	故障信息、代码	故障现象、类型
Err01	逆变单元保护	Err17	接触器故障
Err02	加速过电流	Err18	电流检测故障
Err03	减速过电流	Err19	电机调谐故障
Err04	恒速过电流	Err21	EEPROM 读写故障
Err05	加速过电压	Err22	变频器硬件故障
Err06	减速过电压	Err23	对地短路
Err07	恒速过电压	Err26	累计运行时间到达
Err08	控制电源故障	Err27	用户自定义故障 1
Err09	欠电压	Err28	用户自定义故障 2
Err10	变频器过载	Err29	累计上电时间到达
Err11	电机过载	Err30	掉载
Err12	输入断相	Err31	运行时 PID 反馈丢失
Err13	输出断相	Err40	逐波限流
Err14	模块过热	Err41	运行时切换电机
Err15	外部设备故障	Err45	电机过温
Err16	通信故障	Err51	初始位置错误

☆☆☆　**3.37　三垦力达系列变频器**　☆☆☆

★**3.37.1　三垦力达 M6、VM06 系列变频器故障信息与代码**（见表 3-199）

表 3-199　三垦力达 M6、VM06 系列变频器故障信息与代码

故障信息、代码	故障现象、类型	故障信息、代码	故障现象、类型
SC	加/减速中电流限制动作	oPn ı	输入断相
SCn	恒速中电流限制动作	Gnd F	检查输出对地短路电流
Su	过电压防止中	PGEr	PG 脉冲反馈信号断线位置偏差计数器异常
oL	过载警告		
tH	散热器温度警告	FAn L	冷却风扇故障
dboH	制动电阻过热警告	ryoFF	主继电器故障
FbEr	反馈断线警告	AL 1	存储器故障
CtLEr	不许电机反转	AL 2	系统故障
oPtEr	选购件错误	AL 3	
u ıEr	模拟输入设定矛盾警告	AL 4	
PGnG	PGnG PG 接线错误检出	AL 5	
GAL 2	超速	AL 9	
GAL 3	Modbus 通信超时	AL 10	
GAL 4	基板异常	ACEr	加速中过载防止
PonG	电源异常	CnEr	恒速中过载防止
oPn o	输出断相	dCEr	减速中过载防止

（续）

故障信息、代码	故障现象、类型	故障信息、代码	故障现象、类型
ES	外部热敏器报警	oCPn	恒速中短时间过载
oH	散热器温度异常	oCPd	减速中短时间过载
LuA	加速中欠电压	oLA	加速中过载
Lun	恒速中欠电压	oLn	恒速中过载
Lud	减速中欠电压	oLd	减速中过载
oCH	主开关元器件温度异常	ouA	加速中过电压
oCA	加速中过电流	oun	恒速中过电压
oCn	恒速中过电流	oud	减速中过电压
oCd	减速中过电流	ouP	制动电阻过电压保护
oCPA	加速中短时间过载	GAL 1	反馈信号断线（PID控制动作时）

★3.37.2 三垦力达 NS-H、NS 系列变频器故障信息与代码（见表3-200）

表3-200 三垦力达 NS-H、NS 系列变频器故障信息与代码

故障信息、代码	故障现象、类型	故障信息、代码	故障现象、类型
SC	加减速中电流限制动作	dboH	制动电阻过热
SCn	恒速中电流限制动作	FbEr	反馈断线
Su	过电压防止中	CtLEr	不许电机反转
oL	过载	u iEr	模拟输入设定矛盾
tH	散热器温度警告	PGnG	PG 接线错误检出

★3.37.3 三垦力达 WS 系列变频器故障信息与代码（见表3-201）

表3-201 三垦力达 WS 系列变频器故障信息与代码

故障信息、代码	故障现象、类型	故障信息、代码	故障现象、类型
ACER	加速中过载防止	FbEr	反馈断线警告
AL1	存储器故障	GAL 2	超速
AL10	系统故障	GAL 3	Modbus 通信超时
AL2	系统故障	GAL1	反馈信号断线（PID控制动作时）
AL3	系统故障	Gnd F	检查输出对地短路电流
AL4	系统故障	LuA	加速中欠电压
AL5	系统故障	Lud	减速中欠电压
AL9	系统故障	Lun	恒速中欠电压
CLEr	不许电机反转	oCA	加速中过电流
CnEr	恒速中过载防止	oCd	减速中过电流
dboH	制动电阻过热警告	oCH	主开关元器件温度异常
dCEr	减速中过载防止	oCn	恒速中过电流
ES	外部热敏器报警	oCPA	加速中短时间过载
FAn L	冷却风扇故障	oCPd	减速中短时间过载

（续）

故障信息、代码	故障现象、类型	故障信息、代码	故障现象、类型
oCPn	恒速中短时间过载	oun	恒速中过电压
oH	散热器温度异常	ouP	制动电阻过电压
oL	过载	PonG	电源故障
oLA	加速中过载	rYoFF	主继电器故障
oLd	减速中过载	SC	加减速中电流限制动作
oLn	恒速中过载	SCn	恒速中电流限制动作
oPn 1	输入断相	Su	过电压
oPn o	输出断相	tH	散热器温度警告
ouA	加速中过电压	UIEr	模拟输入设定矛盾
oud	减速中过电压		

★3.37.4 三垦力达 WS-T 系列变频器故障信息与代码（见表3-202）

表 3-202 三垦力达 WS-T 系列变频器故障信息与代码

故障信息、代码	故障现象、类型	故障信息、代码	故障现象、类型
ACER	加速中过载	oL	过载
Gnd F	水泵对地短路	oLx	过载
Lux	欠电压	oux	加速中过电压
oCPx	短时间过载	SC	加减速中电流限制动作
oCx	加速中过电流	Su	过电压
oH	散热器温度异常	tH	散热器温度警告

☆☆☆ 3.38 三菱系列变频器 ☆☆☆

★3.38.1 三菱 A800 系列变频器故障信息与代码（见表3-203）

表 3-203 三菱 A800 系列变频器故障信息与代码

故障信息、代码	故障现象、类型	故障信息、代码	故障现象、类型
E-----	报警历史	FN	风扇故障
HOLd	操作面板锁定	FN2	内部空气循环用风扇故障
LOCd	密码设定中	HP 1	原点设置错误报警
Er 1~ Er4 Er8	参数写入错误	HP2	原点恢复未完成报警
		HP3	原点恢复参数设定报警
rE 1~ rE4 rE6~ rE8	复制操作错误	EV	外部24V电源动作中
		OL	失速防止（过电流）
		oL	失速防止（过电压）
Err.	错误	Rb	再生制动预报警

（续）

故障信息、代码	故障现象、类型	故障信息、代码	故障现象、类型
⌐H	电子过热保护预报警	E. PE2	变频器参数存储器元件异常
PS	PU 停止	E. CPU	
SL	速度限位显示（速度限制中输出）	E. 5	CPU 错误
CP	参数复制	E. 6	
SA	安全停止中	E. 7	
M⌐1～M⌐3	维护定时 1～3	E. C⌐E	操作面板用电源短路、RS485 端子用电源短路
UF	USB 主机故障	E. P24	DC 24V 电源异常
E. bE	制动晶体管故障	E. Cd0	输出电流检测值异常
E. GF	输出侧接地短路过电流	E. I0H	浪涌电流抑制回路异常
E. LF	输出断相	E. SE⌐	通信异常（主机）
E. 0H⌐	外部热继电器动作	E. AIE	模拟量输入异常
E. P⌐C	PTC 热敏电阻动作	E. USb	USB 通信异常
E. 0C1	加速时过电流	E. Mb1	
E. 0C2	恒速时过电流	E. Mb2	
E. 0C3	减速/停止时过电流	E. Mb3	
E. 0V1	加速时再生过电压	E. Mb4	制动顺控异常
E. 0V2	恒速为时再生过电压	E. Mb5	
E. 0V3	减速/停止时再生过电压	E. Mb6	
E. ⌐H⌐	失效防止（过电流）	E. Mb7	
E. ⌐HM	电机过负载跳闸（电子过热保护）	E. EP	编码器相位异常
E. FIN	散热片过热	E. IAH	内部温度异常
E. IPF	瞬时停电	E. LCI	4mA 输入丧失
E. UV⌐	欠电压	E. PCH	PID 预充电异常
E. ILF	输入断相	E. PId	PID 信号异常
E. 0L⌐	因失速防止而停止	E. 1	
E. S0⌐	失调检测	E. 2	选件异常
E. 0P⌐	选件异常	E. 3	
E. 0P1	通信选件异常	E. 11	反转减速错误
E. 16		E. SAF	安全回路异常
E. 17		E. Pb⌐	内部回路异常
E. 18	顺控功能用户定义异常	E. 13	
E. 19		E. 05	发生过速度
E. 20		E. 0Sd	速度偏差过大检测
E. PE	变频器参数存储器元件异常	E. EC⌐	断线检测
E. PUE	PU 脱离	E. 0d	位置误差大
E. RE⌐	再试次数溢出		

★**3.38.2** 三菱 FR-CS82S、FR-CS84 系列变频器故障信息与代码（见表3-204）

表3-204 三菱 FR-CS82S、FR-CS84 系列变频器故障信息与代码

显示故障信息、代码	故障现象、类型	显示故障信息、代码	故障现象、类型
HoLd	操作面板锁定	E.THM	电机过负载跳闸（电子过热保护）
LoCd	密码设定中	E.Fin	散热片过热
Er1 ~ Er4	参数写入错误	E.UUT	欠电压
		E.ILF	输入断相
Err.	错误	E.oLT	因失速防止而停止
oLC	失速防止（过电流）	E.GF	输出侧接地短路过电流
oLu	失速防止（过电压）	E.LF	输出断相
TH	电子过热保护预报警	E.oHT	外部热继电器动作
PS	PU 停止	E.PE	参数储存器元件异常
Uu	欠电压	E.PE2	
iH	浪涌电流抑制电阻过热	E.PUE	PU 脱离
E.oC1	加速时过电流跳闸	Er.ET	再次试数溢出
E.oC2	恒速时过电流跳闸	E.CPU	CPU 错误
E.oC3	减速/停止时过电流跳闸	E. ES	
E.ou1	加速时再生过电压跳闸	E.Cdo	输出电流检测值异常
E.ou2	恒速时再生过电压跳闸	E.ioH	浪涌电流抑制电路异常
E.ou3	减速/停止时再生过电压跳闸	E.LCi	4mA 输入丧失
E.THT	变频器过负载跳闸（电子过热保护）	E.E10	变频器输出异常

★**3.38.3** 三菱 FR-E720S、FR-E740 系列变频器故障信息与代码（见表3-205）

表3-205 三菱 FR-E720S、FR-E740 系列变频器故障信息与代码

故障信息、代码		故障现象、类型	故障信息、代码		故障现象、类型
E ---	E ---	报警历史	PS	PS	PU 停止
HOLd	HOLD	操作面板锁定	MT	MT	维护信号输出
Er1~ Er4	Er1 ~ 4	参数写入错误	Uu	UV	电压不足
			Fn	FN	风扇故障
Err.	Err.	变频器复位中	E.OC1	E. OC1	加速时过电流切断
OL	OL	失速防止（过电流）	E.OC1	E. OC2	恒速时过电流切断
oL	oL	失速防止（过电压）	E.OC3	E. OC3	减速时过电流切断
rb	RB	再生制动预报警	E.ou1	E. OV1	加速时再生过电压切断
TH	TH	电子过电流保护预报警	E.ou2	E. OV2	恒速时再生过电压切断

（续）

故障信息、代码		故障现象、类型	故障信息、代码		故障现象、类型
E.0V3	E. 0V3	减速/停止时再生过电压切断	*EPE2*	E. PE2 ∗	内部基板异常
E.THT	E. THT	变频器过载切断（电子过电流保护）	*EPUE*	E. PUE	PU 脱离
E.THM	E. THM	电机过载切断（电子过电流保护）	*Er.ET*	E. PET	再试次数溢出
E.FIn	E. FIN	散热片过热	*E. 5 /* *E. 6 /* *E. 7 /* *E.CPU*	E. 5/ E. 6/ E. 7/ E. CPU	CPU 错误
E.ILF	E. ILF ∗	输入断相			
E.OLT	E. OLT	失速防止			
E. bE	E. BE	制动晶体管异常检测	*E.IOH*	E. IOH ∗	浪涌电流抑制回路异常
E. GF	E. GF	启动时输出侧接地过电流	*E.AIE*	E. AIE	模拟量输入异常
E. LF	E. LF	输出断相	*E.USb*	E. USB ∗	USB 通信异常
E.OHT	E. OHT	外部热继电器动作	*E.Mb4 ~* *E.Mb7*	E. MB4 ~ E. MB7	制动器顺控错误
E.OP1	E. OP1	通信选件异常			
E. 1	E. 1	选件异常	*E. 13*	E. 13	内部电路异常
E. PE	E. PE	变频器参数存储元件异常			

★3.38.4 三菱 FR-F740 系列变频器故障信息与代码（见表3-206）

表3-206 三菱 FR-F740 系列变频器故障信息与代码

故障信息、代码		故障现象、类型	故障信息、代码		故障现象、类型
E---	E---	报警历史	*CP*	CP	参数复制
HOLd	HOLD	操作面板锁	*Fn*	FN	风扇故障
Er1 ~ Er4	Er1 ~ 4	参数写入错误	*E.OC1*	E. OC1	加速时过电流跳闸
rE1 ~ rE4	rE1 ~ 4	复制操作错误	*E.OC2*	E. OC2	恒速时过电流跳闸
Err.	Err.	错误	*E.OC3*	E. OC3	减速时过电流跳闸
OL	OL	失速防止（过电流）	*E.Ou1*	E. OV1	加速时再生过电压跳闸
oL	oL	失速防止（过电压）	*E.Ou2*	E. OV2	定速时再生过电压跳闸
rb	RB	再生制动预报警	*E.Ou3*	E. OV3	减速/停止时再生过电压跳闸
TH	TH	电子过电流保护预报警	*E.THT*	E. THT	变频器过负载跳闸（电子过电流保护）
PS	PS	PU 停止	*E.THM*	E. THM	电机过负载跳闸（电子过电流保护）
MT	MT	维护信号输出	*E.FIn*	E. FIN	风扇过热

（续）

故障信息、代码		故障现象、类型	故障信息、代码		故障现象、类型
EI PF	E. IPF	瞬时停电	*E.PUE*	E. PUE	PU 脱离
E.UUr	E. UVT	欠电压	*Er.Er*	E. RET	再试次数溢出
EI LF	E. ILF	输入断相	*E.PE2*	E. PE2	变频器参数存储器元件异常
E.OLr	E. OLT	失速防止	*E. 6/ E. 7/ E.CPU*	E. 6/E7/ E. CPU	CPU 错误
E. GF	E. GF	输出侧接地故障过电流			
E. LF	E. LF	输出断相	*E.CrE*	E. CTE	操作面板电源短路 RS485 端子用电源短路
E.OHr	E. OHT	外部热继电器动作	*E.P24*	E. P24	DC 24V 电源输出短路故障
E.PrC	E. PTC	PTC 热敏电阻动作	*E.Cd0*	E. CDO	输出电流超过检测值
E.OPr	E. OPT	选件异常	*EI OH*	E. IOH	浪涌电流抑制回路异常
E.OP1	E. OP1	通信选件异常	*E.SEr*	E. SER	通信异常（主机）
E. 1	E. 1	选件异常	*E.AI E*	E. AIE	模拟量输入异常
			E. bE	E. BE	制动晶体管异常 内部电路异常
E. PE	E. PE	变频器参数存储器元件异常	*E. 13*	E. 13	内部电路异常

282

★3.38.5 三菱 FR-F820-00046、FR-F840-00023、FR-F842-07700 系列变频器故障信息与代码（见表3-207）

表 3-207 三菱 FR-F820-00046、FR-F840-00023、FR-F842-07700 系列变频器故障信息与代码

故障信息、代码	故障现象、类型	故障信息、代码	故障现象、类型
E - - - -	报警历史	Err	错误
HOLd	操作面板锁定	OL	失速防止（过电流）
LOCd	密码设定中	oL	失速防止（过电压）
Er1 ~ Er4 Er8	参数写入错误	TH	电子过热保护预报警
		PS	PU 停止
		CP	参数复制
rE1 ~ rE4 ~ rE6 ~ rE8	复制操作错误	SA	安全停止中
		Mr1 ~ Mr3	维护定时 1 ~ 3
		UF	USB 主机异常
		EV	外部 24V 电源动作中

（续）

故障信息、代码	故障现象、类型	故障信息、代码	故障现象、类型
Ed	紧急驱动	E. LC1	4mA 输入丧失
LdF	负载异常报警	E. PTC	PTC 热敏电阻动作
FN	风扇故障	E. OPT	选件异常
E. PCH	PID 预充电异常	E. OP1	通信选件异常
E. PId	PID 信号异常	E. 16	
E. 1		E. 17	
E. 2	选件异常	E. 18	顺控功能用户定义异常
E. 3		E. 19	
E. OC1	加速时过电流跳闸	E. 20	
E. OC2	恒速时过电流跳闸	E. PE	变频器参数存储器元件异常
E. OC3	减速/停止时过电流跳闸	E. PUE	PU 脱离
E. OV1	加速时再生过电压跳闸	E. RET	再试次数溢出
E. OV2	恒速时再生过电压跳闸	E. PE2	变频器参数存储器元件异常
E. OV3	减速/停止时再生过电压跳闸	E. CPU	
E. THT	变频器过负载跳闸（电子过热保护）	E. 5	
E. THM	电机过负载跳闸（电子过热保护）	E. 6	CPU 错误
E. FIN	散热片过热	E. 7	
E. IPF	瞬时停电	E. CTE	操作面板用电源短路，RS485 端子用电源短路
E. UVT	欠电压		
E. ILF	输入断相	E. P24	DC 24V 电源异常
E. OLT	因失速防止而停止	E. CdO	输出电流检测值异常
E. SOT	失调检测	E. IOH	浪涌电流抑制回路异常
E. LUP	上限故障检测	E. SER	通信异常（主机）
E. LdN	下限故障检测	E. AIE	模拟量输入异常
E. bE	内部回路异常	E. USB	USB 通信异常
E. GF	输出侧接地短路过电流	E. SAF	安全回路异常
E. LF	输出断相	E. PbT	内部回路异常
E. OHT	外部热继电器动作	E. 13	
E. OS	发生过速度		

☆☆☆ **3.39 三品、三碁系列变频器** ☆☆☆

★**3.39.1 三品系列变频器故障信息与代码**（见表3-208）

表3-208 三品系列变频器故障信息与代码

故障信息、代码	故障现象、类型	故障信息、代码	故障现象、类型
E-00	表示无故障代码	E-12	电机过载
E-01	加速运行中过电流	E-13	外部设备故障
E-02	减速运行中过电流	E-14	协处理器通信故障
E-03	匀速运行中过电流	E-15	PID 反馈断线
E-04	加速运行中过电压	E-16	RS485 通信故障
E-05	减速运行中过电压	E-17	电机调谐失败
E-06	匀速运行中过电压	E-18	电流检测故障
E-07	停机时过电压	E-19	EEPROM 读写错误
E-08	运行中欠电压	E-20	输入断相
E-09	功率模块故障	E-21	EEPROM 数据故障
E-10	散热器过热	E-22	输出断相或电流不平衡
E-11	变频器过载		

★**3.39.2 三碁 S900 系列变频器故障信息与代码**（见表3-209）

表3-209 三碁 S900 系列变频器故障信息与代码

故障信息、代码	故障现象、类型	故障信息、代码	故障现象、类型
oc	交流电机驱动器侦测输出侧有异常突增的过电流产生	cF2	内部存储器 IC 资料读出异常
		cF3.1	开机检测内部温度过高
ov	交流电机驱动器侦测内部直流高压侧有过电压现象产生	cF3.2	开机检测交流电机驱动器内部直流电压侧有过电压现象产生
oH	交流电机驱动器侦测内部温度过高，超过保护位准	cF3.3	开机检测交流电机驱动器内部直流电压侧电压过低
Lv	交流电机驱动器内部直流高压侧过低	HPF.1	过电压保护线路异常
oL	输出电流超过交流电机驱动器可承受的电流	HPF.3	过电流保护线路异常
oL1	内部电子热动继电器保护动作	bb	外部多功能端子（MI1、MI2、MI3、RST）设定此功能时与 DCM（Sink 模式）闭合，交流电机驱动器停止输出
oL2	电机负载太大		
EF	当外部多功能输入端子（EF）设定外部异常与 DCM（Sink 模式）闭合时交流电机驱动器停止输出	CE – –	通信异常
		Errb	摆频设置异常，摆频中心频率小于幅度，或摆频最大值超过输出频率上下限
cF1	内部存储器 IC 资料写入异常		

★3.39.3 三碁 S3100E 、S3100A 系列变频器故障信息与代码（见表 3-210）

表 3-210 三碁 S3100E 、S3100A 系列变频器故障信息与代码

故障信息、代码	故障现象、类型	故障信息、代码	故障现象、类型
SC	短路	Uv	母线欠电压
oc1	加速运行过电流	oL2	变频器过载
oc2	减速运行过电流	oL1	电机过载
oc3	恒速运行过电流	SPI	输入侧断相
ov1	加速运行过电压	SPo	输出侧断相
ov2	减速运行过电压	oH2	模块过热
tE	电机自学习故障	EF	外部故障
EEP	EEPROM 读写故障	CE	通信故障
Eond	累计运行时间到达	1tE	电流检测电路故障
PI dE	PID 反馈断线	E1 nd	累计上电时间到达
CbC	逐波限流	oLL	掉载
ov3	恒速运行过电压		

☆☆☆ 3.40 森兰系列变频器 ☆☆☆

★3.40.1 森兰 HOPE100 系列变频器故障信息与代码（见表 3-211）

表 3-211 森兰 HOPE100 系列变频器故障信息与代码

故障信息、代码	故障现象、类型	故障信息、代码	故障现象、类型
Er. ocb Er. ocb（1）	起动瞬间过电流	Er. ovE Er. ovE（8）	待机时过电压
Er. ocA Er. ocA（2）	加速运行过电流	Er. dcL Er. dcL（9）	运行中欠电压
Er. ocb Er. ocd（3）	减速运行过电流	Er. PLI Er. PLI（10）	输入断相
Er. ocn Er. ocn（4）	恒速运行过电流	Er. PLo Er. PLo（11）	输出断相
Er. ouA Er. ouA（5）	加速运行过电压	Er. FoP Er. FoP（12）	功率器件保护
Er. oud Er. oud（6）	减速运行过电压	Er. oHI Er. oHI（13）	变频器过热
Er. oun Er. oun（7）	恒速运行过电压	Er. oLI Er. oLI（14）	变频器过载

285

（续）

故障信息、代码	故障现象、类型	故障信息、代码	故障现象、类型
Er. oLL Er. oLL（15）	电机过载	E. Io2 E. Io2（24）	保留
Er. EEF Er. EEF（16）	外部故障	Er. FAn Er. FAN（25）	风机故障
Er. CFE Er. CFE（17）	通信超时	Er. PnL Er. PnL（26）	操作面板掉线
Er. ccF Er. ccF（18）	电流检测故障	A. oLL A. oLL	电机过载
Er. Aco Er. Aco（19）	模拟输入掉线	A. Aco A. Aco	模拟输入掉线
Er. ro H Er. rHo（20）	热敏电阻开路	A. CFE A. CFE	通信超时
Er. Abb Er. Abb（21）	长时过载	A. EEP A. EEP	参数存储失败
Er. IoF Er. IoF（22）	保留	A. dcL A. dcL	直流母线欠电压
E. Io1 E. Io1（23）	保留	A. PcE A. PcE	参数检查错误

286

★3. 40. 2　森兰 HOPE510 系列变频器故障信息与代码（见表3-212）

表3-212　森兰 HOPE510 系列变频器故障信息与代码

故障信息、代码	故障现象、类型	故障信息、代码	故障现象、类型
AL. Aco	模拟输入掉线	AL. PLL	交流输入电源掉电
AL. C1E	COMM1 通信故障	AL. PLo	输出断相
AL. C2E	COMM2 通信故障	AL. ULd	电机欠载
AL. cno	接触器故障	Er. Abb	异常停机
AL. Co1	比较器 1 故障	Er. Aco	模拟输入掉线
AL. Co2	比较器 2 故障	Er. ArF	自整定不良
AL. Co3	比较器 3 故障	Er. C1E	COMM1 通信故障
AL. Co4	比较器 4 故障	Er. C2E	COMM2 通信故障
AL. dcL	直流母线欠电压	Er. ccF	电流检测故障
AL. EEP	EEPROM 存储故障	Er. cno	充电接触器异常（仅对使用硬件检测有效）
AL. oHI	变频器过热		
AL. oLL	电机过载	Er. Co1	比较器 1 输出保护信号
AL. oLP	电机过载预报	Er. Co2	比较器 2 输出保护信号
AL. PcE	参数故障	Er. Co3	比较器 3 输出保护信号
AL. PGo	编码器掉线	Er. Co4	比较器 4 输出保护信号
AL. PLI	输入断相	Er. dcL	运行中欠电压

（续）

故障信息、代码	故障现象、类型	故障信息、代码	故障现象、类型
Er. EEF	外部故障	Er. oLL	电机过载
Er. EEP	参数存储故障	Er. oLP	电机负载过重
Er. FoP	功率器件保护	Er. ouA	加速运行过电压
Er. GFF	输出接地故障	Er. oud	减速运行过电压
Er. Io1	保留	Er. ouE	待机时过电压
Er. Io2	保留	Er. oun	恒速运行过电压
Er. ocA	加速运行过电流	Er. PGo	PG 断线
Er. ocb	起动瞬间过电流	Er. PLI	输入断相
Er. ocd	减速运行过电流	Er. PLo	输出断相
Er. ocn	恒速运行过电流	Er. PnL	保留
Er. oHI	变频器过热	Er. rHo	热敏电阻开路
Er. oLI	变频器过载	Er. ULd	变频器欠载

★3.40.3　森兰 HOPE800 系列变频器故障信息与代码（见表3-213）

表 3-213　森兰 HOPE800 系列变频器故障信息与代码

故障信息、代码	故障现象、类型	故障信息、代码	故障现象、类型
AL. Aco	模拟输入掉线	Er. dcL	运行中欠电压
AL. CFE	通信故障	Er. EEF	外部故障
AL. dcL	热敏电阻开路	Er. EEP	参数存储失败
AL. EEP	参数存储失败	Er. FoP	功率器件保护
AL. oLL	电机过载	Er. Io1	保留
AL. oLP	电机过载预报	Er. Io2	保留
AL. PLI	输入断相	Er. ocA	加速运行过电流
AL. PLo	输出断相	Er. ocb	起动瞬间过电流
AL. PnL	操作面板掉线	Er. ocd	减速运行过电流
AL. ULd	电机欠载	Er. ocn	恒速运行过电流
Er. Abb	异常停机	Er. oHI	变频器过热
Er. Aco	模拟输入掉线	Er. oLI	变频器过载
Er. ArF	自整定不良	Er. oLL	电机过载
Er. ccF	电流检测故障	Er. oLP	电机负载过重
Er. CFE	通信故障	Er. ouA	加速运行过电压
Er. cno	充电接触器异常（仅对使用硬件检测有效）	Er. oud	减速运行过电压
		Er. ouE	待机时过电压
Er. Co1	比较器 1 输出保护信号	Er. oun	恒速运行过电压
Er. Co2	比较器 2 输出保护信号	Er. PGo	PG 断线

（续）

故障信息、代码	故障现象、类型	故障信息、代码	故障现象、类型
Er. PLI	输入断相	Er. rHo	热敏电阻开路
Er. PLo	输出断相	Er. ULd	变频器欠载
Er. PnL	操作面板掉线		

★3.40.4 森兰 HOPE810 系列变频器故障信息与代码（见表 3-214）

表 3-214 森兰 HOPE810 系列变频器故障信息与代码

故障信息、代码	故障现象、类型	故障信息、代码	故障现象、类型
Er. Abb	异常停机	Er. ocd	减速运行过电流
Er. Aco	模拟输入掉线	Er. ocn	恒速运行过电流
Er. ArF	自整定不良	Er. oHI	变频器过热
Er. ccF	电流检测故障	Er. oLI	变频器过载
Er. CFE	通信故障	Er. oLL	电机过载
Er. cno	充电接触器故障（仅对使用硬件检测有效）	Er. oLP	电机负载过重
		Er. ouA	加速运行过电压
Er. Co1	比较器 1 输出保护信号	Er. oud	减速运行过电压
Er. Co2	比较器 2 输出保护信号	Er. ouE	待机时过电压
Er. dcL	运行中欠电压	Er. oun	恒速运行过电压
Er. EEF	外部故障	Er. PGo	PG 断线
Er. EEP	参数存储失败	Er. PLI	输入断相
Er. FoP	功率器件保护	Er. PLo	输出断相
Er. Io1	保留	Er. PnL	操作面板掉线
Er. Io2	保留	Er. rHo	热敏电阻开路
Er. ocA	加速运行过电流	Er. ULd	变频器欠载
Er. ocb	起动瞬间过电流		

★3.40.5 森兰 SB70 系列变频器故障信息与代码（见表 3-215）

表 3-215 森兰 SB70 系列变频器故障信息与代码

故障信息、代码	故障现象、类型	故障信息、代码	故障现象、类型
AL. Aco	模拟输入掉线	AL. dcL	直流母线欠电压
AL. CFE	通信故障	AL. EEP	参数存储失败
AL. cno	充电接触器未吸合	AL. oLL	电机过载
AL. Co1	比较器 1 输出保护	AL. oLP	电机负载过重
AL. Co2	比较器 2 输出保护	AL. PcE	参数检查错误
AL. dcd	直流母线电压不一致（仅对并联机型有效）	AL. Pdd	操作面板数据不一致
		AL. PdE	操作面板数据错误

（续）

故障信息、代码	故障现象、类型	故障信息、代码	故障现象、类型
AL. PGo	PG 断线	Er. Io2	保留
AL. PLI	输入断相	Er. oc1	U 相环流过大（仅对并联机型有效）
AL. PLo	输出断相	Er. oc1	V 相环流过大（仅对并联机型有效）
AL. PnL	操作面板掉线	Er. oc1	W 相环流过大（仅对并联机型有效）
AL. ULd	变频器欠载	Er. ocA	加速运行过电流
AL. UPF	参数上传失败	Er. ocb	起动瞬间过电流
Er. Abb	异常停机	Er. ocd	减速运行过电流
Er. Aco	模拟输入掉线	Er. ocn	恒速运行过电流
Er. ArF	自整定不良	Er. oHI	变频器过热
Er. ccF	电流检测故障	Er. oLI	变频器过载
Er. CFE	通信故障	Er. oLL	电机过载
Er. cno	充电接触器故障（仅对使用硬件检测有效）	Er. oLP	电机负载过重
		Er. ouA	加速运行过电压
Er. Co1	比较器 1 输出保护信号	Er. oud	减速运行过电压
Er. Co2	比较器 2 输出保护信号	Er. ouE	待机时过电压
Er. dcL	运行中欠电压	Er. oun	恒速运行过电压
Er. EEF	外部故障	Er. PGo	PG 断线
Er. EEP	参数存储失败	Er. PLI	输入断相
Er. FoP	功率器件保护	Er. PLo	输出断相
Er. FoP.	功率器件 2 保护（仅对并联机型有效）	Er. PnL	操作面板掉线
		Er. rHo	热敏电阻开路
Er. GFF	接地故障（仅对并联机型有效）	Er. ULd	变频器欠载
Er. Io1	保留		

★3. 40. 6　森兰 SB71G 系列变频器故障信息与代码（见表 3-216）

表 3-216　森兰 SB71G 系列变频器故障信息与代码

故障信息、代码	故障现象、类型	故障信息、代码	故障现象、类型
AL. Aco	模拟输入掉线	AL. EEP	参数存储失败
AL. CFE	通信故障	AL. oLL	电机过载
AL. Co1	比较器 1 输出保护	AL. oLP	电机负载过重
AL. Co2	比较器 2 输出保护	AL. PcE	参数检查故障
AL. dcd	直流母线电压不一致（仅对并联机型有效）	AL. Pdd	操作面板数据不一致
		AL. PdE	操作面板数据故障
AL. dcL	直流母线欠电压	AL. PGo	PG 断线

（续）

故障信息、代码	故障现象、类型	故障信息、代码	故障现象、类型
AL. PLI	输入断相	Er. Io2	保留
AL. PLo	输出断相	Er. oc1	U 相环流过大（仅对并联机型有效）
AL. PnL	操作面板掉线	Er. oc1	V 相环流过大（仅对并联机型有效）
AL. ULd	变频器欠载	Er. oc1	W 相环流过大（仅对并联机型有效）
AL. UPF	参数上传失败	Er. ocA	加速运行过电流
Er. Abb	异常停机	Er. ocb	起动瞬间过电流
Er. Aco	模拟输入掉线	Er. ocd	减速运行过电流
Er. ArF	自整定不良	Er. ocn	恒速运行过电流
Er. ccF	电流检测故障	Er. oHI	变频器过热
Er. CFE	通信故障	Er. oLI	变频器过载
Er. cno	充电接触器异常（仅对使用硬件检测有效）	Er. oLL	电机过载
		Er. oLP	电机负载过重
Er. Co1	比较器 1 输出保护信号	Er. ouA	加速运行过电压
Er. Co2	比较器 2 输出保护信号	Er. oud	减速运行过电压
Er. dcL	运行中欠电压	Er. ouE	待机时过电压
Er. EEF	外部故障	Er. oun	恒速运行过电压
Er. EEP	参数存储失败	Er. PGo	PG 断线
Er. FoP	功率器件保护	Er. PLI	输入断相
Er. FoP.	功率器件 2 保护（仅对并联机型有效）	Er. PLo	输出断相
		Er. PnL	操作面板掉线
Er. GFF	接地故障（仅对并联机型有效）	Er. rHo	热敏电阻开路
Er. Io1	保留	Er. ULd	变频器欠载

★3.40.7 森兰 SB72 系列变频器故障信息与代码（见表 3-217）

表 3-217 森兰 SB72 系列变频器故障信息与代码

故障信息、代码	故障现象、类型	故障信息、代码	故障现象、类型
AL. Aco	模拟输入掉线	AL. PLo	输出断相
AL. CFE	通信故障	AL. PnL	操作面板掉线
AL. Co1	比较器 1 输出保护	AL. ULd	变频器欠载
AL. Co2	比较器 2 输出保护	AL. UPF	参数上传失败
AL. dcL	直流母线欠电压	Er. Abb	异常停机
AL. EEP	参数存储故障	Er. Aco	模拟输入掉线
AL. oLL	电机过载	Er. ArF	自整定不良
AL. oLP	电机负载过重	Er. ccF	电流检测故障
AL. PcE	参数检查错误	Er. CFE	通信故障
AL. Pdd	操作面板数据不一致	Er. cno	充电接触器异常（仅对使用硬件检测有效）
AL. PdE	操作面板数据错误		
AL. PGo	PG 断线	Er. Co1	比较器 1 输出保护信号
AL. PLI	输入断相	Er. Co2	比较器 2 输出保护信号

（续）

故障信息、代码	故障现象、类型	故障信息、代码	故障现象、类型
Er. dcL	运行中欠电压	Er. oLL	电机过载
Er. EEF	外部故障	Er. oLP	电机负载过重
Er. EEP	参数存储故障	Er. ouA	加速运行过电压
Er. FoP	功率器件保护	Er. oud	减速运行过电压
Er. Io1	保留	Er. ouE	待机时过电压
Er. Io2	保留	Er. oun	恒速运行过电压
Er. ocA	加速运行过电流	Er. PGo	PG 断线
Er. ocb	起动瞬间过电流	Er. PLI	输入断相
Er. ocd	减速运行过电流	Er. PLo	输出断相
Er. ocn	恒速运行过电流	Er. PnL	操作面板掉线
Er. oHI	变频器过热	Er. rHo	热敏电阻开路
Er. oLI	变频器过载	Er. ULd	变频器欠载

★3. 40. 8 森兰 SB150 系列变频器故障信息与代码（见表3-218）

表3-218 森兰 SB150 系列变频器故障信息与代码

故障信息、代码	故障现象、类型	故障信息、代码	故障现象、类型
E. Aco	模拟输入掉线	E. ocn	恒速运行过电流
E. ccF	电流检测故障	E. oHI	变频器过热
E. CFE	通信超时	E. oLI	变频器过载
E. dcL	运行中欠电压	E. oLL	电机过载
E. EEF	外部故障	E. ouA	加速运行过电压
E. FoP	功率器件保护	E. oud	减速运行过电压
E. Io1	保留	E. ouE	待机时过电压
E. Io2	保留	E. oun	恒速运行过电压
E. ocA	加速运行过电流	E. PLI	输入断相
E. ocb	起动瞬间过电流	E. PLo	输出断相
E. ocd	减速运行过电流	E. rHo	热敏电阻开路

☆☆☆ 3.41 山宇、深川系列变频器 ☆☆☆

★3. 41. 1 山宇 580 系列变频器故障信息与代码（见表3-219）

表3-219 山宇 580 系列变频器故障信息与代码

故障信息、代码	故障现象、类型	故障信息、代码	故障现象、类型
Err01	逆变单元保护	Err05	加速过电压
Err02	加速过电流	Err06	减速过电压
Err03	减速过电流	Err07	恒速过电压
Err04	恒速过电流	Err08	控制电源故障

（续）

故障信息、代码	故障现象、类型	故障信息、代码	故障现象、类型
Err09	欠电压	Err23	对地短路
Err10	变频器过载	Err26	累计运行时间到达
Err11	电机过载	Err27	用户自定义故障1
Err12	输入断相	Err28	用户自定义故障2
Err13	输出断相	Err29	累计上电时间到达
Err14	模块过热	Err30	掉载
Err15	外部设备故障	Err31	运行时PID反馈丢失
Err16	通信故障	Err40	逐波限流
Err17	接触器故障	Err41	运行时切换电机
Err18	电流检测故障	Err42	速度偏差过大
Err19	电机调谐故障	Err43	电机过速度
Err20	码盘故障	Err45	电机过温
Err21	EERPOM读写故障	Err51	初始位置错误
Err22	变频器硬件故障		

★3.41.2 深川 S80、S90 系列变频器故障信息与代码（见表3-220）

表3-220 深川 S80、S90 系列变频器故障信息与代码

故障信息、代码	故障现象、类型	故障信息、代码	故障现象、类型
E004	加速运行过电流	E012	变频器过载
E005	减速运行过电流	E016	逆变模块过热
E006	恒速运行过电流	E017	外部故障
E007	加速运行过电压	E019	电流检测电路故障或输出断相
E008	减速运行过电压	E020	电机自学习故障
E009	恒速运行过电压	E021	EEPROM读写故障
E010	母线欠电压	E024	温度传感器故障
E011	电机过载	E040	硬件限流超限

★3.41.3 深川 S200 系列变频器故障信息与代码（见表3-221）

表3-221 深川 S200 系列变频器故障信息与代码

故障信息、代码	故障现象、类型	故障信息、代码	故障现象、类型
E001	IGBT模块短路	E010	母线欠电压
E003	停机过电压	E011	电机过载
E004	加速运行过电流	E012	变频器过载
E005	减速运行过电流	E013	输入侧断相
E006	恒速运行过电流	E014	输出侧断相、电流不平衡
E007	加速运行过电压	E015	端子缺水输入故障
E008	减速运行过电压	E016	逆变模块过热
E009	恒速运行过电压	E017	外部故障

（续）

故障信息、代码	故障现象、类型	故障信息、代码	故障现象、类型
E018	通信故障	E025	保留
E019	电流检测电路故障	E026	电机掉载保护
E020	电机自学习故障	E029	温度传感器断线
E021	EEPROM 读写故障	E030	清除硬件锁存超时
E022	PID 反馈断线	E037	键盘停机
E023	AD 零漂过大	E040	硬件限流超时
E024	PID 反馈过大	E041	自动复位次数超限

★3.41.4 深川 S350 系列变频器故障信息与代码（见表3-222）

表3-222 深川 S350 系列变频器故障信息与代码

故障信息、代码	故障现象、类型	故障原因	故障检查
E001	逆变单元保护	1）变频器内部接线松动；2）主控板异常；3）变频器输出回路短路；4）电机与变频器接线过长	1）插好所有连接线；2）检修电路板；3）检查外围；4）加装电抗器或输出滤波器
E002	加速过电流	1）手动转矩提升或 V/f 曲线错误；2）对正在旋转的电机进行起动；3）加速过程中突加负载；4）变频器选型偏小；5）加速时间太短；6）控制方式为矢量且没有进行参数辨识	1）调整手动提升转矩或 V/f 曲线；2）选择转速追踪起动或等电机停止后再起动；3）取消突加负载；4）选择功率等级更大的变频器；5）增大加速时间；6）进行电机参数辨识
E003	减速过电流	1）减速过程中突加负载；2）没有加装制动单元和制动电阻；3）减速时间太短；4）控制方式为矢量且没有进行参数辨识	1）取消突加负载；2）加装制动单元、制动电阻；3）增大减速时间；4）进行电机参数辨识
E004	恒速过电流	1）控制方式为矢量且没有进行参数辨识；2）运行中突加负载；3）变频器选型偏小	1）进行电机参数辨识；2）取消突加负载；3）选择功率等级更大的变频器
E005	加速过电压	1）输入电压偏高；2）加速过程中存在外力拖动电机运行；3）加速时间过短；4）没有加装制动单元、制动电阻	1）电压调到正常范围；2）取消该外力或加装制动电阻；3）增大加速时间；4）加装制动单元、制动电阻
E006	减速过电压	1）输入电压偏高；2）没有加装制动单元和制动电阻；3）减速过程中存在外力拖动电机运行；4）减速时间过短	1）电压调到正常范围；2）加装制动单元、制动电阻；3）取消该外力或加装制动电阻；4）增大减速时间
E007	恒速过电压	1）输入电压偏高；2）运行过程中存在外力拖动电机运行	1）电压调到正常范围；2）取消该外力或加装制动电阻
E008	停机过电压	母线电压检测断线、母线电压检测电路故障	检查母线电压接线，检修驱动板

293

（续）

故障信息、代码	故障现象、类型	故障原因	故障检查
E009	欠电压	1）母线电压异常；2）整流桥及缓冲电阻异常；3）驱动板异常或控制板异常；4）瞬时停电；5）变频器输入端电压不在要求的范围	1）检查母线电压；2）更换整流桥和缓冲电阻；3）检修驱动板和控制板；4）复位；5）调整电压到正常范围
E010	变频器过载	1）负载过大、电机堵转；2）变频器选型偏小	1）减小负载，检查电机和机械情况；2）选用功率等级更大的变频器
E011	电机过载	1）电机保护参数 H9-01 设定是否合适；2）负载过大或发生电机堵转；3）变频器选型偏小	1）正确设定此参数；2）减小负载并检查电机及机械情况；3）选择功率等级更大的变频器
E012	输入断相	1）驱动板、防雷板或主控板异常；2）三相输入电源异常	1）检修驱动板、防雷板或主控板；2）检查外围
E013	输出断相或三相输出不平衡	1）电机运行时变频器三相输出不平衡；2）驱动板异常或模块异常；3）变频器到电机的引线异常	1）检查电机三相绕组的情况；2）检修电路板，更换模块；3）检查外围
E014	模块过热	1）模块热敏电阻异常；2）逆变模块异常；3）环境温度过高；4）风道堵塞；5）风扇异常	1）更换热敏电阻；2）更换逆变模块；3）降低环境温度；4）清理风道；5）更换风扇
E015	外部设备故障	通过多功能端子 S 输入外部故障的信号	复位运行
E016	通信故障	1）通信线异常；2）通信参数 HD 组设置错误；3）上位机工作异常	1）检查通信连接线；2）正确设置通信参数；3）检查上位机连接
E019	电机调谐故障	1）电机参数没有根据铭牌设置；2）参数辨识过程超时	1）正确设定电机参数；2）检查变频器到电机的引线情况
E021	EEPROM 读写故障	EEPROM 芯片异常	更换 EEPROM
E022	硬件故障（清除锁存超时）	1）过电压；2）过电流	1）根据过电压故障处理；2）根据过电流故障处理
E023	对地短路	电机对地短路	更换电缆或电机
E024	AD 零漂过大	1）霍尔器件异常；2）驱动板异常	1）更换霍尔器件；2）检修驱动板
E026	温度传感器断线	温度传感器接触不良	更换温度传感器接线
E027	用户自定义故障 1	通过多功能端子 S 输入用户自定义故障 1 的信号	复位运行
E028	用户自定义故障 2	通过多功能端子 S 输入用户自定义故障 2 的信号	复位运行
E029	累计上电时间到达	累计上电时间达到设定值	使用参数初始化功能清除记录信息
E031	PID 反馈断线	PID 反馈小于设定值	检查 PID 反馈信号或正确设置参数合适值
E037	键盘 STOP 键停机	端子运行通道或通信运行通道时，按下了键盘上的停机键	检查是否人为操作
E040	硬件限流超时	1）变频器选型偏小；2）负载过大、电机堵转	1）选择功率等级更大的变频器；2）减小负载，检查电机和机械情况
E041	自动复位次数超限	外部故障或变频器故障	检查外部情况，检修变频器

★3.41.5 深川 S500 系列变频器故障信息与代码（见表3-223）

表3-223 深川 S500 系列变频器故障信息与代码

故障信息、代码	故障现象、类型	故障信息、代码	故障现象、类型
E001	逆变单元保护	E016	通信故障
E002	加速过电流	E019	电机调谐故障
E003	减速过电流	E021	EEPROM 读写故障
E004	恒速过电流	E022	硬件故障（清除锁存超时）
E005	加速过电压	E023	对地短路
E006	减速过电压	E024	AD 零漂过大
E007	恒速过电压	E026	温度传感器断线
E008	停机过电压	E027	用户自定义故障1
E009	欠电压	E028	用户自定义故障2
E010	变频器过载	E029	累计上电时间到达
E011	电机过载	E031	PID 反馈断线
E012	输入断相	E032	PID 反馈过大（超压）
E013	输出断相、三相输出不平衡	E037	键盘 STOP 键停机
E014	模块过热	E040	硬件限流超时
E015	外部设备故障	E041	自动复位次数超限

☆☆☆ 3.42 施耐德系列变频器 ☆☆☆

★3.42.1 施耐德 ATV212 系列变频器故障信息与代码（见表3-224）

表3-224 施耐德 ATV212 系列变频器故障信息与代码

故障信息、代码	故障现象、类型	故障信息、代码	故障现象、类型
CFI2	下载传输故障	Err3	ROM 故障
E-18	VIA 信号丢失	Err4	CPU 故障 1
E-19	CPU 通信错误	Err5	Com RJ45 故障
E-20	转矩提升过大	Err7	电流传感器故障
E-21	CPU 故障 2	Err8	网络错误
E38	EEPROM 电源失配	Err9	远程键盘故障
EEP1	EEPROM 故障 1	Etn1	自整定故障
EEP2	EEPROM 故障 2	EtyP	变频器故障
EEP3	EEPROM 故障 3	Fd1	风阀 1 故障
EF2	接地故障	Fd2	风阀 2 故障
EPHI	输入断相	n020	总输入功率故障
EPHO	输出相位丢失	OC2	减速中过电流
Err1	速度给定错误	OC2P	减速时短路或接地故障
Err2	RAM 故障	OC3	恒速中过电流

（续）

故障信息、代码	故障现象、类型	故障信息、代码	故障现象、类型
OC3P	恒速时短路/接地故障	OLI	变频器过载
OCI	加速中过电流	OP2	减速中过电压
OCIP	加速时短路或接地故障	OP3	恒速中过电压
OCL	启动时电机电缆短路	OPI	加速中过电压
OCR	启动时变频器短路	Ot	过转矩
OH	变频器过热	SOUt	永磁电机脱离同步
OH2	PTC 过热	UC	欠载
OL2	电机过载	UPI	欠电压

★3.42.2 施耐德 ATV310L 系列变频器故障信息与代码（见表 3-225）

表 3-225 施耐德 ATV310L 系列变频器故障信息与代码

故障信息、代码	故障现象、类型	故障原因	故障检查
F011	驱动器过热	变频器温度过高	检查电机负载、变频器通风情况、环境温度，或者等变频器冷却后再重新起动
F012	过程过载	过程过载	检查变频器参数与应用过程的兼容
F013	电机过载	1）电机制动器未释放；2）电机电流过大而触发	1）检查电机负载。等待电机冷却后再重新起动；2）检查电机热监控的设置
F014	输出缺少1相	变频器输出中缺少一相	检查变频器与电机的接线情况
F015	输出缺少3相	1）电机功率太低，低于变频器额定电流的6%；2）输出接触器打开；3）电机没有连接	1）正确连接电机，正确设置电机参数；2）检查并优化IR补偿、电机额定电流等参数；3）检查输出接触器；4）检查变频器与电机接线情况
F016	供电电源过电压	供电电源电压过高	检查并调整电源电压
F017	输入断相	1）变频器电源异常或熔丝熔断；2）该保护仅对带负载的变频器有效；3）电源中的一相不可用；4）三相变频器上使用单相电源；5）负载不平衡	1）检查电源连接和熔丝；2）检查变频器带负载情况；3）使用三相电源；4）正确设置参数；5）检查负载
F018	电机短路	1）处于运行状态时电机切换；2）并联多个电机时大量电流泄漏到地；3）变频器输出短路或接地；4）处于运行状态时接地错误	1）变频器与电机间加装电抗器；2）检查速度环、制动器的调整情况；3）检查连接、电缆等情况；4）调整开关频率
F019	接地短路	1）变频器输出短路或接地；2）并联多个电机时大量电流泄漏到地；3）处于运行状态时接地错误；4）处于运行状态时电机切换	1）检查连接、电缆等情况；2）检查速度环、制动器的调整情况；3）调整开关频率；4）变频器与电机间加装电抗器
F020	IGBT 短路	加电时检测到内部电源组件短路	检修内部电源组件
F021	负载短路	变频器输出短路	检查连线、电缆、变频器输出端
F022	通信中断	通信中断	检查通信、IO 电源

（续）

故障信息、代码	故障现象、类型	故障原因	故障检查
F024	HMI 通信中断	外部显示端子上通信中断	检查端子连接情况
F025	电机过速	1）不稳定、驱动负载过大；2）使用下游接触器，执行运行命令前，电机与变频器间的触点没有闭合	1）检查电机；2）检查参数设置情况；3）增加制动电阻器；4）检查电机、变频器、负载的大小
F027	IGBT 过热	1）IGBT 内部温度对于环境温度和负载太高；2）变频器过热	1）减小开关频率，等变频器冷却后再重新启动；2）检查负载、电机、变频器的大小
F028	自整定错误	1）特殊电机、功率与变频器不相符的电机；2）电机没有连接到变频器；3）电机未停止	1）检查电机、变频器的匹配情况；2）确保在自整定期间电机连接到变频器；3）如果必须使用输出接触器，则自整定期间将其闭合；4）确保在自整定期间电机已连接并且已停止
F029	过程欠载	1）过程欠载；2）电机电流低于应用欠载阈值	检查变频器参数与应用过程的兼容问题
F030	供电电源欠电压	1）线电压太低；2）瞬时电压跌落	检查电压和欠电压断相的参数
F031	配置错误	1）HMI 模块被替换为在额定值不同的变频器上配置的 HMI 模块；2）客户参数的当前配置不一致	1）检查 HMI 模块；2）恢复出厂设置，检索备份配置
F032	无效配置	1）无效配置；2）通过调试工具加载到变频器的配置不一致	1）检查以前加载的配置情况；2）加载能够兼容的配置
F034	下载无效配置	1）加载的配置与该变频器不兼容；2）配置未能正确传输	1）载入兼容配置或可能需要执行出厂设置；2）检查以前加载的配置
F035	预充电电阻保护故障	充电继电器意外打开	检查充电继电器与相关信号
F036	制动过电流	1）输入断相；2）电机制动线圈错误	1）检查输入电源的情况；2）检查电机制动线圈
F037	AS-i 通信	1）AS-i 通道中出现通信错误；2）已分配新地址	1）检查通信；2）尝试通过发送与AS-i 主站发送的0-1 转换相对应的故障确认信号来清除错误
F038	内部 AS-i	检测到 AS-i 电路出错	检修 AS-i 电路
F039	制动器控制	1）未达到制动释放电流；2）输入断相	1）检查变频器、电机的连接情况；2）检查电机绕组、制动释放电流与反向制动释放电流的设置情况
F040	制动反馈	1）制动器无法足够快地停止电机；2）输入断相；3）制动器反馈状态与制动控制逻辑不匹配	1）检查制动逻辑控制回路；2）检查制动器动作情况；3）检查输入连接情况；4）检查制动反馈回路

变频器维修手册

★3.42.3 施耐德 ATV610 系列变频器故障信息与代码（见表 3-226）

表 3-226 施耐德 ATV610 系列变频器故障信息与代码

显示故障信息、代码	故障现象、类型	显示故障信息、代码	故障现象、类型
AP1	模拟输入损耗警告	tLS	速度保持功能已激活
AP2		rtAH	已达到参考频率高阈值
AP3		rtAL	已达到参考频率低阈值
AP4		SrA	已达到参考频率
AP5		Stt	检测到错误，但不按照停车类型停车
CAS1	客户警告 1	tAd	已达到驱动器热阈值
CAS2	客户警告 2	tJA	IGBT 热状态故障
CAS3	客户警告 3	tP2A	模拟输入 AI2 热传感器故障
CAS4	客户警告 4	tP3A	模拟输入 AI3 热传感器故障
CAS5	客户警告 5	tP4A	模拟输入 AI4 热传感器故障
CtR	已达到电机电流高阈值	tP5A	模拟输入 AI5 热传感器故障
CtRL	已达到电机电流低阈值	tSA	已达到电机热阈值
drAy	空运行监测功能警告	vLA	过程欠载
EFA	外部故障	vPA	预防欠电压激活
F2A	已达到电机频率高阈值 2	vSA	欠电压
F2AL	已达到电机频率低阈值 2	LFA	已达到低流量监测功能
FCtR	风扇计数器故障	LPA	已达到低压监测功能
FFdA	风扇反馈故障	noA	无警告存储
FLA	已达到高速	oLA	过程过载
FtF	回落频率反应	oPHA	高出口压力故障
FSA	流量限制监测功能已激活	oPLA	低出口压力故障
FtR	已达到电机频率高阈值	oPSA	高出口压力开关故障
FtRL	已达到电机频率低阈值	PCPA	泵循环故障
HFPR	高流量监测功能警告	PEE	PID 错误警告
IPPA	已达到入口压力监测功能警告水平	PFA	PID 反馈警告
JAnA	已达到防堵塞最大循环计数器	PFAH	PID 反馈高阈值
LCA1	寿命周期警告 1	PFAL	PID 反馈低阈值
LCA2	寿命周期警告 2	PLFA	已达到泵低流量
PoWd	功耗警告		

☆☆☆ 3.43 数恩、思科为系列变频器 ☆☆☆

★3.43.1 数恩 SN-300G5 系列变频器故障信息与代码（见表3-227）

表 3-227 数恩 SN-300G5 系列变频器故障信息与代码

故障信息、代码	故障现象、类型	故障信息、代码	故障现象、类型
CPF00	操作器传送故障1	OC	过电流
CPF01	操作器传送故障2	OH（OH1）	散热片过热
CPF02	基极封锁回路不良	OH2	变频器过热预告
CPF03	EEPROM 故障	OL1	电机过负载
CPF04	CPU 内部 A/D 变换器故障	OL2	变频器过负载
CPF05	CPU 内部 A/D 变换器故障	OL3	过力矩检出1
CPF06	选择卡连接故障	OL4	过力矩检出2
CPF20	选择卡故障	OPR	操作器连接不良
CPF21	传送选择卡自我诊断故障	OS	过速度
CPF22	传送选择卡的机种码故障	OV	主回路过电压
CPF23	传送选择卡的相互诊断不良	PF	输入欠相
DEV	速度偏差过大	PGO	PG 断线
EF	同时输入正转指令与反转指令	PUF	熔丝熔断
EF0	从通信选择卡来的外部异常输入	RH	制动电阻过热
EF3	外部故障（输入端子3）	RR	内置制动晶体管故障
EF4	外部故障（输入端子4）	SC	负载短路
EF5	外部故障（输入端子5）	SVE	零伺服故障
EF6	外部故障（输入端子6）	UV	瞬时停电检出
EF7	外部故障（输入端子7）	UV1	主回路低电压
EF8	外部故障（输入端子8）	UV2	控制回路低电压
GF	接地故障	UV3	内部电磁接触器故障
LF	输出断相		

★3.43.2 思科为 SV600 系列变频器故障信息与代码（见表3-228）

表 3-228 思科为 SV600 系列变频器故障信息与代码

故障信息、代码	故障现象、类型	故障原因	故障检查
Err01	逆变单元保护	1）主控板异常；2）驱动板异常；3）逆变模块异常；4）变频器输出回路短路；5）电机与变频器接线过长；6）模块过热；7）变频器内部接线松动	1）检修主控板；2）检修驱动板；3）更换逆变模块；4）检查外围；5）加装电抗器或输出滤波器；6）检查风道、风扇；7）插好所有连接线

（续）

故障信息、代码	故障现象、类型	故障原因	故障检查
Err02	加速过电流	1）加速时间太短；2）手动转矩提升或 V/f 曲线错误；3）电压偏低；4）对正在旋转的电机进行起动；5）加速过程中突加负载；6）变频器选型偏小；7）变频器输出回路存在接地或短路；8）控制方式为矢量并且没有进行参数辨识	1）增大加速时间；2）调整手动提升转矩或 V/f 曲线；3）电压调到正常范围；4）选择转速追踪起动或等电机停止后再起动；5）取消突加负载；6）选择功率等级更大的变频器；7）检查外围；8）进行电机参数辨识
Err03	减速过电流	1）减速过程中突加负载；2）没有加装制动单元、制动电阻；3）变频器输出回路存在接地或短路；4）控制方式为矢量并且没有进行参数辨识；5）减速时间太短；6）电压偏低	1）取消突加负载；2）加装制动单元、制动电阻；3）检查外围；4）进行电机参数辨识；5）增大减速时间；6）电压调到正常范围
Err04	恒速过电流	1）运行中有突加负载；2）变频器选型偏小；3）变频器输出回路存在接地或短路；4）控制方式为矢量并且没有进行参数辨识；5）电压偏低	1）取消突加负载；2）选择功率等级更大的变频器；3）检查外围；4）进行电机参数辨识；5）电压调到正常范围
Err05	加速过电压	1）加速时间过短；2）没有加装制动单元、制动电阻；3）输入电压偏高；4）加速过程中存在外力拖动电机运行	1）增大加速时间；2）加装制动单元、制动电阻；3）电压调到正常范围；4）取消该外力或加装制动电阻
Err06	减速过电压	1）输入电压偏高；2）减速过程中存在外力拖动电机运行；3）减速时间过短；4）没有加装制动单元、制动电阻	1）电压调到正常范围；2）取消该外力或加装制动电阻；3）增大减速时间；4）加装制动单元、制动电阻
Err07	恒速过电压	1）运行过程中存在外力拖动电机运行；2）输入电压偏高	1）取消该外力或加装制动电阻；2）电压调到正常范围
Err08	控制电源	输入电压不在规定的范围内	将电压调到要求的范围内
Err09	欠电压	1）母线电压异常；2）整流桥及缓冲电阻异常；3）驱动板异常；4）控制板异常；5）瞬时停电；6）变频器输入端电压不在要求的范围	1）检查母线电压；2）更换整流桥、缓冲电阻；3）检修驱动板；4）检修控制板；5）复位；6）调整电压到正常范围
Err10	变频器过载	1）变频器选型偏小；2）负载过大、电机堵转	1）选择功率等级更大的变频器；2）减小负载，检查电机和机械情况
Err11	电机过载	1）负载过大、电机堵转；2）变频器选型偏小；3）电机保护参数设定不合适	1）减小负载，检查电机和机械情况；2）选择功率等级更大的变频器；3）正确设定参数

（续）

故障信息、代码	故障现象、类型	故障原因	故障检查
Err12	输入断相	1）防雷板异常；2）主控板异常；3）三相输入电源异常；4）驱动板异常	1）检修防雷板；2）检修主控板；3）检查外围；4）检修驱动板
Err13	输出断相	1）驱动板异常；2）模块异常；3）变频器到电机的引线异常；4）电机运行时变频器三相输出不平衡	1）检修驱动板；2）更换模块；3）检查外围；4）检查电机三相绕组的情况
Err14	模块过热	1）风道堵塞；2）风扇异常；3）模块热敏电阻异常；4）逆变模块异常；5）环境温度过高	1）清理风道；2）更换风扇；3）更换热敏电阻；4）更换逆变模块；5）降低环境温度
Err15	外部设备故障	1）通过虚拟 IO 功能输入外部故障的信号；2）通过多功能端子 DI 输入外部故障的信号	复位运行
Err16	通信故障	1）通信扩展卡设置错误；2）通信参数 PD 组设置错误；3）上位机工作异常；4）通信线异常	1）正确设置通信扩展卡类型；2）正确设置通信参数；3）检查上位机接线情况；4）检查通信连接线情况
Err17	接触器故障	1）接触器异常；2）驱动板、电源异常	1）更换接触器；2）检修驱动板、电源板
Err18	电流检测故障	1）驱动板异常；2）霍尔器件异常	1）检修驱动板；2）更换霍尔器件
Err19	电机学习故障	1）参数辨识过程超时2）电机参数没有根据铭牌设置	1）检查变频器到电机引线的情况；2）正确设定电机参数
Err20	保留		
Err21	EEPROM 读写故障	EEPROM 芯片损坏	更换 EEPROM
Err22	变频器硬件故障	1）存在过电流；2）存在过电压	1）根据过电流故障处理；2）根据过电压故障处理
Err23	对地短路	电机对地短路	更换电缆或电机
Err26	累计运行时间到达	累计运行时间达到设定值	使用参数初始化功能清除记录信息
Err27	用户自定义故障1	1）通过虚拟 IO 功能输入用户自定义故障 1 的信号；2）通过多功能端子 DI 输入用户自定义故障 1 的信号	复位运行
Err28	用户自定义故障2	1）通过虚拟 IO 功能输入用户自定义故障 2 的信号；2）通过多功能端子 DI 输入用户自定义故障 2 的信号	复位运行
Err29	累计上电时间到达	累计上电时间达到设定值	使用参数初始化功能清除记录信息
Err30	掉载	变频器运行电流小于设定值	确认负载，正确设定参数
Err31	运行时 PID 反馈丢失	PID 反馈小于设定值	检查 PID 反馈信号，正确设定参数
Err40	逐波限流	1）负载大、电机堵转；2）变频器选型偏小	1）减小负载，检查电机和机械情况；2）选择功率等级更大的变频器
Err41	运行时切换电机	变频器运行过程中通过端子更改当前电机选择	变频器停机后再进行电机切换操作

（续）

故障信息、代码	故障现象、类型	故障原因	故障检查
Err42	速度偏差过大	1）速度偏差过大检测参数设置不合理；2）没有进行参数辨识	1）合理设置检测参数；2）进行电机参数辨识
Err43	电机过速度	1）没有进行参数辨识；2）电机过速度检测参数设置不合理	1）进行电机参数辨识；2）合理设置检测参数
Err45	电机过温	电机温度过高	提高载频，降低负荷，采取散热措施

★3.43.3 思科为 SV800 系列变频器故障信息与代码（见表 3-229）

表 3-229 思科为 SV800 系列变频器故障信息与代码

LED 操作器显示	LCD 操作器显示	故障现象、类型	LED 操作器显示	LCD 操作器显示	故障现象、类型
CoEr	CoEr	键盘通信超时	rtA	rtA	运行时间到达
CPY	CPy	参数复制故障	rUn	rUn	运行中输入电机切换指令
CUr	CUr	电流检测故障	SC	SC	速度控制出错
EF	EF	外部端子故障输入	SEr	SEr	速度搜索故障
EPr	EPr	参数保存故障	SEtE	SEtE	参数设置错误
Er.34	Er.34	参数计算故障 1	tUnEr	tUnEr	电机自学习故障
Er.35	Er.35	参数计算故障 2	USEr	USEr	用户设定故障
FbL	FbL	PID 反馈丢失	A.12	A.12	厂家专用 1
FCLoL	FCLoL	FCL 快速限流过载	A.13	A.13	厂家专用 2
GF	GF	对地短路	A.14	A.14	厂家专用 3
iGbt1	iGbt1	U 相模块保护	A.19	A.19	水池缺水
iGbt2	iGbt2	V 相模块保护	A.20	A.20	电机未执行自学习
iGbt3	iGbt3	W 相模块保护	A.21	A.21	矢量模式弱磁设置超上限
LF	LF	输出断相	CErr	CErr	PWM 模块出现计算异常
LU	LU	直流母线欠电压	CErr0	CErr0	第 0 类参数计算异常
oC	oC	变频器过电流	CErr1	CErr1	第 1 类参数计算异常
oH1	oH1	变频器过热	CErr2	CErr2	第 2 类参数计算异常
oH2	oH2	电机过热	CErr3	CErr3	第 3 类参数计算异常
oL1	oL1	变频器过载	CErr4	CErr4	第 4 类参数计算异常
oL2	oL2	电机过载	CErr5	CErr5	第 5 类参数计算异常
oS	oS	过速度	E2AA	E2AA	E2 区间（A 区）读写异常
ot	ot	过转矩	iPoE	iPoE	进入了功率模块保护但未识别保护类型
oU	oU	直流母线过电压			
PF	PF	输入断相	norUn	norUn	运行准备未完成
PtA	PtA	上电时间到达	PdrSt	PdrSt	出现需要掉电复位的情况
rF	rF	旁路继电器（接触器）故障			

☆☆☆　3.44　四方系列变频器　☆☆☆

★3.44.1　四方 A510 系列变频器故障信息与代码（见表 3-230）

表 3-230　四方 A510 系列变频器故障信息与代码

故障信息、代码	故障现象、类型	故障信息、代码	故障现象、类型
Fu.001	加速中过电流	Fu.036	AI1 输入断线
Fu.002	减速中过电流	Fu.041	电机参数识别时电机未接入
Fu.003	运行中过电流	Fu.042	U 相输出断线、参数严重不平衡
Fu.004	加速中过电压	Fu.043	V 相输出断线、参数严重不平衡
Fu.005	减速中过电压	Fu.044	W 相输出断线、参数严重不平衡
Fu.006	运行中过电压	Fu.037	AI2 输入断线
Fu.007	停机时过电压	Fu.038	AI3 输入断线
Fu.008	运行中欠电压（可屏蔽）	Fu.039	Fin 输入断线
Fu.009	驱动保护动作	Fu.040	转速检测回路断线
Fu.010	输出接地（可屏蔽）	Fu.045	电机过温
Fu.011	电磁干扰	Fu.046	电机堵转
Fu.012	变频器过载	Fu.047	PG 反馈信号 U、V、W 异常
Fu.013	电机过载	Fu.048	转子磁极初始位置错误
Fu.014	变频器过热（传感器1）	Fu.049	Z 信号辨识异常
Fu.015	变频器过热（传感器2）	Fu.051	U 相电流检测错误（传感器或电路）
Fu.016	变频器过热（传感器3）	Fu.052	V 相电流检测错误（传感器或电路）
Fu.017	外部设备故障或面板强制停机	Fu.053	W 相电流检测错误（传感器或电路）
Fu.018	转速偏差过大保护（DEV）	Fu.054	温度传感器1故障（可屏蔽保护）
Fu.019	过速故障（OS）	Fu.055	温度传感器2故障（可屏蔽保护）
Fu.020	PG 卡 A、B 相脉冲反接	Fu.056	温度传感器3故障（可屏蔽保护）
Fu.021	主接触器吸合不良、主回路晶闸管未导通	Fu.067	功能扩展单元1故障
Fu.022	内部数据存储器错误	Fu.068	功能扩展单元2故障
Fu.023	R 相输入电压缺失（可屏蔽）	Fu.071	控制板通信异常
Fu.024	S 相输入电压缺失（可屏蔽）	Fu.072	附件连接异常
Fu.025	T 相输入电压缺失（可屏蔽）	Fu.130	扩展功能专用故障码
Fu.026	U 相输出电流缺失/偏小	Fu.201	参数设置冲突
Fu.027	V 相输出电流缺失/偏小	Fu.301 ~ Fu.311	控制板故障
Fu.028	W 相输出电流缺失/偏小		
Fu.032	三相输入电压不平衡（可屏蔽）		

303

★3.44.2　四方 DL100 系列变频器故障信息与代码（见表3-231）

表3-231　四方 DL100 系列变频器故障信息与代码

故障信息、代码	故障现象、类型	故障信息、代码	故障现象、类型
Fu.01	变频器加速运行中过电流	Fu.12	变频器过载
Fu.02	变频器减速运行中过电流	Fu.13	电机过载
Fu.03	变频器运行或停机过电流	Fu.14	变频器过热
Fu.04	变频器加速运行中过电压	Fu.15	保留
Fu.05	变频器减速运行中过电压	Fu.16	外部设备故障
Fu.06	变频器运行中过电压	Fu.17	PID 反馈断线
Fu.07	变频器停机时过电压	Fu.18、Fu.19	保留
Fu.08	变频器运行中欠电压	Fu.20	电流检测故障
Fu.09、Fu.10	保留	Fu.21～Fu.39	保留
Fu.11	电磁干扰	Fu.40	内部数据存储器故障

★3.44.3　四方 DX100 系列变频器故障信息与代码（见表3-232）

表3-232　四方 DX100 系列变频器故障信息与代码

故障信息、代码	故障现象、类型	故障信息、代码	故障现象、类型
Fu.041	电机参数识别时电机未接入	Fu.026	U 相输出电流缺失/偏小
Fu.001	加速中过电流	Fu.027	V 相输出电流缺失/偏小
Fu.002	减速中过电流	Fu.028	W 相输出电流缺失/偏小
Fu.003	运行中过电流	Fu.032	三相输入电压不平衡（可屏蔽）
Fu.004	加速中过电压	Fu.036	AI1 输入断线
Fu.005	减速中过电压	Fu.037	AI2 输入断线
Fu.006	运行中过电压	Fu.038	AI3 输入断线
Fu.007	停机时过电压	Fu.039	Fin 输入断线
Fu.008	运行中欠电压（可屏蔽）	Fu.040	转速检测回路断线
Fu.011	电磁干扰	Fu.042	U 相输出断线或参数严重不平衡
Fu.012	变频器过载	Fu.043	V 相输出断线或参数严重不平衡
Fu.013	电机过载	Fu.044	W 相输出断线或参数严重不平衡
Fu.014	变频器过热（传感器1）	Fu.051	U 相电流检测错误（传感器或电路）
Fu.015	变频器过热（传感器2）	Fu.052	V 相电流检测错误（传感器或电路）
Fu.016	变频器过热（传感器3）	Fu.053	W 相电流检测错误（传感器或电路）
Fu.017	外部设备故障、面板强制停机	Fu.054	温度传感器1故障（可屏蔽保护）
Fu.018	转速偏差过大保护（DEV）	Fu.067	扩展卡1通信中断
Fu.019	过速故障（OS）	Fu.068	扩展卡2通信中断
Fu.020	PG 卡 A、B 相脉冲反接	Fu.072	附件连接故障
Fu.021	主接触器吸合不良、主回路晶闸管未导通	Fu.201	参数设置冲突
Fu.022	内部数据存储器错误	Fu.301～Fu.311	控制板故障

★3. 44. 4 四方 DX200、V350 系列变频器故障信息与代码（见表 3-233）

表 3-233 四方 DX200、V350 系列变频器故障信息与代码

故障信息、代码	故障现象、类型	故障信息、代码	故障现象、类型
Fu. 041	电机参数识别时电机未接入	Fu. 028	W 相输出电流缺失/偏小
Fu. 001	加速中过电流	Fu. 032	三相输入电压不平衡（可屏蔽）
Fu. 002	减速中过电流	Fu. 036	AI1 输入断线
Fu. 003	运行中过电流	Fu. 037	AI2 输入断线
Fu. 004	加速中过电压	Fu. 038	AI3 输入断线
Fu. 005	减速中过电压	Fu. 039	Fin 输入断线
Fu. 006	运行中过电压	Fu. 040	转速检测回路断线
Fu. 007	停机时过电压	Fu. 042	U 相输出断线、参数严重不平衡
Fu. 008	运行中欠电压（可屏蔽）	Fu. 043	V 相输出断线、参数严重不平衡
Fu. 011	电磁干扰	Fu. 044	W 相输出断线、参数严重不平衡
Fu. 012	变频器过载	Fu. 051	U 相电流检测错误（传感器或电路）
Fu. 013	电机过载		
Fu. 014	变频器过热	Fu. 052	V 相电流检测错误（传感器或电路）
Fu. 017	外部设备故障、面板强制停机		
Fu. 018	转速偏差过大保护（DEV）	Fu. 053	W 相电流检测错误（传感器或电路）
Fu. 019	过速故障（OS）	Fu. 054	温度传感器 1 故障（可屏蔽保护）
Fu. 020	PG 卡 A、B 相脉冲反接	Fu. 067	扩展卡 1 通信中断
Fu. 021	主接触器吸合不良、主回路晶闸管未导通	Fu. 068	扩展卡 2 通信中断
Fu. 022	内部数据存储器错误	Fu. 072	附件连接故障
Fu. 026	U 相输出电流缺失/偏小	Fu. 201	参数设置冲突
Fu. 027	V 相输出电流缺失/偏小	Fu. 301 ~ Fu. 311	控制板故障

★3. 44. 5 四方 E310 系列变频器故障信息与代码（见表 3-234）

表 3-234 四方 E310 系列变频器故障信息与代码

故障信息、代码	故障现象、类型	故障信息、代码	故障现象、类型
Fu. 01	加速运行中过电流	Fu. 12	变频器过载
Fu. 02	变频器减速运动中过电流	Fu. 13	保留
Fu. 03	变频器运行或停机过电流	Fu. 14	变频器过热
Fu. 04	变频器加速运行中过电压	Fu. 15	保留
Fu. 05	变频器减速运行中过电压	Fu. 16	外部故障
Fu. 06	变频器运行中过电压	Fu. 17	断线
Fu. 07	变频器停机时过电压	Fu. 20	电流检测错误
Fu. 08	变频器运行中欠电压	Fu. 21	保留
Fu. 09 ~ Fu. 11	保留	Fu. 40	内部数据存储器错误

★3.44.6 四方 E550 系列变频器故障信息与代码（见表 3-235）

表 3-235 四方 E550 系列变频器故障信息与代码

故障信息、代码	故障现象、类型	故障原因	故障检查
Fu.01	变频器加速运行中过电流	1）转矩提升设置过大；2）电网电压过低；3）加速时间过短；4）对旋转中电机直接起动	1）降低转矩提升电压；2）检查电网电压，降低功率使用；3）延长加速时间；4）电机停止后再起动
Fu.02	变频器减速运行中过电流	减速时间过短	增加减速时间
Fu.03	变频器运行或停机过电流	1）电网电压过低；2）负载发生突变	1）检查电源电压；2）减小负载波动
Fu.04	变频器加速运行中过电压	1）电源频繁开关；2）输入电压过高	1）降低加速力矩水平设置；2）检查电源电压
Fu.05	变频器减速运行中过电压	1）减速时间过短；2）输入电压异常	1）延长减速时间；2）检查电源电压
Fu.06	变频器运行中过电压	1）有能量回馈性负载；2）电源电压异常	1）安装制动单元、制动电阻；2）检查电源电压
Fu.07	变频器停机时过电压	电源电压异常	检查电源电压
Fu.08	变频器运行中欠电压	1）电网中有大的负载起动；2）电源电压异常	1）分开供电；2）检查电源电压
Fu.09~Fu.11	保留		
Fu.12	变频器过载	1）电网电压过低；2）负载过大；3）加速时间过短；4）转矩提升过高	1）检查电网电压；2）减小负载；3）延长加速时间；4）降低转矩提升电压
Fu.13	电机过载	1）保护系数设定过小；2）转矩提升过高；3）负载过大；4）加速时间过短	1）加大电机过载保护系数；2）降低提升转矩；3）减小负载；4）延长加速时间
Fu.14	变频器过热	1）环境温度过高；2）风扇异常；3）风道阻塞	1）改善通风条件，降低载波频率；2）更换风扇；3）清理风道，改善通风条件
Fu.15	保留		
Fu.16	外部设备故障	外部故障输入端子有效	检查外部设备，断开外部故障输入端子
Fu.17~Fu.19	保留		
Fu.20	电流检测错误	电流检测器件、电路异常	检查线路
Fu.21	温度传感器故障	温度传感器断线	检查线路，更换温度传感器
Fu.22	保留		
Fu.23	PID 反馈断线	1）断线检测阈值设置不合适；2）反馈信号丢失	1）断线检测阈值降低；2）检查线路
Fu.24~Fu.39	保留		

（续）

故障信息、代码	故障现象、类型	故障原因	故障检查
Fu.25	电流过大	1）参数设置异常；2）检查设备异常	1）将保护阈值设大；2）检查设备是否正常
Fu.40	内部数据存储器错误	控制参数读写错误	检查控制参数设置情况，检修存储器

★3.44.7 四方 V320 系列变频器故障信息与代码（见表3-236）

表3-236 四方 V320 系列变频器故障信息与代码

故障信息、代码	故障现象、类型	故障信息、代码	故障现象、类型
Fu.023	R 相输入电压缺失（可屏蔽）	Fu.024	S 相输入电压缺失（可屏蔽）
Fu.041	电机参数识别时电机未接入	Fu.026	U 相输出电流缺失/偏小
Fu.001	加速中过电流	Fu.027	V 相输出电流缺失/偏小
Fu.002	减速中过电流	Fu.028	W 相输出电流缺失/偏小
Fu.003	运行中过电流	Fu.032	三相输入电压不平衡（可屏蔽）
Fu.004	加速中过电压	Fu.036	AI1 输入断线
Fu.005	减速中过电压	Fu.037	AI2 输入断线
Fu.006	运行中过电压	Fu.038	AI3 输入断线
Fu.007	停机时过电压	Fu.039	Fin 输入断线
Fu.008	运行中欠电压（可屏蔽）	Fu.040	转速检测回路断线
Fu.011	电磁干扰	Fu.042	U 相输出断线、参数严重不平衡
Fu.012	变频器过载	Fu.043	V 相输出断线、参数严重不平衡故障
Fu.013	电机过载	Fu.044	W 相输出断线、参数严重不平衡故障
Fu.014	变频器过热（传感器1）	Fu.051	U 相电流检测错误（传感器或电路）
Fu.017	外部设备故障、面板强制停机故障	Fu.052	V 相电流检测错误（传感器或电路）
Fu.018	转速偏差过大保护（DEV）	Fu.053	W 相电流检测错误（传感器或电路）
Fu.019	过速故障（OS）	Fu.054	温度传感器1故障（可屏蔽保护）
Fu.020	PG 卡 A、B 相脉冲反接	Fu.072	附件连接故障
Fu.021	主接触器吸合不良、主回路晶闸管未导通	Fu.201	参数设置冲突
Fu.022	内部数据存储器错误	Fu.301～Fu.311	控制板故障

★3.44.8 四方 V360 系列变频器故障信息与代码（见表3-237）

表3-237 四方 V360 系列变频器故障信息与代码

故障信息、代码	故障现象、类型	故障信息、代码	故障现象、类型
Fu.041	电机参数识别时电机未接入	Fu.002	减速中过电流
Fu.001	加速中过电流	Fu.003	运行中过电流

（续）

故障信息、代码	故障现象、类型	故障信息、代码	故障现象、类型
Fu. 004	加速中过电压	Fu. 028	W 相输出电流缺失/偏小
Fu. 005	减速中过电压	Fu. 032	三相输入电压不平衡（可屏蔽）
Fu. 006	运行中过电压	Fu. 036	AI1 输入断线
Fu. 007	停机时过电压	Fu. 037	AI2 输入断线
Fu. 008	运行中欠电压（可屏蔽）	Fu. 038	AI3 输入断线
Fu. 011	电磁干扰	Fu. 039	Fin 输入断线
Fu. 012	变频器过载	Fu. 040	转速检测回路断线
Fu. 013	电机过载	Fu. 042	U 相输出断线、参数严重不平衡
Fu. 014	变频器过热（传感器 1）	Fu. 043	V 相输出断线、参数严重不平衡
Fu. 015	变频器过热（传感器 2）	Fu. 044	W 相输出断线、参数严重不平衡
Fu. 016	变频器过热（传感器 3）	Fu. 051	U 相电流检测错误（传感器或电路）
Fu. 017	外部设备故障、面板强制停机	Fu. 052	V 相电流检测错误（传感器或电路）
Fu. 018	转速偏差过大保护（DEV）	Fu. 053	W 相电流检测错误（传感器或电路）
Fu. 019	过速故障（OS）	Fu. 054	温度传感器 1 故障（可屏蔽保护）
Fu. 020	PG 卡 A、B 相脉冲反接	Fu. 055	温度传感器 2 故障（可屏蔽保护）
Fu. 021	主接触器吸合不良、主回路晶闸管未导通	Fu. 056	温度传感器 3 故障（可屏蔽保护）
		Fu. 072	附件连接故障
Fu. 022	内部数据存储器错误	Fu. 201	参数设置冲突
Fu. 026	U 相输出电流缺失/偏小	Fu. 301 ~ Fu. 311	控制板故障
Fu. 027	V 相输出电流缺失/偏小		

★3.44.9　四方 V560 系列变频器故障信息与代码（见表 3-238）

表 3-238　四方 V560 系列变频器故障信息与代码

故障信息、代码	故障现象、类型	故障信息、代码	故障现象、类型
Fu. 001	加速中过电流	Fu. 014	变频器过热（传感器 1）
Fu. 002	减速中过电流	Fu. 015	变频器过热（传感器 2）
Fu. 003	运行中过电流	Fu. 016	变频器过热（传感器 3）
Fu. 004	加速中过电压	Fu. 017	外部设备故障、面板强制停机
Fu. 005	减速中过电压	Fu. 018	转速偏差过大保护（DEV）
Fu. 006	运行中过电压	Fu. 019	过速故障（OS）
Fu. 007	停机时过电压	Fu. 020	PG 卡 A、B 相脉冲反接
Fu. 008	运行中欠电压（可屏蔽）	Fu. 021	主接触器吸合不良、主回路晶闸管未导通
Fu. 011	电磁干扰	Fu. 022	内部数据存储器错误
Fu. 012	变频器过载	Fu. 026	U 相输出电流缺失/偏小
Fu. 013	电机过载	Fu. 027	V 相输出电流缺失/偏小

（续）

故障信息、代码	故障现象、类型	故障信息、代码	故障现象、类型
Fu. 028	W 相输出电流缺失/偏小	Fu. 051	U 相电流检测错误（传感器或电路）
Fu. 032	三相输入电压不平衡（可屏蔽）	Fu. 052	V 相电流检测错误（传感器或电路）
Fu. 036	AI1 输入断线	Fu. 053	W 相电流检测错误（传感器或电路）
Fu. 037	AI2 输入断线	Fu. 054	温度传感器 1 故障（可屏蔽保护）
Fu. 038	AI3 输入断线	Fu. 055	温度传感器 2 故障（可屏蔽保护）
Fu. 039	Fin 输入断线	Fu. 056	温度传感器 3 故障（可屏蔽保护）
Fu. 040	转速检测回路断线	Fu. 067	扩展卡 1 通信中断
Fu. 041	电机参数识别时电机未接入	Fu. 068	扩展卡 2 通信中断
Fu. 042	U 相输出断线、参数严重不平衡	Fu. 072	附件连接故障
Fu. 043	V 相输出断线、参数严重不平衡	Fu. 201	参数设置冲突
Fu. 044	W 相输出断线、参数严重不平衡	Fu. 301 ~ Fu. 311	控制板故障

★3.44.10　四方 V800 系列变频器故障信息与代码（见表3-239）

表 3-239　四方 V800 系列变频器故障信息与代码

故障信息、代码	故障现象、类型	故障信息、代码	故障现象、类型
Fu. 041	电机参数识别时电机未接入	Fu. 022	内部数据存储器故障
Fu. 001	加速中过电流	Fu. 026	U 相输出电流缺失/偏小
Fu. 002	减速中过电流	Fu. 027	V 相输出电流缺失/偏小
Fu. 003	运行中过电流	Fu. 028	W 相输出电流缺失/偏小
Fu. 004	加速中过电压	Fu. 032	三相输入电压不平衡（可屏蔽）
Fu. 005	减速中过电压	Fu. 036	AI1 输入断线
Fu. 006	运行中过电压	Fu. 037	AI2 输入断线
Fu. 007	停机时过电压	Fu. 038	AI3 输入断线
Fu. 008	运行中欠电压（可屏蔽）	Fu. 039	Fin 输入断线
Fu. 011	电磁干扰	Fu. 040	转速检测回路断线
Fu. 012	变频器过载	Fu. 042	U 相输出断线、参数严重不平衡
Fu. 013	电机过载	Fu. 043	V 相输出断线、参数严重不平衡
Fu. 014	变频器过热（传感器1）	Fu. 044	W 相输出断线、参数严重不平衡
Fu. 015	变频器过热（传感器2）	Fu. 045	电机过温
Fu. 016	变频器过热（传感器3）	Fu. 047	编码器故障
Fu. 017	外部设备故障、面板强制停机	Fu. 051	U 相电流检测故障（传感器或电路）
Fu. 018	转速偏差过大（DEV）	Fu. 052	V 相电流检测故障（传感器或电路）
Fu. 019	过速（OS）	Fu. 053	W 相电流检测错误（传感器或电路）
Fu. 020	PG 卡 A、B 相脉冲反接	Fu. 054	温度传感器 1 故障（可屏蔽保护）
Fu. 021	主接触器吸合不良、主回路晶闸管未导通	Fu. 055	温度传感器 2 故障（可屏蔽保护）

（续）

故障信息、代码	故障现象、类型	故障信息、代码	故障现象、类型
Fu. 056	温度传感器 3 故障（可屏蔽保护）	Fu. 072	附件连接故障
Fu. 067	扩展卡 1 通信中断	Fu. 201	参数设置冲突
Fu. 068	扩展卡 2 通信中断	Fu. 301 ~ Fu. 311	控制板故障

☆☆☆　3.45　台达系列变频器　☆☆☆

★3.45.1　台达 C2000-HS 系列变频器故障信息与代码（见表 3-240）

表 3-240　台达 C2000-HS 系列变频器故障信息与代码

故障信息、代码	故障现象、类型	故障信息、代码	故障现象、类型
AnL	ACI 模式模拟信号遗失	ECCb	通信卡脱离
CAdn	CANopen 站号错误	ECEF	Ethernet 联机故障
CbFn	CANopen 硬件断线	ECFF	工厂自定义故障
CE1	通信故障	ECid	通信卡节点故障
CE10	通信传输超时	ECiF	内部严重故障
CE2	通信数据位置故障	ECio	IO 联机中断
CE3	通信内容值错误	ECiP	IP 故障
CE4	驱动器无法处理	ECLv	通信卡电压过低
CFrn	CANopen 内存故障	ECnP	通信卡无电源供应
CGdn	CANopen 软件断线	Eco0	超过最大的通信数
CHbn	CANopen 软件断线	ECo1	超过最大的通信数
CIdn	CANopen 索引故障	ECPi	配置数据故障
CPL0	PLC 复制：读取模式	ECPP	参数化数据故障
CPL1	PLC 复制：写入模式	ECrF	回归出厂设定值
CPLF	PLC 复制：PLC 需关	ECto	与驱动器通信超时
CPLP	PLC 复制：密码错误	ECtt	通信卡测试模式
CPLS	PLC 复制：容量错误	oH1	IGBT 过热
CPLt	PLC 复制：超时错误	oH2	变频器内部关键组件温度过高
CPLv	PLC 复制：版本错误	oH3	电机过热
CPtn	CANopen 格式错误	OPHL	输出欠相警告
CSdn	CANopen SDO 传输超时	oSL	过转差
dAvE	速度偏差过大	oSPd	过速
dEb	减速能源再生动作	ot1	过转矩
ECbF	通信卡硬件断线	ot2	过转矩
ECbY	通信卡忙碌	PCAd	CAN/M 站号故障

（续）

故障信息、代码	故障现象、类型	故障信息、代码	故障现象、类型
PCbF	CAN/M 软件断线	PLFn	下载功能码故障
PCCt	CAN/M 循环超时	PLod	PLC 下载故障
PCGd	CAN/M 软件断线	PLor	PLC 缓存器溢位
PCnL	CAN/M 节点错误	PLrA	RTC 校正故障
PCSd	CAN/M SDO 超时	PLrt	Keypad RTC 超时
PCSF	CAN/M SDO 溢位	PLSF	PLC 扫描时间超时
PCTo	CAN/M 通信超时	PLSn	Checksum 故障
PGFb	PG 回授错误	PLSv	PLC 下载存储故障
PHL	输入欠相	SE1	参数复制错误
PID	PID 回授信号故障	SE2	参数复制错误
PLCr	PLC MCR 指令故障	SE3	机种不同复制错误
PLdA	运行中数据故障	SpdR	估测速度反向
PLdF	PLC 下载故障	tUn	参数自动量测
PLEd	无结束指令	uC	低电流警告
PLFF	运行中功能码故障		

★3.45.2 台达 CFP2000 系列变频器故障信息与代码（见表 3-241）

311

表 3-241 台达 CFP2000 系列变频器故障信息与代码

故障信息、代码	故障现象、类型	故障原因
AnL	ACI 模拟信号遗失	模拟电流输入断线
CE1	通信故障	RS485 Modbus，不合法通信命令
CE10	通信传输超时	RS485 Modbus，传输超时
CE2	通信数据位置故障	RS485 Modbus，不合法通信数据地址
CE3	通信内容值故障	RS485 Modbus，不合法通信数据值
CE4	驱动器无法处理	RS485 Modbus，将数据写到只读地址
CK1	通信故障	数字操作器通信内容，不合法通信指令
CK10	通信传输超时	数字操作器通信内容，传输超时
CK2	通信数据位置故障	数字操作器通信内容，不合法通信数据地址（此警告码为数字操作器自行侦测错误并显示）
CK3	通信内容值故障	数字操作器通信内容，不合法通信数据值
CK4	通信无法处理	数字操作器通信内容，将数据写到只读地址
dAvE	速度偏差过大	速度偏差过大警告
oH1	IGBT 过热	变频器侦测 IGBT 温度过高
oH2	内部关键组件温度过高	变频器侦测内部关键组件温度过高，超过警告保护准位

（续）

故障信息、代码	故障现象、类型	故障原因
oH3	电机过热 PTC	变频器侦测电机内部温度过高
oH3	电机过热 PT100	变频器侦测电机内部温度过高
OPHL	输出欠相	变频器输出欠相
oSL	过转差	过转差警告
oSPd	过速	过速警告
ot1	过转矩	过转矩 1 警告
ot2	过转矩	过转矩 2 警告
PHL	输入欠相	输入欠相警告
PID	PID 回授信号故障	PID 回授信号遗失警告
tUn	参数自动量测	参数自动量测中
uC	低电流警告	低电流检出

★3.45.3 台达 CP2000 系列变频器故障信息与代码（见表 3-242）

表 3-242 台达 CP2000 系列变频器故障信息与代码

故障信息、代码	故障现象、类型	故障信息、代码	故障现象、类型
ACE	ACI 断线	EF	外部端子故障
AFE	PID 断线	EF1	外部端子紧急停止
AUE	电机自动量测故障	Fire	火灾模式输出
AUE1	电机自动量测故障	FStp	强制停止
AUE2	电机自动量测故障	GFF	接地保护线路动作
AUE3	电机自动量测故障	Hd0	cc 硬件线路故障
AUE4	电机自动量测故障	Hd1	oc 硬件线路故障
bb	外部中断	Hd2	ov 硬件线路故障
bF	侦测制动晶体故障	Hd3	occ 硬件线路故障
cd1	U 相电流侦测故障	LvA	加速中发生低电压
cd2	V 相电流侦测故障	Lvd	减速中发生低电压
cd3	W 相电流侦测故障	Lvn	定速中发生低电压
CE1	不合法通信命令	LvS	停止中发生低电压
CE10	Modbus 传输超时	ocA	加速中过电流
CE2	不合法通信地址	occ	IGBT 上下桥短路
CE3	通信数据值故障	ocd	减速中过电流
CE4	通信写入只读地址	ocn	运转中过电流
cF1	内存写入故障	ocS	停止中过电流
cF2	内存读出故障	oH1	IGBT 温度过高
dEb	减速能源再生动作	oH2	电源电容温度过高

（续）

故障信息、代码	故障现象、类型	故障信息、代码	故障现象、类型
oH3	电机过热	Pcod	密码输入三次错误
oL	驱动器过负载	ryF	电源电磁开关错误
OPHL	输出欠相 U 相	S1	外部安全紧急停机
OPHL	输出欠相 V 相	SdDe	回授转速偏差过大
OPHL	输出欠相 W 相	SdOr	回授转速发散
OrP	输入欠相	SdRv	回授转速反向
osL	过转差	STL1	STO 遗失 1
ot1	过转矩 1	STL2	STO 遗失 2
ot2	过转矩 2	STL3	STO 遗失 3
ovA	加速中过电压	tH1o	IGBT 温度侦测故障
ovd	减速中过电压	tH2o	电容温度侦测故障
ovn	定速运转中过电压	uC	低电流
ovS	停止中过电压	ydc	电机丫-△切换故障

★3.45.4 台达 MS300 系列变频器故障信息与代码（见表3-243）

表 3-243 台达 MS300 系列变频器故障信息与代码

故障信息、代码	故障现象、类型	故障信息、代码	故障现象、类型
ocA	加速中过电流	cd1	U 相电流侦测异常
ocd	减速中过电流	cd2	V 相电流侦测异常
ocn	运转中过电流	cd3	W 相电流侦测异常
GFF	接地保护线路动作	Hd0	CC 保护硬件线路异常
oc5	停止中，发生过电流	Hd1	OC 保护硬件线路异常
ouA	加速中，变频器侦测内部直流高压侧有过电压	AUE	电机参数自动侦测异常
ound	减速中，变频器侦测内部直流高压侧有过电压	AFE	PID 断线
oun	定速运转中，变频器侦测内部直流高压侧有过电压	PGF1	PG 回授异常
ouS	停止中，发生过电压	PGF2	PG 回授断线
LuA	加速中，变频器侦测内部直流高压侧有电压低于参数设定	PGF3	PG 回授失速
Lud	减速中，变频器侦测内部直流高压侧有电压低于参数设定	PGF4	PG 转差异常
uC	低电流	ACE	ACI 断线
cF2	内存读出异常		

313

★3.45.5 台达 VFD-EL-W 系列变频器故障信息与代码（见表3-244）

表3-244 台达 VFD-EL-W 系列变频器故障信息与代码

故障信息、代码	故障现象、类型	故障信息、代码	故障现象、类型
oc	变频器检测输出侧有异常突增的过电流	cF1.1	内部存储器IC数据写入异常
ou	变频器检测内部直流高压侧有过电压	cF2.0	内部存储器IC数据读出异常
oH1	变频器检测内部温度过高	cF2.1	内部存储器IC数据读出异常
Lu	变频器内部直流高压侧过低	cF3.0	变频器检测线路异常
oL	输出电流超过变频器可承受的电流	cF3.1	变频器检测线路异常
oL1	内部电子热动继电器保护动作	cF3.2	变频器检测线路异常
oL2	电机负载太大	cF3.3	变频器检测线路异常
HPF1	控制器硬件保护线路异常	cF3.4	变频器检测线路异常
HPF2	控制器硬件保护线路异常	cFR	自动加/减速模式失败
HPF4	控制器硬件保护线路异常	cE--	通信异常
bb	当外部多功能输入端子设定此一功能时，变频器停止输出	FbE	PID反馈信号异常
ocR	加速中过电流	codE	软件保护启动
ocd	减速中过电流	RErr	模拟信号反馈错误
ocn	运转中过电流	dEu	PID反馈异常
EF	当外部多功能输入端子设定外部异常并动作时，变频器停止输出	PHL	欠相
cF1.0	内部存储器IC数据写入异常	oPHL	多电机异常保护

★3.45.6 台达 VFD-V 系列变频器故障信息与代码（见表3-245）

表3-245 台达 VFD-V 系列变频器故障信息与代码

故障信息、代码	故障现象、类型		故障信息、代码	故障现象、类型
oc	过电流		oH1	散热座过热
ou	过电压		oL	变频器过负载
	230级：约400V			
	460级：约800V		cc	停机时电流信号异常

（续）

故障信息、代码	故障现象、类型	故障信息、代码	故障现象、类型
uEc	R1 设定异常	GFF	接地保护线路动作
FAn	风扇故障	PG	PG 断线
PHL	输入欠相	Lu	变频器内部直流高压侧过低
Er-	其他故障	cF1	内部存储器 IC 资料写入异常
ErtUn	电机参数 Tuning 失败	cF2	内部存储器 IC 资料读出异常
cE-	通信异常	cF3	变频器侦测线路异常
Er-26	PWM 上下桥同 LOW	bb	当外部多功能输入端子（MI1～MI6）设定此一功能时，变频器停止输出
ErPU	KEYPAD 通信超时	Sc	负载短路 变频器输出侧短路
Er485	RS485 通信超时	bF	制动晶体故障
oL1	电机过负载 内部电子热动继电器保护动作	oH2	制动晶体过热
oL2	电机过负载 电机负载太大	FUSE	熔丝断线
EF	外部 EF 端子闭合，变频器停止输出	ct2	CPU 内部 A/D2 变换器不良
HPF	控制器保护线路异常	ct1	CPU 内部 A/D1 变换器不良
ocA	加速中过电流	Pid	PID 动作异常
ocd	减速中过电流	Ac1	AC 断线
ocn	运转中过电流		

315

☆☆☆ 3.46 天川系列变频器 ☆☆☆

★3.46.1 天川 200 系列变频器故障信息与代码（见表 3-246）

表 3-246　天川 200 系列变频器故障信息与代码

故障信息、代码	故障现象、类型	故障信息、代码	故障现象、类型
----	密码保护中	E004	恒速过电流
E002	加速过电流	E005	加速过电压
E003	减速过电流	E006	减速过电压

（续）

故障信息、代码	故障现象、类型	故障信息、代码	故障现象、类型
E007	恒速过电压	E018	电流检测故障
E008	控制电源故障	E021	EEPROM 读写故障
E009	欠电压	E022	变频器硬件故障
E010	变频器过载	E023	对地短路
E011	电机过载	E027	用户自定义故障 1
E012	输入断相	E028	用户自定义故障 2
E013	输出断相	E029	累计上电时间到达
E014	模块过热	E030	掉载
E015	外部设备故障	E031	运行时 PID 反馈丢失
E016	通信故障	E069	恒压供水缺水
E017	接触器故障	SLP	睡眠中

★3.46.2 天川 510/800、600/900 系列变频器故障信息与代码（见表 3-247）

表 3-247　天川 510/800、600/900 系列变频器故障信息与代码

故障信息、代码	故障现象、类型	故障信息、代码	故障现象、类型
E002	加速过电流	E020	码盘故障
E003	减速过电流	E021	EEPROM 读写故障
E004	恒速过电流	E022	变频器硬件故障
E005	加速过电压	E023	对地短路
E006	减速过电压	E027	用户自定义故障 1
E007	恒速过电压	E028	用户自定义故障 2
E008	控制电源故障	E029	累计上电时间到达
E009	欠电压	E030	掉载
E010	变频器过载	E031	运行时 PID 反馈丢失
E011	电机过载	E040	逐波限流
E012	输入断相	E041	运行时切换电机
E013	输出断相	E042	速度偏差过大
E014	模块过热	E043	电机过速度
E015	外部设备故障	E045	电机过温
E016	通信故障	E051	初始位置错误
E017	接触器故障	E069	恒压供水缺水
E018	电流检测故障	SLP	睡眠中
E019	电机自学习故障	—	密码保护中

★3.46.3 天川 T510、T600 系列变频器故障信息与代码（见表3-248）

表3-248 天川 T510、T600 系列变频器故障信息与代码

故障信息、代码	故障现象、类型	故障原因	故障检查
----	密码保护中	变频器设置了用户密码	输入正确的用户密码
E001	逆变单元保护	1）变频器内部接线松动；2）主控板异常；3）驱动板异常；4）逆变模块异常；5）变频器输出回路短路；6）电机与变频器接线过长；7）模块过热	1）插好连接线；2）检修主控板；3）检修驱动板；4）更换逆变模块；5）检查外围；6）加装电抗器或输出滤波器；7）检查风道和风扇
E002	加速过电流	1）手动转矩提升或 V/f 曲线异常；2）电压偏低；3）对正在旋转的电机进行起动；4）加速过程中突加负载；5）变频器选型偏小；6）变频器输出回路存在接地或短路；7）控制方式为矢量并且没有进行参数辨识；8）加速时间太短	1）调整手动提升转矩或 V/f 曲线；2）电压调到正常范围；3）选择转速追踪起动或等电机停止后再起动；4）取消突加负载；5）选择功率等级更大的变频器；6）检查外围；7）进行电机参数辨识；8）增大加速时间
E003	减速过电流	1）减速过程中突加负载；2）没有加装制动单元与制动电阻；3）变频器输出回路存在接地或短路；4）控制方式为矢量并且没有进行参数辨识；5）减速时间太短；6）电压偏低	1）取消突加负载；2）加装制动单元与制动电阻；3）检查外围；4）进行电机参数辨识；5）增大减速时间；6）电压调到正常范围
E004	恒速过电流	1）运行中有突加负载；2）变频器选型偏小；3）变频器输出回路存在接地或短路；4）控制方式为矢量并且没有进行参数辨识；5）电压偏低	1）取消突加负载；2）选择功率等级更大的变频器；3）检查外围；4）进行电机参数辨识；5）电压调到正常范围
E005	加速过电压	1）加速时间过短；2）没有加装制动单元与制动电阻；3）输入电压偏高；4）加速过程中存在外力拖动电机运行	1）增大加速时间；2）加装制动单元与制动电阻；3）电压调到正常范围；4）取消该外力或加装制动电阻
E006	减速过电压	1）输入电压偏高；2）减速过程中存在外力拖动电机运行；3）减速时间过短；4）没有加装制动单元与制动电阻	1）电压调到正常范围；2）取消该外力或加装制动电阻；3）增大减速时间；4）加装制动单元与制动电阻
E007	恒速过电压	1）输入电压偏高；2）运行过程中存在外力拖动电机运行	1）电压调到正常范围；2）取消该外力或加装制动电阻
E008	控制电源故障	输入电压不在规定的范围内	电压调到要求的范围内
E009	欠电压	1）驱动板异常；2）控制板异常；3）瞬时停电；4）变频器输入端电压不在要求的范围；5）母线电压异常；6）整流桥、缓冲电阻异常	1）检修驱动板；2）检修控制板；3）复位；4）电压调到正常范围；5）检查母线电压；6）更换整流桥、缓冲电阻
E010	变频器过载	1）变频器选型偏小；2）负载过大、电机堵转	1）选择功率等级更大的变频器；2）减小负载，检查电机和机械情况
E011	电机过载	1）负载过大、电机堵转；2）变频器选型偏小；3）电机保护参数设定错误	1）减小负载，检查电机和机械情况；2）选择功率等级更大的变频器；3）正确设定参数

故障信息、代码	故障现象、类型	故障原因	故障检查
E012	输入断相	1）防雷板异常；2）主控板异常；3）三相输入电源异常；4）驱动板异常	1）检修防雷板；2）检修控制板；3）检查外围；4）检修驱动板
E013	输出断相	1）驱动板异常；2）模块异常；3）变频器到电机的引线异常；4）电机运行时变频器三相输出不平衡	1）检修控制板；2）更换模块；3）检查外围；4）检查电机三相绕组是否正常并排除故障
E014	模块过热	1）模块热敏电阻异常；2）逆变模块异常；3）环境温度过高；4）风道堵塞；5）风扇异常	1）更换热敏电阻；2）更换逆变模块；3）降低环境温度；4）清理风道；5）更换风扇
E015	外部设备故障	1）通过虚拟IO功能输入外部故障的信号；2）通过多功能端子X输入外部故障的信号	复位运行
E016	通信故障	1）通信线异常；2）通信参数设置异常；3）上位机工作异常	1）检查通信连接线；2）正确设置通信参数；3）检查上位机接线
E017	接触器故障	1）驱动板和电源异常；2）接触器异常	1）检修驱动板或电源板；2）更换接触器
E018	电流检测故障	1）检查霍尔器件异常；2）驱动板异常	1）更换霍尔器件；2）检修驱动板
E019	电机自学习故障	1）参数辨识过程超时；2）电机参数没有根据铭牌设置	1）检查变频器到电机引线情况；2）正确设定电机参数
F020	码盘故障	1）编码器异常；2）PG卡异常；3）编码器型号不匹配；4）编码器连线异常	1）更换编码器；2）更换PG卡；3）正确设定编码器类型；4）检查线路
E021	EEPROM读写故障	EEPROM芯片损坏	更换EEPROM
E022	变频器硬件故障	1）过电流；2）过电压	1）根据过电流故障处理；2）根据过电压故障处理
E023	对地短路	电机对地短路	更换电缆或电机
E027	用户自定义故障1	1）通过虚拟IO功能输入用户自定义故障1的信号；2）通过多功能端子X输入用户自定义故障1的信号	复位运行
E028	用户自定义故障2	1）通过虚拟IO功能输入用户自定义故障2的信号；2）通过多功能端子X输入用户自定义故障2的信号	复位运行
E029	累计上电时间到达	累计上电时间达到设定值	使用参数初始化功能清除记录信息
E030	掉载	变频器运行电流小于设定值	检查负载是否脱离，查看参数设置情况
E031	运行时PID反馈丢失	PID反馈小于设定值	检查PID反馈信号，查看参数设置情况
E040	逐波限流	1）变频器选型偏小；2）负载过大、电机堵转	1）选择功率等级更大的变频器；2）减小负载，检查电机和机械情况
E041	运行时切换电机	变频器运行过程中通过端子更改当前电机选择	变频器停机后再进行电机切换操作
E042	速度偏差过大	1）没有进行参数辨识；2）速度偏差过大检测参数设置不合理；3）编码器参数设定错误	1）进行电机参数辨识；2）合理设置检测参数；3）正确设置编码器参数

（续）

故障信息、代码	故障现象、类型	故障原因	故障检查
E043	电机过速度	1）编码器参数设定错误；2）没有进行参数辨识；3）电机过速度检测参数设置错误	1）正确设置编码器参数；2）进行电机参数辨识；3）合理设置检测参数
E045	电机过温	1）电机温度过高；2）温度传感器接线松动	1）降低载频，采取散热措施；2）检查温度传感器接线情况
E051	初始位置错误	电机参数与实际偏差太大引起的	重新确认电机参数情况
SLP	睡眠中	恒压供水睡眠状态	属于正常现象。检查睡眠相关参数的设置情况

☆☆☆ 3.47 韦德韦诺系列变频器 ☆☆☆

★3.47.1 韦德韦诺 VDF610 系列变频器故障信息与代码（见表3-249）

表3-249 韦德韦诺 VDF610 系列变频器故障信息与代码

故障信息、代码	故障现象、类型	故障信息、代码	故障现象、类型
Err01	逆变单元保护	Err18	电流检测故障
Err02	加速过电流	Err19	电机调谐故障
Err03	减速过电流	Err21	EEPROM 读写故障
Err04	恒速过电流	Err22	变频器硬件故障
Err05	加速过电压	Err23	对地短路
Err06	减速过电压	Err26	累计运行时间到达
Err07	恒速过电压	Err27	用户自定义故障1
Err08	控制电源故障	Err28	用户自定义故障2
Err09	欠电压	Err29	累计上电时间到达
Err10	变频器过载	Err30	掉载
Err11	电机过载	Err31	运行时 PID 反馈丢失
Err12	输入断相	Err40	逐波限流
Err13	输出断相	Err41	运行时切换电机
Err14	模块过热	Err45	电机过温
Err15	外部设备故障	Err51	初始位置错误
Err16	通信故障		

★3.47.2 韦德韦诺 VDF650A 系列变频器故障信息与代码（见表3-250）

表3-250 韦德韦诺 VDF650A 系列变频器故障信息与代码

故障信息、代码	故障现象、类型	故障原因	故障检查
Err01	逆变单元保护	1）变频器内部接线松动；2）主控板异常；3）驱动板异常；4）逆变模块异常；5）变频器输出回路短路；6）电机与变频器接线过长；7）模块过热	1）插好连接线；2）检修主控板；3）检修驱动板；4）更换逆变模块；5）检查外围；6）加装电抗器或输出滤波器；7）检查风道和风扇

319

（续）

故障信息、代码	故障现象、类型	故障原因	故障检查
Err02	加速过电流	1）变频器输出回路存在接地或短路；2）电压偏低；3）对正在旋转的电机进行起动；4）加速过程中突加负载；5）变频器选型偏小；6）控制方式为矢量并且没有进行参数辨识；7）加速时间太短；8）手动转矩提升或V/f曲线错误	1）检查外围；2）电压调到正常范围；3）选择转速追踪起动或等电机停止后再起动；4）取消突加负载；5）选择功率等级更大的变频器；6）进行电机参数辨识；7）增大加速时间；8）调整手动提升转矩或V/f曲线
Err03	减速过电流	1）电压偏低；2）减速过程中突加负载；3）没有加装制动单元、制动电阻；4）变频器输出回路存在接地或短路；5）控制方式为矢量且没有进行参数辨识；6）减速时间太短	1）电压调到正常范围；2）取消突加负载；3）加装制动单元、制动电阻；4）检查外围；5）进行电机参数辨识；6）增大减速时间
Err04	恒速过电流	1）变频器输出回路存在接地或短路；2）变频器选型偏小；3）控制方式为矢量并且没有进行参数辨识；4）电压偏低；5）运行中突加负载	1）检查外围；2）选择功率等级更大的变频器；3）进行电机参数辨识；4）电压调到正常范围；5）取消突加负载
Err05	加速过电压	1）加速时间过短；2）没有加装制动单元、制动电阻；3）输入电压偏高；4）加速过程中存在外力拖动电机运行	1）增大加速时间；2）加装制动单元、制动电阻；3）电压调到正常范围；4）取消该外力或加装制动电阻
Err06	减速过电压	1）输入电压偏高；2）减速过程中存在外力拖动电机运行；3）减速时间过短；4）没有加装制动单元、制动电阻	1）电压调到正常范围；2）取消该外力或加装制动电阻；3）增大减速时间；4）加装制动单元、制动电阻
Err07	恒速过电压	1）输入电压偏高；2）运行过程中存在外力拖动电机运行	1）电压调到正常范围；2）取消该外力或加装制动电阻
Err08	控制电源故障	输入电压不在规定的范围内	电压调到要求的范围内
Err09	欠电压	1）整流桥、缓冲电阻异常；2）驱动板异常；3）控制板异常；4）瞬时停电；5）变频器输入端电压不在要求的范围；6）母线电压异常	1）更换整流桥、缓冲电阻；2）检修驱动板；3）检修控制板；4）复位；5）电压调到正常范围；6）检查母线电压
Err10	变频器过载	1）负载过大、电机堵转；2）变频器选型偏小	1）减小负载，检查电机和机械情况；2）选择功率等级更大的变频器
Err11	电机过载	1）电机保护参数设定错误；2）负载过大、电机堵转；3）变频器选型偏小	1）正确设定参数；2）减小负载，检查电机和机械情况；3）选择功率等级更大的变频器
Err12	输入断相	1）防雷板异常；2）主控板异常；3）三相输入电源异常；4）驱动板异常	1）检修防雷板；2）检修主控板；3）检查外围；4）检修驱动板
Err13	输出断相	1）变频器到电机的引线异常；2）模块异常；3）电机运行时变频器三相输出不平衡；4）驱动板异常	1）检查外围；2）更换模块；3）检查电机三相绕组情况；4）检修驱动板
Err14	模块过热	1）环境温度过高；2）模块热敏电阻异常；3）逆变模块异常；4）风道堵塞；5）风扇异常	1）降低环境温度；2）更换热敏电阻；3）更换逆变模块；4）清理风道；5）更换风扇

（续）

故障信息、代码	故障现象、类型	故障原因	故障检查
Err15	外部设备故障	1）通过虚拟 IO 功能输入外部故障的信号；2）通过多功能端子 DI 输入外部故障的信号	复位运行
Err16	通信故障	1）通信扩展卡设置异常；2）通信参数 PD 组设置异常；3）上位机工作异常；4）通信线异常	1）正确设置通信扩展卡类型；2）正确设置通信参数；3）检查上位机接线；4）检查通信连接线
Err17	接触器故障	1）驱动板和电源异常；2）接触器异常	1）检修驱动板或电源板；2）更换接触器
Err18	电流检测故障	1）驱动板异常；2）霍尔器件异常	1）检修驱动板；2）更换霍尔器件
Err19	电机调谐故障	1）电机参数没有根据铭牌设置；2）参数辨识过程超时	1）正确设定电机参数；2）检查变频器到电机引线情况
Err20	码盘故障	可能是码盘损坏	更换码盘
Err21	EEPROM 读写故障	EEPROM 芯片损坏	更换 EEPROM
Err22	变频器硬件故障	1）存在过电压；2）存在过电流	1）根据过电压故障处理；2）根据过电流故障处理
Err23	对地短路	电机对地短路	更换电缆或电机
Err26	保留		
Err27	用户自定义故障1	1）通过虚拟 IO 功能输入用户自定义故障1的信号；2）通过多功能端子 DI 输入用户自定义故障1的信号	复位运行
Err28	用户自定义故障2	1）通过虚拟 IO 功能输入用户自定义故障2的信号；2）通过多功能端子 DI 输入用户自定义故障2的信号	复位运行
Err29	保留		
Err30	掉载	变频器运行电流小于设定值	检查负载是否脱离，参数设置是否符合实际
Err31	运行时 PID 反馈丢失	PID 反馈小于设定值	检查 PID 反馈信号，正确设置参数值
Err40	逐波限流	1）负载过大、电机堵转；2）变频器选型偏小	1）减小负载，检查电机和机械情况；2）选择功率等级更大的变频器
Err41	运行时切换电机	在变频器运行过程中通过端子更改当前电机选择	变频器停机后再进行电机切换操作
Err42	速度偏差过大	1）速度偏差过大检测参数设置不合理；2）没有进行参数辨识	1）根据实际情况合理设置检测参数；2）进行电机参数辨识
Err43	电机过速度	1）电机过速度检测参数设置不合理；2）没有进行参数辨识	1）根据实际情况合理设置检测参数；2）进行电机参数辨识
Err45	电机过温	1）电机温度过高；2）温度传感器接线松动	1）降低载频，采取散热措施；2）检测温度传感器接线情况
Err51	初始位置错误	电机参数与实际偏差太大	重新确认电机参数，检查额定电流设定情况

变频器维修手册

★**3.47.3** **韦德韦诺 VDF710 系列变频器故障信息与代码**（见表 3-251）

表 3-251 韦德韦诺 VDF710 系列变频器故障信息与代码

故障信息、代码	故障现象、类型	故障信息、代码	故障现象、类型	故障信息、代码	故障现象、类型
Err01	逆变单元保护	Err12	输入断相	Err30	欠载
Err02	加速过电流	Err13	输出断相	Err31	PID 反馈断线
Err03	减速过电流	Err14	IGBT 过热	Err40	快速限流
Err04	恒速过电流	Err15	外部故障	Err42	速度偏差过大
Err05	加速过电压	Err16	RS485 通信故障	Err48	电子过载
Err06	减速过电压	Err18	电流检测故障	Err51	初始位置失调
Err07	恒速过电压	Err19	电机调谐故障	Err60	制动管保护故障
Err09	母线欠电压	Err21	EEPROM 读写故障	P-Lu	电源欠电压
Err10	变频器过载	Err23	对地短路		
Err11	电机过载	Err26	累计运行时间到达		

★**3.47.4** **韦德韦诺 VDF730 系列变频器故障信息与代码**（见表 3-252）

表 3-252 韦德韦诺 VDF730 系列变频器故障信息与代码

故障信息、代码	故障现象、类型	故障信息、代码	故障现象、类型
Err02	加速过电流	Err14	模块过热
Err03	减速过电流	Err15	外部设备故障
Err04	恒速过电流	Err16	通信超时
Err05	加速过电压	Err17	接触器吸合故障
Err06	减速过电压	Err18	电流检测故障
Err07	恒速过电压	Err19	电机调谐故障
Err08	缓冲电阻过载	Err21	EEPROM 读写故障
Err09	欠电压	Err23	对地短路
Err10	变频器过载	Err26	保留
Err11	电机过载	Err31	软件过电流
Err12	输入断相	Err40	快速限流超时
Err13	输出断相	Err41	切换电机故障

☆☆☆ **3.48 维盾系列变频器** ☆☆☆

★**3.48.1** **维盾 VFD6000 系列变频器故障信息与代码**（见表 3-253）

表 3-253 维盾 VFD6000 系列变频器故障信息与代码

故障信息、代码	故障现象、类型	故障信息、代码	故障现象、类型
OUt1	逆变单元 U 相故障	SP1	输入侧断相
OUt2	逆变单元 V 相故障	CE	通信故障
OUt3	逆变单元 W 相故障	ITE	电流检测电路故障
OC1	加速运行过电流	TE	电机自学习故障
OC2	减速运行过电流	EEP	EEPROM 读写故障
OC3	恒速运行过电流	PIDE	PID 反馈断线
OV1	加速运行过电压	BCE	制动单元故障
OV2	减速运行过电压	SPO	输出侧断相
OV3	恒速运行过电压	OH1	整流模块过热
UV	母线欠电压	OH2	逆变模块过热
OL1	电机过载	EF	外部故障
OL2	变频器过载		

322

★3.48.2 维盾 VFD6800 系列变频器故障信息与代码（见表3-254）

表3-254 维盾 VFD6800 系列变频器故障信息与代码

故障信息、代码	故障现象、类型	故障信息、代码	故障现象、类型
E-00	表示无故障代码	E-11	变频器过载
E-01	加速运行中过电流	E-12	电机过载
E-02	减速运行中过电流	E-13	外部设备故障
E-03	匀速运行中过电流	E-14	协处理器通信故障
E-04	加速运行中过电压	E-15	PID 反馈断线
E-05	减速运行中过电压	E-16	RS485 通信故障
E-06	匀速运行中过电压	E-17	电机调谐失败
E-07	停机时过电压	E-18	电流检测故障
E-08	运行中欠电压	E-19	EEPROM 读写错误
E-09	功率模块故障	E-20	输入断相
E-10	散热器过热	E-21	运行限制动作

★3.48.3 维盾 VFD7000 系列变频器故障信息与代码（见表3-255）

表3-255 维盾 VFD7000 系列变频器故障信息与代码

故障信息、代码	故障现象、类型	故障信息、代码	故障现象、类型
Err02	加速运行中过电流	Err06	减速运行中过电压
Err03	减速运行中过电流	Err07	恒速运行中过电压
Err04	恒速运行中过电流	Err08	控制电源故障
Err05	加速运行中过电压		

★3.48.4 维盾 VFD8000 系列变频器故障信息与代码（见表3-256）

表3-256 维盾 VFD8000 系列变频器故障信息与代码

故障信息、代码	故障现象、类型	故障信息、代码	故障现象、类型
Err01	逆变单元保护	Err13	输出侧断相
Err02	恒速运行中过电流	Err14	模块过热
Err03	减速运行中过电流	Err15	外部设备故障
Err04	恒速运行中过电流	Err16	通信超时
Err05	加速运行中过电压	Err17	接触器故障
Err06	减速运行中过电压	Err18	电流检测故障
Err07	恒速运行中过电压	Err19	电机调谐故障
Err08	控制电源故障	Err20	码盘故障
Err09	欠电压	Err21	数据溢出
Err10	变频器过载	Err22	变频器硬件故障
Err11	电机过载	Err23	对地短路
Err12	输入侧断相		

★3.48.5 维盾 VFD9000 系列变频器故障信息与代码（见表3-257）

表3-257 维盾 VFD9000 系列变频器故障信息与代码

故障信息、代码	故障现象、类型	故障原因	故障检查
Err10	变频器过载	1）变频器选型偏小；2）负载过大、电机堵转	1）选择功率等级更大的变频器；2）减小负载，检查电机和机械情况
Err11	电机过载	1）变频器选型偏小；2）电机保护参数设定错误；3）负载过大、电机堵转	1）选择功率等级更大的变频器；2）正确设定参数；3）减小负载，检查电机和机械情况

（续）

故障信息、代码	故障现象、类型	故障原因	故障检查
Err12	输入断相	1）驱动板异常；2）主控板异常；3）三相输入电源异常	1）检修驱动板；2）检修主控板；3）检查外围
Err13	输出断相	1）变频器到电机的引线异常；2）电机运行时变频器三相输出不平衡；3）驱动板异常；4）模块异常	1）检查外围；2）检查电机三相绕组情况；3）检修驱动板；4）更换模块
Err14	模块过热	1）风扇异常；2）模块热敏电阻异常；3）逆变模块异常；4）环境温度过高；5）风道堵塞	1）更换风扇；2）更换热敏电阻；3）更换逆变模块；4）降低环境温度；5）清理风道
Err15	外部设备故障	1）通过多功能端子 DI 输入外部故障的信号；2）失速情况下，按 STOP 键停机；3）在非键盘操作方式下按 STOP 键停机	1）检查外部；2）复位运行；3）复位运行
Err16	通信超时	1）波特率设置错误；2）通信参数组设置错误；3）上位机工作异常；4）RS485 通信线异常	1）正确设置通信扩展卡类型；2）正确设置通信参数；3）检查上位机接线情况；4）检查通信连接线情况
Err17	接触器吸合故障	接触器 24V 供电不正常异常	更换接触器，检修 24V 供电情况
Err18	电流检测故障	1）驱动板异常；2）霍尔器件异常	1）检修驱动板；2）更换霍尔器件
Err19	电机调谐故障	1）电机参数没有根据铭牌设置；2）参数辨识过程超时	1）正确设定电机参数；2）检查变频器到电机引线情况
Err21	EEPROM 读写故障	EEPROM 芯片损坏	更换 EEPROM
Err23	对地短路	1）驱动板异常；2）电机对地短路	1）检修驱动板；2）检查电缆或电机
Err26	运行时间到达	累计运行时间达到设定值	检查参数
Err40	快速限流超时	1）对正在旋转的电机进行起动；2）负载过重；3）加/减速时间太短；4）转矩提升或 V/f 曲线错误	1）选择转速跟踪再起动或等电机停止后再起动；2）增大变频器功率；3）增大加/减速时间；4）调整转矩提升或 V/f 曲线
Err41	切换电机故障	变频器运行过程中通过端子更改当前电机选择	变频器停机后再进行电机切换操作
Err45	电机过温	1）电机温度过高；2）温度传感器接线松动	1）降低载频，采取散热措施；2）检查温度传感器接线情况
Err51	初始位置错误	电机参数与实际偏差太大	正确设置电机参数

☆☆☆　**3.49　伟创系列变频器**　☆☆☆

★**3.49.1　伟创 AC100 系列变频器故障信息与代码**（见表3-258）

表 3-258　伟创 AC100 系列变频器故障信息与代码

键盘显示	故障代码	故障现象、类型	键盘显示	故障代码	故障现象、类型
L.U.1	L. U. 1	停机时电压过低	E.oU2	E. oU2	减速中过电压
E.LU2	E. LU2	运行中欠电压	E.oU3	E. oU3	恒速中过电压
E.oU1	E. oU1	加速过电压	E.oU4	E. oU4	停机时过电压

（续）

键盘显示	故障代码	故障现象、类型	键盘显示	故障代码	故障现象、类型
E.oC1	E. oC1	加速中过电流	L.FE	LIFE	保留
E.oC2	E. oC2	减速过电流	E.iLF	E. ILF	输入侧断相
E.oC3	E. oC3	恒速过电流	E.oLF	E. oLF	输出侧断相
E.oL1	E. oL1	电机过载	E.Gnd	E. Gnd	输出接地
E.oL2	E. oL2	变频器过载	E.HAL	E. HAL	电流检测故障
E.SC	E. SC	系统异常	E.EF	E. EF	变频器外部故障
E.oH1	E. oH1	逆变器过热	E.PAn	E. PAn	键盘连接故障
E.oH2	E. oH2	整流桥过热	E.CE	E. CE	RS485 通信异常
E.Fb1	E. Fb1	PID 反馈达上限	E.CPE	E. CPE	参数复制异常
E.Fb2	E. Fb2	PID 反馈达下限	E.ECF	E. ECF	扩展卡连接异常
E.TE1	E. TE1	电机静态检测故障	E.PG	E. PG	PG 卡连接异常
E.TE2	E. TE2	电机旋转检测故障	E.Pid	E. PID	PID 反馈故障
E.EEP	E. EEP	存储故障			

★3. 49. 2 伟创 AC200 系列变频器故障信息与代码（见表 3-259）

表 3-259 伟创 AC200 系列变频器故障信息与代码

键盘显示	通信代码	故障现象、类型	键盘显示	通信代码	故障现象、类型	键盘显示	通信代码	故障现象、类型
E. SC	1	系统异常	E.oC1	4	加速中过电流	E.oC2	5	减速过电流
E.oC3	6	恒速过电流	E.oU1	7	加速过电压	E.oU2	8	减速中过电压
E.oU3	9	恒速中过电压	E.LU2	10	运行中欠电压	E.oL1	11	电机过载
E.oL2	12	变频器过载	E.iLF / A.iLF	13/65	输入侧断相	E.oLF	14	输出侧断相
E.oH2	15	整流桥过热	E.oH1	16	逆变器过热	E. EF	17	变频器外部故障
E. CE / A. CE	18/74	RS485 通信异常	E.HAL	19	电流检测故障	E.TE1	20	电机检测故障
E.EEP / A.EEP	21/69	存储故障	E.TE1	25	电机检测故障	E.CPE	26	参数复制异常
E. PG	27	PG 卡连接异常	E.oU4	28	停机时过电压	E.Pid / A.Pid	29/66	PID 反馈故障
L.FE	30	键盘识别有误查看 C-36	E.iRE	31	初始位置角学习失败	E.dEF / A.dEF	32/70	速度偏差过大
E.SPd / A.SPd	33/71	飞速保护	E.Ld1 / A.Ld1	34/67	负载保护 1	E.Ld2 / A.Ld2	35/68	负载保护 2
E.CPU	36	CPU 超时	E.LoC	37	OTP 验证故障	E.038	38	同步机失步
L.U.1	64	停机时电压过低	A.072	72	GPS 锁机	A.073	73	GPS 断线

☆☆☆ 3.50 伟肯系列变频器 ☆☆☆

★3.50.1 伟肯9000系列变频器故障信息与代码（见表3-260）

表3-260 伟肯9000系列变频器故障信息与代码

故障信息	故障代码	故障现象、类型	故障信息	故障代码	故障现象、类型
—	0	正常，无故障	UP	6	电源电压过低
CA	1	加速中过电流	OL	7	过负荷
CD	2	减速中过电流	CB	8	直流制动中过电流
OC	3	衡速中过电流	CS	9	软件检测过电流
OH	4	变频器过热	SE		存储器自我测试故障
OP	5	电源电压过高			

★3.50.2 伟肯9100系列变频器故障信息与代码（见表3-261）

表3-261 伟肯9100系列变频器故障信息与代码

故障信息、代码	故障现象、类型	故障信息、代码	故障现象、类型
BCE	制动单元故障	Ol1	电机过载
CE	通信故障	OL2	变频器过载
CHo	管路阻塞	OUT1	逆变单元U相故障、逆变单元V相故障、逆变单元W相故障
EEP	EEPROM读写故障		
EF	外部故障	OV1	加速运行过电压
ITE	电流检测电路故障	OV2	减速运行过电压
LEA	管路泄漏	OV3	恒速运行过电压
OC1	加速运行过电流	PIDE	PID反馈断线
OC2	减速运行过电流	SP1	输入侧断相
OC3	恒速运行过电流	SPO	输出侧断相
OH1	整流模块过热	TE	电机自学习故障
OH2	逆变模块过热	UV	母线欠电压

★3.50.3 伟肯9600系列变频器故障信息与代码（见表3-262）

表3-262 伟肯9600系列变频器故障信息与代码

故障信息、代码	故障现象、类型	故障信息、代码	故障现象、类型	故障信息、代码	故障现象、类型
Err01	逆变单元保护	Err05	加速过电压	Err17	接触器故障
Err02	加速过电流	Err06	减速过电压	Err18	电流检测故障
Err03	减速过电流	Err07	恒速过电压	Err19	电机调谐故障
Err31	运行时PID反馈丢失	Err08	控制电源故障	Err20	码盘故障
Err40	逐波限流	Err09	欠电压	Err21	EEPROM读写故障
Err41	运行时切换电机	Err10	变频器过载	Err22	变频器硬件故障
Err42	速度偏差过大	Err11	电机过载	Err23	对地短路
Err43	电机过速度	Err12	输入断相	Err26	累计运行时间到达
Err45	电机过温	Err13	输出断相	Err27	用户自定义故障1
Err51	初始位置错误	Err14	模块过热	Err28	用户自定义故障2
Err52	速度反馈错误	Err15	外部设备故障	Err29	累计上电时间到达
Err04	恒速过电流	Err16	通信故障	Err30	掉载

☆☆☆　3.51　西林、西门子系列变频器　☆☆☆

★3.51.1　西林 2S-0.7GC 系列变频器故障信息与代码（见表 3-263）

表 3-263　西林 2S-0.7GC 系列变频器故障信息与代码

故障信息、代码	故障现象、类型	故障信息、代码	故障现象、类型
E. CE	RS485 通信故障	E. oc3	恒速过电流
E. EEP	EEPROM 操作故障	E. oH1	逆变模块过热
E. EF	外部故障	E. oL1	电机过载
E. IcE	电流检测故障	E. oL2	变频器过载
E. IdE	PID 反馈断线	E. oU1	加速过电压
E. LU	母线欠电压	E. oU2	减速过电压
E. oc1	加速过电流	E. oU3	恒速过电压
E. oc2	减速过电流	E. SPo	输出侧断相

★3.51.2　西林 SD80 系列变频器故障信息与代码（见表 3-264）

表 3-264　西林 SD80 系列变频器故障信息与代码

故障信息、代码	故障现象、类型	故障信息、代码	故障现象、类型
—	没有故障	E. LF	输出断相
E. 1	逆变单元故障	E. OH	变频器过热
E. OC1	加速中过电流	E. EF	外部设备故障
E. OC2	减速中过电流	E. CE	通信故障
E. OC3	恒速中过电流	E. GF	输出接地
E. OU1	加速中过电压	E. 2	系统干扰
E. OU2	减速中过电压	E. 3	电流检测错误
E. OU3	恒速中过电压	E. 4	EEPROM 读写故障
E. OU4	停机时过电压	E. 5	输入断相
E. LU	运行中欠电压	E. 6	PID 反馈断线
E. OL1	变频器过载	E. 7	保留
E. OL2	电机过载	E. 8	保留

★3.51.3　西林 SD200、SD300 系列变频器故障信息与代码（见表 3-265）

表 3-265　西林 SD200、SD300 系列变频器故障信息与代码

故障信息、代码	故障现象、类型	故障信息、代码	故障现象、类型
E. out1	逆变单元 U 相保护	E. oU1	加速过电压
E. out2	逆变单元 V 相保护	E. oU2	减速过电压
E. out3	逆变单元 W 相保护	E. oU3	恒速过电压
E. oc1	加速过电流	E. LU	母线欠电压
E. oc2	减速过电流	E. oL1	电机过载
E. oc3	恒速过电流	E. oL2	变频器过载

(续)

故障信息、代码	故障现象、类型	故障信息、代码	故障现象、类型
E. SPI	输入侧断相	E. UPE	参数上传错误
E. SPo	输出侧断相	E. DnE	参数下载错误
E. oH1	整流模块过热	E. ErH1	对地短路 1
E. EF	外部故障	E. ErH2	对地短路 2
E. CE	RS485 通信故障	E. dEu	速度偏差
E. IcE	电流检测故障	E. STo	失调
E. TuE	电机自学习故障	E. Ecd1	编码器断线
E. EEP	EEPROM 操作故障	E. Ecd2	编码器反向
E. PId	PID 反馈断线	E. LL	电子欠载
E. oL3	电子过载	E. dp	Dp 通信故障
E. PCE	键盘通信错误	E. cAn	CAN 通信故障

★3.51.4 西林 SD240E、SD350E 系列变频器故障信息与代码（见表 3-266）

表 3-266 西林 SD240E、SD350E 系列变频器故障信息与代码

故障信息、代码	故障现象、类型	故障信息、代码	故障现象、类型
Ero01	逆变单元保护	Ero19	电机参数自学习故障
Ero02	加速过电流	Ero20	码盘故障
Ero03	减速过电流	Ero21	EEPROM 读写故障
Ero04	恒速过电流	Ero22	变频器硬件故障
Ero05	加速过电压	Ero23	对地短路
Ero06	减速过电压	Ero26	累计运行时间到达
Ero07	减速过电压	Ero27	用户自定义故障 1
Ero08	控制电源故障	Ero28	用户自定义故障 2
Ero09	欠断压	Ero29	累计上电时间到达
Ero10	变频器过载	Ero30	掉载
Ero11	电机过载	Ero31	运行时 PID 反馈丢失
Ero12	输入断相	Ero40	逐波限流
Ero13	输出断相	Ero41	运行时切换电机
Ero14	模块过热	Ero42	速度偏差过大
Ero15	外部设备故障	Ero43	电机过速度
Ero16	通信故障	Ero45	电机过温
Ero17	接触器故障	Ero61	制动单元过载
Ero18	电流检测故障	Ero62	制动单元直通

★3.51.5 西林 SP200 系列变频器故障信息与代码（见表 3-267）

表 3-267 西林 SP200 系列变频器故障信息与代码

故障信息、代码	故障现象、类型	故障信息、代码	故障现象、类型
E. out1	逆变单元 U 相保护	E. oc1	加速过电流
E. out2	逆变单元 V 相保护	E. oc2	减速过电流
E. out3	逆变单元 W 相保护	E. oc3	恒速过电流

（续）

故障信息、代码	故障现象、类型	故障信息、代码	故障现象、类型
E. oU1	加速过电压	E. End	保留
E. oU2	减速过电压	E. oL3	电子过载
E. oU3	恒速过电压	E. PCE	键盘通信错误
E. LU	母线欠电压	E. UPE	参数上传错误
E. oL1	电机过载	E. DnE	参数下载错误
E. oL2	变频器过载	E. ErH1	对地短路1
E. SPI	输入侧断相	E. ErH2	对地短路2
E. SPo	输出侧断相	E. dEu	速度偏差
E. oH1	整流模块过热	E. STo	失调
E. oH2	逆变模块过热	E. Ecd1	编码器断线
E. EF	外部故障	E. Ecd2	编码器反向
E. CE	RS485 通信故障	E. Ptc	电机过温
E. IcE	电流检测故障	E. LL	缺水欠载
E. TuE	电机自学习故障	E. dp	Dp 通信故障
E. EEP	EEPROM 操作故障	E. cAn	CAN 通信故障
E. PId	PID 反馈断线	E. Sun	光照强度不足
E. BrE	制动单元故障		

★3.51.6　西林 SV500 系列变频器故障信息与代码（见表3-268）

表 3-268　西林 SV500 系列变频器故障信息与代码

故障信息、代码	故障现象、类型	故障信息、代码	故障现象、类型
Err01	保留	Err22	保留
Err02	加速过电流	Err23	对地短路
Err03	减速过电流	Err24、Err25	保留
Err04	恒速过电流	Err26	运行时间到达
Err05	加速过电压	Err27	商务运行时间到达
Err06	减速过电压	Err28、Err39	保留
Err07	恒速过电压	Err40	逐波限流
Err08	缓冲电阻故障	Err41	保留
Err09	欠电压	Err42	CAN 通信中断
Err10	驱动器过载保护	Err43	电机参数辨识编码器故障
Err11	保留	Err44	速度偏差过大
Err12	输入侧断相	Err45	电机温度过热
Err13	输出侧断相	Err46	油压传感器故障
Err14	模块过热	Err49	旋变 PG 断线
Err15	外部设备故障	Err58	参数恢复错误
Err16	Modbus 通信故障	Err59	反电动势调谐故障
Err17	接触器故障	Err60	保留
Err18	电流检测故障	Err61	制动管长时间制动保护
Err19	电机调谐故障	Err62	保留
Err20	保留	Err63	反转运行时间到达
Err21	EEPROM 故障		

★3.51.7 西门子 MM440 系列变频器故障信息与代码（见表 3-269）

表 3-269 西门子 MM440 系列变频器故障信息与代码

故障信息、代码	故障现象、类型	故障原因	故障检查
A0501	电流限幅	1）电动机的连接导线太短；2）接地故障；3）电动机的功率与变频器的功率不匹配	1）电缆的长度不得超过最大允许值；2）检查电动机电缆、电动机内部；3）电动机的功率需要与变频器功率相对应
A0502	过电压限幅	1）斜坡下降时如果直流回路控制器无效就可能出现该报警信号；2）达到了过电压限幅值	1）斜坡下降时间需要与负载的惯性相匹配；2）检查电源电压，检查直流回路电压控制器的参数设置情况
A0503	欠电压限幅	供电电源电压和与之相应的直流回路电压低于规定的限定值	检查电源电压，正确设定使能动态缓冲参数
A0504	变频器过温	变频器散热器的温度超过了报警值	检查环境温度、负载状态、变频器运行时风机投入运行情况，正确设定脉冲频率
A0505	变频器 I^2T 过温	进行了参数化，超过报警电平时，输出频率和/或脉冲频率将降低	检查电动机的功率与变频器的功率相匹配的情况
A0506	变频器温差故障	散热器温度与 IGBT 的结温之差超过了报警值	检查负载的情况
A0511	电动机 I^2T 过温	电动机过载	检查负载的工作/停机周期，正确设置电动机的过温参数，检查电动机的温度报警电平的匹配情况
A0512	电动机温度信号丢失	到电动机温度传感器的信号线断线	检查信号线的情况
A0590	编码器反馈信号丢失	从编码器来的反馈信号丢失	检查编码器的安装情况、编码器的选型情况、变频器与编码器间的接线情况、编码器有无故障的情况
A520	整流器过温	整流器的散热器温度超出报警值	检查环境温度、负载状态、冷却风机的情况
A521	运行环境过温	运行环境温度超出报警值	检查环境温度、冷却风机、进风口的情况
F0001	过电流	1）电动机电缆太长；2）电动机的导线短路；3）有接地故障；4）电动机的功率设置与变频器的功率设置不对应	1）电缆的长度不得超过允许的最大值；2）电动机的电缆和电动机内部不得有短路或接地故障；3）正确设置电动机的功率与变频器的功率相对应
F0002	过电压	1）供电电源电压过高、电动机处于再生制动方式下；2）斜坡下降过快；3）直流回路的电压设定超过了跳闸电平的设定	1）直流回路电压控制器必须有效，而且正确地进行了参数化；2）斜坡下降时间必须与负载的惯量相匹配；3）检查电源电压
F0003	欠电压	1）供电电源异常；2）冲击负载超过了规定的限定值	1）检查电源电压；2）检查电源是否存在短时掉电、瞬时电压降低等异常情况
F0004	变频器过温	1）环境温度过高；2）冷却风量不足	1）检查变频器的允许值设定情况；2）负载情况需要与工作/停止周期相适应，检查冷却风机

（续）

故障信息、代码	故障现象、类型	故障原因	故障检查
F0005	变频器 I^2T 过热	1）工作/间隙周期时间不符合要求；2）电动机功率设定超过变频器的负载能力；3）变频器过载	1）负载的工作/间隙周期时间不得超过指定的允许值；2）电动机的功率设定必须与变频器的功率相匹配；3）检查负载
F0011	电动机过温	电动机过载	检查负载的工作/间隙周期、电动机温度超限值的设定情况、电动机温度报警电平匹配情况、温度传感器
F0012	变频器温度信号丢失	变频器（散热器）的温度传感器断线	检修温度传感器的连接情况
F0015	电动机温度信号丢失	电动机的温度传感器开路或短路	检修温度传感器
F0020	电源断相	三相输入电源异常	检查输入电源各相的线路
F0021	接地故障	相电流的总和超过变频器额定电流的5%	检查电源、接地、负载情况
F0022	功率组件故障	直流回路过电流异常、制动斩波器短路、I/O 板插入不正确	检修直流回路、制动斩波器、I/O 板
F0023	输出故障	输出的一相断线	检查线路
F0024	整流器过温	1）环境温度过高；2）通风风量不足；3）冷却风机没有运行	1）检查环境温度；2）变频器运行时冷却风机必须处于运转状态；3）检查冷却风机
F0030	冷却风机故障	风机不再工作	检查是否屏蔽了风机功能，安装新风机
F0035	在重试再起动后自动再起动故障	试图自动再起动的次数超过参数确定的数值	检查参数设定
F0041	电动机参数自动检测故障	电动机参数自动检测故障	检查电动机与变频器连接情况、参数设定情况
F0042	速度控制优化功能故障	速度控制优化功能故障	检查参数设定情况
F0051	参数 EEPROM 故障	存储不挥发的参数时出现读/写错误	工厂复位并重新参数化，检修更换 EEPROM
F0052	功率组件故障	读取功率组件的参数时出错，或数据非法	检查功率组件、参数设定情况
F0053	I/O EEPROM 故障	读 I/O EEPROM 信息时出错，或数据非法	检查数据，更换 I/O 模块
F0054	I/O 板故障	1）连接的 I/O 板不对；2）I/O 板检测不出识别号，检测不到数据	1）检查数据；2）更换 I/O 板
F0060	Asic 超时	内部通信故障	检修变频器
F0070	CB 设定值故障	通信报文结束时，不能从 CB（通信板）接设定值	检查 CB、通信对象
F0080	ADC 输入信号丢失	1）断线；2）信号超出限定值	1）检查连线情况；2）检查限定值
F0085	外部故障	由端子输入信号触发的外部故障	封锁触发故障的端子输入信号
F0090	编码器反馈信号丢失	从编码器来的信号丢失	检查编码器的安装固定情况、编码器的选型情况、编码器与变频器间的接线情况、编码器本身的情况、编码器反馈信号消失的门限值情况

（续）

故障信息、代码	故障现象、类型	故障原因	故障检查
F0101	功率组件溢出故障	软件出错或处理器故障	运行自测试程序
F0221	PID反馈信号低于最小值	PID反馈信号低于设置的最小值	改变设置值，调整反馈增益系数
F0222	PID反馈信号高于最大值	PID反馈信号超过设置的最大值	改变设置值，调整反馈增益系数
F0452	检测出传动皮带有故障	1）机械异常；2）传动皮带异常	1）检查速度传感器设定情况；2）检查驱动链有无断裂、卡死、堵塞等现象

☆☆☆　3.52　晓磊系列变频器　☆☆☆

★3.52.1　晓磊 LEI3000 系列变频器故障信息与代码（见表 3-270）

表 3-270　晓磊 LEI3000 系列变频器故障信息与代码

故障信息、代码	故障现象、类型	故障信息、代码	故障现象、类型
E. OC. R	加速中过电流	E. OT. R	电机过转矩
E. OC. N	恒速中过电流	E. OT. N	
E. OC. D	减速中过电流	E. OT. D	
E. OC. S	停车中过电流	EBS. R	电磁接触器辅助线圈反馈
E. GF. S	对地短路	EBS. N	
E. GF. R		EBS. O	
E. GF. N		EBS. S	
E. GF. D		E. BT. R	制动晶体管损坏
E. OU. S	停车中过电压	E. BT. N	
E. OU. R	加速中过电压	E. BT. D	
E. OU. M	恒速中过电压	E. EC. S	CPU 故障
E. OU. D	减速中过电压	E. EC. N	
E. FB. S	熔丝熔断	E. EC. R	
E. FB. R		E. EC. D	
E. FB. N		E. EE. S	EEPROM 故障
E. FB. D		E. EE. N	
E. LU. S	低电压	E. EE. D	
E. LU. R		E. EE. R	
E. LU. N		Apr	参数设定不良
E. LU. D		A. OL	电机负载报警
E. OH. S	变频器过热	A. OT	过转矩报警
E. OH. R		A. OA	变频器过载报警
E. OH. N		E. OL. R	变频器过负载 150% 1min
E. OH. D		E. OL. N	
E. OR. R	电机过负载 150% 1min	E. OL. D	
E. OR. N			
E. OR. D			

★3.52.2 晓磊 LEI5000 系列变频器故障信息与代码（见表 3-271）

表 3-271 晓磊 LEI5000 系列变频器故障信息与代码

故障信息、代码	故障现象、类型	故障信息、代码	故障现象、类型
E0001	逆变单元 U 相故障	E0013	输入侧断相
E0002	逆变单元 V 相故障	E0014	输出侧断相
E0003	逆变单元 W 相故障	E0015	整流模块过热
E0004	加速运行过电流	E0016	逆变模块过热
E0005	减速运行过电流	E0017	外部故障
E0006	恒速运行过电流	E0018	通信故障
E0007	加速运行过电压	E0019	电流检测电路故障
E0008	减速运行过电压	E0020	电机自学习故障
E0009	恒速运行过电压	E0021	EEPRO 读写故障
E0010	母线欠电压	E0022	PID 反馈断线
E0011	电机过载	E0023	制动单元故障
E0012	变频器过载		

☆☆☆ 3.53 信捷、亚太系列变频器 ☆☆☆

★3.53.1 信捷 VB3、VB5、V5、VB5N 系列变频器故障信息与代码（见表 3-272）

表 3-272 信捷 VB3、VB5、V5、VB5N 系列变频器故障信息与代码

故障信息、代码	故障现象、类型	故障信息、代码	故障现象、类型
E-01	变频器加速运行过电流	E-12	逆变模块保护
E-02	变频器减速运行过电流	E-13	外部设备故障
E-03	变频器恒速运行过电流	E-14	电流检测电路故障
E-04	变频器加速运行过电压	E-15	RS485 通信故障
E-05	变频器减速运行过电压	E-16	系统干扰
E-06	变频器恒速运行过电压	E-17	EEPROM 读写错误
E-07	变频器控制电源过电压	E-18	直流制动过电流
E-08	变频器过热	E-24	POFF 主回路欠电压；主回路电磁接触器动作不良
E-09	变频器过载		
E-10	电机过载	E-30/31	变频器运行/停机时输入断相检出
E-11	运行中欠电压	EEEE	面板通信错误

★3.53.2 信捷 VH3 系列变频器故障信息与代码（见表 3-273）

表 3-273 信捷 VH3 系列变频器故障信息与代码

故障信息、代码	故障现象、类型	故障原因	故障检查
Err00	无		
Err01	加速过电流	1）手动转矩提升或 V/f 曲线错误；2）电压偏低；3）变频器输出回路存在接地或短路；4）控制方式为矢量且没有进行参数调谐；5）加速时间太短；6）对正在旋转的电机进行起动；7）加速过程中突加负载；8）变频器选型偏小	1）调整手动提升转矩或 V/f 曲线；2）电压调到正常范围；3）排除外围；4）进行电机参数调谐；5）增大加速时间；6）选择转速追踪起动或等电机停止后再起动；7）取消突加负载；8）选择功率等级更大的变频器

（续）

故障信息、代码	故障现象、类型	故障原因	故障检查
Err02	减速过电流	1）电压偏低；2）减速过程中突加负载；3）控制方式为矢量且没有进行参数调谐；4）减速时间太短；5）没有加装制动单元和制动电阻；6）变频器输出回路存在接地或短路	1）电压调到正常范围；2）取消突加负载；3）进行电机参数调谐；4）增大减速时间；5）选择功率等级更大的变频器；6）排除外围
Err03	恒速过电流	1）控制方式为矢量且没有进行参数调谐；2）电压偏低；3）运行中有突加负载；4）变频器选型偏小；5）变频器输出回路存在接地或短路	1）进行电机参数调谐；2）电压调到正常范围；3）取消突加负载；4）选择功率等级更大的变频器；5）检查外围
Err04	加速过电压	1）加速时间过短；2）加速过程中存在外力拖动电机运行；3）没有加装制动单元、制动电阻；4）输入电压偏高	1）增大加速时间；2）取消该外力或加装制动电阻；3）加装制动单元、制动电阻；4）电压调到正常范围
Err05	减速过电压	1）没有加装制动单元与制动电阻；2）输入电压偏高；3）减速过程中存在外力拖动电机运行；4）减速时间过短	1）加装制动单元、制动电阻；2）电压调到正常范围；3）取消该外力或加装制动电阻；4）增大减速时间
Err06	恒速过电压	1）运行过程中存在外力拖动电机运行；2）输入电压偏高	1）取消该外力或加装制动电阻；2）电压调到正常范围
Err07	欠电压	1）整流桥及缓冲电阻异常；2）驱动板异常；3）控制板异常；4）瞬时停电；5）变频器输入端电压不在要求的范围；6）母线电压异常	1）更换整流桥、更换缓冲电阻；2）检修驱动板；3）检修控制板；4）复位；5）电压调到正常范围；6）检查母线电压
Err08	变频器过载	1）变频器选型偏小；2）负载过大、电机堵转	1）选择功率等级更大的变频器；2）减小负载，检查电机和机械情况
Err09	电机过载	1）变频器选型偏小；2）电机保护参数设定错误；3）负载过大、电机堵转	1）选择功率等级更大的变频器；2）正确设定参数；3）减小负载，检查电机和机械情况
Err10	输入断相	1）防雷板异常；2）主控板异常；3）三相输入电源异常；4）驱动板异常	1）检修防雷板；2）检修主控板；3）检查外围；4）检修驱动板
Err11	输出断相	1）驱动板异常；2）模块异常；3）变频器到电机的引线异常；4）电机运行时变频器三相输出不平衡	1）检修驱动板；2）更换模块；3）检查外围；4）检查电机三相绕组的情况
Err12	散热器过热/模块过热	1）模块热敏电阻异常；2）逆变模块异常；3）环境温度过高；4）风道堵塞；5）风扇异常	1）降低环境温度；2）更换模块热敏电阻；3）更换逆变模块；4）清理风道；5）更换风扇
Err14	接触器故障	1）驱动板、电源异常；2）接触器异常	1）检修驱动板、电源板；2）更换接触器
Err15	外部故障	1）通过多功能端子 X 输入外部故障的信号；2）通过虚拟 DO 功能输入外部故障的信号	复位运行

334

（续）

故障信息、代码	故障现象、类型	故障原因	故障检查
Err16	用户自定义故障1	1）通过多功能端子 X 输入用户自定义故障1 的信号；2）通过虚拟 IO 功能输入用户自定义故障1 的信号	复位运行
Err17	用户自定义故障2	1）通过虚拟 IO 功能输入用户自定义故障2 的信号；2）通过多功能端子 X 输入用户自定义故障2 的信号	复位运行
Err18	电流检测故障	1）驱动板异常；2）霍尔器件异常	1）检修驱动板；2）更换霍尔器件
Err19	电机对地短路	电机对地短路	更换电缆或电机
Err20	逐波限流	1）变频器选型偏小；2）负载过大、电机堵转	1）选择功率等级更大的变频器；2）减小负载，检查电机和机械情况
Err21	电机调谐故障	1）参数调谐过程超时；2）电机参数没有根据铭牌设置	1）检查变频器到电机引线情况；2）正确设定电机参数
Err22	通信（超时）故障	1）通信参数 PC 组设置异常；2）上位机工作异常；3）通信线异常	1）正确设置通信参数；2）检查上位机接线；3）检查通信连接线
Err23	EEPROM 故障	读写故障异常	更换 EEPROM
Err24	掉载	变频器运行电流小于设定值	检查负载，正确设置参数
Err25	运行时间到达	累计运行时间达到设定值	使用参数初始化功能清除记录信息
Err26	运行时切换电机	变频器运行过程中通过端子更改当前电机选择	变频器停机后再进行电机切换操作
Err27	上电时间到达	累计上电时间到设定值	使用参数初始化功能清除记录信息
Err28	运行时 PID 反馈丢失	PID 反馈小于设定值	检查 PID 反馈信号，正确设置参数

335

★3.53.3 信捷 VH5、VH6 系列变频器故障信息与代码（见表3-274）

表 3-274 信捷 VH5、VH6 系列变频器故障信息与代码

故障信息、代码	故障现象、类型	故障信息、代码	故障现象、类型
Err01	加速过电流	Err19	掉载
Err02	减速过电流	Err20	逐波限流
Err03	恒速过电流	Err21	磁极位置检测失败
Err04	加速过电压	Err23	制动电阻短路
Err05	减速过电压	Err26	SVC 失速
Err06	恒速过电压	Err43	外部故障
Err07	缓冲电阻过载	Err44	通信（超时）故障
Err08	欠电压	Err45	EEPROM 读写故障
Err09	变频器过载	Err46	运行时间到达
Err10	电机过载	Err47	上电时间到达
Err11	输入断相	Err48	用户自定义故障1
Err12	输出断相	Err49	用户自定义故障2
Err13	散热器过热/模块过热	Err50	运行时 PID 反馈丢失
Err14	接触器故障	Err51	运行时切换电机
Err15	电流检测故障	Err52	速度偏差过大
Err16	电机调谐故障	Err53	电机超速
Err18	电机对地短路	Err54	电机过温

★3.53.4 亚太 YT920 系列变频器故障信息与代码（见表3-275）

表 3-275 亚太 YT920 系列变频器故障信息与代码

故障信息、代码	故障现象、类型	故障原因	故障检查
E001	逆变单元保护	1）干扰引起误动作；2）电机连线过长；3）IGBT 模块异常；4）变频器输出回路存在短路；5）负载太重或加速时间太短	1）消除干扰源；2）变频器输出加装电抗器或滤波器；3）更换 IGBT 模块；4）检查外围、连线情况；5）减轻负载，加长加速时间
E002	加速过电流	1）矢量控制模式下没有进行参数调谐；2）手动提升转矩或 V/f 曲线异常；3）变频器输出存在接地或短路；4）电网电压偏低；5）对正在旋转中的电机进行起动；6）加速过程中突加负载；7）变频器选择功率偏小；8）加速时间太短	1）进行电机参数的调谐；2）调整手动提升转矩或调节 V/f 曲线；3）检查外围、连线情况；4）电压调到正常范围；5）选择转速追踪起动或等电机停止后再起动；6）取消突加的负载；7）选择更大功率的变频器；8）增大加速时间
E003	减速过电流	1）电网电压偏低；2）减速过程中突加负载；3）没有加装制动电阻、制动单元；4）减速时间太短；5）变频器输出存在接地或短路	1）供电电压调到正常范围内；2）取消突加的负载；3）加装制动电阻或制动单元；4）增大减速时间；5）检查外围、连线情况
E004	恒速过电流	1）电网电压偏低；2）运行中突加重载；3）变频器选择功率偏小；4）变频器输出存在接地或短路；5）矢量控制模式下没有进行参数调谐	1）电压调到正常范围内；2）取消突加的负载；3）选择更大功率的变频器；4）检查外围、连线情况；5）进行电机参数的调谐
E005	加速过电压	1）电源电压偏高；2）加速时间太短；3）没有加装制动电阻或制动单元；4）加速过程中有外力拖动电机运行	1）电压调到正常范围内；2）增大加速时间；3）加装制动电阻或制动单元；4）取消该外力或加装制动电阻
E006	减速过电压	1）电源电压偏高；2）减速过程中有外力拖动电机运行；3）没有加装制动电阻或制动单元；4）减速时间太短	1）电压调到正常范围内；2）取消该外力或加装制动电阻；3）加装制动电阻或制动单元；4）增大减速时间
E007	恒速过电压	1）运行过程中有外力拖动电机运行；2）电源电压偏高	1）取消该外力或加装制动电阻；2）电压调到正常范围内
E008	缓冲电阻过载	1）开关电源工作异常；2）接触器异常	1）检修开关电源；2）更换接触器
E009	欠电压	1）瞬时停电；2）变频器输入电压不在额定范围内；3）整流桥损坏或接触器异常；4）母线电压异常	1）故障复位；2）电压调到正常范围内；3）更换整流桥、接触器；4）检查母线电压
E010	变频器过载	1）矢量控制模式下没有进行参数调谐；2）变频器选型功率偏小；3）加速时间太短；4）负载过重、电机堵转	1）进行电机参数的调谐；2）选择更大功率的变频器；3）增大加速时间；4）减小负载，检查电机和机械情况
E011	电机过载	1）负载过大、电机堵转；2）变频器选择功率偏小；3）电机保护参数设置错误	1）减小负载，检查机械情况；2）选择更大功率的变频器；3）正确设置电机保护参数

（续）

故障信息、代码	故障现象、类型	故障原因	故障检查
E012	输入断相	1) 三相输入电源异常；2) 硬件问题	1) 检查外围线路；2) 检修硬件
E013	输出断相	1) 电机异常；2) 驱动异常；3) 变频器到电机引线异常	1) 检查电机三相平衡情况；2) 检修驱动板；3) 检查线路
E014	模块过热	1) NTC 热敏电阻异常；2) 模块异常；3) 环境温度过高；4) 风道堵塞或散热风机异常	1) 更换 NTC 热敏电阻；2) 更换模块；3) 增加排风扇，降低环境温度；4) 清理风道，更换风机
E015	外部故障	通过多功能端子外部输入故障信号	故障复位运行
E016	通信故障	1) 硬件问题；2) 通信线异常	1) 检修硬件；2) 检查通信连线
E017	接触器故障	1) 接触器异常；2) 开关电源工作异常	1) 更换接触器；2) 检修开关电源
E018	电流检测故障	1) 驱动板异常；2) 霍尔元件或连接线异常	1) 检修驱动板；2) 更换霍尔元件
E019	电机调谐故障	1) 参数调谐过程超时；2) 电机参数设置异常	1) 检查变频器输出到电机引线情况；2) 正确设置参数
E020	编码器/PG 卡故障	1) 编码器/PG 卡连接线异常；2) 编码器异常；3) 编码器连线异常	1) 检查连线；2) 更换编码器；3) 检查线路
E021	参数读写故障	1) EEPROM 芯片异常或主控板异常；2) 干扰引起 EEPROM 无法读取	1) 更换主板或者 EEPROM；2) 重新上电
E022	变频器硬件故障	1) 过电流；2) 过电压	1) 根据过电流故障处理；2) 根据过电压故障处理
E023	电机对地短路	电机对地短路	更换电机线缆或电机
E026	运行时间到达	累计运行时间到达设定值	使用参数初始化清除记录信息（需要权限）
E027	用户自定义故障 1	通过多功能端子外部输入故障信号	故障复位运行
E028	用户自定义故障 2	通过多功能端子外部输入故障信号	故障复位运行
E029	上电时间到达	累计上电时间到达设定值	使用参数初始化清除记录信息（需要权限）
E030	掉载	变频器启用了掉载保护且电流小于参数设定	设置合理的掉载检测阈值
E031	运行时 PID 反馈丢失	1) PID 反馈丢失阈值检测参数设置过低；2) 反馈源为模拟输入时外部存在异常	1) 检查 PID 反馈丢失检测阈值；2) 检查外围设备连线情况
E033	无权操作	表示当前参数用户无权操作	故障复位运行
E040	快速限流超时	1) 变频器选型功率偏小；2) 负载过大、电机堵转	1) 选择更大功率的变频器；2) 减小负载，检查机械情况
E042	速度偏差过大	1) 矢量控制模式下没有进行参数调谐；2) 变频器输出到电机连线存在问题；3) 速度偏差检测参数设置错误；4) 电机发生堵转；5) 编码器参数设置异常	1) 进行电机参数的调谐；2) 检查连线情况；3) 合理设置速度偏差检测参数；4) 检查电机；5) 正确设定编码器参数
E043	电机超速	1) 电机超速检测参数设置错误；2) 没有对电机进行参数调谐；3) 编码器参数设置错误	1) 正确设置参数；2) 进行电机参数的调谐；3) 正确设置编码器参数

（续）

故障信息、代码	故障现象、类型	故障原因	故障检查
E045	电机过温	1）线路和温度传感器异常；2）电机温度过高	1）检查线路，更换传感器；2）采取降温措施，适当调低载波频率
E051	初始位置错误	电机设定参数与实际相差太大	重新确认电机参数设置情况

☆☆☆　3.54　易控系列变频器　☆☆☆

★3.54.1　易控 EC5000 系列变频器故障信息与代码（见表3-276）

表3-276　易控 EC5000 系列变频器故障信息与代码

故障信息、代码	故障现象、类型	故障信息、代码	故障现象、类型	故障信息、代码	故障现象、类型
Uu1	主回路电压不足	EFLN	来自 RS485 数据总线外部故障	BB	外部 BB
	控制电路电压不足			EF	正/反向运行指令不良
	接触器故障	SP0	输出断相	CALL	RS485 传输等待
OC	过电流	CE	RS485 传输故障	OH3	交流电机驱动器过热预报警
SC	输出短路	RH	控制电抗器单元过热	CE	RS485 传输错误
OU	过电压	ERR	控制电路故障1	EFF	多功能接点输入设定错误
OH1	散热器过热	EPF	存储器故障	VFF	V/f 数据设定错误
OH2	散热器过热	Uu	欠电压检测	PAF	参数设定错误
OL1	电动机过载	OU	停止过程中过电压	EF2~8	端子 RS485 数据总线外部故障
OL2	交流电机驱动器过载	OH1	散热器过热		
OL3	过转矩检测	OL3	过转矩检测	SPI	母线汇流排上电压波动过大

★3.54.2　易控 EC6000 系列变频器故障信息与代码（见表3-277）

表3-277　易控 EC6000 系列变频器故障信息与代码

故障信息、代码	故障现象、类型	故障原因	故障检查
Err01	逆变单元保护	1）变频器输出回路短路；2）驱动板异常；3）逆变模块异常；4）电机和变频器接线过长；5）模块过热；6）变频器内部接线松动；7）主控板异常	1）检查外围；2）检修驱动板；3）更换逆变模块；4）加装电抗器或输出滤波器；5）检查风道、风扇；6）插好所有连接线；7）检修主控板
Err02	加速过电流	1）手动转矩提升或 V/f 曲线错误；2）电压偏低；3）对正在旋转的电机进行起动；4）加速过程中突加负载；5）变频器选型偏小；6）变频器输出回路存在接地或短路；7）控制方式为矢量且没有进行参数辨识；8）加速时间太短	1）调整手动提升转矩或 V/f 曲线；2）电压调到正常范围；3）选择转速追踪起动或等电机停止后再起动；4）取消突加负载；5）选择功率等级更大的变频器；6）检查外围；7）进行电机参数辨识；8）增大加速时间

（续）

故障信息、代码	故障现象、类型	故障原因	故障检查
Err03	减速过电流	1）减速过程中突加负载；2）没有加装制动单元和制动电阻；3）变频器输出回路存在接地或短路；4）控制方式为矢量且没有进行参数辨识；5）减速时间太短；6）电压偏低	1）取消突加负载；2）加装制动单元、制动电阻；3）检查外围；4）进行电机参数辨识；5）增大减速时间；6）电压调到正常范围
Err04	恒速过电流	1）电压偏低；2）运行中突加负载；3）变频器选型偏小；4）变频器输出回路存在接地或短路；5）控制方式为矢量且没有进行参数辨识	1）电压调到正常范围；2）取消突加负载；3）选择功率等级更大的变频器；4）检查外围；5）进行电机参数辨识
Err05	加速过电压	1）加速时间过短；2）没有加装制动单元、制动电阻；3）输入电压偏高；4）加速过程中存在外力拖动电机运行	1）增大加速时间；2）加装制动单元、制动电阻；3）电压调到正常范围；4）取消该外力或加装制动电阻
Err06	减速过电压	1）减速时间过短；2）没有加装制动单元、制动电阻；3）输入电压偏高；4）减速过程中存在外力拖动电机运行	1）增大减速时间；2）加装制动单元、制动电阻；3）电压调到正常范围；4）取消该外力或加装制动电阻
Err07	恒速过电压	1）输入电压偏高；2）运行过程中存在外力拖动电机运行	1）电压调到正常范围；2）取消该外力或加装制动电阻
Err08	控制电源故障	输入电压不在规定的范围内	电压调到要求的范围内
Err09	欠电压	1）整流桥及缓冲电阻异常；2）驱动板异常；3）控制板异常；4）瞬时停电；5）变频器输入端电压不在要求的范围；6）母线电压异常	1）更换整流桥、缓冲电阻；2）检修驱动板；3）检修控制板；4）复位；5）调整电压到正常范围；6）检查母线电压
Err10	变频器过载	1）负载过大、电机堵转；2）变频器选型偏小	1）减小负载，检查电机和机械情况；2）选择功率等级更大的变频器
Err11	电机过载	1）电机保护参数设定错误；2）负载过大、电机堵转；3）变频器选型偏小	1）正确设定参数；2）减小负载，检查电机和机械情况；3）选择功率等级更大的变频器
Err12	输入断相	1）防雷板异常；2）主控板异常；3）三相输入电源异常；4）驱动板异常	1）检修防雷板；2）检修主控板；3）检查外围；4）检修驱动板
Err13	输出断相	1）变频器到电机的引线异常；2）电机运行时变频器三相输出不平衡；3）驱动板异常；4）模块异常	1）检查外围；2）检查电机三相绕组的情况；3）检修驱动板；4）更换模块
Err14	散热器过热	1）模块热敏电阻异常；2）逆变模块异常；3）环境温度过高；4）风道堵塞；5）风扇异常	1）更换热敏电阻；2）更换逆变模块；3）降低环境温度；4）清理风道；5）更换风扇
Err15	外部故障	通过多功能端子S输入外部故障的信号	复位运行
Err16	通信（超时）故障	1）上位机工作异常；2）通信线异常；3）通信参数PB组设置异常	1）检查上位机接线；2）检查通信连接线；3）正确设置通信参数
Err17	接触器故障	1）接触器异常；2）驱动板和电源异常	1）更换接触器；2）检修驱动板、电源板

（续）

故障信息、代码	故障现象、类型	故障原因	故障检查
Err18	电流检测故障	1）霍尔器件异常；2）驱动板异常	1）更换霍尔器件；2）检修驱动板、电源板
Err19	电机调谐故障	1）电机参数没有根据铭牌设置；2）参数辨识过程超时	1）根据铭牌正确设定电机参数；2）检查变频器到电机引线情况
Err20	码盘故障	1）编码器异常；2）PG卡异常；3）编码器型号不匹配；4）编码器连线错误	1）更换编码器；2）更换PG卡；3）正确设定编码器类型；4）检查线路
Err21	EEPORM读写故障	EEPROM芯片损坏	更换EEPROM
Err22	变频器硬件故障	1）过电压；2）过电流	1）根据过电压故障处理；2）根据过电流故障处理
Err23	电机对地短路	电机对地短路	更换电缆或电机
Err24	EEPORM初始化故障	用户数据有异常	重新初始化数据并设定参数
Err26	运行时间到达	累计运行时间达到设定	使用参数初始化功能清除记录信息
Err27	用户自定义故障1	通过多功能端子DI输入用户自定义故障1的信号	复位运行
Err28	用户自定义故障2	通过多功能端子DI输入用户自定义故障2的信号	复位运行
Err29	上电时间到达	累计上电时间达到设定	使用参数初始化功能清除记录信息
Err30	掉载	变频器运行电流小于设定	检查负载，正确设定参数
Err31	运行时PID反馈丢失	PID反馈小于设定	检查PID反馈信号，正确设定参数
Err40	逐波限流	1）负载过大、电机堵转；2）变频器选型偏小	1）减小负载，检查电机和机械情况；2）选择功率等级更大的变频器
Err42	速度偏差过大	1）速度偏差过大检测参数设置错误；2）编码器参数设定异常；3）没有进行参数辨识	1）正确设定参数；2）正确设置编码器参数；3）进行电机参数辨识
Err43	电机超速度	1）没有进行参数辨识；2）电机过速度检测参数设置错误；3）编码器参数设定错误	1）进行电机参数辨识；2）正确设定参数；3）正确设置编码器参数
Err45	电机过温	1）电机温度过高；2）温度传感器接线松动	1）降低载频，采取散热措施；2）检测温度传感器接线情况
Err51	磁极位置检测失败	电机参数与实际偏差太大	重新确认电机参数

★3.54.3 易控SMA系列变频器故障信息与代码（见表3-278）

表3-278　易控SMA系列变频器故障信息与代码

故障信息、代码	故障现象、类型	故障信息、代码	故障现象、类型
Eff	外部故障输入	OL 1	电动机过载
Err	参数设置错误	OL 2	变频器过载
LU	欠电压	OU	过电压
OC	过电流	SC	输出短路
OH	过热		

340

☆☆☆　**3.55　易能系列变频器**　☆☆☆

★**3.55.1　易能 EAS200 系列变频器故障信息与代码**（见表 3-279）

表 3-279　易能 EAS200 系列变频器故障信息与代码

故障信息、代码	故障现象、类型	故障信息、代码	故障现象、类型
Err01	驱动器过电流	Err11	逆变模块故障
Err02	驱动器过电压	Err13	EEPROM 读写故障
Err03	驱动器欠电压	Err15	电机编码器故障
Err04	驱动器过热	Err16	位置偏差过大
Err07	驱动器过载	Err17	外部输入故障
Err08	电流检测电路故障	Err18	外部轴编码器故障
Err09	SPI 通信数据错误	P. OFF	欠电压
Err10	SPI 通信超时		

★**3.55.2　易能 EDS300、EDS800 系列变频器故障信息与代码**（见表 3-280）

表 3-280　易能 EDS300、EDS800 系列变频器故障信息与代码

故障信息、代码	故障现象、类型	故障信息、代码	故障现象、类型
A-53	运行限制告警	E013	逆变模块保护
E001	变频器加速运行过电流	E014	外部设备故障
E002	变频器减速运行过电流	E015	电流检测电路故障
E003	变频器恒速运行过电流	E016	RS485 通信故障
E004	变频器加速运行过电压	E017	PID 断线
E005	变频器减速运行过电压	E018	保留
E006	变频器恒速运行过电压	E019	欠电压
E007	变频器控制电源过电压	E020	系统干扰
E008	变频器过载	E021	保留
E009	电机过载	E022	保留
E010	变频器过热	E023	EEPROM 读写错误
E011	保留	P. OFF	欠电压
E012	输入断相		

★3.55.3 易能 EDS780、EDS900 系列变频器故障信息与代码（见表3-281）

表3-281 易能 EDS780、EDS900 系列变频器故障信息与代码

故障信息、代码	故障现象、类型	故障信息、代码	故障现象、类型
E001	变频器加速运行过电流	E013	逆变模块保护
E002	变频器减速运行过电流	E014	外部设备故障
E003	变频器恒速运行过电流	E015	保留
E004	变频器加速运行过电压	E016	RS485 通信故障
E005	变频器减速运行过电压	E017	保留
E006	变频器恒速运行过电压	E018	保留
E007	变频器控制电源过电压	E019	欠电压
E008	变频器过载	E020	系统干扰
E009	电机过载	E021	保留
E010	变频器过热	E022	保留
E011	保留	E023	EEPROM 读写错误
E012	保留	P. OFF	欠电压

★3.55.4 易能 EDS1000/EDS1100、EDS1200/EDS1300 系列变频器故障信息与代码（见表3-282）

表3-282 易能 EDS1000/EDS1100、EDS1200/EDS1300 系列变频器故障信息与代码

故障信息、代码	故障现象、类型	故障信息、代码	故障现象、类型
E001	变频器加速运行过电流	E013	逆变模块保护
E002	变频器减速运行过电流	E014	外部设备故障
E003	变频器恒速运行过电流	E015	电流检测电路故障
E004	变频器加速运行过电压	E016	RS485 通信故障
E005	变频器减速运行过电压	E017	PID 断线
E006	变频器恒速运行过电压	E018	U 相输出断相
E007	变频器控制电源过电压	E019	欠电压
E008	变频器过载	E020	系统干扰
E009	电机过载	E021	V 相输出断相
E010	变频器过热	E022	W 相输出断相
E011	停机时过电压	E023	EEPROM 读写错误
E012	输入电源断相	P. OFF	欠电压

★3.55.5 易能 EN560、EN630/EN650A、EN500/EN600 系列变频器故障信息与代码（见表3-283）

表 3-283　易能 EN560、EN630/EN650A、EN500/EN600 系列变频器故障信息与代码

故障信息、代码	故障现象、类型	故障信息、代码	故障现象、类型
A-51	主辅给定频率通道互斥性告警	E-20	外部干扰
A-52	端子功能互斥性告警	E-21	内部干扰
A-53	运行限制告警	E-22（A-22）	PID 给定丢失
E-01	变频器加速中过电流	E-23（A-23）	PID 反馈丢失
E-02	变频器减速中过电流	E-24（A-24）	PID 误差量异常
E-03	变频器恒速中过电流	E-25	启动端子保护
E-04	变频器加速中过电压	E-26（A-26）	通信故障
E-05	变频器减速中过电压	E-27 ~ E-29	保留
E-06	变频器恒速中过电压	E-30（A-30）	EEPROM 读写错误
E-07	变频器停机时过电压	E-31	温度检测断线
E-08	运行中欠电压	E-32	自整定故障
E-09	变频器过载保护	E-33（A-33）	接触器异常
E-10（A-10）	电机过载保护	E-34	场内故障1
E-11（A-11）	电机欠载保护	E-35	场内故障2
E-12	输入断相	E-36（A-36）	母线电容过热
E-13	输出断相	E-37	编码器断线
E-14	逆变模块保护	E-38	过速度保护
E-15	运行中对地短路	E-39	速度偏差过大保护
E-16	上电对地短路	E-40	Z 脉冲丢失
E-17（A-17）	变频器过热	E-41	模拟通道断线
E-18（A-18）	外部设备故障	E-42 ~ E-50	保留
E-19	电流检测电路故障	LOCH1	键盘按键锁定

★3.55.6 易能 EN650B/EN655 系列变频器故障信息与代码（见表3-284）

表 3-284　易能 EN650B/EN655 系列变频器故障信息与代码

故障信息、代码	故障现象、类型	故障信息、代码	故障现象、类型
E-01	逆变单元保护	E-07	恒速过电压
E-02	加速过电流	E-08	控制电源故障
E-03	减速过电流	E-09	欠电压
E-04	恒速过电流	E-10	变频器过载
E-05	加速过电压	E-11	电机过载
E-06	减速过电压	E-12	输入断相

（续）

故障信息、代码	故障现象、类型	故障信息、代码	故障现象、类型
E-13	输出断相	E-27	用户自定义故障1
E-14	模块过热	E-28	用户自定义故障2
E-15	外部设备故障	E-29	累计上电时间到达
E-16	通信故障	E-30	掉载
E-17	接触器故障	E-31	运行时PID反馈丢失
E-18	电流检测故障	E-40	逐波限流
E-19	电机带载调谐故障	E-41	运行时切换电机
E-20	码盘故障	E-42	速度偏差过大
E-21	EEPROM读写故障	E-43	电机过速度
E-22	变频器硬件故障	E-45	电机过温
E-23	对地短路	E-51	初始位置角辨识故障
E-26	累计运行时间到达		

★3.55.7　易能EN600PV系列变频器故障信息与代码（见表3-285）

表3-285　易能EN600PV系列变频器故障信息与代码

故障信息、代码	故障现象、类型	故障信息、代码	故障现象、类型
A-46	水满警告	E-15	运行中对地短路
A-47	睡眠保护	E-16	上电对地短路
A-51	主辅给定频率通道互斥性告警	E-17（A-17）	变频器过热
A-52	端子功能互斥性告警	E-18（A-18）	外部设备故障
A-53	运行限制告警	E-19	电流检测电路故障
E-01	变频器加速中过电流	E-20	外部干扰
E-02	变频器减速中过电流	E-21	内部干扰
E-03	变频器恒速中过电流	E-22（A-22）	PID给定丢失
E-04	变频器加速中过电压	E-23（A-23）	PID反馈丢失
E-05	变频器减速中过电压	E-24（A-24）	PID误差量异常
E-06	变频器恒速中过电压	E-25	启动端子保护
E-07	变频器停机时过电压	E-26（A-26）	通信故障
E-08	运行中欠电压	E-30（A-30）	EEPROM读写错误
E-09	变频器过载	E-31	温度检测断线
E-10（A-10）	电机过载	E-32	自整定故障
E-11（A-11）	电机欠载	E-33（A-33）	接触器故障
E-12	输入断相	E-34	场内故障1
E-13	输出断相	E-35	场内故障2
E-14	逆变模块保护	E-36（A-36）	母线电容过热

（续）

故障信息、代码	故障现象、类型	故障信息、代码	故障现象、类型
E-38	过速度	E-43（A-43）	干抽保护
E-39	速度偏差过大	E-44（A-44）	过电流保护
E-41	模拟通道断线	E-45（A-45）	最小功率保护
E-42（A-42）	低频保护	LOCH1	键盘按键锁定

★3.55.8 易能 EN602A／EN602B 系列变频器故障信息与代码（见表3-286）

表3-286 易能 EN602A／EN602B 系列变频器故障信息与代码

故障信息、代码	故障现象、类型	故障信息、代码	故障现象、类型
A-51	主辅给定频率通道互斥性告警	E-19	电流检测电路故障
A-52	端子功能互斥性告警	E-20	外部干扰
E-01	升降机专用一体机加速中过电流	E-21	内部干扰
E-02	升降机专用一体机减速中过电流	E-25	启动端子保护
E-03	升降机专用一体机恒速中过电流	E-26（A-26）	通信故障
E-04	升降机专用一体机加速中过电压	E-30（A-30）	EEPROM 读写错误
E-05	升降机专用一体机减速中过电压	E-31	温度检测断线
E-06	升降机专用一体机恒速中过电压	E-32	自整定故障
E-07	升降机专用一体机停机时过电压	E-33（A-33）	接触器故障
E-08	运行中欠电压	E-34	场内故障1
E-09	升降机专用一体机过载	E-35	场内故障2
E-10（A-10）	电机过载	E-36（A-36）	母线电容过热
E-11（A-11）	电机欠载	E-37	编码器断线
E-12	输入断相	E-38	过速度
E-13	输出断相	E-39	速度偏差过大
E-14	逆变模块保护	E-42（A-42）	超载
E-15	运行中对地短路	E-43	超负荷
E-16	上电对地短路	E-44	制动短路
E-17（A-17）	升降机专用一体机过热	E-45	跌落
E-18（A-18）	外部设备故障		

★3.55.9 易能 EN700 系列变频器故障信息与代码（见表3-287）

表3-287 易能 EN700 系列变频器故障信息与代码

故障信息、代码	故障现象、类型	故障信息、代码	故障现象、类型
E00	无故障	E02	变频器减速中过电流
E01	变频器加速中过电流	E03	变频器恒速中过电流

（续）

故障信息、代码	故障现象、类型	故障信息、代码	故障现象、类型
E04	变频器加速中过电压	E28	24V 电源故障
E05	变频器减速中过电压	E29	保留
E06	变频器恒速中过电压	E30	上电端子故障
E07	变频器停机时过电压	E31	模块温度检测断线
E08	主回路欠电压	E32	保留
E09	变频器过载	E33	接触器故障
E10	电机过载	E34	场内故障 1
E11	电机欠载	E35	场内故障 2
E12	输入断相	E36	端子排 EEPROM 操作故障
E13	输出断相	E37	主控板 FRAM 操作故障
E14	逆变模块保护	E38	电机过速度
E15	运行中对地短路	E39	PG 断线
E16	上电对地短路	E40	PID 给定丢失
E17	模块过热	E41	PID 反馈丢失
E18	电容过热	E42	PID 误差量异常
E19	保留	E43	速度控制故障
E20	自整定故障	E44	保留
E21	电流检测电路故障	E45	过转矩/转矩不足保护 1
E22	参数上传故障	E46	过转矩/转矩不足保护 2
E23	参数下载故障	E47	基极封锁中
E24	键盘通信故障	E48	外部故障 3 保护
E25	Modbus 通信故障	E49	外部故障 4 保护
E26	B 通信口故障	E50	电机过转矩保护中
E27	A 通信口故障	E51	FCL 过载

★3.55.10　易能 ENA100 系列变频器故障信息与代码（见表 3-288）

表 3-288　易能 ENA100 系列变频器故障信息与代码

故障信息、代码	故障现象、类型	故障信息、代码	故障现象、类型
A-51	主辅给定频率通道互斥性告警	E-06	变频器恒速中过电压
A-52	端子功能互斥性告警	E-07	变频器停机时过电压
A-53	运行限制告警	E-08	运行中欠电压
E-01	变频器加速中过电流	E-09	变频器过载
E-02	变频器减速中过电流	E-10（A-10）	电机过载
E-03	变频器恒速中过电流	E-11（A-11）	电机欠载
E-04	变频器加速中过电压	E-12	输入断相
E-05	变频器减速中过电压	E-13	输出断相

（续）

故障信息、代码	故障现象、类型	故障信息、代码	故障现象、类型
E-14	逆变模块故障	E-30（A-30）	EEPROM 读写错误
E-15	运行中对地短路	E-31	温度检测断线
E-16	上电对地短路	E-32	自整定故障
E-17（A-17）	变频器过热	E-33（A-33）	接触器故障
E-18（A-18）	外部设备故障	E-34	场内故障 1
E-19	电流检测电路故障	E-35	场内故障 2
E-20	外部干扰	E-36（A-36）	母线电容过热
E-21	内部干扰	E-38	过速度
E-22（A-22）	PID 给定丢失	E-39	速度偏差过大
E-23（A-23）	PID 反馈丢失	E-41	模拟通道断线
E-24（A-24）	PID 误差量故障	E-42	缺水
E-25	启动端子故障	E-43	机型码与机器不匹配
E-26（A-26）	通信故障	E-44 ~ E-50	保留
E-27 ~ E-29	保留	LOCH1	键盘按键锁定

★3.55.11 易能 ESS200N 系列变频器故障信息与代码（见表 3-289）

表 3-289 易能 ESS200N 系列变频器故障信息与代码

故障信息、代码	故障现象、类型	故障信息、代码	故障现象、类型
Er. 100	电机和驱动器匹配故障	Er. 206	温度检测断线
Er. 101	位置模式和编码器匹配故障	Er. 207	厂内故障 1
Er. 102	飞车	Er. 208	厂内故障 2
Er. 103	逆变模块保护	Er. 209	厂内故障 3
Er. 104	运行中对地短路	Er. 211	EEPROM 读写错误
Er. 105	编码器故障	Er. 212	外部设备故障
Er. 106	总线编码器数据校验错误	Er. 213	命令冲突
Er. 107	Z 脉冲丢失	Er. 214	控制回路运行中欠电压
Er. 108	增量编码器 UVW 读取错误	Er. 215	输出断相
Er. 109	增量脉冲型编码器断线	Er. 216	散热器过热
Er. 110	总线型编码器断线	Er. 217	过电流检测电路故障
Er. 200	驱动器过载	Er. 218	抱闸非正常打开
Er. 201	过电流	Er. 219	同步丢失
Er. 202	主回路过电压	Er. 220	未烧录 XML 配置文件
Er. 203	主回路运行中欠电压	Er. 221	同步周期设定错误
Er. 204	电机参数自学习故障	Er. 222	同步周期误差过大
Er. 205	编码器自整定故障	Er. 223	网络状态异常切换

（续）

故障信息、代码	故障现象、类型	故障信息、代码	故障现象、类型
Er. 224	同步模式设置错误	Er. 307	编码器多圈计数错误
Er. 225	同步信号和 PWM PLL 设置失败	Er. 308	编码器多圈计数溢出
Er. 300	电机过载	Er. 309	AD 采样过电压
Er. 301	主回路输入断相	Er. 310/Er. 311	位置偏差过大/全闭环位置偏差过大
Er. 302	过速度保护	Er. 312	电子齿轮设定超限
Er. 303	脉冲输出过速	Er. 313	Modbus 通信故障
Er. 304	脉冲输入过速	Er. 314	制动电阻过载
Er. 305	电机堵转	Er. 315	回原点超时
Er. 306	编码器电池失效	Er. 316	原点归零异常

★3.55.12　易能 ESS200P 系列变频器故障信息与代码（见表 3-290）

表 3-290　易能 ESS200P 系列变频器故障信息与代码

故障信息、代码	故障现象、类型	故障信息、代码	故障现象、类型
Er. 100	电机和驱动器匹配故障	Er. 211	EEPROM 读写故障
Er. 101	位置模式和编码器匹配故障	Er. 212	外部设备故障
Er. 102	飞车	Er. 213	命令冲突
Er. 103	逆变模块保护	Er. 214	控制回路运行中欠电压
Er. 104	运行中对地短路	Er. 215	输出断相
Er. 105	编码器故障	Er. 216	散热器过热
Er. 106	总线编码器数据校验错误	Er. 217	过电流检测电路故障
Er. 107	Z 脉冲丢失	Er. 218	抱闸非正常打开
Er. 108	增量编码器 UVW 读取错误	Er. 300	电机过载
Er. 109	增量脉冲型编码器断线	Er. 301	主回路输入断相
Er. 110	总线型编码器断线	Er. 302	过速度保护
Er. 200	驱动器过载	Er. 303	脉冲输出过速
Er. 201	过电流	Er. 304	脉冲输入过速
Er. 202	主回路过电压	Er. 305	电机堵转
Er. 203	主回路运行中欠电压	Er. 306	编码器电池失效
Er. 204	电机参数自学习故障	Er. 307	编码器多圈计数错误
Er. 205	编码器自整定故障	Er. 308	编码器多圈计数溢出
Er. 206	温度检测断线	Er. 309	AD 采样过电压
Er. 207	厂内故障 1	Er. 310/Er. 311	位置偏差过大/全闭环位置偏差过大
Er. 208	厂内故障 2	Er. 312	电子齿轮设定超限
Er. 209	厂内故障 3	Er. 313	Modbus 通信故障

☆☆☆　**3.56　易驱系列变频器**　☆☆☆

★3.56.1　易驱 CV3300 系列变频器故障信息与代码（见表 3-291）

表 3-291　易驱 CV3300 系列变频器故障信息与代码

故障信息、代码	故障现象、类型	故障信息、代码	故障现象、类型
E001	变频器加速运行过电流	E017	电流检测电路故障
E002	变频器减速运行过电流	E018	自整定不良故障
E003	变频器恒速运行过电流	E019	EEPROM 读写故障
E004	变频器加速运行过电压	E020	闭环反馈丢失
E005	变频器减速运行过电压	E021	V/f 设置参数出错
E006	变频器恒速运行过电压	E022	系统报警
E007	变频器运行欠电压报警	E023	操作面板参数复制出错
E008	电机过载	E024	保留
E009	变频器过载	E025	扩展卡通信故障
E010	逆变模块保护	E026	缓冲电路故障
E011	输入侧断相	E027	电机空转
E012	输出侧断相	E028	保留
E013	逆变模块散热器过热	E029	逐波限流超时保护
E014	整流模块散热器过热	E030	编码器故障
E015	紧急停车或外部设备	E032	电机过热
E016	RS485 通信错误		

★3.56.2　易驱 GT20 系列变频器故障信息与代码（见表 3-292）

表 3-292　易驱 GT20 系列变频器故障信息与代码

故障信息、代码	故障现象、类型	故障信息、代码	故障现象、类型
E001	变频器加速运行过电流	E011	保留
E002	变频器减速运行过电流	E012	输出侧断相
E003	变频器恒速运行过电流	E013	逆变模块散热器过热
E004	变频器加速运行过电压	E014	整流模块散热器过热
E005	变频器减速运行过电压	E015	外部故障
E006	变频器恒速运行过电压	E016	RS485 通信错误
E007	运行中欠电压	E017	电流检测电路故障
E008	电机过载	E018	保留
E009	变频器过载	E019	保留
E010	保留	E020	闭环反馈丢失

(续)

故障信息、代码	故障现象、类型	故障信息、代码	故障现象、类型
E021	水压超压	E026	保留
E022	保留	E027	保留
E023	缺水	E028	操作面板参数复制出错
E024	保留	E029	保留
E025	保留	E099	保留

★3.56.3　易驱 GT30 系列变频器故障信息与代码（见表 3-293）

表 3-293　易驱 GT30 系列变频器故障信息与代码

故障信息、代码	故障现象、类型	故障信息、代码	故障现象、类型
E001	变频器加速运行过电流	E016	RS485 通信错误
E002	变频器减速运行过电流	E017	电流检测电路故障
E003	变频器恒速运行过电流	E018	保留
E004	变频器加速运行过电压	E019	保留
E005	变频器减速运行过电压	E020	闭环反馈丢失
E006	变频器恒速运行过电压	E021	水压超压
E007	运行中欠电压	E022	保留
E008	电机过载	E023	缺水
E009	变频器过载	E024	保留
E010	逆变模块保护	E025	保留
E011	输入侧断相	E026	缓冲电路故障
E012	输出侧断相	E027	保留
E013	逆变模块散热器过热	E028	操作面板参数复制出错
E014	整流模块散热器过热	E029	逐波限流
E015	外部故障	E099	保留

★3.56.4　易驱 GT100 系列变频器故障信息与代码（见表 3-294）

表 3-294　易驱 GT100 系列变频器故障信息与代码

故障信息、代码	故障现象、类型	故障信息、代码	故障现象、类型
E001	变频器加速运行过电流	E007	保留
E002	变频器减速运行过电流	E008	电机过载
E003	变频器恒速运行过电流	E009	变频器过载
E004	变频器加速运行过电压	E010	逆变模块保护
E005	变频器减速运行过电压	E011	输入侧断相
E006	变频器恒速运行过电压	E012	输出侧断相

（续）

故障信息、代码	故障现象、类型	故障信息、代码	故障现象、类型
E013	逆变模块散热器过热	E022	保留
E014	整流模块散热器过热	E023	操作面板参数复制出错
E015	紧急停车或外部设备故障	E024	保留
E016	RS485 通信错误	E025	保留
E017	电流检测电路故障	E026	缓冲电路故障
E018	自整定不良	E027	AI1 模拟输入故障
E019	EEPROM 读写故障	E028	AI2 模拟输入故障
E020	PID 反馈断线	E029	保留
E021	保留		

★3.56.5 易驱 GT200 系列变频器故障信息与代码（见表 3-295）

表 3-295 易驱 GT200 系列变频器故障信息与代码

故障信息、代码	故障现象、类型	故障信息、代码	故障现象、类型
E001	变频器加速运行过电流	E017	电流检测电路故障
E002	变频器减速运行过电流	E018	自整定不良故障
E003	变频器恒速运行过电流	E019	EEPROM 读写故障
E004	变频器加速运行过电压	E020	闭环反馈丢失
E005	变频器减速运行过电压	E021	V/f 设置参数出错
E006	变频器恒速运行过电压	E022	系统报警
E007	变频器运行中欠电压	E023	操作面板参数复制出错
E008	电机过载	E024	保留
E009	变频器过载	E025	扩展卡通信故障
E010	逆变模块保护	E026	缓冲电路故障
E011	输入侧断相	E027	电机空转
E012	输出侧断相	E028	电机振荡
E013	逆变模块散热器过热	E029	逐波限流超时
E014	整流模块散热器过热	E030	编码器故障
E015	紧急停车或外部设备故障	E031	软件版本读取故障
E016	RS485 通信故障	E032	电机过热

★3.56.6 易驱 GT210 系列变频器故障信息与代码（见表 3-296）

表 3-296 易驱 GT210 系列变频器故障信息与代码

故障信息、代码	故障现象、类型	故障信息、代码	故障现象、类型
E001	变频器加速运行过电流	E005	变频器减速运行过电压
E002	变频器减速运行过电流	E006	变频器恒速运行过电压
E003	变频器恒速运行过电流	E007	保留
E004	变频器加速运行过电压	E008	电机过载

（续）

故障信息、代码	故障现象、类型	故障信息、代码	故障现象、类型
E009	变频器过载	E018	自整定不良
E010	逆变模块保护	E019	EEPROM 读写故障
E011	输入侧断相	E020	保留
E012	输出侧断相	E021	保留
E013	逆变模块散热器过热	E022	保留
E014	整流模块散热器过热	E023	操作面板参数复制出错
E015	紧急停车或外部设备故障	E024	系统干扰
E016	RS485 通信错误	E025	控制电源过电压
E017	电流检测电路故障	E026	缓冲电路故障

★3.56.7 易驱 GT610/620 系列变频器故障信息与代码（见表 3-297）

表 3-297 易驱 GT610/620 系列变频器故障信息与代码

故障信息、代码	故障现象、类型	故障信息、代码	故障现象、类型
E-01	加速运行中过电流	E-13	整流桥散热器过热
E-02	减速运行中过电流	E-14	IGBT 散热器过热
E-03	恒速运行中过电流	E-15	外部设备故障
E-04	加速运行中过电压	E-16	RS485 通信故障
E-05	减速运行中过电压	E-17	电流检测错误
E-06	恒速运行中过电压	E-18	电机自学习故障
E-07	母线欠电压	E-19	EEPROM 读写故障
E-08	电机过载	E-20	电机过热
E-09	驱动器过载	E-21	保留
E-10	功率模块故障	E-22	编码器故障
E-11	输入侧断相	E-23	制动异常
E-12	保留		

★3.56.8 易驱 M200 系列变频器故障信息与代码（见表 3-298）

表 3-298 易驱 M200 系列变频器故障信息与代码

故障信息、代码	故障现象、类型	故障信息、代码	故障现象、类型
E-01	加速运行中过电流	E-12	输出侧断相
E-02	减速运行中过电流	E-13	整流桥散热器过热
E-03	恒速运行中过电流	E-14	IGBT 散热器过热
E-04	加速运行中过电压	E-15	外部设备故障
E-05	减速运行中过电压	E-16	RS485 通信故障
E-06	恒速运行中过电压	E-17	电流检测错误
E-07	母线欠电压	E-18	电机自学习故障
E-08	电机过载	E-19	EEPROM 读写故障
E-09	变频器过载	E-20	PID 反馈断线
E-10	功率模块故障	E-21	运行时间限制
E-11	输入侧断相		

★3.56.9 易驱 MINI 系列变频器故障信息与代码（见表3-299）

表3-299 易驱 MINI 系列变频器故障信息与代码

故障信息、代码	故障现象、类型	故障原因	故障检查
Er00	加速运行中过电流	1) V/f 曲线错误；2) 电网电压过低；3) 变频器功率太小；4) 对旋转中的电机进行再起动；5) 加速时间太短；6) 负载惯性过大	1) 调整转矩提升值或调整 V/f 曲线；2) 检查输入电源；3) 选择功率等级大的变频器；4) 设置为直流制动后再起动；5) 延长加速时间；6) 减小负载惯性
Er01	减速运行中过电流	1) 变频器功率偏小；2) 减速时间过短；3) 有大惯性负载	1) 选择功率等级大的变频器；2) 延长减速时间；3) 减小负载惯性
Er02	匀速运行中过电流	1) 输入电压异常；2) 负载发生突变或异常；3) 变频器功率偏小	1) 检查输入电源；2) 检查负载，减小负载突变；3) 选择功率等级大的变频器
Er03	加速运行中过电压	1) 对旋转中的电机实施再起动；2) 输入电压异常	1) 设置为直流制动后再起动；2) 检查输入电源
Er04	减速运行中过电压	1) 输入电源异常；2) 减速时间太短；3) 有能量回馈性负载	1) 检查输入电源；2) 延长减速时间；3) 改用较大功率的外接能耗制动组件
Er05	匀速运行中过电压	1) 负载惯性较大；2) 输入电压异常	1) 选择能耗制动组件；2) 检查输入电源
Er06	停机时过电压	输入电源电压异常	检查输入电源电压
Er07	运行欠电压	输入电压异常	检查电源电压
Er08	输入电源断相	输入电源断相或异常	检查输入电源
Er09	模块故障	1) 直流辅助电源异常；2) 控制板异常；3) 变频器输出短路或接地；4) 变频器瞬间过电流；5) 环境温度过高；6) 风道堵塞或风扇异常	1) 检修直流辅助电源；2) 检修控制板；3) 检查接线；4) 采用过电流对策；5) 检查环境温度；6) 清理风道，更换风扇
Er10	散热器过热	1) 风扇异常；2) 风道堵塞；3) 环境温度过高	1) 更换风扇；2) 清理风道，改善通风条件；3) 降低环境温度
Er11	变频器过载	1) 转矩提升过高或 V/f 曲线异常；2) 加速时间过短；3) 负载过大	1) 降低转矩提升值或调整 V/f 曲线；2) 延长加速时间；3) 减小负载，更换功率等级大的变频器
Er12	电机过载	1) 转矩提升过高或 V/f 曲线错误；2) 电机过载保护系数设置错误；3) 电网电压过低；4) 电机堵转或负载突变过大	1) 降低转矩提升值或调整 V/f 曲线；2) 正确设置电机过载保护系数；3) 检查电网电压；4) 检查负载
Er13	外部设备故障	外部设备故障输入端子闭合	断开外部设备故障输入端子并排除故障
Er14	串行口通信故障	1) 串行口通信错误；2) 无上位机通信信号；3) 波特率设置错误	1) 检查通信电缆；2) 检查上位机情况和接线情况；3) 设置正确的波特率
Er15	保留		
Er16	电流检测错误	1) 电流检测器件异常或电路出现故障；2) 直流辅助电源异常	1) 更换电流检测器件；2) 检修直流辅助电源
Er17	键盘与控制板通信故障	1) 端子连接松动；2) 连接键盘和控制板的电路出现故障	1) 检查端子连接情况以及重新连接；2) 检查检修连接键盘和控制板的电路

☆☆☆ 3.57 英威腾系列变频器 ☆☆☆

★3.57.1 英威腾 CHF100 系列变频器故障信息与代码（见表3-300）

表3-300 英威腾 CHF100 系列变频器故障信息与代码

故障信息、代码	故障现象、类型	故障原因	故障检查
bCE	制动单元故障	1）外接制动电阻阻值偏小；2）制动线路故障或制动管损坏	1）增大制动电阻；2）检查制动单元，更换制动管
CE	通信故障	1）通信长时间中断；2）波特率设置错误；3）采用串行通信的通信异常	1）检查通信接口配线情况；2）设置合适的波特率；3）按 STOP/RST 键复位
EEP	EEPROM 读写故障	1）EEPROM 损坏；2）控制参数的读写发生错误	1）更换 EEPROM；2）按 STOP/RST 键复位
EF	外部故障	SI 外部故障输入端子动作	检查外部设备输入
ItE	电流检测电路故障	1）霍尔器件异常；2）放大电路异常；3）控制板连接器接触不良；4）辅助电源异常	1）更换霍尔器件；2）检修放大电路；3）检查连接器，重新插好线；4）检修辅助电源
OC1	加速运行过电流	1）变频器功率偏小；2）加速太快；3）电网电压偏低	1）选择功率大一档的变频器；2）增大加速时间；3）检查输入电源
OC2	减速运行过电流	1）减速太快；2）负载惯性转矩大；3）变频器功率偏小	1）增大减速时间；2）外加合适的能耗制动组件；3）选择功率大一档的变频器
OC3	恒速运行过电流故障	1）负载发生突变或异常；2）变频器功率偏小；3）电网电压偏低	1）检查负载或减小负载的突变；2）选择功率大一档的变频器；3）检查输入电源
OH1	整流模块过热	1）辅助电源异常，驱动电压欠电压；2）功率模块桥臂直通；3）控制板异常；4）变频器瞬间过电流；5）输出三相有相间或接地短路；6）风道堵塞、风扇损坏；7）环境温度过高；8）控制板连线异常、插件松动	1）检修辅助电源、驱动电压；2）更换功率模块；3）检修控制板；4）采取检修电流对策来处理；5）重新配线；6）疏通风道、更换风扇；7）降低环境温度；8）检查连接线情况
OH2	逆变模块过热	1）控制板连线异常、插件松动；2）辅助电源异常、驱动电压欠电压；3）功率模块桥臂直通；4）控制板异常；5）变频器瞬间过电流；6）输出三相有相间或接地短路；7）风道堵塞、风扇异常；8）环境温度过高	1）检查连接线情况；2）检修辅助电源，检查驱动电压；3）更换功率模块；4）检修控制板；5）采取检修过电流对策来处理；6）重新配线；7）疏通风道、更换风扇；8）降低环境温度
OL1	电机过载	1）电网电压过低；2）电机额定电流设置异常；3）电机堵转、负载突变过大；4）电机功率不足	1）检查电网电压；2）重新设置电机额定电流；3）检查负载，调节转矩提升量；4）选择合适电机

（续）

故障信息、代码	故障现象、类型	故障原因	故障检查
OL2	变频器过载	1）负载过大；2）加速太快；3）对旋转中的电机实施再起动；4）电网电压过低	1）选择功率更大的变频器；2）增大加速时间；3）等停机后再起动；4）检查电网电压
OUt1	逆变单元 U 相故障	1）加速太快；2）接地不良；3）该相 IGBT 内部异常；4）干扰引起误动作	1）增大加速时间；2）检查接地情况；3）更换 IGBT；4）检查外围，消除强干扰源
OUt2	逆变单元 V 相故障	1）加速太快；2）接地不良；3）该相 IGBT 内部异常；4）干扰引起误动作	1）增大加速时间；2）检查接地情况；3）更换 IGBT；4）检查外围，消除强干扰源
OUt3	逆变单元 W 相故障	1）加速太快；2）该相 IGBT 内部异常；3）干扰引起误动作；4）接地不良	1）增大加速时间；2）更换 IGBT；3）检查外围，消除强干扰源；4）检查接地情况
OV1	加速运行过电压	1）输入电压异常；2）瞬间停电后，对旋转中电机实施再起动	1）检查输入电源；2）等停机后再起动
OV2	减速运行过电压	1）负载惯量大；2）输入电压异常；3）减速太快	1）增大能耗制动组件；2）检查输入电源；3）增大减速时间
OV3	恒速运行过电压	1）负载惯量大；2）输入电压发生异常变动	1）外加合适的能耗制动组件；2）安装输入电抗器
PIDE	PID 反馈断线	1）PID 反馈源消失；2）PID 反馈断线	1）检查 PID 反馈源；2）检查 PID 反馈信号线
SPI	输入侧断相	输入 R、S、T 有断相	检查输入电源情况和安装配线情况
SPO	输出侧断相	U、V、W 断相输出（或负载三相严重不对称）	检查输出配线情况、电机情况和电缆情况
tE	电机自学习故障	1）自学习出的参数与标准参数偏差过大；2）自学习超时；3）电机容量与变频器容量不匹配；4）电机额定参数设置错误	1）使电机空载，重新辨识；2）检查电机接线情况，正确设置参数；3）更换变频器型号；4）根据电机铭牌设置正确的额定参数
UV	母线欠电压	电网电压偏低	检查电网输入电源

★3.57.2 英威腾 Goodrive20 系列变频器故障信息与代码（见表3-301）

表 3-301 英威腾 Goodrive20 系列变频器故障信息与代码

故障信息、代码	故障现象、类型	故障信息、代码	故障现象、类型
CE	RS485 通信故障	OC1	加速运行过电流
DNE	参数下载错误	OC2	减速运行过电流
EEP	EEPROM 读写故障	OC3	恒速运行过电流
EF	外部故障	OH1	整流模块过热
END	厂家设定时间到达	OH2	逆变模块过热
ItE	电流检测电路故障	OL1	电机过载
LL	电子欠载	OL2	变频器过载

（续）

故障信息、代码	故障现象、类型	故障信息、代码	故障现象、类型
OL3	电子过载	PoFF	系统掉电
OV1	加速运行过电压	SPI	输入侧断相
OV2	减速运行过电压	SPO	输出侧断相
OV3	恒速运行过电压	tE	电机自学习故障
PCE	键盘通信错误	UPE	参数上传错误
PIDE	PID 反馈断线	UV	母线欠电压

★3.57.3　英威腾 Goodrive200 系列变频器故障信息与代码（见表 3-302）

表 3-302　英威腾 Goodrive200 系列变频器故障信息与代码

故障信息、代码	故障现象、类型	故障信息、代码	故障现象、类型
bCE	制动单元故障	OL2	变频器过载
CE	通信故障	OL3	电子过载
DNE	参数下载错误	OUt1	逆变单元 U 相保护
EEP	EEPROM 读写故障	OUt2	逆变单元 V 相保护
EF	外部故障	OUt3	逆变单元 W 相保护
END	运行时间到达	OV1	加速运行过电压
ETH1	对地短路故障 1	OV2	减速运行过电压
ETH2	对地短路故障 2	OV3	恒速运行过电压
ItE	电流检测电路故障	PCE	键盘通信故障
LL	电子欠载	PIDE	PID 反馈断线
OC1	加速运行过电流	PoFF	系统掉电
OC2	减速运行过电流	SPI	输入侧断相
OC3	恒速运行过电流	SPO	输出侧断相
OH1	整流模块过热	tE	电机自学习故障
OH2	逆变模块过热	UPE	参数上传错误
OL1	电机过载	UV	母线欠电压

★3.57.4　英威腾 Goodrive200A 系列变频器故障信息与代码（见表 3-303）

表 3-303　英威腾 Goodrive200A 系列变频器故障信息与代码

故障信息、代码	故障现象、类型	故障信息、代码	故障现象、类型
bCE	制动单元故障	OC1	加速运行过电流
CE	RS485 通信故障	OC2	减速运行过电流
DNE	参数下载错误	OC3	恒速运行过电流
EEP	EEPROM 读写故障	OH1	整流模块过热
EF	外部故障	OH2	逆变模块过热
END	厂家设定时间到达	OL1	电机过载
ETH1	对地短路故障 1	OL2	变频器过载
ETH2	对地短路故障 2	OL3	电子过载
ItE	电流检测电路故障	OUt1	逆变单元 U 相保护
LL	电子欠载	OUt2	逆变单元 V 相保护

（续）

故障信息、代码	故障现象、类型	故障信息、代码	故障现象、类型
OUt3	逆变单元 W 相保护	PoFF	系统掉电
OV1	加速运行过电压	SPI	输入侧断相
OV2	减速运行过电压	SPO	输出侧断相
OV3	恒速运行过电压	tE	电机自学习故障
PCE	键盘通信故障	UPE	参数上传错误
PIDE	PID 反馈断线	UV	母线欠电压

★3. 57. 5 英威腾 Goodrive300 系列变频器故障信息与代码（见表 3-304）

表 3-304 英威腾 Goodrive300 系列变频器故障信息与代码

故障信息、代码	故障现象、类型	故障信息、代码	故障现象、类型
bCE	制动单元故障	OH2	逆变模块过热
CE	RS485 通信故障	OL1	电机过载
dEu	速度偏差	OL2	变频器过载
DNE	参数下载错误	OL3	电子过载
E-CAN	CAN 通信故障	OUt1	逆变单元 U 相保护
E-DP	Profibus 通信故障	OUt2	逆变单元 V 相保护
EEP	EEPROM 读写故障	OUt3	逆变单元 W 相保护
EF	外部故障	OV1	加速运行过电压
END	厂家设定时间到达	OV2	减速运行过电压
E-NET	以太网通信故障	OV3	恒速运行过电压
ETH1	对地短路故障 1	PCE	键盘通信故障
ETH2	对地短路故障 2	PIDE	PID 反馈断线
ItE	电流检测电路故障	SPI	输入侧断相
LL	电子欠载	SPO	输出侧断相
OC1	加速运行过电流	STo	失调
OC2	减速运行过电流	tE	电机自学习故障
OC3	恒速运行过电流	UPE	参数上传错误
OH1	整流模块过热	UV	母线欠电压

★3. 57. 6 英威腾 Goodrive300-01A 系列变频器故障信息与代码（见表 3-305）

表 3-305 英威腾 Goodrive300-01A 系列变频器故障信息与代码

故障信息、代码	故障现象、类型	故障信息、代码	故障现象、类型
CE	通信故障	END	运行时间到达
dEu	速度偏差	ETH1	对地短路故障 1
DNE	参数下载错误	ETH2	对地短路故障 2
EEP	EEPROM 读写故障	HAnd	动态握手失败
EF	外部故障	ItE	电流检测电路故障
ENC1D	编码器反向	L-AUP	辅助压力过低
ENC1O	编码器断线	LL	电子欠载
ENC1Z	编码器 Z 脉冲断线	OC1	加速运行过电流

（续）

故障信息、代码	故障现象、类型	故障信息、代码	故障现象、类型
OC2	减速运行过电流	OV2	减速运行过电压
OC3	恒速运行过电流	OV3	恒速运行过电压
OH1	整流模块过热	PCE	键盘通信错误
OH2	逆变模块过热	PIDE	PID 反馈断线
OL1	电机过载	PSF	相序故障
OL2	变频器过载	SPI	输入侧断相
OL3	电子过载	SPO	输出侧断相
OLF	工频风机电流过载	SPOF	工频风机三相电流不平衡
OUt1	逆变单元 U 相保护	STo	失调
OUt2	逆变单元 V 相保护	tE	电机自学习故障
OUt3	逆变单元 W 相保护	UPE	参数上传故障
OV1	加速运行过电压	UV	母线欠电压

★3.57.7 英威腾 Goodrive300-19 系列变频器故障信息与代码（见表 3-306）

表 3-306　英威腾 Goodrive300-19 系列变频器故障信息与代码

故障信息、代码	故障现象、类型	故障信息、代码	故障现象、类型	故障信息、代码	故障现象、类型
OUt1	逆变单元 U 相保护	OL2	变频器过载	UPE	参数上传错误
		SPI	输入侧断相	.DNE	参数下载错误
OUt2	逆变单元 V 相保护	SPO	输出侧断相	ETH1	对地短路故障 1
		OH1	整流模块过热	ETH2	对地短路故障 2
OUt3	逆变单元 W 相保护	OH2	逆变模块过热	dEu	速度偏差
		EF	外部故障	STo	失调
OV1	加速过电压	CE	RS485 通信故障	LL	电子欠载
OV2	减速过电压	ItE	电流检测故障	diS	变频器未使能
OV3	恒速过电压	tE	电机自学习故障	TbE	接触器反馈故障
OC1	加速过电流	EEP	EEPROM 操作故障	FAE	抱闸反馈故障
OC2	减速过电流	bCE	制动单元故障	TPF	转矩验证故障
OC3	恒速过电流	END	运行时间到达	STC	操作杆零位故障
UV	母线欠电压	OL3	电子过载	STEP	分级给定故障
OL1	电机过载	PCE	键盘通信错误	AdE	模拟量速度给定偏差

★3.57.8 英威腾 IPE200 系列变频器故障信息与代码（见表 3-307）

表 3-307　英威腾 IPE200 系列变频器故障信息与代码

故障信息、代码	故障现象、类型	故障信息、代码	故障现象、类型
bCE	制动单元故障	ETH	接地故障
CANE	CAN 总线通信故障	ItE	电流检测电路故障
CE	通信故障	LCD-E	LCD 键盘未接
EEP	EEPROM 读写故障	OC1	加速运行过电流
EF	外部故障	OC2	减速运行过电流
– END –	厂家设定时间到达	OC3	恒速运行过电流

（续）

故障信息、代码	故障现象、类型	故障信息、代码	故障现象、类型
OH1	整流模块过热	OV3	恒速运行过电压
OH2	逆变模块过热	PCDE	编码器反向
OH3	电机过温	PCE	编码器断线
OL1	电机过载	PCF	Profibus 通信故障
OL2	变频器过载	PIDE	PID 控制断线
OPSE	系统故障	PPCE	磁极位置检测故障
OUt1	逆变单元 U 相保护	SPI	输入侧断相
OUt2	逆变单元 V 相保护	SPO	输出侧断相
OUt3	逆变单元 W 相保护	TE	电机自学习故障
OV1	加速运行过电压	UV	母线欠电压
OV2	减速运行过电压		

☆☆☆ 3.58 正弦系列变频器 ☆☆☆

★3.58.1 正弦 A90 系列变频器故障信息与代码（见表 3-308）

表 3-308 正弦 A90 系列变频器故障信息与代码

故障信息、代码	故障现象、类型	故障信息、代码	故障现象、类型
E01	短路/EMC 干扰	E15	变频器存储器故障
E02	瞬时过电流	E16	通信故障
E03	瞬时过电压	E17	变频器温度传感器故障
E04	稳态过电流	E18	软启动继电器未吸合
E05	稳态过电压	E19	电流检测电路故障
E06	稳态欠电压	E20	失速
E07	输入断相	E21	PID 反馈断线
E08	输出断相	E24	自辨识故障
E09	变频器过载	E26	掉载
E10	变频器过热	E27	累计上电时间到达
E11	参数设置冲突	E28	累计运行时间到达
E13	电机过载	E57	管网超压
E14	外部保护		

★3.58.2 正弦 EM360 系列变频器故障信息与代码（见表 3-309）

表 3-309 正弦 EM360 系列变频器故障信息与代码

故障信息、代码	故障现象、类型	故障信息、代码	故障现象、类型
SC	短路/输出短路	HOU	瞬时过电压
HOC	瞬时过电流	SOU	稳态过电压
SOC	稳态过电流	SLU	稳态欠电压/软启动故障

（续）

故障信息、代码	故障现象、类型	故障信息、代码	故障现象、类型
ILP	输入断相	StP	自辨识取消
OL	过载/失速时间过长（OL 和 OLI 合并显示）	SFE	自辨识自由停车
OH	散热器过热	SrE	定子电阻异常
EHt	外部故障	SIE	空载电流异常
IПP	内部故障	ESt	PID 断线/SPI 故障/SCI 故障
EEd	变频器存储器故障	OLP	输出断相
EEU	键盘存储器故障	PUP	压力过高

★3.58.3 正弦 EM500 系列变频器故障信息与代码（见表 3-310）

表 3-310 正弦 EM500 系列变频器故障信息与代码

故障信息、代码	故障现象、类型	故障信息、代码	故障现象、类型
E11	参数设置冲突	E41	Profibus-DP IO 连接断线
E12	电机过热	E42	保留
E13	电机过载	E43	断料
E14	外部故障	E44	排线故障
E15	变频器存储器故障	E45	气压过压
E16	通信故障	E46	气压反馈断线
E17	变频器温度传感器故障	E47	油温过温
E18	软启动继电器未吸合	E48	油温反馈断线
E19	电流检测电路故障	E49	电机过温
E20	失速	E50	电机温度反馈断线
E21	PID 反馈断线	E51	机械维护时间到
E22	保留	E52 ~ E55	保留
E23	键盘存储器故障	E56	泵故障
E24	自辨识故障	E57	管网超压
E25	保留	E58	管网欠压
E26	掉载	E59	供水池缺水
E27	累计上电时间到达	E61	CANsinee 通信超时
E28	累计运行时间到达	HOC	瞬时过电流
E29	内部通信故障	HOU	瞬时过电压
E30 ~ E32	保留	ILP	输入断相
E33	CANopen 通信超时	OH	散热器过热
E34	DeviceNET 无网络电源	OL	变频器过载
E36	DeviceNET MACID 检测错误	OLP	输出断相
E37	DeviceNET IO 通信超时	SC	短路/EMC 故障
E38	DeviceNET IO 映射错误	SLU	稳态欠电压
E39	Profibus-DP 参数化数据错误	SOC	稳态过电流
E40	Profibus-DP 配置数据故障	SOU	稳态过电压

★3.58.4 正弦 EM600L 系列变频器故障信息与代码（见表3-311）

表3-311 正弦 EM600L 系列变频器故障信息与代码

故障信息、代码	故障现象、类型	故障信息、代码	故障现象、类型
E11	参数设置冲突	E42	RTC 时钟故障
E12	电机过热	E43	应急运行超速
E13	电机过载	E44	速度偏差过大
E14	外部故障	E45	运行接触器故障
E15	变频器存储器故障	E46	抱闸接触器故障
E16	通信故障	E47	触点粘连
E17	变频器温度传感器故障	E49	上强减故障
E18	软启动继电器未吸合	E50	下强减故障
E19	电流检测电路故障	E51	封星接触器故障
E20	失速	HOC	瞬时过电流
E21	PID 反馈断线	HOU	瞬时过电压
E22	编码器故障	ILP	输入断相
E23	键盘存储器故障	OH	散热器过热
E24	自辨识故障	OL	变频器过载
E25	电机超速保护	OLP	输出断相
E26	掉载保护	SC	短路/EMC 故障
E27	累计上电时间到达	SLU	稳态欠电压
E28	累计运行时间到达	SOC	稳态过电流
E29	内部通信故障	SOU	稳态过电压

361

★3.58.5 正弦 EM610 系列变频器故障信息与代码（见表3-312）

表3-312 正弦 EM610 系列变频器故障信息与代码

故障信息、代码	故障现象、类型	故障信息、代码	故障现象、类型
E11	参数设置冲突	E27	累计上电时间到达
E12	电机过热	E28	累计运行时间到达
E13	电机过载	E29	内部通信故障
E14	外部故障	E30 ~ E32	保留
E15	变频器存储器故障	E43	开环转矩断料
E16	通信故障	HOC	瞬时过电流
E17	变频器温度传感器故障	HOU	瞬时过电压
E18	软启动继电器未吸合	ILP	输入断相
E19	电流检测电路故障	OH	散热器过热
E20	失速	OL	变频器过载
E21	PID 反馈断线	OLP	输出断相
E22	编码器故障	SC	短路/EMC 故障
E23	键盘存储器故障	SLU	稳态欠电压
E24	自辨识故障	SOC	稳态过电流
E25	电机超速	SOU	稳态过电压
E26	掉载		

★3.58.6 正弦 EM630 系列变频器故障信息与代码（见表 3-313）

表 3-313 正弦 EM630 系列变频器故障信息与代码

故障信息、代码	故障现象、类型	故障信息、代码	故障现象、类型
E11	参数设置冲突	E28	累计运行时间到达
E12	电机过热	E29	内部通信故障
E13	电机过载	E30	制动器传感器故障
E14	外部故障	E31	操纵杆未归零
E15	变频器存储器故障	E32	启动检查故障
E16	通信故障	HOC	瞬时过电流
E17	变频器温度传感器故障	HOU	瞬时过电压
E18	软启动继电器未吸合	ILP	输入断相
E19	电流检测电路异常	OH	散热器过热
E20	失速	OL	变频器过载
E22	编码器故障	OLP	输出断相
E23	键盘存储器故障	SC	短路/EMC 故障
E24	自辨识故障	SLU	稳态欠电压
E25	电机超速保护	SOC	稳态过电流
E27	累计上电时间到达	SOU	稳态过电压

★3.58.7 正弦 EM660 系列变频器故障信息与代码（见表 3-314）

表 3-314 正弦 EM660 系列变频器故障信息与代码

故障信息、代码	故障现象、类型	故障信息、代码	故障现象、类型
E01	短路/EMC 干扰	E20	失速
E02	瞬时过电流	E21	PID 反馈断线
E03	瞬时过电压	E22	编码器故障
E04	稳态过电流	E23	键盘存储器故障
E05	稳态过电压	E24	自辨识异常
E06	稳态欠电压	E25	电机超速
E07	输入断相	E26	掉载
E08	输出断相	E27	累计上电时间到达
E09	变频器过载	E28	累计运行时间到达
E10	变频器过热	E29	内部通信故障
E11	参数设置冲突	E33	CANopen 通信超时
E12	电机过热	E34	DeviceNET 无网络电源
E13	电机过载	E35	DeviceNET BUS- OFF
E14	外部保护	E36	DeviceNET MACID 检测故障
E15	变频器存储器故障	E37	DeviceNET IO 通信超时
E16	通信故障	E38	DeviceNET IO 映射故障
E17	变频器温度传感器故障	E39	Profibus-DP 参数化数据故障
E18	软启动继电器未吸合	E40	Profibus-DP 配置数据故障
E19	电流检测电路故障	E41	Profibus-DP IO 连接断线

★3.58.8　正弦 EM730、EM730E 系列变频器故障信息与代码（见表 3-315）

表 3-315　正弦 EM730、EM730E 系列变频器故障信息与代码

故障信息、代码	故障现象、类型	故障信息、代码	故障现象、类型
E01	短路保护	E16	通信故障
E02	瞬时过电流	E17	变频器温度传感器
E04	稳态过电流	E19	电流检测电路故障
E05	过电压	E20	失速
E06	欠电压	E21	PID 反馈断线
E07	输入断相	E24	自辨识故障
E08	输出断相	E26	掉载
E09	变频器过载	E27	累计上电时间到达
E10	变频器过热	E28	累计运行时间到达
E11	参数设置冲突	E44	排线故障
E13	电机过载	E57	管网超压
E14	外部保护	E58	管网欠压
E15	变频器存储器故障	E76	对地短路

★3.58.9　正弦 M100 系列变频器故障信息与代码（见表 3-316）

363

表 3-316　正弦 M100 系列变频器故障信息与代码

故障信息、代码	故障现象、类型	故障信息、代码	故障现象、类型
E01	短路/EMC 干扰	E15	变频器存储器故障
E02	瞬时过电流	E16	通信故障
E03	瞬时过电压	E17	变频器温度传感器故障
E04	稳态过电流	E18	软启动继电器未吸合
E05	稳态过电压	E19	电流检测电路故障
E06	稳态欠电压	E20	失速
E07	输入断相	E21	PID 反馈断线
E08	输出断相	E24	自辨识故障
E09	变频器过载	E26	掉载
E10	变频器过热	E27	累计上电时间到达
E11	参数设置冲突	E28	累计运行时间到达
E13	电机过载	E57	管网超压
E14	外部保护		

☆☆☆ 3.59 中颐、众辰系列变频器 ☆☆☆

★3.59.1 中颐 ZYV6 系列变频器故障信息与代码（见表 3-317）

表 3-317 中颐 ZYV6 系列变频器故障信息与代码

故障信息、代码	故障现象、类型	故障信息、代码	故障现象、类型	故障信息、代码	故障现象、类型
E-01	加速 运行中过电流	E-11	功率模块故障	E-25	电压反馈断线
		E-12	输入侧断相	E-26	运行限制时间到达
E-02	减速 运行中过电流	E-13	输出侧断相或电流不平衡	E-27	该处理器通信故障（保留）
E-03	恒速 运行中过电流	E-14	输出对地短路故障（保留）	E-28	编码器断线（保留）
				E-29	速度偏差过大（保留）
E-04	加速 运行中过电压	E-15	散热器过热 1	E-30	过速度（保留）
		E-16	散热器过热 2	E-00	表示无故障代码
E-05	减速 运行中过电压	E-17	RS485 通信故障	A-09	变频器过载预告警
		E-18	键盘通信故障	A-17	RS485 通信故障告警
E-06	恒速 运行中过电压	E-19	外部设备故障	A-18	键盘通信故障告警
		E-20	电流检测错误	A-21	电机调谐告警
E-07	母线欠电压	E-21	电机调谐故障	A-22	EEPROM 读写故障告警
E-08	电机过载	E-22	EEPROM 读写故障		
E-09	变频器过载	E-23	参数复制出错	A-24	PID 反馈断线告警
E-10	变频器掉载	E-24	PID 反馈断线	A-00	表示无告警

★3.59.2 众辰 H2000 系列变频器故障信息与代码（见表 3-318）

表 3-318 众辰 H2000 系列变频器故障信息与代码

故障信息、代码	故障现象、类型	故障信息、代码	故障现象、类型
0C0/UC0	变频器停机时过电流	LU3	运行中低电压
0C3/UC3	运行中过电流	OC1/UC1	加速中过电流
0U0	变频器停机时过电压	OC2/UC2	减速中过电流
20	4～20mA 断线	OH0	未运行变频器过热
CO	通信出错	OH2	减速中变频器过热
Err	错误参数组	OH3	运行中变频器过热
ES	紧急停车	OH1	加速中变频器过热
LU0	变频器待机时低电压、欠电压	OL0 OL1 OL2 OL3	变频器过载（A 型机：150%60s）
LU1	变频器加速时低电压		
LU2	减速中低电压		

（续）

故障信息、代码	故障现象、类型	故障信息、代码	故障现象、类型
OT0	未运行电机过转矩	OU1	变频器加速中过电压
OT1	加速中电机过载	OU2	减速中过电压
OT2	减速中电机过载	OU3	变频器运行过电压
OT3	运行中电机过载	Pr	参数设置错误

☆☆☆　3.60　紫日系列变频器　☆☆☆

★3.60.1　紫日 ZVF200-M 系列变频器故障信息与代码（见表3-319）

表3-319　紫日 ZVF200-M 系列变频器故障信息与代码

故障信息、代码	故障现象、类型	故障信息、代码	故障现象、类型	故障信息、代码	故障现象、类型
oc	变频器侦测输出侧有异常突增的过电流	ocA	加速中过电流	cF3	变频器侦测线路异常
ou	变频器侦测内部直流高压侧有过电压	ocd	减速中过电流	GFF	接地保护或输出短路故障
oH	变频器侦测内部温度过高	ocn	运转中过电流	cFA	自动加/减速模式失败
Lu	变频器侦测内部直流高压侧电压过低	EF	外部多功能输入端子设定外部异常（EF）时，变频器停止输出	HPF	变频器硬件保护线路异常
oL	变频器侦测输出超过可承受的电流耐量150%的变频器额定电流60s	cF1	内部存储器IC资料写入异常	HPF.	变频器硬件保护线路异常
oL1	内部电子热动继电器保护，电机负载过大	cF2	内部存储器IC资料读出异常	HPF.	变频器硬件保护线路异常
oL2	电机负载太大	cF3	变频器侦测线路异常	HPF	变频器硬件保护线路异常
bb	外部多功能输入端子设定此功能时，变频器停止输出	cF3	变频器侦测线路异常	PHL	断相
		cF.3	变频器侦测线路异常	codE	软件保护启动
				FbE	PID反馈信号异常

365

★3.60.2 紫日 ZVF300、ZVF330 系列变频器故障信息与代码（见表 3-320）

表 3-320 紫日 ZVF300、ZVF330 系列变频器故障信息与代码

故障信息、代码	故障现象、类型	故障信息、代码	故障现象、类型	故障信息、代码	故障现象、类型
ocA	加速运行中过电流	CE-4	面板通信故障	ERR2	数据下载错误
ocd	减速运行中过电流	Lu	运行欠电压	oL2	变频器过载
ocn	稳速运行中过电流	LP	输入侧断相	EF	外部设备故障
ouA	加速运行中过电压	SPO	输出侧断相	ItE	电流检测错误
oud	减速运行中过电压	SC	功率模块故障	tE	电机自学习故障
oun	稳速运行中过电压	oH1	散热器过热	EEP	EEPROM 读写故障
ouS	停机时过电压	oL1	电机过载	PIdE	PID 反馈断线
CE-1	RS485 通信故障	ERR1	数据上传错误	dCE	主芯片故障

★3.60.3 紫日 ZVF600 系列变频器故障信息与代码（见表 3-321）

表 3-321 紫日 ZVF600 系列变频器故障信息与代码

故障信息、代码	故障现象、类型	故障信息、代码	故障现象、类型	故障信息、代码	故障现象、类型
ocA	加速运行中过电流	CE-4	面板通信故障	EF	外部设备故障
ocd	减速运行中过电流	Lu	运行欠电压	ItE	电流检测错误
ocn	稳速运行中过电流	LP	输入侧断相	tE	电机自学习故障
ouA	加速运行中过电压	SPO	输出侧断相	EEP	EEPROM 读写故障
oud	减速运行中过电压	SC	功率模块故障	PIdE	PID 反馈断线
oun	稳速运行中过电压	oH1	散热器过热	dCE	主芯片故障
ouS	停机时过电压	oL1	电机过载		
CE-1	RS485 通信故障	oL2	变频器过载		

第**4**章

检修与维护

☆☆☆ 4.1 检修与维护的实战 ☆☆☆

★4.1.1 变频器驱动电路损坏的原因

变频器驱动电路损坏的原因有：

1）U、V、W 三相无输出。

2）U、V、W 三相输出不平衡。

3）U、V、W 三相输出平衡，但在低频时抖动。

4）起动报警。

5）快速熔断器开路。

6）IGBT 逆变模块损坏。

★4.1.2 变频器驱动电路好坏的检修技巧

如果变频器驱动电路异常，则不可以加载 IGBT。因此，加载 IGBT 时，需要检测变频器驱动电路是否正常。判断变频器驱动电路是否正常的方法与要点如下：

1）检查阻值与波形。检查变频器驱动电路输出端的阻值，如果几路输出端的阻值基本相同，则说明驱动电路可能是好的。另外，还需要检测波形，正常情况下几路输出端的波形是一致的。

2）观察现象。变频器驱动电路如果存在打火痕迹，则需要排除打火原因。

★4.1.3 变频器开关电源主要检修部位

变频器开关电源主要检修部位见表 4-1。

表 4-1 变频器开关电源主要检修部位

部 位	原 因	部 位	原 因
整流电路	击穿、断路等	开关变压器	绕组短路
滤波电路电容	损坏	开关变压器二次输出绕组的整流滤波元件	鼓包、损坏、短路等
平衡电阻	异常		
降压电阻	烧断、阻值增大失效等	吸收回路	不正常
开关管	b-e 结、c-e 结击穿短路等	PWM 管理芯片	不正常

★4.1.4 变频器一些电路损坏的原因

变频器一些电路损坏的原因见表4-2。

表4-2 变频器一些电路损坏的原因

电路	损坏原因
空载输出电压正常，带载后显示过载、过电流	参数设置不当、驱动电路老化、模块损伤
逆变模块损坏	电动机损坏、电缆损坏、驱动电路故障
起动显示过电流	驱动电路损坏、逆变模块损坏
上电后显示过电流、接地短路	电流检测电路损坏，如霍尔元件、运算放大器等损坏
上电后显示过电压、欠电压	输入断相、电路老化、电路板受潮
上电无显示	开关电源损坏、软充电电路损坏
整流模块损坏	电网电压异常、内部短路

★4.1.5 变频器过电流现象的特点

变频器过电流现象的特点见表4-3。

表4-3 变频器过电流现象的特点

种类	现象的特点	原因
过电流严重	重新起动时，一升速就跳闸	机械部位有卡住现象、逆变模块损坏、负载短路、电动机转矩过小等
	上电就跳闸，一般不能复位	驱动电路损坏、模块损坏、电流检测电路损坏等
过电流不太严重	重新起动时并不立即跳闸，而是在加速时跳闸	电流上限设置太小、加速时间设置太短、转矩补偿（U/f）设定较高等

★4.1.6 变频器过电流故障的原因

变频器出现过电流故障的原因：变频器本身原因、外部原因。具体的一些原因见表4-4。

表4-4 变频器过电流故障的原因

类型	原　因
变频器本身原因	变频器本身原因包括以下一些情况： 1) 参数设定问题 2) 速度环的自适应自动调整 PID 参数，从而使变频器输出电动机电流平稳 3) 电流互感器损坏 4) 有腐蚀性气体，使电路被腐蚀 5) 存在导电性固体颗粒附着在电路板上，引发静电损坏 6) 接地不良 7) 连接插件不紧、不牢 8) 负载不稳定 9) 电路板的零电位与机壳连在一起影响电路板的性能 10) 逆变模块运行电流大，CPU 实施快速停机保护 11) 变频器输出端的电流互感器采集到急剧上升的异常电流，由电压比较器或由 CPU 内部电路输出一个过电流信号，通知 CPU 实施快速停机保护

类型	原 因
变频器本身原因	12）驱动 IC、电流采样电路异常，变频器误报过电流故障 13）主直流回路电压检测电路损坏 14）驱动电路的电源供电电容失效造成驱动不足，使 CPU 接收到 IGBT 管压降过大的过电流信号 15）IGBT 已经或正在发生短路或开路性损坏，引发过电流故障 16）变频器模块内的质量缺陷、器件老化等，引发过电流故障 17）变频器 U/f 曲线中的参数不对 18）使用的电动机容量超过变频器容量 19）变频器输出电路损坏 20）机械部位有卡住 21）逆变模块损坏
变频器外部原因	变频器外部原因包括以下一些情况： 1）电动机负载突变，引起过大冲击造成过电流 2）电动机与电动机电缆相间或每相对地的绝缘破坏，造成匝间或相间对地短路而导致过电流 3）装有测速编码器时，速度反馈信号丢失或非正常时引起过电流 4）过电流与电动机的漏抗、电动机电缆的耦合电抗有关 5）变频器输出侧的功率因数校正电容或浪涌吸收装置异常引起过电流 6）变频器负载侧出现电动机堵转等异常过载现象引起过电流 7）负载短路 8）电动机的转矩过小

★4.1.7 变频器显示过电流 OC 的检修流程

变频器显示过电流 OC 的检修流程如图 4-1 所示。

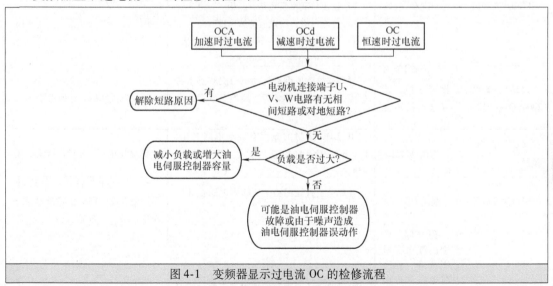

图 4-1 变频器显示过电流 OC 的检修流程

★4.1.8 风机起动时，变频器检出过电流失速的维修方法

风机起动时，变频器检出过电流失速的维修方法如下：

1）起动时，风机处于转动无序状态，则可以通过设置起动时直流制动来解决问题。

变频器维修手册

2）已经设定起动时直流制动，则可以增大直流制动值来解决问题。

★4.1.9 变频器显示过电流 OC 的维修实例

变频器显示过电流 OC 的维修实例见表 4-5。

表 4-5 变频器显示过电流 OC 的维修实例

型号	现象	分析与检修过程	处理
BELTRO-VERT 2.2kW 变频器	通电就显示 OC，并且不能复位	首先检查逆变模块，发现没有问题。其次检查驱动电路，也发现没有异常现象。于是检测过电流信号处理电路，发现传感器异常	更换传感器后带负载实验，一切正常
	发现显示 OC	可能是逆变模块、驱动电路、传感器损坏等引起的，经检查，发现是逆变模块损坏引起的	更换逆变模块后，一切正常
LG-IS3-4 3.7kW 变频器	一起动就显示 OC	首先在线检测 IGBT（7MBR25NF-120），发现没有问题，于是拆下 IGBT，测量 7 个单元的大功率晶体管，开通与关闭都很好。测量上半桥的驱动电路时，发现有一路与其他两路有明显区别。最后检查出一只光电耦合器 A3120 输出脚与电源负极短路	更换光电耦合器 A3120，并且检测发现三路驱动电路阻值基本一样，然后接上 IGBT 后试机，一切正常
LG-LS 变频器	出现 OC 故障	出现 OC 故障原因有加/减速时间等参数设置错误、大功率模块损坏等。大功率模块损坏的主要原因如下： 1）输出负载发生短路、断相 2）负载过大，大电流持续出现 3）负载波动很大，导致浪涌电流过大，可能引起 OC 报警，损坏功率模块	更换大功率模块后，变频器恢复正常
TAIAN N2 系列 220V 级变频器	出现 OC-A 报警故障，造成电动机不能运行	可能的故障原因有电动机与变频器本身故障、连接电缆异常等。经检查发现是电缆线故障	更换电缆线后，一切正常
Z024 系列变频器	出现 OC 故障	引起 OC 故障的原因有驱动电路老化、IPM 损坏等。经检查发现是 IPM 故障引起的	更换 IPM 后，变频器恢复正常
阿尔法变频器	显示 OC	发现是主直流回路电压检测电路损坏引起的	经过分压电阻得到一个 3V 电压，使直流回路电压检测电路电压稳定后，一切正常
阿尔法小功率变频器	多在起、停操作过程中跳 OC 故障，但有时也在运行中跳 OC 故障；有时又好了，能运行长短不一的一段时间，又开始频繁跳 OC 故障	可能的故障原因有硬件保护电路、供电电路异常。经检查，发现是 CPU 供电电压不稳定造成的	调整 CPU 的 5V 供电稳定后，一切正常

（续）

型号	现象	分析与检修过程	处理
安川 616G5 5.5kW 变频器	显示 OC	如果是"假"过电流现象，则电流检测电路异常较常见。经检查，发现是二极管 T23 异常引起的	更换 T23 后，一切正常
某品牌变频器	一起动就跳停，显示 OC1	显示 OC1 为加速时过电流，因此，怀疑是电动机异常所致	更换电动机后，一切正常
三肯 VM05 7.5kW 变频器	显示 OCA	怀疑是逆变模块老化引发该故障	更换逆变模块后，一切正常
三菱 75kW 变频器	显示 OC	发现是 IGBT 烧毁、触发电路烧毁引起的故障	更换烧毁件后，一切正常
三菱 A200 系列变频器	出现 OC 故障	引起 OC 故障原因有驱动电路损坏、光电耦合器异常等	更换光电耦合器后，变频器恢复正常
台安 N2 系列变频器	出现 OC 故障	原因有电动机故障、加速时间过短、检测 CT 损坏、IPM 损坏、光电耦合器损坏、霍尔传感器损坏等。发现该故障是 IPM 模块损坏引起的	更换 IPM 后，变频器恢复正常
台达 DVP-1 22kW 变频器	显示 OC	发现是驱动电路中场效应晶体管 DQ4、DQ10 异常引起的	更换 DQ4、DQ10 后，一切正常
台达 VFD-A 1.5kW 变频器	显示 OC-A	驱动电路滤波电容异常，也常引发该类故障	更换滤波电容后，一切正常
西门子 MM440 37kW 变频器	显示 F0001（过电流）	如果是"假"过电流现象，则电流检测电路异常较常见。经检查，发现该故障是光电耦合器 7800 损坏引起的	更换光电耦合器 7800 后，一切正常

★4.1.10 变频器上电无显示故障的维修

变频器上电无显示主要是整流模块异常、电源卡（驱动卡）异常、控制卡异常所致，具体见表 4-6。

表 4-6 检修变频器上电无显示故障

现象	原因
开关电源会工作，变频器没有显示	整流模块损坏
电源卡上直流电压正常，开关电源不工作，负载无电压	一般需要检修电源板
开关电源板上各路负载电压正常，变频器没有显示	一般是控制卡损坏

371

★4.1.11 变频器接地故障的维修

检修变频器接地故障，需要通过排除引发接地故障的一些因素来判断，具体见表 4-7。

表 4-7 检修变频器接地故障

因素	原因
温度因素	1）温升较小 2）温度上升到一定幅值时，停机保护
电流因素	1）严重过电流或短路状态 2）轻、中度过电流状态

(续)

因素	原　因
电压因素	1）IGBT 驱动电压低落，导致 IGBT 模块损坏 2）供电电压波动 3）供电电压过低 4）IGBT 模块的供电电压过高
其他因素	1）驱动电路异常 2）控制电路异常 3）检测电路异常 4）电动机绝缘性能差

★4.1.12　变频器过热的原因

变频器显示过热主要是由周围温度过高、温度传感器性能不良、电动机过热、风机堵转、散热片异常、热继电器损坏、散热风扇异常、相关插座与引线损坏或者异常等原因引起的。

★4.1.13　变频器显示过热 OH 的检修流程

变频器显示 OH（过热故障）的维修方法如下：首先按下复位按键，看 OH 代码能否消失，如果消失一下又显示出来，或者无法消失，则说明此时变频器处于故障锁定状态。变频器显示过热故障 OH 的检修流程如图 4-2 所示。

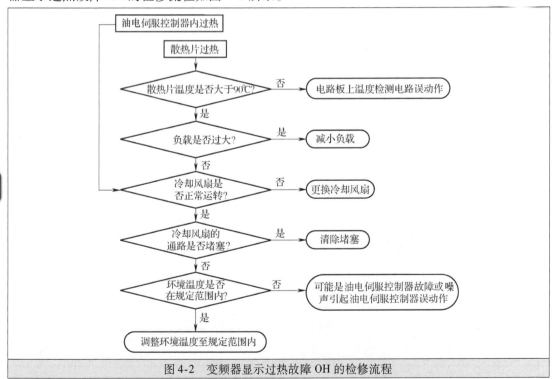

图 4-2　变频器显示过热故障 OH 的检修流程

★4.1.14　变频器显示过热 OH 的维修实例

变频器显示过热 OH 的维修实例见表 4-8。

表 4-8　变频器显示过热 OH 的维修实例

型号	现象	分析与检修过程	处理
ABB　ACS500 22kW 变频器	显示 OH	周围温度过高、风机堵转、温度传感器性能不良、电动机过热、温度传感器损坏、风机转动缓慢、防护罩里面堵满了很多棉絮等均会引发该故障	结果发现是堵满了很多棉絮引起的故障，把棉絮清除后故障排除
ABB　变频器	运行半小时左右显示 OH	运行半小时才出故障，因此，温度传感器异常可能性不大。拆机后发现里面堆积一些杂物	清除里面的杂物后，上电试机，一切正常
安川　616G5 2.2kW 变频器	显示 OH	过热检测电路异常会引起该故障	更换热敏电阻后，故障排除
安川 676GL5 变频器	显示 OH1 故障	经检查是风扇 MMF-06D24DS 损坏所致	更换冷却风扇后，故障排除
某品牌变频器	清扫变频器后显示 OH2	发现是 THR 与 CM 间的短接片松动	把 THR 与 CM 间的短接片调整后，上电试机，一切正常
	夏季使用变频器显示 OH1	夏季使用变频器显示 OH1，一般是室内环境温度高、变频器内部风扇损坏引起的	对室内环境进行制冷降温后，故障排除
佳灵　JP6C-9 11kW 变频器	显示 OH	热敏传感器异常会引发该故障	更换热敏传感器后，故障排除
台达　VFP-F 30kW 变频器	显示 OH	冷却风扇异常会引发该故障	更换冷却风扇后，故障排除

★4.1.15　电动机过热的维修方法

电动机过热的维修方法如下：

1）故障是负载太大引起的，则可以通过增大电动机容量来解决问题。

2）故障是环境温度太高引起的，则可以通过降低电动机周围温度来解决问题。

3）故障是电动机的相间耐压不足引起的，则可以通过更换电动机来解决问题。

★4.1.16　变频器显示过电压 OV、OU 的原因

变频器显示过电压 OV、OU 主要是由减速时间太短、制动电阻异常、制动单元异常等原因引起的。

★4.1.17　变频器过电压类故障的特点

变频器的过电压集中表现在直流母线的支流电压上。正常情况下，变频器直流电为三相全波整流后的平均值。过电压类故障有发电过电压、输入交流电源过电压。其中，发电过电压主要是电动机的实际转速比同步转速还高，使电动机处于发电状态，而变频器又没有安装制动单元；输入交流电源过电压主要是指输入电压超过正常范围，一般在负载较轻时电压升高或降低而线路出现故障。

★4.1.18　变频器显示过电压 OV、OU 的维修实例

变频器显示过电压 OV、OU 的维修实例见表 4-9。

373

表 4-9 变频器显示过电压 OV、OU 的维修实例

型号	现象	分析与检修过程	处理
安川 616PC5 3.7kW 变频器	显示 OV	一般需要检查取样电路、放大电路等，结果发现分压电阻异常	更换分压电阻后，上电试机，一切正常
台安 N2 系列 3.7kW 变频器	停机时显示 OU	变频器在减速时，电动机转子绕组切割旋转磁场速度加快，转子的电动势和电流增大，使电动机处于发电状态，回馈的能量通过逆变环节中与大功率开关管并联的二极管流向直流环节，使直流母线电压升高所致。经检查发现制动回路的放电电阻正常，而制动管 ET191 异常	更换制动管 ET191 后，上电试机，一切正常
	显示 OU	发现是放电电阻损坏、制动管（ET191）击穿所引起的	更换放电电阻、制动管后，上电试机，一切正常
西门子 MM440 11kW 变频器	显示 F0002	一般需要检查取样电路、放大电路等，结果发现运算放大器 TL082 异常	更换 TL082 后，上电试机，一切正常

★4.1.19 变频器显示欠电压 LV、Uu 的原因

变频器显示欠电压 LV、Uu 是由主回路电压太低、整流桥某一路损坏、主回路接触器损坏、电压检测电路异常等原因引起的。

★4.1.20 变频器显示欠电压 LV、LU、Uu 的维修实例

变频器显示欠电压 LV、LU、Uu 的维修实例见表 4-10。

表 4-10 变频器显示欠电压 LV、LU、Uu 的维修实例

型号	现象	分析与检修过程	处理
CT 18.5kW 变频器	上电跳 Uu	经检测，整流桥充电电阻是好的。但发现上电后没有听到接触器动作声，于是检查接触器、控制回路、电源电路，发现 LM7824 稳压管已经损坏	更换 LM7824 后，上电试机，一切正常
丹佛斯 VLT5004 变频器	上电显示正常，但是加负载后显示 DC LINK UNDERVOLT（直流回路电压低）	检查充电回路、接触器、整流桥、电容等，发现整流桥有一路桥臂开路	更换整流桥后，上电试机，一切正常
某品牌变频器	变频器频率调到 15Hz 以上，出现 LU	出现 LU 是整流电压不足引起的，最后发现电源断相	改正断相后，故障排除
富士 FVR150G7S 2.2kW 变频器	显示 LU	电压取样电路异常会引发该故障	更换分压电阻 R17 后，故障排除
日立 SJ300V 5.5kW 变频器	显示 03（欠电压）	取样电路相连的光电耦合器异常会引发该故障	更换光电耦合器后，故障排除
三菱 A200 系列变频器	出现 LV 故障	故障原因有母线检测电路异常、印制电路板线路异常等	焊好印制电路板线路后，变频器恢复正常
三菱 A500 系列变频器	出现 UV 故障	故障原因有整流回路异常等	更换整流块后，变频器恢复正常
松下 DV707 系列变频器	出现 LV 故障	故障原因有外部电源问题、检测电路损坏、光电耦合器损坏、主控制板损坏等	更换检测电阻后，试机，变频器恢复正常

（续）

型号	现象	分析与检修过程	处理
西门子 MM420 7.5kW 变频器	显示 F0003（欠电压）	取样电路取样电压缓冲电容异常会引发该故障	更换缓冲电容 C31 后，故障排除
西门子 MM440 22kW 变频器	显示 F0003（欠电压）	取样电路取样电压的信号路径上的元器件异常会引发该故障	更换缓冲电容、HC-PL788 后，故障排除

★4.1.21 变频器显示 OV、LV 故障的检修流程

变频器显示 OV、LV 故障时的检修流程如图 4-3 所示。

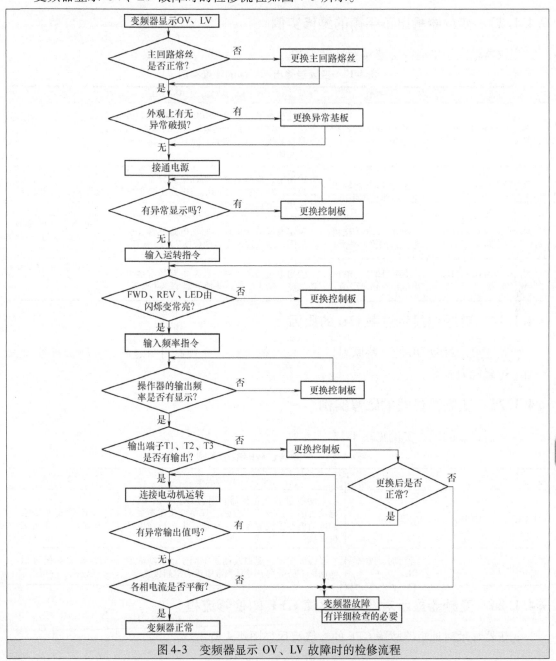

图 4-3 变频器显示 OV、LV 故障时的检修流程

375

★4.1.22　变频器输出不平衡的表现与原因

变频器输出不平衡的表现与原因见表4-11。

表4-11　变频器输出不平衡的表现与原因

项　目	内　容
输出不平衡的常见表现	电动机抖动，转速不稳
原因	驱动电路损坏、模块损坏、电抗器损坏等

★4.1.23　变频器输出不平衡的维修实例

变频器输出不平衡的维修实例见表4-12。

表4-12　变频器输出不平衡的维修实例

型号	现象	分析与检修过程	处理
富士 G9S 11kW 变频器	输出电压大约相差100V	在线检查逆变模块6MBI50N-120发现没有问题，再测量6路驱动电路也发现没有问题。于是将其模块拆下测量，发现有一路上桥大功率晶体管已经损坏	更换大功率晶体管后，上电试机，一切正常
西门子 MM420 11kW 变频器	显示 F231（输出电流检测值不平衡）	输出电流检测电路、驱动电路异常会引发该故障，结果发现驱动电路中产生负值电压的稳压二极管损坏	更换损坏的稳压二极管后，上电试机，一切正常
西门子 MMV6SE3222 11kW 变频器	显示 F231（输出电流检测值不平衡）	输出电流检测电路、驱动电路异常会引发该故障，结果发现光电耦合器7800A损坏	更换损坏的7800A后，上电试机，一切正常
西门子 MMV6SE3226 37kW 变频器	显示 F231（输出电流检测值不平衡）	输出电流检测电路、驱动电路异常会引发该故障，结果发现运算放大器TL084损坏	更换损坏的TL084后，上电试机，一切正常

★4.1.24　变频器显示过载 OL 的原因

变频器显示过载 OL 的一些原因如下：电动机过载、变频器自身过载、变频器参数设置不当、过载能力差等。

★4.1.25　变频器过载的维修实例

变频器过载的维修实例见表4-13。

表4-13　变频器过载的维修实例

型号	现象	分析与检修过程	处理
LG IH55kW 变频器	显示 OL	电动机过载、变频器自身过载。一般来讲，电动机由于过载能力较强，只要变频器参数表的电动机参数设置得当，一般不大会出现电动机过载	正确设定参数后，上电试机，一切正常
LG 变频器	运行时经常显示 OL	经咨询用户，现在改用了不同于以前功率的电动机上的应用，并且参数也没有重新设置过	参数重新设置后，上电试机，一切正常

★4.1.26　变频器显示对地短路故障 GFF 的检修流程

变频器显示对地短路故障 GFF 的检修流程如图4-4所示。

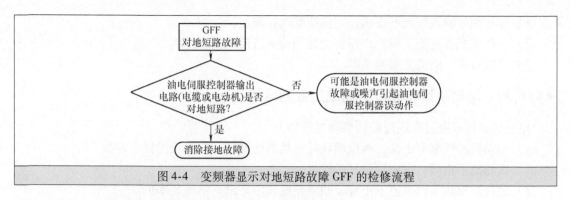

图 4-4　变频器显示对地短路故障 GFF 的检修流程

★4.1.27　变频器显示电源欠相 PHL 的检修流程

变频器显示电源欠相 PHL 的检修流程如图 4-5 所示。

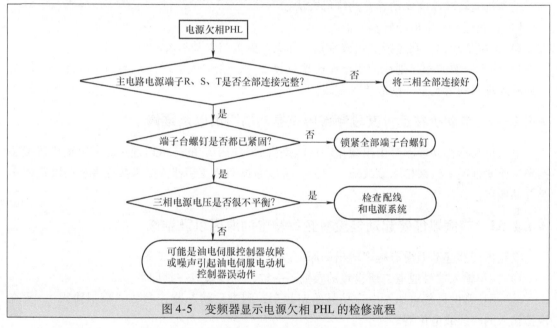

图 4-5　变频器显示电源欠相 PHL 的检修流程

★4.1.28　变频器起动干扰其他控制装置的维修

变频器起动干扰其他控制装置的维修方法如下：

1）可以通过降低载波频率，减少内部开关动作的次数来避免干扰其他控制装置。

2）可以在变频器的电源输入侧设置噪声滤波器，从而避免干扰其他控制装置。

3）可以在变频器的输出侧设置噪声滤波器，从而避免干扰其他控制装置。

4）变频器与电动机需要正确接地。

5）电缆的外面应套上金属管，去进行屏蔽。

6）主回路接线与控制线应分别走线，从而避免干扰其他控制装置。

★4.1.29　电动机运转无法变速的维修

电动机运转无法变速的维修方法如下：

1）模拟频率输入配线不正确，则需要配线正确。

2）运转模式设定不正确，则需要把操作器运转模式设定正确。

3）负载过重，则需要减轻负载。

★4.1.30 电动机运转速度过高或过低的维修

电动机运转速度过高或过低的维修方法如下：

1）电动机的规格不正确，则应确认好电动机的规格，并且正确设定参数。

2）齿轮比不正确，则应调整好齿轮比。

3）最高输出频率设定值不正确，则应正确设定好最高输出频率值。

★4.1.31 电动机运转时速度变动异常的维修

电动机运转时速度变动异常的维修方法如下：

1）负载过重，则应减轻负载。

2）负载变动大，则应减少负载变动、加大变频器与电动机容量。

3）输入电源欠相，则在使用单相规格的情况下，在输入电源侧加装 AC 电抗器。使用三相输入规格的情况下，则应检查配线。

★4.1.32 电动机在运行某段频率中有振动的原因以及维修

电动机在运行某段频率中出现振动可能是机械共振引起的。可以通过调节电动机机械连接螺钉松紧程度一致来排除该故障。另外，可以通过调节变频器 U/f 参数或者利用跳跃频率避开共振点。

★4.1.33 变频器能够起动但没有频率输出的原因以及维修

变频器能够起动但没有频率输出的原因以及该故障排除方法如下：

1）频率输入信号通道与所设置的参数不一致，则设置成一致即可。

2）不正常的外部电压、电流信号给定频率，则查看状态监控参数"模拟输入"，检查模拟输入的接线或电位器。

★4.1.34 按下运行键，电动机不转故障的维修

按下运行键，电动机不转的一些维修方法如下：

1）运行方式设定错误，则需要改正运行方式。

2）频率指令太低或没给定，则需要重新设定。

3）外围接线错误，如二线制、三线制接线及有关参数设定有误，则需要重新设定。

4）多功能输入端子设定错误（在外控情况下），则需要重新设定。

5）变频器在故障保护状态，则检查是否存在故障。

6）电动机故障，则需要检查电动机。

7）变频器本身故障，则需要维修变频器。

8）电源电压是否正常投入，则需要检查电源。

9）输出端子 T1、T2、T3 是否有电压输出，则需要检查输出端。

10）负载过重，造成电动机堵死，则需要减轻负载使电动机可以运转。

11）变频器正/反转运转指令错误，则需要正确设定。

12）模拟频率设定值没有输入，则需要检查模拟频率输入信号配线等情况。

★4.1.35 变频器参数不能设定故障的维修

变频器参数不能设定的故障维修方法如下：

1）密码锁定，则需要解密后再设定。

2）变频器运行中，则需要等停转后设定。

3）接插件连接异常，数字操作器通信异常，则需要断电后将操作器取下，重装上去试一下。

★4.1.36 电动机旋转方向相反的维修

电动机旋转方向相反的故障维修方法如下：

1）电动机输出线接线错误，则需要将 U、V、W 中的任意两根线对调。

2）输出端子 T1、T2、T3 配线不正确，则需要把输出端子配线与电动机的 U、V、W 相配合好。

3）正转或反转信号配线不正确，则需要检查配线，如果异常，则需要更正。

★4.1.37 电动机减速太慢故障的维修

电动机减速太慢的故障维修方法如下：

1）减速时间设定太长，则需要减少减速时间。

2）可以加装制动电阻。

3）可以加直流制动。

★4.1.38 变频器参数设置类故障的特点

常用的变频器，一般出厂时，厂家对每一个参数都有一个默认值，即工厂值、出厂值。用户通过面板操作设定参数，叫作设定值。如果设定不正确，则会出现参数设置类故障，引发变频器不能正常运行。

出现参数设置类故障，则需要根据说明书对参数进行修改。如果操作不熟练，则可以把参数恢复成默认值，再重新设置参数。

379

★4.1.39 四方变频器上电一直显示 P. OFF 的原因

四方变频器上电一直显示 P. OFF 的一些原因如下：

1）接线松动，输入电压不正常。四方 4T 型号的变频器三相电是 380V 左右，如果四方4T 型号的变频器接入单相电源，则会显示 P. OFF。

2）远控键盘显示 P. OFF，则可以将参数"通信设置"设为 0014，"本机地址"设为 0即可。

★4.1.40 Convo G3/P3 变频器主要故障的维修

Convo G3/P3 变频器主要故障维修方法见表 4-14。

表 4-14　Convo G3/P3 变频器主要故障维修方法

故障	类型	原因
C. Err 故障	CPU 程序故障	CPU 出错或损坏；远控线过长；操作键盘线接触不良
ER01、ER02、ER03 故障	电流检测保护故障	电流检测板或相关元器件异常；CPU 异常；CPU 板上运放块的电源（±15V、+5V）异常；运放块自身异常（型号 LM393、LM353、TL072）
ER04、ER05、ER06、ER07 故障	电压检测保护故障	CPU 板上运放块的电源（±15V、+5V）异常；运放块自身异常；电压检测板异常
ER08 故障	欠电压保护故障	输入电压偏低；启动电阻未被接触器短接；开关电源电路异常；电压检测运算电路异常
ER11 故障	过热保护故障	散热风道堵塞；散热风扇及控制电路异常；温度检测或保护元件异常
ER15 故障	IPM 保护故障	模块异常；驱动光电耦合器 316J 异常；IGBT 检测二极管 D2、D3、D4 开路；谐波干扰 ER13、ER15 异常；CPU 异常
ER17 故障	电流检测电路异常	CPU 板上运放块的电源（±15V、+5V）异常；运放块自身异常；运放块，型号为 LM393、LM353、TL072 损坏；电流检测板异常；电流传感器异常
无显示故障处理		整流模块异常；启动电阻异常；开关电源电路异常，包括 PWM 振荡电路 CVI001 板异常、开关变压器异常、输出整流电路异常、MOS 管异常、栅极驱动电阻异常、源极保护电阻异常、起振稳压管异常

★4.1.41　丹佛斯 FC-302 变频器送电显示 W66 故障的维修

显示代码 W66 的故障含义是散热片温度低。其原因有温度传感器异常、温度传感器检测回路异常、风机故障、内部环境异常。经断电拆机后，发现变频器内部有油污，并且温度检测线路有元件损坏。更换损坏件以及清除油污后，装好试机，一切正常。

★4.1.42　丹佛斯 VLT5011 变频器显示 ALARM 4 故障的维修

显示代码 ALARM 4 故障的原因有主电源断相、整流模块损坏、电解电容损坏。经检查发现整流模块到底板的连接线底板侧有一插头打火痕迹，出现插头插不到位，引起电源松动后断相，从而引发显示 ALARM 4 故障。更换变频器输入插头、装好变频器后试机，一切正常。

★4.1.43　丹佛斯变频器显示故障维修速查

丹佛斯变频器显示故障维修速查见表 4-15。

表 4-15　丹佛斯变频器显示故障维修速查

型号	现象	原因	维修
丹佛斯 VLT8000	显示 ALARM 29（散热片温度过高）	风机、快速熔断器、电源卡等异常	清理干净、更换损坏件
丹佛斯 VLT5004	显示 DC LINK UNDER-VOLT（直流回路电压低）	接触器、加负载时直流回路的电压下降、整流桥、电容损坏	例如有整流桥一路桥臂开路引起该故障的实例，更换新品后问题即可解决

★4.1.44　印刷机上 TOYODENKI ED64SP 型智能变频器显示故障代码 PEr1 的维修

根据 ED64SP 型智能变频器显示故障代码 PEr1，应该是变频器检测到编码器中的 U、V、W 相信号出现错误。因此，拆掉编码器检查，发现是元件性能不良所致。更换新的编码器后，调整好后试机，一切正常。

★4.1.45　森兰 SB12 变频器显示 FL 的维修

根据森兰 SB12 变频器显示 FL，故障类型属于模块故障，故障原因有输入电压太低、负载太大、短路或接地、变频器内有故障。根据先易后难的原则，可以先检查输入电源、增大变频器容量，然后再考虑变频器内有故障。检查输入电源发现电压不够，等电压恢复后，试机，一切正常。

★4.1.46　森兰 SB40 变频器上电无显示，按复位键显示 OLE 的维修

森兰 SB40 变频器显示 OLE，故障类型属于外部报警，故障原因是外部电路有故障，一般是外部热敏电阻端子没有与 COM 短接。经连接好后，试机，一切正常。

★4.1.47　西门子 6SE70 变频器有时工作正常，有时停机报警，显示故障代码 F023 的维修

显示故障代码 F023 的含义：超过逆变器极限温度报警。因此，检查变频器超温的具体原因，一般而言，引起超温的原因有环境温度过高、风扇异常、过载、温度传感器异常。经检查没有发现这几项异常。于是怀疑可能是贴片电阻 R1、R2、R3 以及瓷片电容 C1 异常所致，结果发现是瓷片电容 C1 漏电造成过热保护。更换后，试机，一切正常。

★4.1.48　西门子 6SE70 变频器通电后显示正常，起动后显示 F026 的维修

显示故障代码 F026，说明该台变频器可能存在过电流现象。引起过电流的原因有驱动电路异常、驱动 IGBT 异常、主回路异常、电流传感器异常、电流检测放大处理电路异常。经检查发现电流检测放大处理电路中的比较器异常，更换新的比较器后，试机，一切正常。

★4.1.49　西门子变频器 6SE7023-4TA61-Z 显示 e 报警的维修

经检测发现 CUVC 板没有问题，发现底板晶体管 Q2 损坏了。更换晶体管 Q2，调整后，试机，一切正常。

381

★4.1.50　西门子变频器故障维修速查

西门子变频器故障维修速查见表 4-16 和表 4-17。

表 4-16　西门子变频器故障维修速查 1

机型	现象	故障原因
6SE7016-1TA61-Z	显示 e	与 CUVC 板相关的 3 个 1kΩ 电阻异常引起该故障
		CUVC 板 D5 异常引起的该故障
	显示屏无显示	电源电路中场效应晶体管 Q36 栅极连接电阻 R321 异常引起的该故障
	显示 f002	+540V、−540V 与 TL084 相连间的电阻异常引起的该故障

（续）

机型	现象	故障原因
6SE7021-0TA61-Z	显示 e	15V 负载上的 MOS 管、与之并联的稳压管异常引起的该故障
6SE7022-4TA61-Z	显示 008	与 CUVC 板相连的 R652 与 R658 异常造成的该故障
6SE7023-4TA61-Z	显示 008	底板上的晶体管 Q3 异常引起的该故障
	显示 f011	底板上的 TL084 的 7 脚输出电阻 R44 变值引起的该故障
6SE7023-4TC61-Z	显示屏无显示	IGBT 异常引起的该故障
6SE7023-8TA61-Z	显示 f011	CUVC 板上 R521、R523、R526 阻值变大引起的该故障

表 4-17　西门子变频器故障维修速查 2

型号	现象	原因	维修
西门子 6SE70 系列变频器	出现 F008（直流电压低）报警	该故障是采样电阻损坏引起的	更换采样电阻后，变频器恢复正常
	出现 F025、F027 报警	输入检测电路的损坏、CU 板的损坏引起的	更换 CU 板后，变频器恢复正常
西门子 MM440 11kW 变频器	显示 F0072（通信故障）	通信接口异常常引发该类故障	更换电平转移块 A176B 后，变频器恢复正常
西门子 6SE7036 变频器	变频器的 PMU 面板液晶显示屏显示字母 E，变频器不能正常工作，按 P 键盘及重新停送电均无效	检查外接 DC24V 电源时，发现电压较低	换一个电源后，变频器恢复正常
	变频器显示 F008 故障	F008 故障是 U_d < MIN，原因是电源跳闸失电引起的	恢复供电后按 P 键复位即可
	起动过一段时间后跳闸。显示 F023	显示 F023 为逆变器超出极限温度，经检查是风扇熔断器损坏导致温度过高而跳闸	更换熔断器后，故障排除
西门子 6SE70 系列变频器	出现 F011（过电流）报警	电流传感器损坏、驱动电路损坏、开关电源损坏等均会引发该故障，经检查发现是电流传感器异常引起的	更换电流传感器板后，变频器恢复正常
西门子 ECO 的变频器	出现 F231 故障	该故障是采样电阻损坏引起的	更换采样电阻后，变频器恢复正常

382

★4.1.51　安川 616G7 显示 CPF00 的维修

根据安川 616G7 变频器送电显示 CPF00 故障的原因有 CPU 的外部 RAM 不良和数字式操作器通信有故障。根据故障现象以及可能的故障原因，首先查看操作面板，发现操作面板是正常的。再看变频器开机运行情况以及操作面板与控制卡间的连接情况，发现没有异常。最后检查发现是控制卡损坏引起的，更换控制卡后，试机，一切正常。

★4.1.52　安川 616G7 显示 OH 的维修

安川 616G7 显示 OH 故障的原因：散热片过热，变频器散热片的温度超过了 L8-02 的设定值。根据故障现象以及可能的故障原因，首先在通电情况下，观察散热风机运行情况，结果发现是正常的。再检查电源卡（驱动卡）上的温度检查回路工作发现异常，更换损坏件后，试机，一切正常。

★4.1.53 安川616G7显示VCF的维修

安川616G7显示VCF，故障原因可能是直流电压检测、驱动线路损坏等。经检测发现该故障是驱动线路发生损坏。更换损坏件后，试机，一切正常。

★4.1.54 安川616G7显示GF的维修

安川616G7显示GF故障的原因：变频器输出侧的接地电流超过了变频器额定输出电流的约50%，会显示GF。根据故障现象以及可能的故障原因，应检查传感器、传感器周边线路。经检查发现是传感器损坏，更换传感器后，试机，一切正常。

★4.1.55 安川616G5运行10min后显示GF的维修

安川616G5显示GF故障的原因：电动机对地故障。于是更换电动机、输出模块、电流互感器，发现故障依旧。然后，更换主板试试，发现故障消除了。这说明变频器检测回路出现问题时，会出现虚报故障的现象。

★4.1.56 安川变频器故障维修速查

安川变频器故障维修速查见表4-18。

表4-18 安川变频器故障维修速查

型号	现象	原因	维修
安川616G545P5变频器	出现SC短路故障	出现SC短路故障的原因有模块、驱动电路、光电耦合器异常等。经检查发现是模块异常、驱动电路损坏引起的	更换模块、修复驱动电路后，变频器恢复正常
安川616PC5 5.5kW变频器	显示LF（欠相故障）	检查各相驱动电路、光电耦合器是否异常。结果发现W相异常，经检查发现是PC929、PC923异常引起的	更换PC929、PC923后，变频器恢复正常
安川不知型号的变频器	显示CPF00	该故障是主IC损坏引起的	更换主IC后，试机，一切正常

★4.1.57 蓝海华腾V6-H显示E.dL3等报多种故障的维修

显示E.dL3等报多种故障，怀疑是控制板CN1排线松动、损坏引起的。更换CN1排线后，试机，一切正常。

说明：控制板CN1排线松动或损坏会造成变频器无法工作或报多种故障。常见的有变频器显示-LU-、继电器/接触器不吸合及显示E.oc1、E.FAL、E.oH1、E.oH2、E.Cur、E.dL3等。

★4.1.58 蓝海华腾V6-H报E.P10异常故障的维修

根据故障现象，检查变频器控制板+10V，发现低于9V，等变频器完全掉电后检查

+10V 到 GND 之间连接的电阻值，发现小于 1kΩ。更换控制板后，故障排除。

★4.1.59　蓝海华腾 V6-H 键盘有时会出现"8.8.8.8"或无显示的维修

蓝海华腾 V6-H 键盘出现"8.8.8.8"或无显示的原因如下：

1）操作面板直接与变频器控制板连接时，相互插头没有插好。

2）自制键盘延长线连接操作面板与变频器控制板时，连接线信号没有对应好。

3）用标准网线连接操作面板与变频器控制板时，操作面板与变频器控制板的网线插头没有插好。

经过检查发现是网线插头没有插好，重新插好后，试机，一切正常。

★4.1.60　变频器显示报警故障的维修

变频器显示报警故障的维修方法速查见表 4-19。

表 4-19　变频器显示报警故障的维修方法速查

型号	现象	原因	维修
电动机原来用丫起动，改为用富士变频器	经常出现 U002 过电压报警	检查进线电压，都在 380V ± 10% 内，参数也正常，复位后正常。但是，富士变频器的电压不是在参数设置里设置，而是通过跳线设置的，因此，故障是由没有设置跳线引起的	重新设置跳线后，故障排除
ACS600 变频器	出现 PPCC LINK 故障	PPCC LINK 故障一般是 CPU 板、I/O 板损坏等引起的。经检查发现是 I/O 板异常引起的	更换 I/O 板后，变频器恢复正常
LENZE 8240 系列变频器	出现 OC5 故障	OC5 为变频器过载。OC5 的故障点通常为霍尔传感器损坏、门电路损坏等，经检查发现是霍尔传感器异常引起的	更换霍尔传感器后，变频器恢复正常
LG SV030IH-4 变频器	出现 FU 快速熔断器故障	出现 FU 快速熔断器熔断故障原因有快速熔断器损坏、主回路异常等，经检查发现是快速熔断器异常引起的	更换快速熔断器后，变频器恢复正常
LG-IG5 系列变频器	出现 HW 故障	出现 HW 故障原因有： 1）散热风扇的损坏 2）使用环境温度高等 3）功率模块内置的温度检测电路损坏 4）主板故障。经检查发现是散热风扇异常引起的	更换散热风扇后，变频器恢复正常
	出现 GF 报警	出现 GF 报警，即接地故障报警。主要原因有电动机接地、霍尔传感器异常、环境因素影响等，经检查发现是霍尔传感器异常引起的	更换霍尔传感器后，变频器恢复正常
	无显示	无显示故障原因一般有开关电源损坏、负载短路、驱动电路损坏等，经检查发现是 TL431 异常引起的	更换 TL431 后，变频器恢复正常

（续）

型号	现象	原因	维修
LG-IS5 系列变频器	出现 FU 故障	出现 FU 故障原因一般有快速熔断器损坏	更换快速熔断器后，变频器恢复正常
Z024 系列变频器	无显示故障	引起无显示故障的原因则一般是开关电源厚膜损坏等	更换开关电源厚膜后，变频器恢复正常
Z024 系列变频器	出现 ERR 故障	引起 ERR（欠电压）故障原因有电压检测回路电阻异常、连线异常等，经检查发现是连线异常引起的	更换连线后，变频器恢复正常
东达 TE280 变频器	出现 E_ U5 故障	外部端子异常保护	检查当 Pr36（Pr37、Pr38）= 5 时，相关的输入 MI1（MI2、MI3）端子的外部信号
东元的 7200GA 变频器	出现 SC 故障	出现 SC 故障原因一般有开关电源的损坏、功率模块的损坏、驱动电路的损坏等，经检查发现是功率模块异常引起的	更换功率模块后，变频器恢复正常
东元的 7200GA 变频器	出现 CPF00 ~ CPF04 故障	出现 CPF00 ~ CPF04 故障一般是控制板上异常	更换控制板后，变频器恢复正常
日立 J300 系列变频器	出现 E9 报警	出现 E9 报警原因有三相输入侧电源异常、分压电阻异常、CPU 异常等，经检查发现是输入电压异常引起的	把输入电压调高后，变频器恢复正常
日立 J300 系列变频器	出现 – – – 故障	出现 – – – 故障原因有操作面板与变频器连接异常、控制板与驱动板的连接线异常、直流侧欠电压等，经检查发现是控制板与驱动板的连接线异常引起的	把控制板与驱动板的连接线连接好后，变频器恢复正常
日立 J300 系列变频器	出现 E30 报警	出现 E30 报警原因有功率模块损坏、驱动电路异常、光电耦合器异常、主控制板异常等，经检查发现是功率模块异常引起的	更换功率模块后，变频器恢复正常
三肯 MF 系列与 IF 系列变频器	出现 ERC、AI4 故障	EEPROM 出现故障	更换 EEPROM 后，变频器恢复正常
三肯 SVS/SVF 变频器	出现 3（过电流保护）故障	GTR 功率模块的损坏、驱动电路的损坏	更换 GTR 功率模块时，一般要修复驱动电路，以免由于驱动电路的损坏，导致 GTR 功率模块的再次损坏
三菱 A500 系列变频器	E6、E7 报警	报警 E6、E7 故障有 CPU 板的程序存储芯片、接口芯片异常，经检查发现是接口芯片异常引起的	更换接口芯片后，变频器恢复正常
三菱 A540 变频器	显示 E UVT 欠电压	可能是 7800 损坏、主回路异常、继电器异常、面板和主板之间的连接线异常等，经检查发现是 7800 异常引起的	更换 7800 后，故障排除
三菱 E500 系列变频器	出现 Fn 故障	引起 Fn 故障原因有风扇损坏等	更换风扇后，变频器恢复正常

（续）

型号	现象	原因	维修
三菱 FR-E500 5.5kW 变频器	显示 E6E（制动晶体管故障）	一般需要检查制动电阻以及其连线、功率模块等，经检查发现是功率模块异常引起的	更换功率模块 7MBR35-SB120-02 后，变频器恢复正常
伟肯（Vacon）CN5.5CXS4G 变频器	出现 F1 Overcurrent（过电流）故障	经检查发现是电流检测回路故障引起的	电流互感器外围电路的一个贴片电阻开路，更换后，上电试机，变频器工作正常

★4.1.61　艾克特 AT500 系列变频器的维修

艾克特 AT500 系列变频器的维修见表 4-20。

表 4-20　艾克特 AT500 系列变频器的维修

故障	原因	检修
频繁报 Err14 报警信息	1）载频设置太高；2）风扇损坏、风道堵塞；3）变频器内部器件损坏	1）降低载频；2）更换风扇、清理风道；3）检修变频器
上电报 Err17 报警信息	软启动接触器未吸合	1）检查接触器电缆是否松动；2）检查接触器是否有故障；3）检查接触器 24V 供电电源是否正常；4）检修变频器
上电显示"8.8.8.8.8."	控制板上相关器件损坏	维修、更换控制板
上电显示 Err23 报警信息	1）电机、输出线对地短路；2）变频器损坏	1）用绝缘电阻表测量电机、输出线的绝缘情况；2）检修变频器
上电显示乱码	1）驱动板与控制板间的连线接触不良；2）控制板上相关器件损坏；3）电机或电机线有对地短路；4）霍尔故障；5）电网电压过低	1）重新拔插 8 芯、28 芯排线；2）检修变频器

★4.1.62　爱德利 320 系列变频器的维修

爱德利 320 系列变频器的维修见表 4-21。

表 4-21　爱德利 320 系列变频器的维修

故障	原因	检修
频繁报 Err14 报警信息	1）载频设置太高；2）风扇损坏或者风道堵塞；3）变频器内部器件损坏	1）降低载频设置；2）更换风扇、清理风道；3）检修变频器
上电（或运行）报 Err17 报警信息	软启动接触器未吸合	1）检查接触器电缆是否存在松动；2）检查接触器是否有故障；3）检查接触器 24V 供电电源是否正常；4）检修变频器
上电变频器显示正常，运行后显示"HC"并马上停机	1）风扇损坏或者堵转；2）外围控制端子接线有短路	1）更换风扇；2）排除外部短路故障

（续）

故障	原因	检修
上电显示 "8.8.8.8.8."	控制板上相关器件损坏	检修、更换控制板
上电显示 Err23 报警信息	1）电机或者输出线对地短路；2）变频器损坏	1）用绝缘电阻表测量电机、输出线的绝缘情况；2）检修变频器
上电显示 HC	1）驱动板与控制板间的连线接触不良；2）控制板上相关器件损坏；3）电机或者电机线有对地短路；4）霍尔故障；5）电网电压过低	检修变频器

★4.1.63 格立特 VC8000 系列变频器的维修

格立特 VC8000 系列变频器的维修见表4-22。

表 4-22 格立特 VC8000 系列变频器的维修

故障	原因	检修
上电显示 VC	1）驱动板与控制板间的连线接触不良；2）控制板上相关器件损坏；3）电机或者电机线有对地短路；4）霍尔故障；5）电网电压过低	1）重新拔插 10 芯、26 芯排线；2）检修变频器
上电显示 Err23 报警信息	1）电机或输出线对地短路；2）变频器损坏	1）用绝缘电阻表测量电机、输出线的绝缘情况；2）检修变频器
上电变频器显示正常，运行后显示"VC"并且马上停机	1）风扇损坏、堵转；2）外围控制端子接线有短路	1）更换风扇；2）排除外部短路故障
频繁报 Err14 报警信息	1）载频设置太高；2）风扇损坏、风道堵塞；3）变频器内部器件损坏	1）降低载频；2）更换风扇、清理风道；3）检修变频器
上电（或运行）报 Err17 报警信息	软启动接触器没有吸合	1）检查接触器电缆是否松动；2）检查接触器是否有故障；3）检查接触器 24V 供电电源是否有故障；4）检修变频器

★4.1.64 科姆龙 KV3000 系列变频器的维修

科姆龙 KV3000 系列变频器的维修见表4-23。

表 4-23 科姆龙 KV3000 系列变频器的维修

故障	原因	检修
上电显示五个 8	1）驱动板与控制板间的连线接触不良；2）控制板上相关器件损坏；3）电机或电机线有对地短路；4）霍尔故障；5）电网电压过低	检修变频器
上电显示 Er.SGD 报警信息	1）电机或输出线对地短路；2）变频器损坏	1）用绝缘电阻表测量电机、输出线的绝缘情况；2）检修变频器
上电变频器显示正常，运行后显示停止不动并马上停机	1）风扇损坏或者堵转；2）外围控制端子接线有短路	1）更换风扇；2）排除外部短路故障

（续）

故障	原因	检修
频繁报 Er. ot 报警信息	1）载频设置太高；2）风扇损坏或者风道堵塞；3）变频器内部器件损坏	1）降低载频；2）更换风扇、清理风道；3）检修变频器
上电（或运行）报 Er. rL1 报警信息	软启动接触器未吸合	1）检查接触器电缆是否松动；2）检查接触器是否有故障；3）检查接触器 24V 供电电源情况；4）检修变频器
上电显示异常	控制板上相关器件损坏	更换损坏器件、控制板

☆☆☆　4.2　检修与维护支持备查　☆☆☆

★4.2.1　宝米勒 MC200G 系列变频器主控板上的跳线开关设置

宝米勒 MC200G 系列变频器投入正常使用前，应正确设置主控板上的所有跳线开关。各跳线开关的位置如图 4-6 所示。

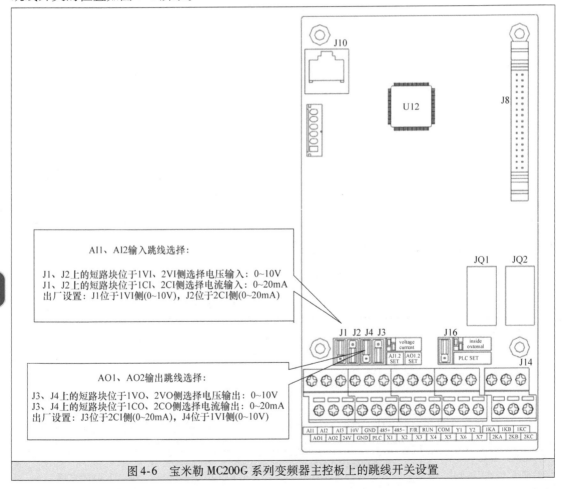

AI1、AI2输入跳线选择：

J1、J2上的短路块位于1VI、2VI侧选择电压输入：0~10V
J1、J2上的短路块位于1CI、2CI侧选择电流输入：0~20mA
出厂设置：J1位于1VI侧(0~10V)，J2位于2CI侧(0~20mA)

AO1、AO2输出跳线选择：

J3、J4上的短路块位于1VO、2VO侧选择电压输出：0~10V
J3、J4上的短路块位于1CO、2CO侧选择电流输出：0~20mA
出厂设置：J3位于2CI侧(0~20mA)，J4位于1VI侧(0~10V)

图 4-6　宝米勒 MC200G 系列变频器主控板上的跳线开关设置

★4.2.2 宝米勒 MC200G/P/S/T/Y/M 系列变频器密码解除

如果用户密码被遗忘，请在 FH-00 功能输入 1234，然后同时按下 ">>" 键和 "∧" 键，解除用户密码。

★4.2.3 施耐德 ATV58/38/58F 系列变频器恢复出厂设定

变频器出厂时，厂家对每个参数都预设一个值，这些参数叫作出厂值、默认值。施耐德 ATV58/38/58F 系列变频器恢复出厂设定的方法如下：

1）进入文件菜单 FIL-，找到子菜单文件操作类型 Fot-。

2）进入后，找到 -INI 选项，然后根据提示按确认键共 3 次即可。

★4.2.4 施耐德 ATV31 系列变频器恢复出厂设定

施耐德 ATV31 系列变频器恢复出厂设定的方法如下：

1）进入 I-O-、drC-、CtL-、FUN-、FLt- 等菜单之一，找到最后一个参数 FCS 并进入。

2）找到 INI 选项，并且按确认键超过 2s。

3）显示闪烁并变为 No，则说明已恢复出厂设定值。

注意：CtL- 菜单中的 LCC 的设定（yes 或 no）不会自动恢复出厂设定值。

★4.2.5 施耐德 ATV68 系列变频器恢复出厂设定

施耐德 ATV68 系列变频器恢复出厂设定的方法如下：

1）进入 F2 菜单。

2）将 F2.00 的设定由 0 设为 1，即将变频器参数恢复出厂设定。

3）将 F2.01 的设定由 0 设为 1，即将电动机参数恢复出厂设定。

★4.2.6 施耐德 ATV71/61 系列变频器恢复出厂设定

施耐德 ATV71/61 系列变频器恢复出厂设定的方法如下：

1）在变频器菜单中找到 1.12 出厂设定子菜单。

2）在该菜单中有四个子菜单：设置源选择、参数组列表、回到出厂设置、保存设置。

3）设置源选择——指用哪个配置覆盖当前的配置，这里面有三个选项：宏设置、设置 1、设置 2。其中，宏设置是完全用出厂参数覆盖当前的配置；设置 1 是用变频器的第 1 套内存配置覆盖；设置 2 是用变频器的第 2 套内存配置覆盖。

4）参数组列表——选择哪些参数需要恢复出厂设定或用内存配置来覆盖，这里有四种选项：全部、变频器菜单、设置菜单、电动机参数。

5）回到出厂设置——进入本菜单后，根据提示检查接线情况。按 ENT 确认，按 ESC 取消。

6）根据上述执行后即可恢复出厂设定或用内存配置覆盖。

7）保存设置——指将当前配置保存在内存区域，即保存设置 1、保存设置 2。

★4.2.7 变频器的密码

变频器的参考密码见表4-24。

表 4-24 变频器的参考密码

型号	密码	型号	密码
台达变频器 B 系列	57522	三垦变频器	CD900 设为 365
台达变频器 H 系列	33582	欧瑞变频器	1888
台达变频器 S1 系列	57522	爱默生变频器 TD3000	8888
台达变频器 M 系列	按下 ENTER 键持续 10s 即可解锁，解锁后把 P76 设为 0 即可	爱默生变频器 TD3300	2002
英威腾变频器万能密码	50112	施耐德变频器	在 SUP 菜单下找到 COD 进去，输入 6969
西威变频器	在 SERVICE 中输入 28622		

第**5**章

维修参考图与结构图

☆☆☆ 5.1 结构图 ☆☆☆

★5.1.1 变频器主电路图

变频器主电路图如图 5-1 所示。

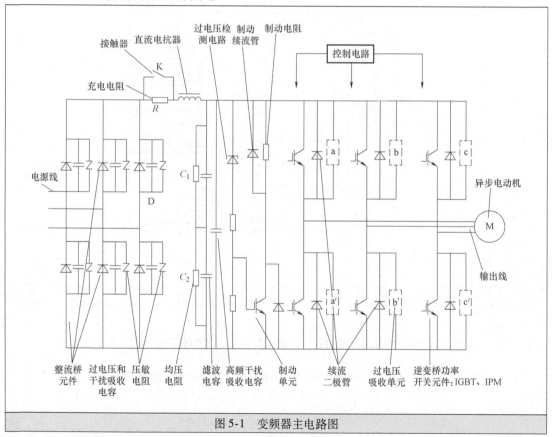

图 5-1 变频器主电路图

★5.1.2 变频器内部结构图

变频器内部结构图如图 5-2 所示。

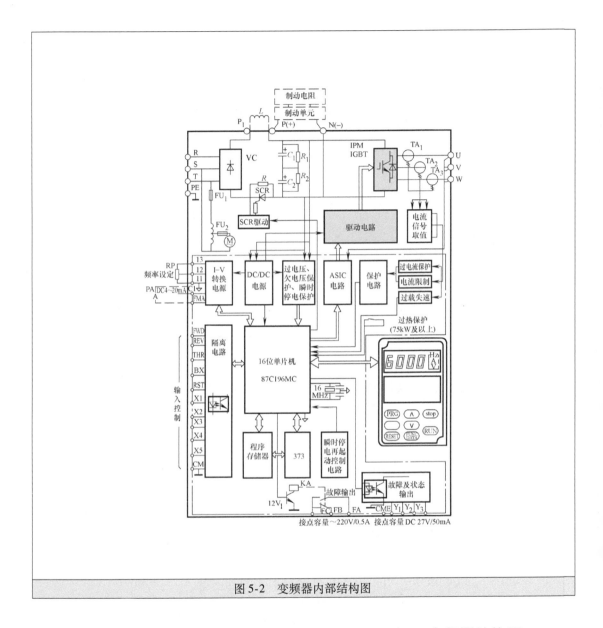

图 5-2　变频器内部结构图

★5.1.3　日立 SJ300-750-1320HF、L300P-900-1320HFR 变频器结构图

日立 SJ300-750-1320HF、L300P-900-1320HFR 变频器结构线路图如图 5-3 所示。

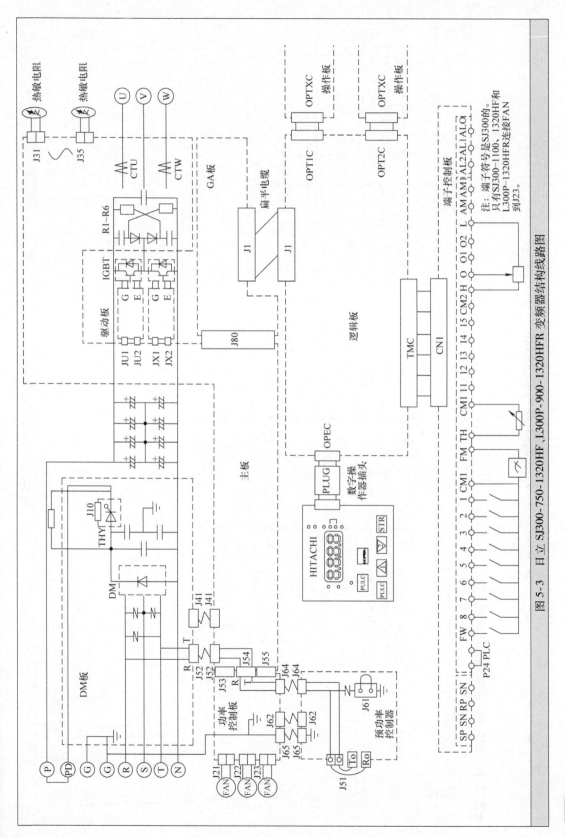

图 5-3 日立 SJ300-750-1320HF，L300P-900-1320HFR 变频器结构线路图

☆ ☆ ☆ 维修参考线路图 ☆ ☆ ☆

5.2 维修参考线路图

★5.2.1 SD-04 变频器部分电气图

SD-04 变频器部分电气图如图 5-4 所示。

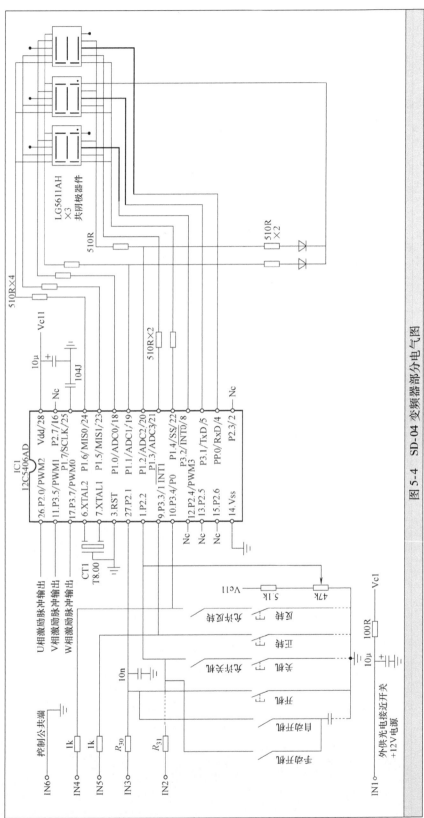

图 5-4 SD-04 变频器部分电气图

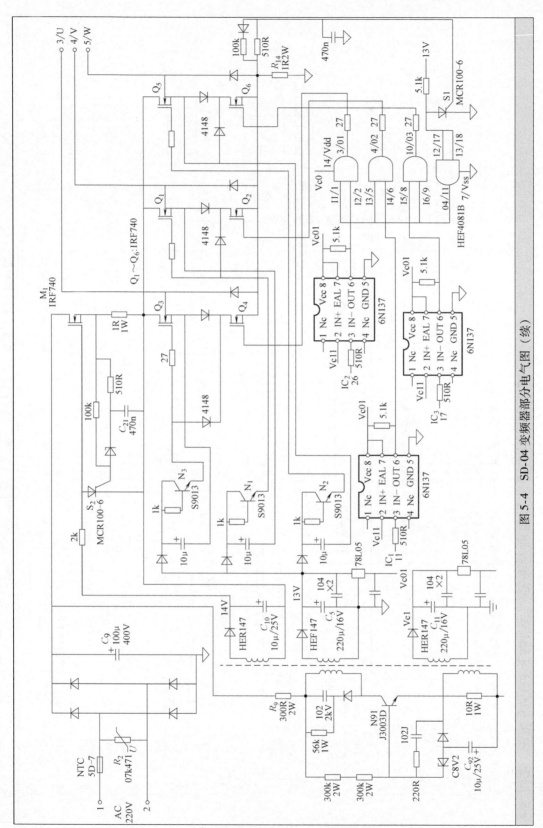

图 5-4 SD-04 变频器部分电气图（续）

★5.2.2 安川 616G3 (55kW) 变频器驱动与保护维修参考电路

安川 616G3 (55kW) 变频器驱动与保护维修参考电路如图 5-5 所示。

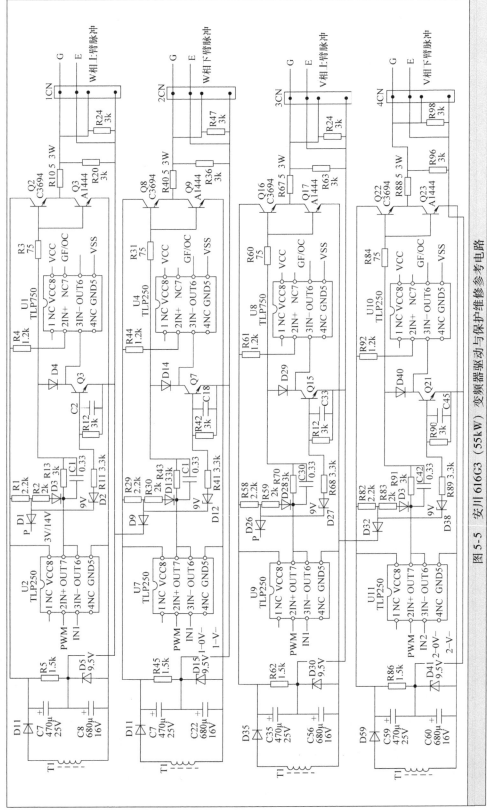

图 5-5 安川 616G3 (55kW) 变频器驱动与保护维修参考电路

★5.2.3 东元7200PA 37kW 变频器部分电气图

东元 7200PA 37kW 变频器部分电气图如图 5-6 所示。

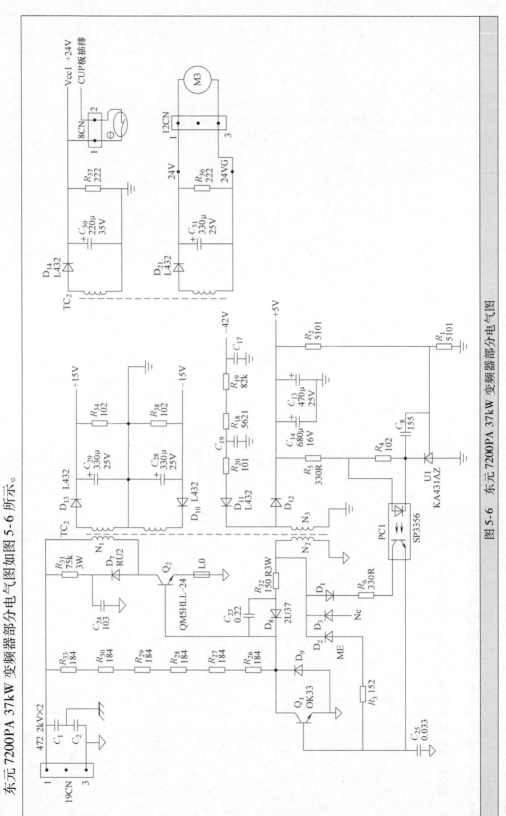

图 5-6 东元 7200PA 37kW 变频器部分电气图

★5.2.4 康沃 CVF-G 变频器部分电气图

康沃 CVF-G 变频器部分电气图如图 5-7 所示。

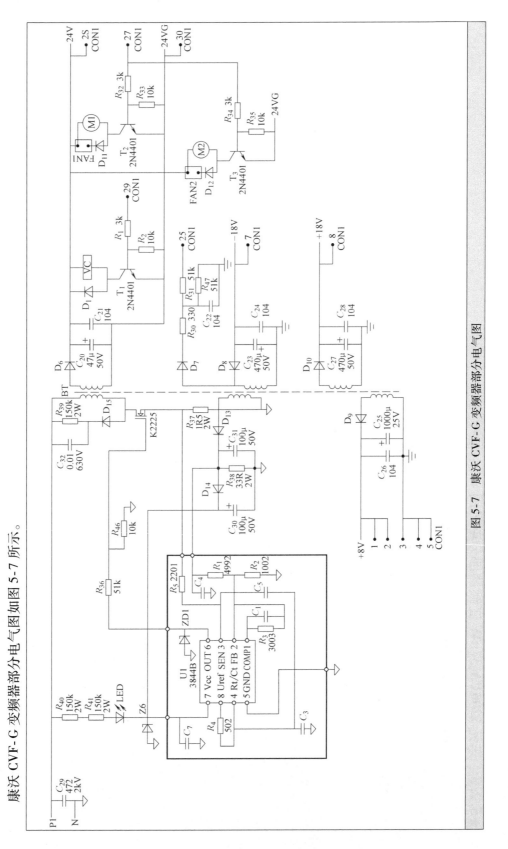

图 5-7 康沃 CVF-G 变频器部分电气图

★5.2.5　正弦 SINE303 型 7.5kW 变频器部分电气图

正弦 SINE303 型 7.5kW 变频器部分电气图如图 5-8 所示。

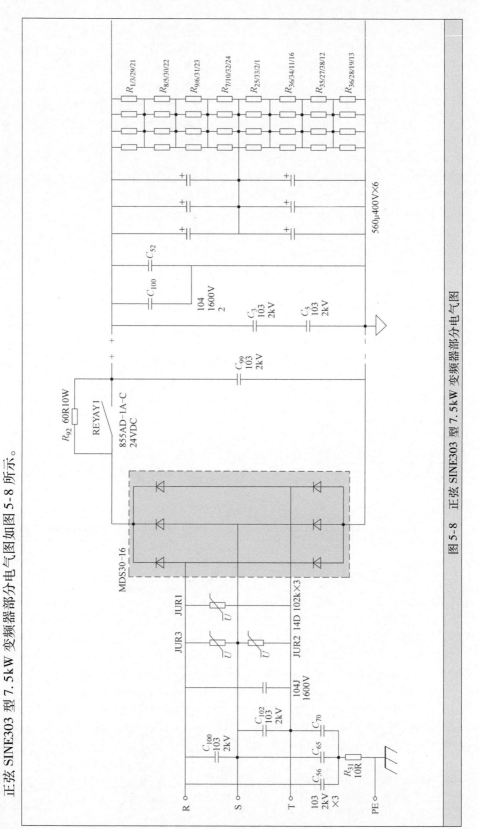

图 5-8　正弦 SINE303 型 7.5kW 变频器部分电气图